新商科大数据系列精品教材

Excel数据分析基础与实践

踪 程 主编

電子工業出版社
Publishing House of Electronics Industry
北京 · BEIJING

内 容 简 介

本书从基本概念出发，以数据分析的思维模式、分析模型和基本方法为基础，以数据分析过程为主线，以理论引导和实践应用为支点，由浅入深、循序渐进地介绍了数据收集、整理、加工和分析的基本知识和实践操作过程。全书共 10 章：第 1、2 章主要介绍数据分析的基本概念和基本工具，包括数据分析概述和 Excel 公式与函数；第 3～6 章主要介绍数据分析的基本过程，包括使用 Excel 进行数据获取、数据处理、数据分析和数据可视化；第 7～10 章主要介绍数据分析的基本应用，包括网店运营数据、客户数据和商品销售数据的分析及数据分析报告的撰写。

全书内容重点突出，层次分明，可作为高等院校相关专业的数据分析课程教学用书，也可作为企事业单位数据分析人员的学习和参考用书。

图书在版编目（CIP）数据

Excel 数据分析基础与实践 / 踪程主编. —北京：电子工业出版社，2023.3
ISBN 978-7-121-45196-6

Ⅰ. ①E… Ⅱ. ①踪… Ⅲ. ①表处理软件－高等学校－教材 Ⅳ. ①TP391.13

中国国家版本馆 CIP 数据核字（2023）第 043849 号

责任编辑：卢小雷　　文字编辑：韩玉宏
印　　刷：北京天宇星印刷厂
装　　订：北京天宇星印刷厂
出版发行：电子工业出版社
　　　　　北京市海淀区万寿路 173 信箱　邮编：100036
开　　本：787×1 092　1/16　印张：17.5　字数：448 千字
版　　次：2023 年 3 月第 1 版
印　　次：2024 年 10 月第 3 次印刷
定　　价：65.00 元

凡所购买电子工业出版社图书有缺损问题，请向购买书店调换。若书店售缺，请与本社发行部联系，联系及邮购电话：（010）88254888，88258888。

质量投诉请发邮件至 zlts@phei.com.cn，盗版侵权举报请发邮件至 dbqq@phei.com.cn。

本书咨询联系方式：（010）88254199，sjb@phei.com.cn。

前 言

当今社会正处于一个数据爆炸的时代，数据成为与物质资产和人力资本同等重要的基础生产要素。如何从数据中发现并挖掘有价值的信息成为热门的研究课题，数据分析技术应运而生并广泛应用到各行各业。数据分析是指有目的地收集、整理、加工和分析数据，从而提炼出有价值的信息的过程，能够帮助企业或个人预测未来趋势和行为，规避风险，使得社会各项生产活动具有前瞻性。因此，数据分析技术已成为经管类学生必须掌握的关键技术之一，数据分析能力也是大学生理应必备的能力之一。

“数据分析”课程是一门培养学生数据收集、整理、加工和分析能力的必修课程，强调培养学生具有扎实的基础理论知识和较强的实践操作能力。因此，本书强调理论与实践相结合，在理论方面着重讲解数据分析的基本理论、基本过程和基本方法，在实践方面运用数据分析工具——Excel 2016，加强学生数据分析能力的培养与训练。本书从基本概念出发，以数据分析的思维模式、分析模型和基本方法为基础，以数据分析过程为主线，以理论引导和实践应用为支点，由浅入深、循序渐进地介绍了数据收集、整理、加工和分析的基本知识和实践操作过程。通过对本书的学习，可以掌握数据分析的相关理论和方法，并具备从事数据分析工作的基本能力。

本书运用 Excel 2016 对数据分析过程进行了全面细致的讲解。全书共 10 章：第 1 章主要介绍数据和数据分析的概念及数据分析工具；第 2 章主要介绍 Excel 公式与函数；第 3 章主要介绍 Excel 数据的类型和获取；第 4 章主要介绍 Excel 数据处理，包括数据清洗、抽取、合并和计算；第 5 章主要介绍数据分析的思维模式、数据分析模型和数据分析方法；第 6 章主要介绍 Excel 数据可视化，包括数据可视化的方式及各种可视化图形的类型和绘制方法；第 7 章主要对网店运营数据进行分析；第 8 章主要对网店客户数据进行分析；第 9 章主要对网店商品销售数据进行分析；第 10 章主要介绍数据分析报告的撰写。

本书具有以下特色。一是理论体系科学合理，循序渐进。本书站在初学者的角度，在对数据分析基本概念进行介绍的基础上，全面详细地阐述了数据分析过程的各个环节，并有针对性地设计了数据分析的具体应用案例，按照数据分析的内在逻辑和学生特点来选择和安排教材内容。二是理论与实践结合，实用性强。本书在注重理论体系科学性的基础上，突出实用性和可操作性，对利用 Excel 进行数据分析的各项操作技能进行了详细讲解，并通过实例进行了步骤解析，图文并茂，确保学生学以致用，具备独立进行数据分析的能力。三是内容通俗易懂，重点突出。本书可作为高等院校经管类专业学生的教材、其他专业学生学习数据分析课程的自学用书及企事业单位进行数据分析培训的参考用书。四是配套资源丰富，方便使用。本书提供 PPT 课件、教学大纲、教案、原始数据等教学资源供教学使用，各章还配有思考题和实训，供学生巩固练习。

本书由踪程任主编，具体分工如下：第 1 章由谢爱国编写，第 2 章由樊兴菊编写，第 3 章由王磊编写，第 4～10 章由踪程编写。在本书的策划、编写和出版过程中，教研室其他老师在资料收集方面均给予了热情帮助，电子工业出版社姜淑晶编辑给予了大力支持和帮助，隋东旭老师对书稿做了细致的审校工作，在此一并表示感谢。

在本书编写过程中参考和借鉴了大量的文献和资料，在此向其作者表示感谢。由于作者水平有限，书中难免存在疏漏之处，欢迎广大读者批评指正。在使用本书过程中，如发现任何问题，请通过电子邮件（zongcheng685@163.com）与我们联系。

编　者

2022 年 8 月

目 录

第 1 章 数据分析概述

➘ 思政导读

随着经济活动数字化转型的加速，数据资源的重要性日益凸显。党中央、国务院高度关注数据资源的开发利用，早在 2016 年就要求“构建统一高效、互联互通、安全可靠的国家数据资源体系”。党的十九届四中全会首次将数据与劳动、资本、土地并列，提出“健全劳动、资本、土地、知识、技术、管理、数据等生产要素由市场评价贡献，按贡献决定报酬的机制”，为数据资源赋予了全新的时代内涵。

本章教学目标与要求

（1）理解数据的概念和类型，了解数据的使用及价值，理解数据组织和数据结构。

（2）理解数据分析的内涵，掌握数据分析的流程。

（3）熟悉数据分析的应用场景，理解数据分析的常用指标和术语。

（4）了解 Excel 基础知识，熟悉 Excel 2016 的用户界面，掌握 Excel 2016 的基本操作。

1.1 数据基础知识

1.1.1 数据的概念及类型

由于远古时代没有文字，人们只能根据代代相传的故事和诗歌来推测历史，或者通过化石来研究过去。有文字记载之后，人们对历史有了更多的了解，科学家和历史学家还利用这些历史数据总结事物发生和发展的规律。企业通过分析留存和积累的历史数据，总结企业的发展轨迹和路径，研究过去的得失，从而选择最有利的经营策略，指导企业的经营和管理。企业留存和积累的数据一方面可以作为企业的历史资料，另一方面可以作为企业预测未来市场发展趋势的依据。

1. 数据的概念

关于数据的含义，有人说数据就是数字，有人说数据就是信息，有人说数据就是财务数据，有人说数据就是互联网上的交易数据，有人说数据就是社交信息……，这些都是数据，但描述都不完整。

从字面意义上理解，“数据”由“数”和“据”组成，“数”是指数值、数字、数字化的信息，“据”是指“证据”或“依据”。数据是指数字化的证据和依据，是事物存在和发展状态或过程的数字化记录，是事物发生和发展的证据。如图 1-1 所示，“178cm”是数值，而不是数据；“小明的身高是 178cm”，这里“178cm”是数据；“小明在 2022 年 3 月 5 日 14 时的身高是 178cm”，由于身高是不断变化的，这里添加了表示身高状态的“时间戳”，如果没有“时间戳”，数据就会变得没有“证据”。

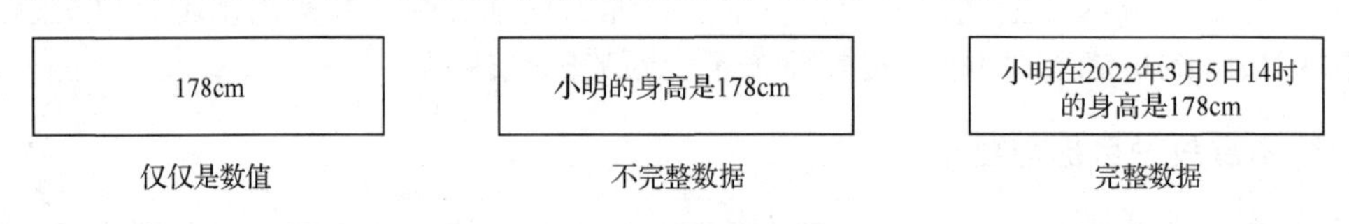

图 1-1 数据举例

数据是指对客观事物的性质、状态及相互关系等进行记录的物理符号或物理符号的组合，是可识别的、抽象的符号。即数据是对客观事物及其发生、发展的数字化记录，通过记录可以还原事物的状态和发生的活动。凡是运用数据化的方法说明事物发生和发展的记录都是数据，如数值、文字、声音、图像、音频、视频等。在现实生活中，数据无处不在，如天气预报、居民身份证号码、快递单号和列车时刻表等。数据是对世界万物的记录，任何可以被测量或分类的事物都能用数据来表示。采集完数据后，可以对数据进行研究和分析，从而获得有价值的信息。随着社会信息化的不断发展，在日常生产和生活中每天都在不断产生大量的数据，数据已经渗透到各行各业，成为重要的生产要素。从创新到决策，数据推动着企业的发展，并使各级组织的运营更高效。可以这样说，

数据将成为每个企业获取核心竞争力的关键要素。数据资源已经和物质资源、人力资源一样，成为国家的重要战略资源，影响着国家和社会的安全、稳定与发展。在经济管理领域，数据是进行决策的客观依据。

2. 数据的类型

在数据分析中常用的数据是统计数据，按不同的分类规则，统计数据可分为不同的类型。下面介绍 3 种分类方法。

（1）按照统计数据的计量尺度分类

按照统计数据的计量尺度分类，统计数据可以分为定类数据、定序数据、定距数据和定比数据。定类数据是由定类尺度计量形成的数据，表现为类别，不区分顺序。定序数据是由定序尺度计量形成的数据，表现为类别，可以进行排序，只能比较大小，不能进行数学运算。定距数据是由定距尺度计量形成的数据，表现为数值，可以进行加、减运算。定比数据是由定比尺度计量形成的数据，表现为数值，可以进行加、减、乘、除运算，没有负数。

（2）按照统计数据的收集方法分类

按照统计数据的收集方法分类，统计数据可以分为观测数据（observational data）和实验数据（experimental data）。观测数据又称原始数据，是指在自然的未被控制的条件下观测到的数据，有关社会经济现象的统计数据几乎都是观测数据。实验数据是指在实验中通过控制实验对象而搜集到的变量的数据。

（3）按照被描述对象与时间的关系分类

按照被描述对象与时间的关系分类，统计数据可以分为截面数据（cross-sectional data）、时间序列数据（time series data）和面板数据（panel data）。截面数据是指不同主体在同一时间点或同一时间段的数据。时间序列数据是指在不同时间上收集到的数据，用于描述现象随时间的变化情况，这类数据反映某一事物、现象等随时间的变化状态或程度。面板数据是指在时间序列上取多个截面，在这些截面上同时选取样本观测值所构成的样本数据。数据按时间序列和截面两个维度排列，整个表格就像是一个面板。例如，对于 2016—2021 年不同国家的 GDP 数据，横向数据是截面数据，表示某一年各国的 GDP 数据，纵向数据是时间序列数据，整个表格是面板数据，如表 1-1 所示。

表 1-1　2016—2021 年不同国家的 GDP 数据

单位：万亿美元

年份（年）	国家				
	中国	美国	英国	法国	俄罗斯
2016	11.23	18.75	2.72	2.47	1.28
2017	12.31	19.54	2.7	2.59	1.57
2018	13.89	20.61	2.9	2.79	1.66
2019	14.28	21.43	2.88	2.73	1.69
2020	14.72	20.95	2.76	2.63	1.48
2021	17.73	22.93	3.11	2.94	1.65

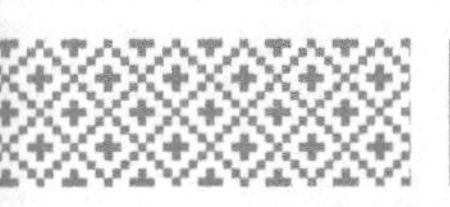

1.1.2 数据的使用及价值

1. 数据的使用

在生活中，各种各样的数据应该如何使用呢?

（1）数据清洗

数据清洗是数据有效利用的前提。数据清洗就是运用数据分析方法将来源众多、类型多样的数据转换为有效数据，避免数据缺失和语义模糊等问题。可以借助数据处理工具（如 UNIX 工具 AWK、XML 解析器和机器学习库等）对数据进行清洗，也可以运用编程语言（如 Perl 和 Python 等）。

（2）数据管理

数据管理是数据有效利用的保障。数据经过清洗之后，被存放到数据库系统中进行管理。数据库技术发展至今，关系数据库一直占据数据库管理系统的主导地位。关系数据库以规范化的行和列保存数据，可以进行各种查询操作，同时支持事物一致性功能，很好地满足了各种商业应用的需求，从而长期占据市场主导地位。随着 Web 2.0 应用的不断发展，非结构化数据迅速增加，关系数据库对于管理大规模非结构化数据存在很多难以克服的难题。NoSQL 数据库（非关系数据库）的出现，满足了人们对非结构化数据进行管理的需求，其本身也得到了迅速发展。

（3）数据分析

数据分析是数据有效利用的本质。需要借助数据挖掘和机器学习算法对数据进行分析，还可以使用大数据处理技术对数据进行分析。Google 提出了面向大规模数据分析的分布式编程模型，Hadoop 对其进行了开源实现。MapReduce 将复杂的、运行于大规模集群上的并行计算过程高度地抽象为两个函数——Map 和 Reduce，一个 MapReduce 作业通常会把输入的数据集切分为若干独立的小数据块，由 Map 以完全并行的方式处理，大大提高了数据分析的速度。另外，还可以通过构建统计模型进行数据分析，统计是数据分析的重要方式，可以借助统计分析工具（如 R 语言和 CRAN）完成。为了能够让数据说话，使分析结果更容易被人理解，还需要对数据进行可视化操作。企业会构建数据仓库系统，用来存放历史数据。这些数据来自不同的数据源，利用抽取、转换、加载（Extract-Transform-Load，ETL）工具将数据加载到数据仓库，再利用数据挖掘和联机分析处理（On-Line Analytical Processing，OLAP）工具从这些静态历史数据中得到对企业有价值的信息。

2. 数据的价值

数据往往是为了某个特定目的被收集的，一旦其基本用途实现，数据就会被删除，一方面是由于过去存储技术落后，需要删除旧数据以存储新数据，另一方面是由于没有认识到数据的潜在价值。例如，消费者在淘宝网或京东商城搜索衣服，如输入关键字性别、颜色、布料、款式等后，很快就会找到自己心仪的商品，购买行为结束后，消费者会删除这些数据。但是，购物网站会记录和整理这些购买数据，当海量的购买数

据被收集后，就可以预测未来流行产品的特征。购物网站还可以将这些数据提供给各类生产商，帮助这些企业在竞争中脱颖而出——这就是数据价值的再发现。

数据的价值不会因为不断被使用而削减，反而会因为不断重组产生更大价值。例如，将一个地区的物价、地价、高档轿车的销售数量、二手房转手率、出租车密度等各种不相关的数据整合到一起，可以精准地预测该地区的房价走势，这种方式已经被国外很多房地产网站所采用。这些被整合的数据，下一次还可以由于其他目的被重新整合。基于数据的价值特性，收集的各类数据应当尽可能长时间地保存，在一定条件下还可以与全社会分享，从而产生更大的价值。数据的潜在价值往往是收集者想象不到的，在大数据时代以前，石油是极具价值的商品，未来数据也将成为极具价值的商品。目前，拥有大量数据的谷歌、亚马逊等公司，每个季度的利润总额高达数十亿美元，并仍在快速增长，这都是数据价值的最好体现。数据已经具备了资本的属性，可以用来创造经济价值。因此，要实现大数据时代思维方式的转变，就必须正确认识数据的价值。

1.1.3 数据组织与数据结构

1. 数据组织

计算机系统中的数据需要进行组织才能有效利用。数据的组织形式主要有两种，分别为文件和数据库。

（1）文件

计算机系统中的数据都是以文件形式存在的，如 Word 文件、文本文件、网页文件、图片文件等。一个文件的文件名包含主名、扩展名和中间的连接符号，扩展名用来表示文件的类型，如文本、图片、音频、视频等。在计算机中，文件是由文件系统管理的。

（2）数据库

数据库是计算机系统中非常重要的数据组织形式。目前，数据库已经成为计算机软件开发的基础和核心之一，在人力资源管理、固定资产管理、制造业管理、电信管理、销售管理、售票管理、银行管理、股市管理、教学管理、图书馆管理、政务管理等领域发挥着重要作用。从 1968 年 IBM 公司推出第一个大型商用数据库管理系统（IMS）至今，数据库经历了层次数据库、网状数据库、关系数据库和 NoSQL 数据库等多个发展阶段。目前，关系数据库仍然占据数据库的主导地位，大多数商业应用系统都构建于关系数据库基础上。但是，随着 Web 2.0 的兴起，非结构化数据迅速增加，目前有 90%的数据是非结构化数据，因此能够更好地支持非结构化数据管理的 NoSQL 数据库应运而生。

2. 数据结构

数据结构是存储、组织数据的方式，是数据内部的构成方法。数据结构包括逻辑结构、存储结构和运算结构。数据结构是数据的组织形式，在组织数据之前，需要对数据进行分类。数据分为静态数据和动态数据：静态数据是相对固定不变或变化不太频繁的，变化之后会覆盖原来的数据；动态数据是持续增加的，采用叠加的方式记录，不覆盖原来的数据。例如，某企业员工信息登记表中的数据可以分为静态数据和动态数据，如表 1-2 所示。

表 1-2　某企业员工信息登记表中的数据

静态数据	动态数据
姓名	入职信息（日期、岗位信息等）
出生日期	学历信息（学历、学校、日期等）
性别	工作经历信息（单位、职位、日期等）
籍贯	岗位调整信息（日期、新岗位名称等）
民族	子女信息
婚姻状态	职级调整信息
身份证号	职序调整信息

一个好的数据结构通常将描述静态信息和动态信息的数据表关联起来生成一个完整的数据库。例如，将表 1-2 所示的员工信息登记表中的数据进行拆分，使静态数据生成静态信息表，动态数据生成动态信息表，然后通过员工编号将两个数据表关联起来生成数据库。下面介绍数据结构的几个基本概念。

（1）数据主体

数据主体是数据记录代表的事物，包括动态的“事”和静态的“物”。例如，工资表的数据主体是“发工资”这个行为，属于“事”的范畴；而员工基本信息的数据主体是“员工”，属于“物”的范畴。

（2）数据表

数据表是数据记录的集合。例如，员工信息登记表包含公司所有员工的个人信息数据。

（3）记录

记录是某个数据记录对象的完整信息。例如，一个员工对应一条记录，多个员工对应多条记录。

（4）字段

字段是每条数据记录中对数据主体的属性描述。例如，员工基本信息数据中的“姓名”是一个字段，“性别”是另外一个字段。

3. 结构化数据和非结构化数据

（1）结构化数据

结构化数据是指在数据存储和数据处理过程中结构设计比较合理的数据。一般情况下，结构化数据要求数据的结构由行和列组成，每一列代表数据所描述对象的要素、属性和行动，每一行代表一个数据所描述的对象，如表 1-3 所示。

表 1-3　员工基本信息

姓　名	员工编号	性　别	出生日期	血　型
王二	ID2022001	男	1999-8-3	O
张艺	ID2022002	女	1996-9-1	A

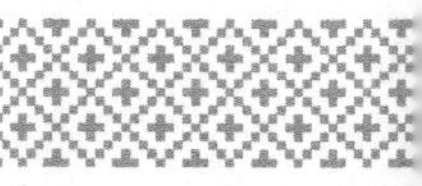

在表 1-3 中，每一列表示对象的一个属性，用来区分对象之间的差异；每一行表示一个数据对象，该表共有两个数据对象，即王二和张艺。表 1-3 中的数据即为结构化数据，随着员工人数的增加，表的结构不变，但数据可以不断累积。入职员工只要填写了个人信息表，这些信息就会被登记到公司的员工基本信息数据库中。结构化数据库是由行和列组成的数据集，表示同类不同对象的属性差异。

（2）非结构化数据

非结构化数据是指由不固定的行和列组成的数据。常见的非结构化数据包括文本、图片、XML、HTML、各类报表、图像、音频和视频信息等。部分非结构化数据可以通过多表关联的方法进行结构化改造。例如，微博数据通过结构化处理后，可以使用结构化查询语言进行数据分析。

1.2 数据分析基础知识

随着网络信息技术与云计算技术的快速发展，网络数据得到了“爆炸式”增长，在大数据环境下，通过数据分析从庞大的数据中发现并挖掘有价值的信息变得越发重要。数据分析在大数据技术中扮演着重要的角色，运用数据分析工具和数学知识可以对数据进行有效分析和处理，从而发现数据间隐藏的关系，并归纳总结其中的规律，为生产和生活服务。

1.2.1 数据分析的内涵

1. 数据分析的定义

数据分析是指使用适宜的统计分析方法（如聚类分析、相关分析等）对收集的大量数据进行分析，从中提取有用信息，从而形成结论，并详细研究和概括总结的过程。在统计学中，数据分析可以分为描述性数据分析、探索性数据分析和验证性数据分析 3 类。描述性数据分析是指对一组数据进行归纳和整理并描述数据的集中和离散程度；探索性数据分析是指从海量数据中找出规律，并生成分析模型和研究假设；验证性数据分析是指验证假设测试所需的条件是否满足，以保证验证性分析的可靠性。其中，描述性数据分析属于初级数据分析，常见的分析方法有对比分析法、平均分析法、交叉分析法；探索性数据分析和验证性数据分析属于高级数据分析，常见的分析方法有相关分析、因子分析、回归分析等。

2. 数据分析的目的

数据分析的目的是从大量杂乱无章的数据中提取有用信息，以最大化地挖掘数据的潜能，发挥数据的作用，从而总结出研究对象的内在规律。

目前，无论是线下超市还是线上商城，每天都会产生 TB 级以上的数据量。以前人们得不到想要的数据，是因为数据库中没有相关的数据。现在人们得不到想要的数据，是因为数据库中的数据太多了，缺乏可以快速从数据库中获取有价值数据的方法。世界知名数据仓库专家阿尔夫·金博尔说："我们花了多年的时间将数据放入数据库，如今是该将它们拿出来的时候了。"数据分析可以从海量数据中获取潜藏的有价值的信息，帮助企业或个人预测未来的趋势和行为，使得商务和生产活动具有前瞻性。例如，创业者可以通过数据分析优化产品，营销人员可以通过数据分析改进营销策略，产品经理可以通过数据分析洞察用户习惯，金融从业者可以通过数据分析规避投资风险，程序员可以通过数据分析进一步挖掘数据价值。在大数据时代，数据分析技术得到了突飞猛进的发展，使我们能够发现及挖掘隐藏在海量数据背后的价值，并将其转换为知识及智慧，数据开始了从量变到质变的转化过程。

3. 数据分析的意义

在实际工作中，数据分析能够帮助管理者进行决策，以便采取合适的经营策略。随着我国经济的快速发展和企业规模的不断扩大，经济决策由过去的"经验决策"逐渐向"数据决策"转变，"用数据说话，做理性决策"已逐渐成为众多企业经营者和管理者的共识。政府机构在进行关乎国计民生的重要决策时，也会先收集和分析数据。

数据分析在管理上有十分重要的意义，它的价值是建立在详尽和真实的数据基础上的。完善数据收集模式是完善企业管理的过程，是企业规范化管理的重要环节。对一个企业来说，数据分析的意义可以概括为以下几点。

① 数据分析可以及时纠正不当的生产和营销措施。

② 数据分析可以实时跟踪计划进度。

③ 数据分析可以让管理者及时了解成本的管理情况，掌握员工的思想动态。

④ 完善的数据管理有助于实现生产流程的科学管理，最大限度地降低生产管理风险。

4. 数据分析的作用

数据分析的作用分别是分析现状、分析原因和预测未来发展趋势。

（1）分析现状

现状是指当前的状况。分析现状是指通过分析企业的各项业务和经营指标，了解企业现阶段的经营状况。现状分析主要体现在以下两个方面：一是通过对现状的分析了解企业现阶段的整体经营情况，通过分析企业各项经营指标的完成情况评估企业的运营状态，发现企业现阶段经营中存在的问题；二是通过对现状的分析了解企业现阶段各项业务的构成，掌握企业各项业务的发展状况，更深入全面地了解企业的经营状态。现状分析是通过报告的形式（如日报、周报和月报）来完成的。

（2）分析原因

通过对原因的分析可以确认导致业务变动的具体原因。原因分析可以通过专题分析来实现，即根据企业的经营情况，针对某一问题进行原因分析。例如，网站销售额急剧下滑，就需要针对这个问题进行原因分析。

（3）预测未来发展趋势

数据分析可以帮助决策者对企业未来的发展趋势进行有效预测，为企业调整经营方

向、运营目标和营销策略提供有效的参考和依据，最大限度地规避风险。预测分析可以通过专题分析来实现，通常在制订企业季度或年度计划时进行预测分析。

1.2.2 数据分析的流程

数据分析对于企业的决策和发展至关重要，为了顺利完成数据分析任务，获得想要的结果，需要按照一定的步骤进行数据分析。数据分析的流程可以分为6个既相互独立又相互联系的阶段，即明确目的、数据收集、数据处理、数据分析、数据可视化、撰写报告，如图1-2所示。

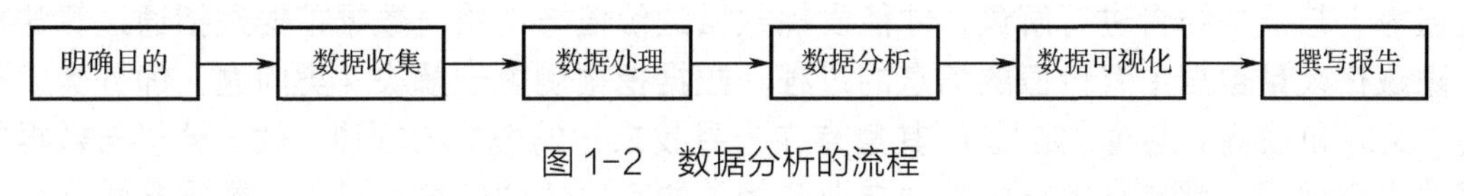

图1-2 数据分析的流程

1. 明确目的

在进行数据分析前，首先要明确分析的目的，明白为什么要进行数据分析、通过这次数据分析要解决什么问题。只有明确了数据分析的目的，才不会让数据分析偏离方向，从而得到想要的结果，帮助管理者做出正确的决策。

确定了数据分析的总体目标之后，需要对总体目标进行细分，厘清数据分析思路并搭建数据分析框架。需要注意的是，在搭建数据分析框架时，一定要注意框架的体系化。所谓体系化，就是逻辑化，在这次数据分析中，先分析什么，后分析什么，使每个分析点之间具有逻辑性。

2. 数据收集

数据收集是获取数据的过程，为数据分析提供直接的素材和依据。收集的数据包含两种：一是从直接来源获取的数据，又称第一手数据，这类数据主要来源于直接的调查或实验结果；二是从间接来源获取的数据，又称第二手数据，这类数据主要来源于他人的调查或实验，是对结果进行加工整理后的数据。

在实际工作中，数据来源有很多种，包括数据库、公开出版物、统计工具、市场调查。现代企业都有自己的业务数据库，用来存放公司的业务数据，在进行数据分析时对业务数据库中庞大的数据资源要善加利用，发挥它的作用。如果需要专业的数据，可以通过公开出版物获取，如《2021中国电商年度发展报告》《2021年中国农产品电商发展报告》等权威行业报告。专业的网站统计工具很多，国内常用的网站统计工具有百度统计和CNZZ（现已改名为友盟+）等。市场调查是指用科学的方法，有目的、系统地搜集、记录、整理和分析市场情况，了解市场的现状及发展趋势，进行市场预测，为经营决策提供客观、正确的依据。市场调查的常用方法有观察法、实验法、访问法、问卷法等。其中，问卷法是常用的一种数据收集方法，以问题的形式收集用户的需求信息，问卷调查的关键是设计问卷，问卷要能够将问题传达给被调查者，并且使被调查者乐于回答。因此，在设计问卷时应该遵循一定的程序和原则，并运用一定的技巧。

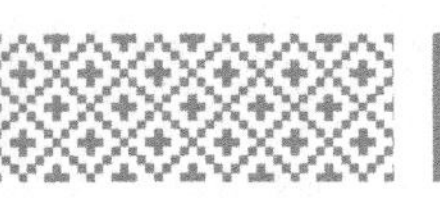

3. 数据处理

在收集的大量数据中，不是所有的数据都具有分析价值，还要对数据进行加工处理以提取有价值的数据。在数据分析中，数据处理是必不可少的一个环节，主要包括数据清洗、数据抽取、数据合并、数据计算等数据处理方法。

4. 数据分析

数据分析是指使用合适的数据分析工具和方法对处理过的数据进行分析，从中提取出有价值的信息并形成有效结论的过程。数据分析得到的指标统计量结果（如总和、平均值等）与业务结合进行解读，才能发挥数据的价值与作用。数据挖掘是指通过算法搜索隐藏在大量数据中有价值的信息的过程。数据挖掘侧重于解决 4 类问题，即分类、聚类、关联和预测（定量、定性），其重点在于寻找未知的模式与规律。数据分析与数据挖掘的本质相同，都是从数据中发现与业务相关的有价值的信息。目前，数据分析大多通过软件来完成，包括简单实用的 Excel 软件、专业分析软件 SPSS 和 SAS（统计分析软件）、高级数据分析工具 R 或 Python 等编程语言。

5. 数据可视化

数据可视化是将数据分析结果通过直观的方式（表格、图形等）呈现出来。通过数据可视化可以让决策者更好地理解数据分析结果。通常情况下，表格和图形是数据可视化最好的表现方式。常用的数据图表包括条形图、柱形图、饼图、折线图、散点图、雷达图等。另外，还可以将数据分析结果整理成相应的图表，如漏斗图、矩阵图、金字塔图等。

6. 撰写报告

数据分析完成之后，需要将数据分析结果展现出来并生成数据分析报告。在报告中要将数据分析的起因、过程、结论和建议完整地展现出来，评估企业运营状况，为企业决策提供科学、严谨的依据，最大限度地降低企业运营风险。数据分析报告应该具备以下特点。

① 数据分析报告应结构清晰、主次分明，具有一定的逻辑性。可以按照发现问题、总结问题原因和解决问题的流程来描述。在数据分析报告中，每一个问题都必须有明确的结论，且结论是通过数据分析得出的，不能主观臆测。

② 数据分析报告应该做到通俗易懂。在数据分析报告中，不要使用太多的专业名词，使用图表和简洁的语言进行描述可使报告使用者轻松理解报告内容。

1.2.3 数据分析的应用场景

随着大数据应用越来越广泛，应用的行业也越来越多，每天都可以看到关于数据分析的新鲜案例。例如，消费者在网购时经常发现电商平台向消费者推荐商品，这些商品往往都是消费者最近浏览的。电商平台通过对消费者上网行为轨迹的相关数据进行分析，

了解消费者需求，以达到精准营销的目的。企业使用数据分析可以解决不同的问题。数据分析的具体应用场景主要分为以下 7 类。

1. 客户分析

客户分析主要是根据客户的基本信息进行商业行为分析，首先确定目标客户，根据客户的需求、目标客户的性质、所处行业的特征及客户的经济状况等基本信息，使用统计分析方法和预测验证法分析目标客户，以提高销售量；其次了解客户的采购过程，根据客户采购类型、采购性质进行分类分析，制定不同的营销策略；最后还可以根据已有客户进行客户特征分析、客户忠诚度分析、客户注意力分析、客户营销分析和客户收益分析。通过有效的客户分析，能够掌握客户的具体行为特征，将客户细分，优化经营策略，提升企业整体效益。

2. 营销分析

营销分析包括产品分析、价格分析、渠道分析、广告与促销分析。产品分析主要是竞争产品分析，通过对竞争产品的分析制定自身产品策略。价格分析分为成本分析和售价分析，成本分析的目的是降低不必要的成本，售价分析的目的是制定符合市场的价格。渠道分析是指对产品的销售渠道进行分析，确定最优渠道配比。广告与促销分析需要结合客户分析进行，以提升销量。

3. 社交媒体分析

社交媒体分析是以不同的社交媒体渠道生成的内容为基础，实现不同社交媒体的用户分析、访问分析和互动分析等。用户分析根据用户注册信息、登录平台的时间点和平时发表的内容等用户数据，分析用户个人画像和行为特征。访问分析根据用户平时访问的内容分析用户的兴趣爱好，挖掘潜在的商业价值。互动分析根据互相关注对象的行为预测该对象未来的某些行为特征。

4. 网络安全事件识别

大规模网络安全事件的发生，如 2017 年 5 月席卷全球的 WannaCry 病毒事件，让企业意识到网络攻击发生时预先快速识别的重要性。传统的网络安全主要依靠静态防御实现，处理病毒的主要流程是发现威胁、分析威胁和处理威胁。这种防御方式往往在威胁发生以后才能做出反应。新型的病毒防御系统可使用数据分析技术，建立潜在攻击识别分析模型，监测大量网络活动数据和相应的访问行为，识别可能入侵的可疑模式，做到未雨绸缪。

5. 设备管理

设备管理同样是企业关注的重点。设备管理的重点是设备维修。设备维修一般采用标准修理法、定期修理法和检查后修理法。标准修理法可能会造成设备过剩修理，修理费用高。检查后修理法解决了修理费用成本问题，但是修理前的准备工作繁多，设备停歇时间过长。目前，企业能够通过物联网技术收集和分析设备上的数据流，包括连续用电、零部件温度、环境湿度和污染物颗粒等多种潜在特征，建立设备管理模型，从而预测设备故障，合理安排预防性的维护，以确保设备正常作业，降低设备故障带来的安全风险。

6. 交通物流分析

物流是指物品从供应地向接收地的实体流动，是将运输、储存、装卸搬运、包装、流通加工、配送和信息处理等功能结合起来实现用户要求的过程。用户可以通过业务系统和 GPS（全球定位系统）获取数据，使用这些数据构建交通状况预测分析模型，有效预测实时路况、物流状况、车流量、客流量和货物吞吐量，进而提前补货，制定库存管理策略。

7. 欺诈行为检测

身份信息泄露及盗用事件逐年增多，随之而来的是欺诈行为和欺诈交易增加。公安机关、各大金融机构、电信部门可利用用户基本信息、用户交易信息和用户通话短信等数据，识别可能发生的潜在欺诈交易，做到提前预防、未雨绸缪。以大型金融机构为例，可通过分类模型分析方法对非法集资和洗钱的逻辑路径进行分析，找出其行为特征。聚类模型分析方法可以分析相似价格的运动模式，例如，对股票进行聚类分析，找出关联交易及内幕交易的可疑信息。关联规则分析方法可以监控多个用户的关联交易行为，从而找出跨账号协同交易的金融诈骗行为。

1.2.4 数据分析的常用指标和术语

在数据分析中有多种描述数据的指标和术语。下面将对数据分析的常用指标和术语进行讲解。

1. 平均数

平均数是统计学中最常用的统计量，包括算术平均数、几何平均数、调和平均数、加权平均数、指数平均数等。通常人们在生活中所说的平均数就是指算术平均数。算术平均数是指在一组数据中所有数据之和再除以这组数据的个数，它是反映数据集中趋势的一项指标。

2. 绝对数与相对数

绝对数是统计学中常用的总量指标，它是反映客观现象总体在一定时间、地点条件下的总规模、总水平的综合指标。例如，一定范围内粮食总产量、工农业总产值、企业单位数等。

相对数又称相对指标，是指两个有联系的指标的比值，它可以从数量上反映两个相互联系的现象之间的对比关系。相对数的基本计算公式为

$$相对数=\frac{比较数值（比数）}{基础数值（基数）}$$

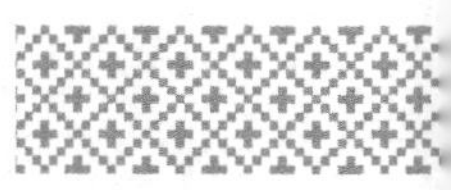

其中，基础数值是用作对比标准的指标数值，简称基数；比较数值是用来与基数对比的指标数值，简称比数。相对数一般以倍数、百分数等来表示，反映客观现象之间数量的联系程度。在使用相对数时需要注意指标之间的可比性，同时要跟总量指标（绝对数）结合使用。

3. 百分比与百分点

百分比是一种表达比例、比率或分数数值的方法，如 82%代表百分之八十二、82/100、0.82。百分比又称百分率或百分数，表示一个数是另一个数的百分之几。百分比通常不会写成分数的形式，而是采用符号“%”来表示，如 5%、40%、80%。由于百分比的分母都是 100，因此以 1%作为度量单位。

百分点是指不同时期以百分比的形式表示的相对指标（如指数、速度、构成等）的变动幅度。

在实际应用中要注意区分百分比与百分点。例如，本月某商品的转化率为 10%，而上个月的转化率为 8%，那么可以说本月该商品的转化率比上个月提升了两个百分点，而不是百分之二或 2%。

4. 比例与比率

比例是指各组成部分占总体的比重，用来反映总体的构成或结构。例如，A 公司有 500 名员工，男员工 260 名，女员工 240 名，那么男员工的比例为 260∶500，女员工的比例为 240∶500。

比率是指样本或总体中不同类别数据之间的比值，由于比率不是部分与整体之间的对比关系，因此比值可能大于 1。例如，A 公司有男员工 260 名，女员工 240 名，那么男员工与女员工的比率为 260∶240。

5. 频数与频率

频数又称次数，是指变量值中代表某种特征的数（标志值）出现的次数，频数可以用表或图形来表示。例如，A 公司有 500 名员工，男员工 260 名，女员工 240 名，那么男员工的频数为 260，女员工的频数为 240。

频率是指各不同类别出现的次数与总次数的比值，用来反映各类别在总体中出现的频繁程度。频率一般用百分数来表示，所有频率相加等于 100%。以 A 公司的员工为例，260 名男员工在 500 名员工中出现的频率为 52%，即（260÷500）×100%；240 名女员工在 500 名员工中出现的频率为 48%，即（240÷500）×100%。

6. 倍数与番数

倍数是指一个数除以另一个数所得的商。例如，A÷B=C，那么就可以说 A 是 B 的 C 倍。倍数一般用来表示数量的增长或上升幅度。

番数是指原来数量的 2 的 n 次方。例如，如果公司今年的利润比去年翻了一番，那么公司今年的利润是去年的 2 倍（2 的 1 次方）；如果公司今年的利润比去年翻了两番，那么公司今年的利润是去年的 4 倍（2 的 2 次方）。

7. 同比与环比

同比是指当前数据与历史同时期数据的比值，用来反映事物发展的相对性。例如，今年 A 公司第 1 季度的销售额同比增长 35%，表示该公司今年第 1 季度的销售额比去年第 1 季度的销售额增长了 35%。

环比是指当前数据与上一个统计时期的数据的比值，用来反映事物逐期发展的情况。例如，今年 A 公司第 2 季度的销售额环比增长 20%，表示该公司今年第 2 季度的销售额比今年第 1 季度的销售额增长了 20%。

1.3 数据分析工具

“工欲善其事，必先利其器。”要想做好数据分析，必须有“利器”。借助数据分析工具对数据进行分析能够起到事半功倍的效果。常用的数据分析工具有 Excel、Python、SPSS、SAS、Stata、Eviews、Hadoop 等。下面对最常用的数据分析工具 Excel 进行讲解。

1.3.1 Excel 软件简介

Excel 是微软公司为使用 Windows 和 Apple Macintosh 操作系统的计算机编写的一款电子表格处理软件，是 Office 系列办公软件的一种，可以实现对日常生活、工作中的表格的数据处理。Excel 2016 是 Microsoft Office 2016 中的一款电子表格处理软件，被广泛应用于管理、统计、财务和金融等领域，友好直观的界面、出色的计算功能和图表工具，以及简便易学的智能化操作方式，使其成为最流行的个人计算机数据处理软件之一。

Excel 功能全面，可以处理各种数据，具有丰富的数据处理函数和强大的图表处理功能，能进行数据分析，能方便地进行数据交换，同时拥有常用的 Web 工具。Excel 具有强大的数据处理和数据分析功能，通过加载“分析工具库”，还可以提供丰富的统计分析功能，如描述统计、假设检验、方差分析和回归分析等。Excel 提供了财务、日期与时间、数学与三角函数、统计、查找与引用、数据库、文本、逻辑、信息、工程、多维数据集、兼容性和 Web 13 个大类的内置函数，可以满足多领域的数据处理与数据分析需求。另外，还可以使用 Excel 内置的 Visual Basic for Application（VBA）建立自定义函数。为了方便用户使用和编辑函数，Excel 还提供了粘贴函数命令，列出了所有内置函数的名称、功能，以及每个参数的意义和使用方法。除具备一般数据库软件所提供的数据排序、筛选、查询、统计汇总等数据处理功能外，Excel 还提供了许多数据分析与辅助决策工具，如数据透视表、模拟运算表、假设检验、方差分析、移动平均、指数平滑、回归分析、规划求解、多方案管理分析等工具。利用这些工具，无须掌握复杂的数学计算方法，无须了解具体的求解技术细节，更无须编写程序，只要选择适当的参数，即可完成复杂的求解过程，得到相应的分析结果和完整的求解报告。

1.3.2 Excel 用户界面

1. 启动 Excel 2016

在 Windows 7 及以上版本操作系统的计算机中，单击“开始”选项卡，找到 Excel 图标并单击，或者双击桌面上 Excel 2016 的图标，即可打开 Excel 2016 用户界面，如图 1-3 所示。

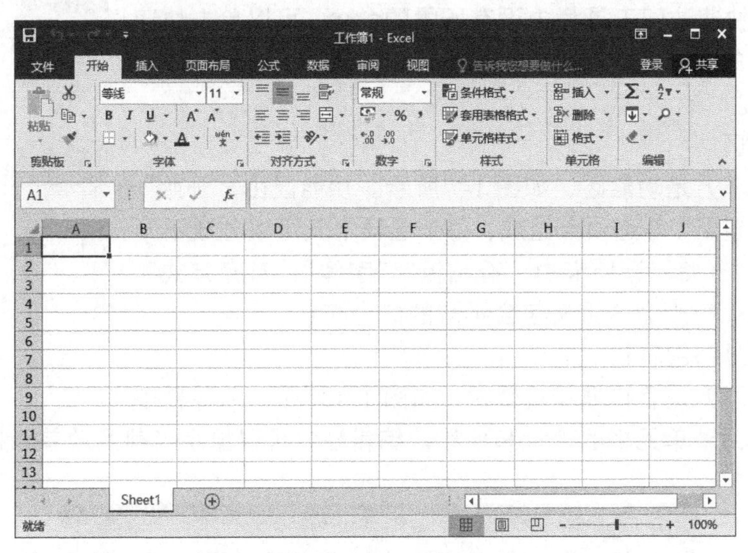

图 1-3 Excel 2016 用户界面

2. Excel 2016 用户界面介绍

Excel 2016 用户界面包括标题栏、功能区、名称框、编辑栏、工作表编辑区和状态栏，如图 1-4 所示。

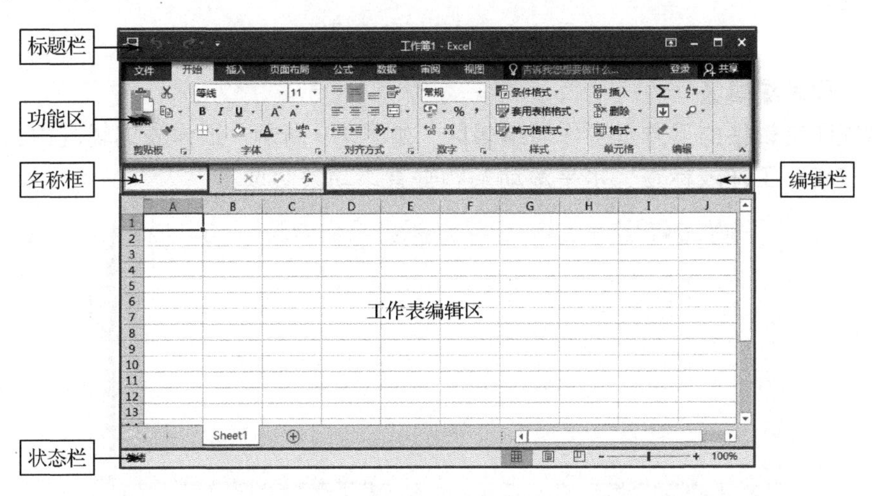

图 1-4 Excel 2016 用户界面的构成

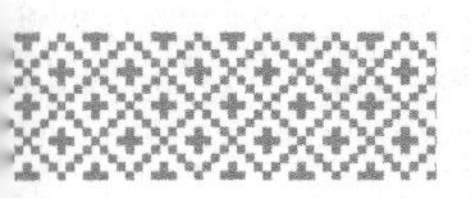

(1)标题栏

标题栏位于应用窗口的顶端，如图 1-5 所示。标题栏包括快速访问工具栏、当前文件名、应用程序名称和窗口控制按钮。

图 1-5　标题栏

利用快速访问工具栏可以快速执行“保存”“撤销”“恢复”等命令。如果快速访问工具栏中没有所需的命令，可以单击快速访问工具栏中的▾按钮，在弹出的菜单中选择需要添加的命令，如图 1-6 所示。

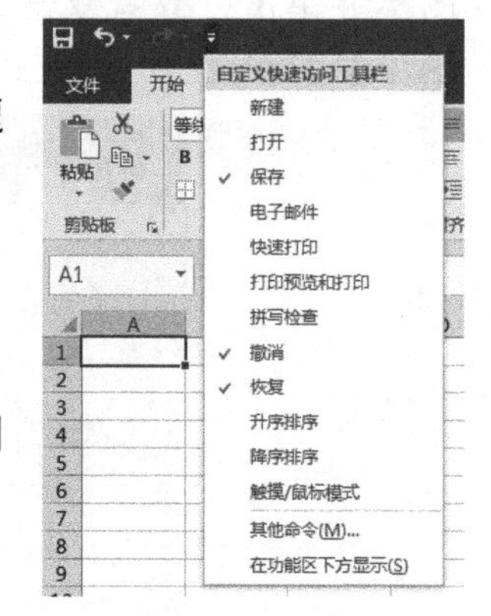

图 1-6　添加命令

(2)功能区

标题栏的下方是功能区，如图 1-7 所示。功能区由“开始”“插入”“页面布局”等选项卡组成，每个选项卡又可以分成不同的组。例如，“开始”选项卡由“剪贴板”“字体”“对齐方式”等命令组组成。每个命令组又包含不同的命令按钮。

(3)名称框和编辑栏

功能区的下方是名称框和编辑栏，如图 1-8 所示。名称框中可以显示当前活动单元格的地址和名称，编辑栏中可以显示当前活动单元格中的数据或公式。

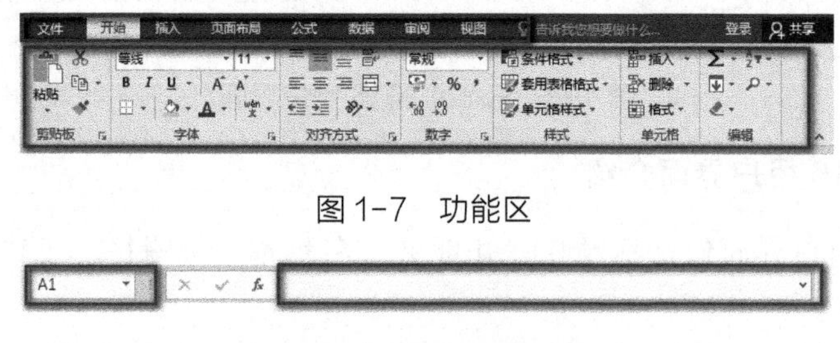

图 1-7　功能区

图 1-8　名称框和编辑栏

(4)工作表编辑区

名称框和编辑栏的下方是工作表编辑区，如图 1-9 所示。工作表编辑区由文档窗口、标签滚动按钮、工作表标签、水平滚动条和垂直滚动条组成。

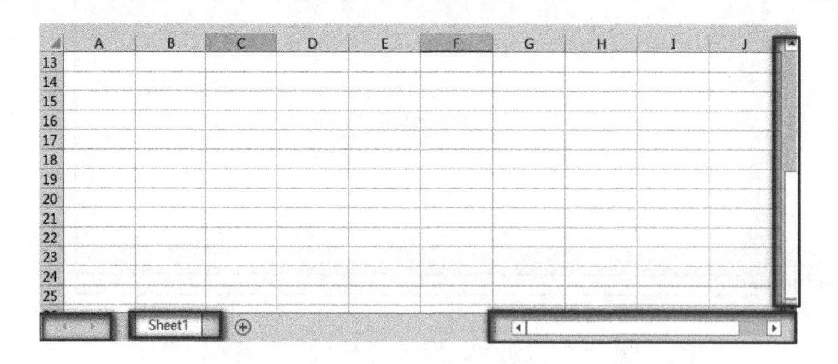

图 1-9　工作表编辑区

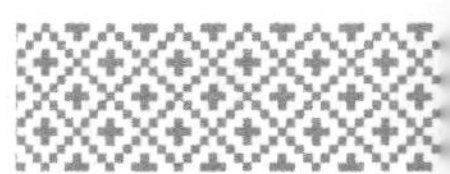

（5）状态栏

状态栏位于用户界面底部，如图 1-10 所示。状态栏由视图按钮和缩放模块组成，用来显示与当前操作相关的信息。

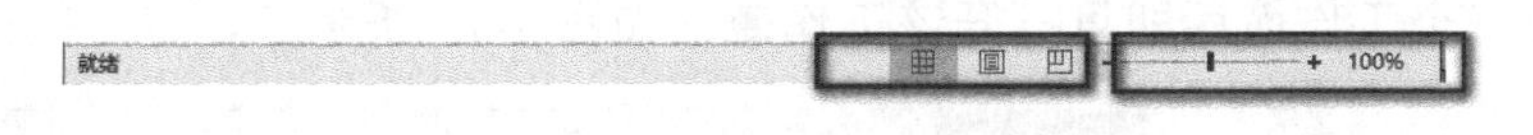

图 1-10　状态栏

3. 关闭 Excel 2016

单击窗口控制按钮中的“关闭”按钮，即可关闭 Excel 2016，如图 1-11 所示。或者按 Alt+F4 组合键，关闭 Excel 2016。

图 1-11　关闭 Excel 2016

1.3.3　Excel 基本操作

1. 工作簿的基本操作

（1）新建工作簿

单击“文件”选项卡标签，单击“新建”→“空白工作簿”，即可新建空白工作簿，如图 1-12 所示。或者按 Ctrl+N 组合键，新建空白工作簿。

图 1-12　新建工作簿

（2）保存工作簿

单击快速访问工具栏中的“保存”按钮，即可保存工作簿，如图 1-13 所示。或者按

Ctrl+S 组合键，保存工作簿。

（3）打开工作簿

单击“文件”选项卡标签，单击“打开”命令，或者按 Ctrl+O 组合键，弹出“打开”对话框，选择一个工作簿后即可打开该工作簿，如图 1-14 所示。

图 1-13　保存工作簿

图 1-14　打开工作簿

（4）关闭工作簿

单击“文件”选项卡标签，单击“关闭”命令，即可关闭工作簿，如图 1-15 所示。或者按 Ctrl+W 组合键，关闭工作簿。

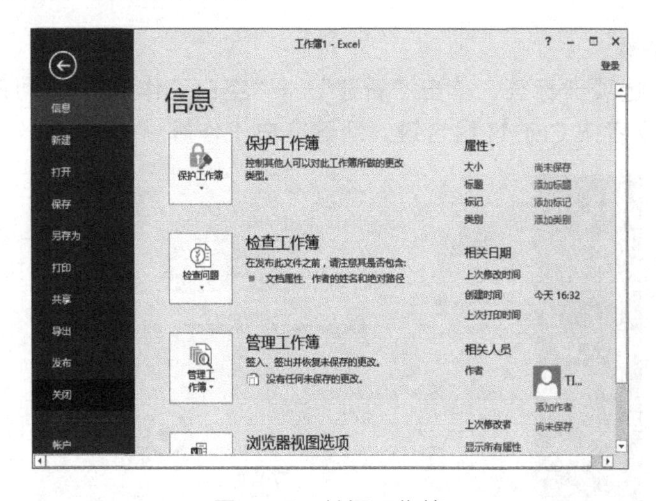

图 1-15　关闭工作簿

2. 工作表的基本操作

（1）插入工作表

在 Excel 2016 中插入工作表有多种方法。下面介绍两种常用的插入工作表的方法。

① 在工作表中单击工作表编辑区中的 ⊕ 按钮，即可在现有工作表的后面插入一个新的工作表，如图 1-16 所示。

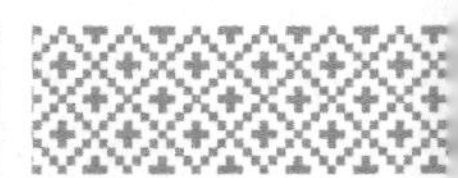

② 在工作表标签上单击鼠标右键，在弹出的菜单中单击“插入”命令，如图 1-17 所示，弹出“插入”对话框，单击“确定”按钮，即可在现有工作表的前面插入一个新的工作表。或者按 Shift+F11 组合键，在现有工作表的前面插入一个新的工作表。

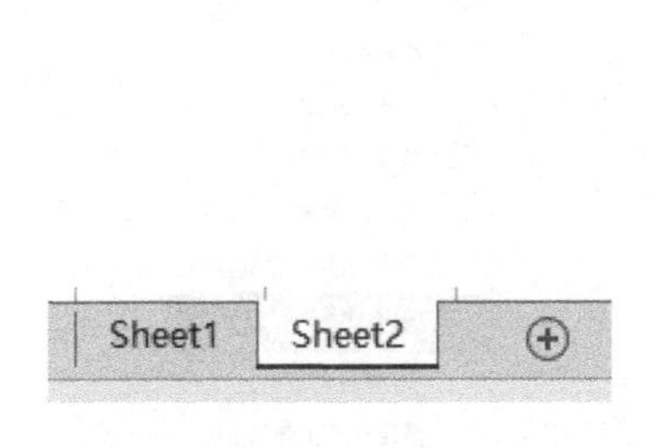

图 1-16　使用插入按钮插入工作表

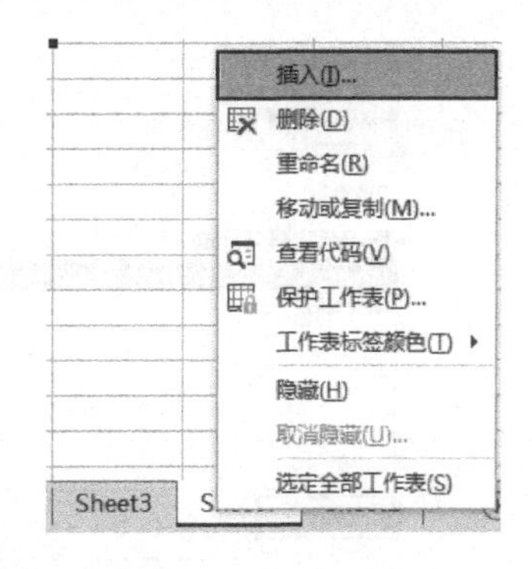

图 1-17　使用“插入”命令插入工作表

（2）重命名工作表

在工作表标签上单击鼠标右键，在弹出的菜单中单击“重命名”命令，如图 1-18 所示，再输入新的名称，即可重命名工作表。

（3）设置工作表标签颜色

在工作表标签上单击鼠标右键，在弹出的菜单中单击“工作表标签颜色”命令，在拾色器中选择新的颜色，即可设置工作表标签颜色，如图 1-19 所示。

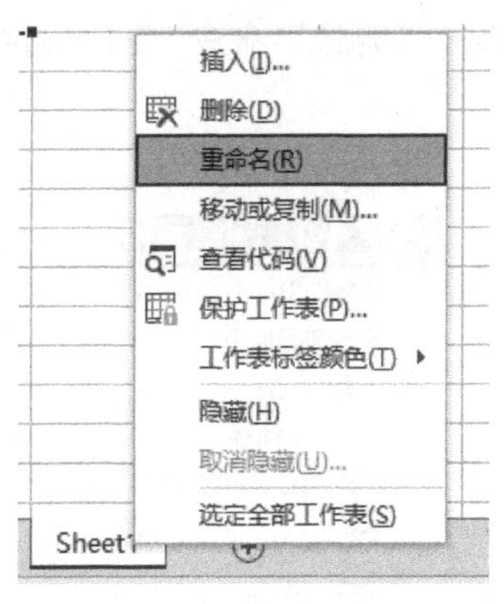

图 1-18　重命名工作表

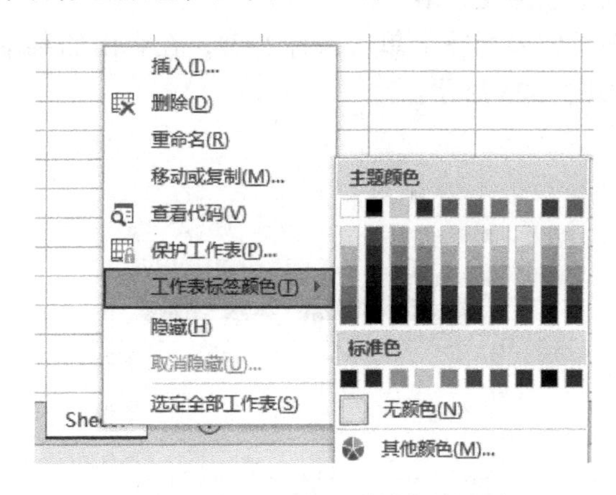

图 1-19　设置工作表标签颜色

（4）移动工作表

单击工作表标签，在按住鼠标左键的同时向左或向右拖动工作表标签到新的位置释放鼠标，即可移动工作表。

（5）复制工作表

在工作表标签上单击鼠标右键，在弹出的菜单中单击“移动或复制”命令，弹出“移动或复制工作表”对话框，选择该工作表（如“Sheet1”），勾选“建立副本”复选框，单击“确定”按钮，即可复制工作表，如图 1-20 所示。

（6）隐藏工作表

在工作表标签上单击鼠标右键，在弹出的菜单中单击“隐藏”命令，即可隐藏工作表（工作簿中只有一个工作表时不能隐藏工作表），如图 1-21 所示。

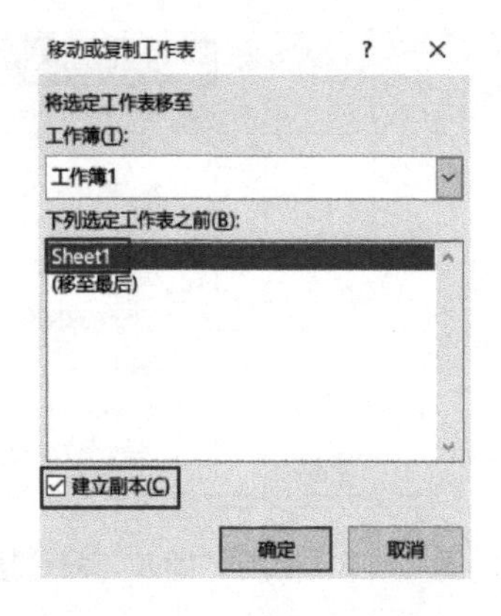

图 1-20　复制工作表

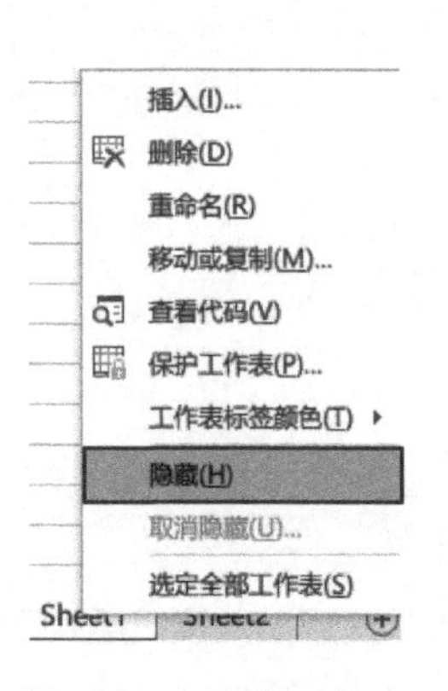

图 1-21　隐藏工作表

（7）显示工作表

若要显示隐藏的 Sheet1 工作表，则在任意工作表标签上单击鼠标右键，在弹出的菜单中单击“取消隐藏”命令，弹出“取消隐藏”对话框，选择“Sheet1”工作表，单击“确定”按钮，即可显示隐藏的 Sheet1 工作表，如图 1-22 所示。

（8）删除工作表

在工作表标签上单击鼠标右键，在弹出的菜单中单击“删除”命令，即可删除工作表，如图 1-23 所示。

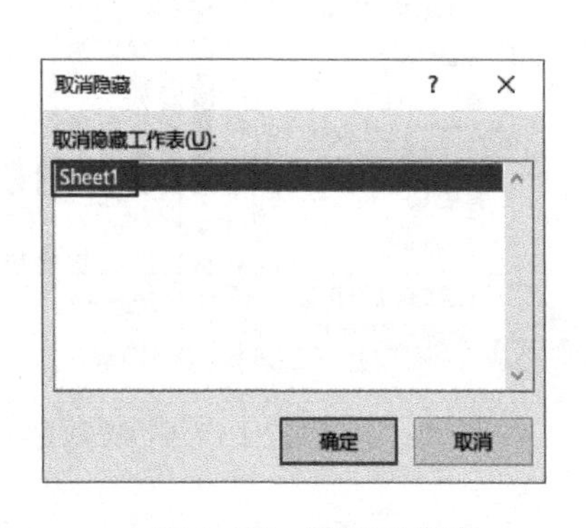

图 1-22　显示工作表

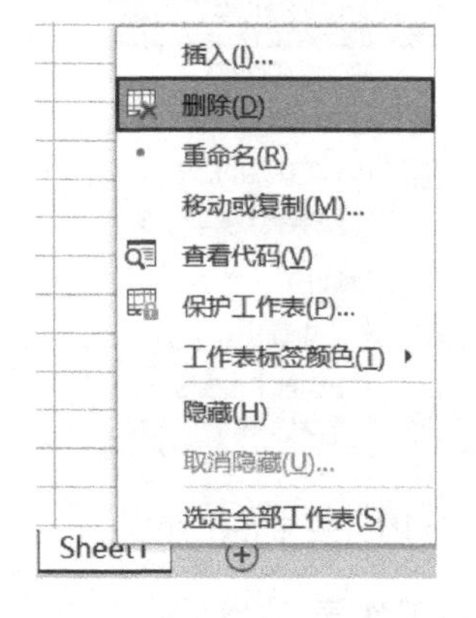

图 1-23　删除工作表

3. 单元格的基本操作

（1）选择单元格

单击某单元格可以选择该单元格，如单击 A1 单元格，即可选择 A1 单元格，此时名称框中会显示当前选择的单元格地址 A1，如图 1-24 所示。也可以通过在名称框中输入单元格的地址来选择单元格，如在名称框中输入 A1，即可选择 A1 单元格。

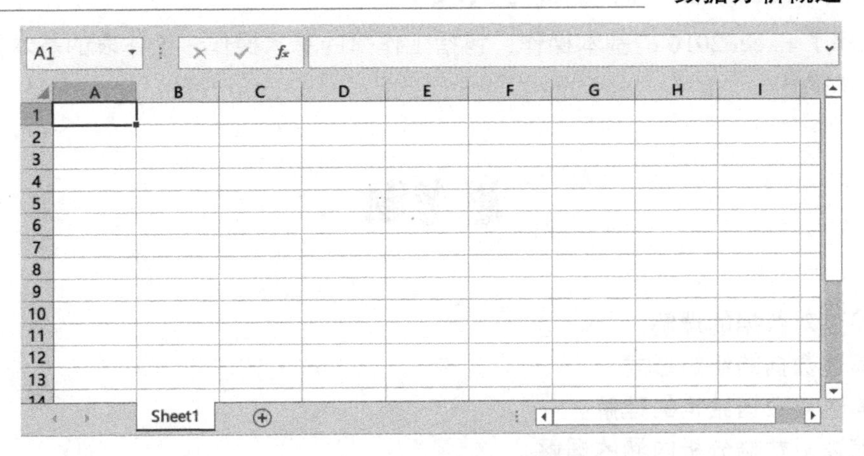

图 1-24　选择 A1 单元格

（2）选择单元格区域

单击要选择的单元格区域左上角的第一个单元格，在按住鼠标左键的同时拖动鼠标到要选择的单元格区域右下角的最后一个单元格释放鼠标，即可选择单元格区域。例如，单击 A1 单元格，在按住鼠标左键的同时拖动鼠标到 D6 单元格释放鼠标，即可选择单元格区域 A1:D6，如图 1-25 所示。也可以通过在名称框中输入“A1:D6”来选择单元格区域 A1:D6。

如果工作表中的数据太多，还可以使用快捷键快速选择单元格区域。按 Shift+Ctrl+方向箭头组合键，按哪个方向箭头，被选中的单元格或单元格区域沿该方向的数据就会被全部选中，直到遇到空白单元格。

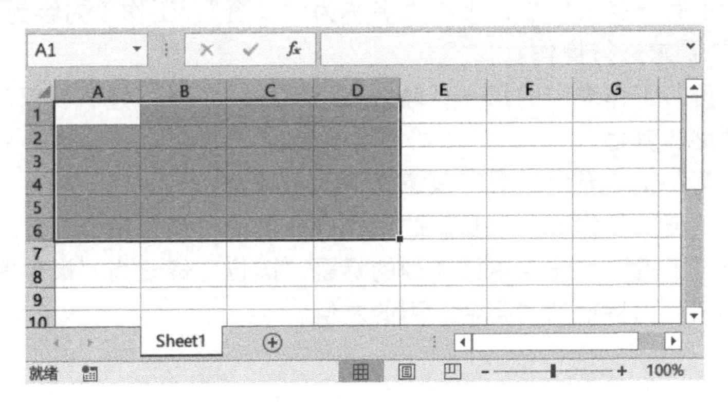

图 1-25　选择单元格区域 A1:D6

本章小结

本章首先介绍了数据的概念及类型、数据的使用及价值、数据组织与数据结构；然后介绍了数据分析的内涵、数据分析的流程、数据分析的应用场景、数据分析的常用指标和术语；最后介绍了数据分析工具 Excel 2016 的基础知识，展示了 Excel 2016 的用户界面，讲解了 Excel 2016 的基本操作，包括工作簿的基本操作、工作表的基本操作和单元格的基本操作。

思考题

1. 简述对数据的理解。
2. 简述数据的组织形式。
3. 简述对数据结构的理解。
4. 简述对数据分析内涵的理解。
5. 简述数据分析的流程。
6. 简述数据分析的应用场景。
7. 列举并解释数据分析的常用指标和术语。

本章实训

1. 按下面的要求创建一个工作簿。

（1）工作簿名称为“工资管理.xlsx”。

（2）工作簿中有一张工作表，工作表名称为“工资”，工作表内容为空。

2. 按下面的要求进行操作。

（1）在“工资”工作表中的第一行输入如下字段：工号、姓名、部门、岗位、基本工资、奖金、补贴、其他。

（2）在“工资”工作表中根据字段意义输入 10 行数据。

（3）复制“工资”工作表，将复制的工作表命名为“员工工资”。

（4）将“员工工资”工作表中第 4 列的标题“岗位”修改为“岗位等级”。

（5）将“补贴”列移动到“奖金”列的左侧。

第 2 章 Excel 公式与函数

思政导读

老子曰："天下难事必作于易，天下大事必作于细。"大事与小事是相对的、辩证转化的。把看似平凡的小事做好，就是不平凡，把看似简单的事情做好，就是不简单。由小到大、由易到难是事业成功的必然规律。只有立志做大事，"撸起袖子加油干"，才能让生命在为人民服务的崇高事业中闪光出彩。

本章教学目标与要求

（1）掌握 Excel 公式中的运算符、单元格引用和地址引用。
（2）掌握 Excel 函数的使用方法。
（3）能解决 Excel 公式与函数运用中遇到的常见问题。

2.1 Excel 公式

使用 Excel 公式可以对工作表中的数值进行加、减、乘、除等运算。在 Excel 中使用公式进行数据运算，首先需要选择一个单元格，输入“=”，然后在其后输入公式，按 Enter 键，即可按公式计算出结果。

2.1.1 Excel 公式中的运算符

Excel 公式中的运算符有 4 种，分别是算术运算符、比较运算符、字符运算符、引用运算符。

① 算术运算符：正号（+）、负号（-）、加号（+）、减号（-）、乘号（*）、除号（/）、百分比（%）、指数（^）。

② 比较运算符：等于（=）、大于（>）、小于（<）、大于或等于（>=）、小于或等于（<=）。

③ 字符运算符：连接符（&）。

④ 引用运算符：冒号（：）、逗号（，）、空格。

2.1.2 Excel 公式中的单元格引用

单元格引用就是标识工作表中的单元格或单元格区域，指明公式中所使用的数据的位置。在 Excel 中可以引用同一工作表中不同位置的数据、同一工作簿不同工作表中的数据、不同工作簿中的数据。

单元格或单元格区域引用的一般方式为

工作表名！单元格引用

或

[工作簿名]工作表名！单元格引用

2.1.3 Excel 公式中的地址引用

若在一个公式中用到一个或多个单元格地址，则认为该公式引用了单元格地址。

① 相对地址：随公式复制的单元格位置变化而变化的单元格地址。

② 绝对地址：当复制单元格的公式到目标单元格时，其地址不变。

③ 混合地址：行号或列号前面有“$”符号。

例如，利用单元格引用功能制作销售报表，具体操作步骤如下。

步骤 01 在工作表中输入基本数据，如图 2-1 所示。

	A	B	C	D	E
1	利润率	0.2			
2	商品名称	单价(万元)	销售数量	销售额(万元)	利润额(万元)
3	轿车A	13	1000		
4	轿车B	14	800		
5	轿车C	15	1200		
6	轿车D	16	500		
7	轿车E	17	600		

图 2-1　输入基本数据

步骤 02 单击“文件”选项卡标签，单击“选项”命令，弹出“Excel 选项”对话框，单击左侧列表框中的“高级”选项，在右侧选项面板的“此工作表的显示选项”选项区域中，勾选“在单元格中显示公式而非其计算结果”复选框，如图 2-2 所示。

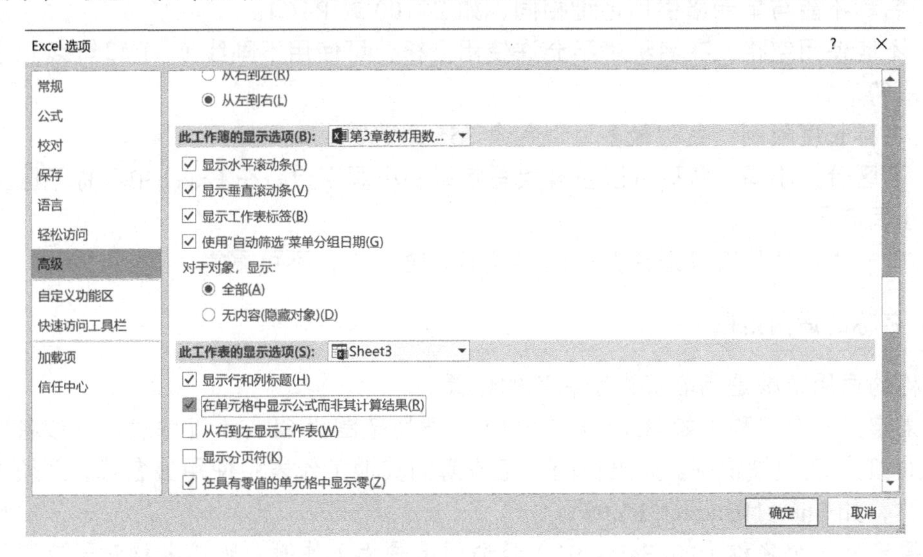

图 2-2　勾选“在单元格中显示公式而非其计算结果”复选框

步骤 03 在 D3 单元格中输入公式“=B3*C3”，将光标移至 D3 单元格右下角，当光标变为十字形时按住鼠标左键拖动至 D7 单元格，填充公式。公式中的“单价”和“销售数量”单元格的地址随着“销售额”单元格位置的改变而改变。

步骤 04 在 E3 单元格中输入公式“=D3*$B$1”，将光标移至 E3 单元格右下角，当光标变为十字形时按住鼠标左键拖动至 E7 单元格，填充公式。公式中的“销售额”单元格的地址随着“利润额”单元格位置的改变而改变，而“利润率”单元格的地址不变，如图 2-3 所示。

	A	B	C	D	E
1	利润率	0.2			
2	商品名称	单价(万元)	销售数量	销售额(万元)	利润额(万元)
3	轿车A	13	1000	=B3*C3	=D3*$B$1
4	轿车B	14	800	=B4*C4	=D4*$B$1
5	轿车C	15	1200	=B5*C5	=D5*$B$1
6	轿车D	16	500	=B6*C6	=D6*$B$1
7	轿车E	17	600	=B7*C7	=D7*$B$1

图 2-3　制作销售报表

2.1.4 名称的定义与运用

在 Excel 中可以为单元格或单元格区域、函数、常量、表格等定义名称。

1. 名称的语法规则

创建和编辑名称时需要注意以下语法规则。

① 有效字符：名称的第一个字符必须是字母、下画线或反斜杠（\），名称中的其余字符可以是字母、数字、句点和下画线。

② 名称不能与单元格引用地址相同，如 Z$100 或 R1C1。

③ 不能使用空格：在名称中不允许使用空格，可使用下画线（_）和句点（.）作为单词分隔符。

④ 名称长度限制：名称最多可以包含 255 个字符。

⑤ 不区分大小写：名称可以包含大写字母和小写字母，在 Excel 中名称不区分大写字母和小写字母。

⑥ 唯一性：名称在其适用范围内必须具备唯一性，不可重复。

2. 名称的适用范围

名称的适用范围是指能够识别名称的位置。

如果定义一个名称（如 Budget_FY08）且适用范围为 Sheet1 工作表，则该名称只能在 Sheet1 工作表中被识别。如果在同一工作簿的其他工作表中使用该名称，必须加上工作表名称，如 Sheet1!Budget_FY08。

如果定义一个名称（如 Sales_01）且适用范围为工作簿，则该名称对于该工作簿中的所有工作表都是可识别的，但对于其他工作簿是不可识别的。

3. 为单元格或单元格区域定义名称

（1）快速定义名称

步骤 01 选择要命名的单元格或单元格区域。

步骤 02 单击编辑栏最左侧的名称框。

步骤 03 在名称框中输入要使用的名称。

步骤 04 按 Enter 键确认。

（2）将现有行和列标题转换为名称

步骤 01 选择要命名的单元格区域，包括行或列标题。

步骤 02 在“公式”选项卡“定义的名称”组中单击“根据所选内容创建”按钮。

步骤 03 弹出“根据所选内容创建名称”对话框，通过勾选“首行”“最左列”“末行”“最右列”复选框来指定包含标题的位置，如图 2-4 所示。

步骤 04 单击“确定”按钮，完成名称的创建。通过该方式创建的名称仅引用相应标题下包含值的单元格，并且不包含现有行和列标题。

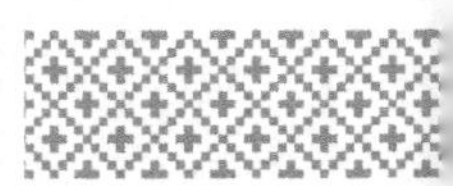

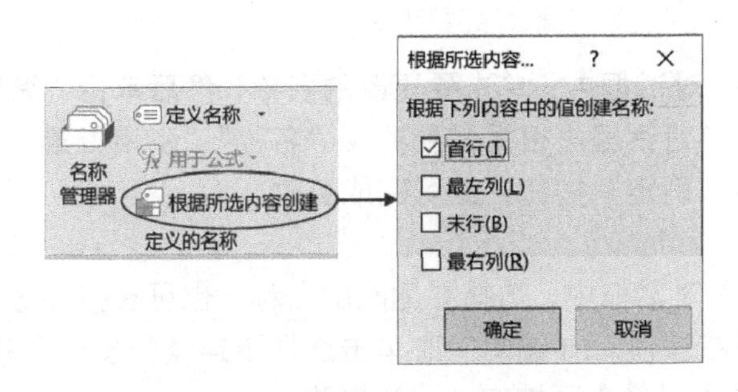

图 2-4　根据所选内容创建名称

(3) 使用“新名称”对话框定义名称

步骤 01　在“公式”选项卡“定义的名称”组中单击“定义名称”按钮。

步骤 02　弹出“新建名称”对话框，在“名称”文本框中输入要引用的名称。

步骤 03　在“范围”下拉列表中选择“工作簿”或工作簿中工作表的名称。

步骤 04　在“备注”列表框中输入对该名称的说明性文字，最多 255 个字符。

步骤 05　在“引用位置”文本框中，执行下列操作之一。

a. 如果引用单元格或单元格区域，则单击“引用位置”文本框右侧的折叠按钮，然后在工作表中重新选择需要引用的单元格或单元格区域。

b. 如果引用一个常量，则在“引用位置”文本框中输入“=”，然后输入常量值。

c. 如果引用公式，则在“引用位置”文本框中输入“=”，然后输入公式。

步骤 06　单击“确定”按钮，完成命名并返回工作表。

4. 使用“名称管理器”管理名称

使用“名称管理器”可以管理工作簿中所有已定义的名称。

在“公式”选项卡“定义的名称”组中单击“名称管理器”按钮，弹出“名称管理器”对话框，如图 2-5 所示。

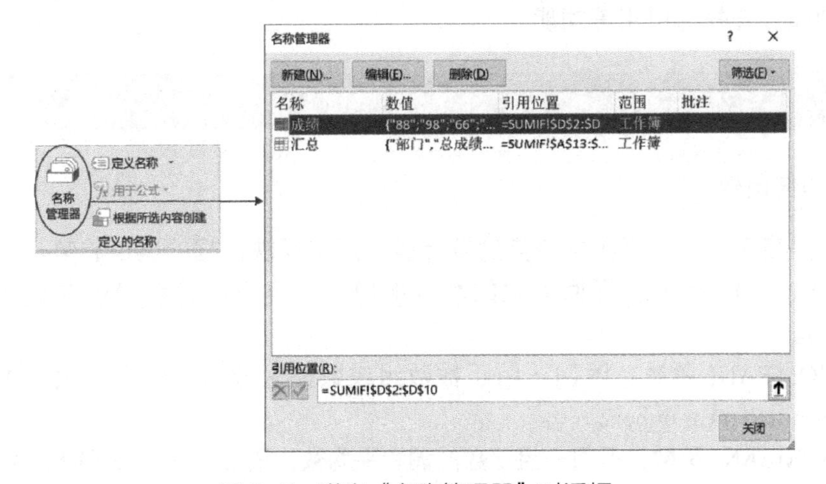

图 2-5　弹出“名称管理器”对话框

（1）更改名称

在“名称管理器”对话框中，单击要更改的名称，然后单击“编辑”按钮，弹出“编辑名称”对话框，在该对话框中根据需要更改“名称”“引用位置”“批注”等，但“范围”不能更改，单击“确定”按钮，即可完成更改。

（2）删除名称

在“名称管理器”对话框中，选择要删除的名称，也可在按住 Shift 键的同时单击选择连续的多个名称或在按住 Ctrl 键的同时单击选择不连续的多个名称，单击“删除”按钮或按 Delete 键，单击“确定”按钮，确认删除。

5. 引用名称

使用名称可以快速选择已命名的单元格或单元格区域，在公式中引用名称可以实现精确引用。

（1）通过名称框引用

单击名称框右侧的下拉按钮，在打开的下拉列表中会显示所有已命名的单元格或单元格区域的名称，但不包括常量和公式的名称。

（2）在公式中引用

单击要输入公式的单元格，在“公式”选项卡“定义的名称”组中单击“用于公式”下拉按钮，在打开的下拉列表中会显示定义的名称。

2.2 Excel 函数

在 Excel 中，函数是预定义的内置公式，它通过指定不同的参数数值，按照特定的语法顺序进行计算。Excel 提供了大量的函数，可以实现数值统计、数学计算、文本处理、逻辑判断、查找与引用等功能。

2.2.1 统计函数

1. 平均值函数

平均值是表示一组数据集中趋势的统计量，用来反映数据的集中趋势。

① AVERAGE()函数：返回参数的算术平均数，语法格式为 AVERAGE(number1, number2,…)。

② GEOMEAN()函数：返回一组正数数组或数值区域的几何平均数，语法格式为 GEOMEAN(number1,number2,…)。

③ HARMEAN()函数：返回一组正数的调和平均数，语法格式为 HARMEAN(number1, number2,…)。

【例 2-1】某企业 2021 年上半年每月成本数据表如图 2-6 所示，计算该企业 2021 年

上半年的成本平均值、成本几何平均值和成本调和平均值，具体操作步骤如下。

步骤 01 在工作表中选择 D4 单元格，在“公式”选项卡“函数库”组中单击“插入函数”按钮，弹出“插入函数”对话框，在“或选择类别”下拉列表中选择“统计”选项，在“选择函数”列表框中选择“GEOMEAN”函数，如图 2-7 所示。单击“确定”按钮，弹出“函数参数”对话框，如图 2-8 所示。

	A	B	C	D
1	月份	成本		
2	1	133456	上半年成本平均值	
3	2	135000		
4	3	125674	上半年成本几何平均值	
5	4	147896		
6	5	138102	上半年成本调和平均值	
7	6	139100		

图 2-6 某企业 2021 年上半年每月成本数据表

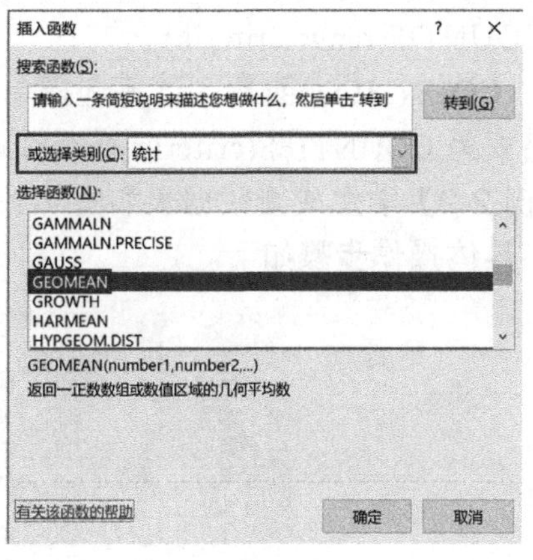

图 2-7 插入 GEOMEAN()函数

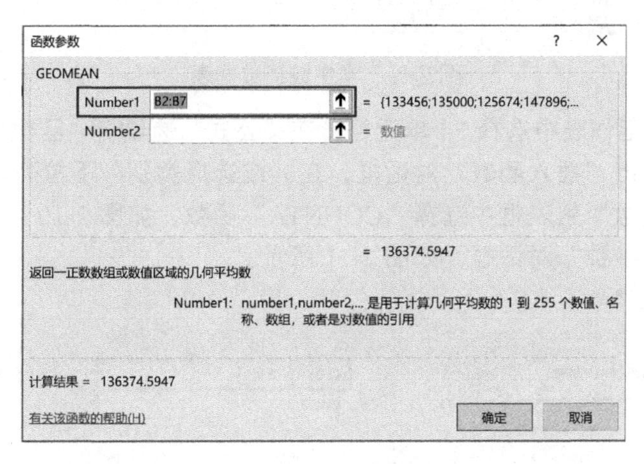

图 2-8 GEOMEAN()“函数参数”对话框

步骤 02 将光标定位在 Number1 文本框中，在工作表中在按住鼠标左键的同时拖动鼠标选择 B2:B7 单元格区域，单击“确定”按钮，即可计算出“上半年成本几何平均值”。

步骤 03 使用相同的方法，分别计算出“上半年成本平均值”和“上半年成本调和平均值”。

2. 计数函数

在数据分析过程中，经常需要统计选择区域内数值型单元格、空单元格、非空单元格及满足某条件的单元格的数量，使用相应的计数函数可以快速统计单元格的数量。

① COUNT()函数：计算选择单元格区域中包含数字的单元格的个数，语法格式为 COUNT(value1,value2,···)。

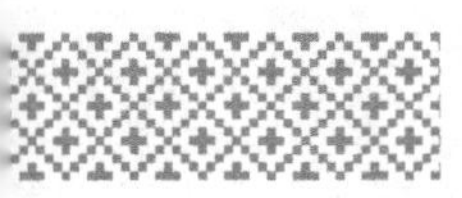

② COUNTA()函数：计算选择单元格区域中非空单元格的个数，语法格式为COUNTA(value1,value2,⋯)。

③ COUNTBLANK()函数：计算选择单元格区域中空单元格的个数，语法格式为COUNTBLANK(range)。

④ COUNTIF()函数：计算选择单元格区域中满足给定条件的单元格的个数，语法格式为COUNTIF(range,criteria)。

⑤ COUNTIFS()函数：计算选择单元格区域中满足多个给定条件的单元格的个数，语法格式为COUNTIFS(criteria_range1,criteria1,[criteria_range2,criteria2],⋯)。

【例 2-2】学生成绩数据表如图 2-9 所示，统计学生人数、语文参考人数和数学参考人数，具体操作步骤如下。

	A	B	C	D	E	F
1	姓名	语文成绩	数学成绩			
2	徐彦	88	69			
3	余鹏飞	82	90			
4	杨敏	75	85		学生人数:	
5	韩政	缺考	70		语文参考人数:	
6	陈礼华	90	缺考		数学参考人数	
7	赵飞	80	88			
8	孙娟	66	78			
9	刘洁	缺考	90			
10	周冠英	98	78			
11	周婷	76	缺考			

图 2-9　学生成绩数据表

步骤 01　在工作表中选择 F4 单元格，在“公式”选项卡“函数库”组中单击“插入函数”按钮，弹出“插入函数”对话框，在“或选择类别”下拉列表中选择“统计”选项，在“选择函数”列表框中选择“COUNTA”函数，如图 2-10 所示。单击“确定”按钮，弹出“函数参数”对话框，如图 2-11 所示。

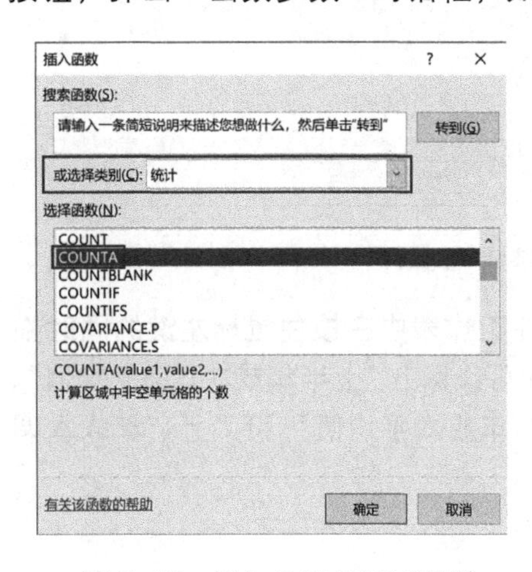

图 2-10　插入 COUNTA()函数

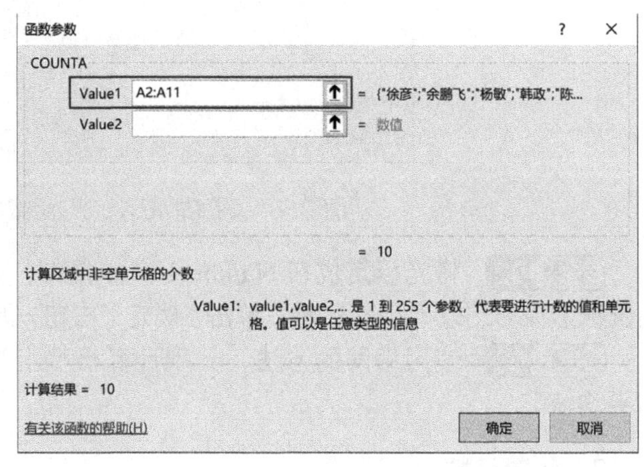

图 2-11　COUNTA()“函数参数”对话框

步骤 02　将光标定位在 Value1 文本框中，在工作表中选择 A2:A11 单元格区域，单击“确定”按钮，即可得出“学生人数”。

步骤 03　在工作表中选择 F5 单元格，在“公式”选项卡“函数库”组中单击“插

入函数”按钮，弹出“插入函数”对话框，在“或选择类别”下拉列表中选择“统计”选项，在“选择函数”列表框中选择“COUNT”函数，单击“确定”按钮。弹出“函数参数”对话框，将光标定位在 Value1 文本框中，在工作表中选择 B2:B11 单元格区域，单击“确定”按钮，即可得出“语文参考人数”。使用相同的方法，得出“数学参考人数”。

【例 2-3】使用 Excel 函数统计如图 2-12 所示的会员信息数据表中各会员编号的重复次数，具体操作步骤如下。

	A	B	C	D	E	F	G
1	会员编号	性别	生日	省份	城市	购买金额	购买总次数
2	DM181031	女	1956/1/2	江苏	无锡	1766.1	23
3	DM181032	女	1969/2/1	河南	郑州	11160.2335	23
4	DM181037	男	1987/3/2	浙江	宁波	21140.56	56
5	DM181038	女	1989/5/6	辽宁	沈阳	278.56	30
6	DM181039	男	1976/6/1	湖北	武汉	1894.848	14
7	DM181032	女	1990/1/4	河北	石家庄	2484.7455	23
8	DM181031	女	1976/11/2	河南	郑州	3812.73	34
9	DM181037	男	1987/4/1	广东	汕头	984108.15	56
10	DM181038	女	1988/6/5	内蒙古	呼和浩特	1186.06	13
11	DM181031	女	1987/12/1	江苏	南京	1764.9	10

图 2-12　会员信息数据表

步骤 01 在工作表中的 A 列与 B 列之间插入一列，命名为“重复次数”。

步骤 02 选择 B2 单元格，在“公式”选项卡“函数库”组中单击“插入函数”按钮，弹出“插入函数”对话框，在“或选择类别”下拉列表中选择“统计”选项，在“选择函数”列表框中选择“COUNTIF”函数，如图 2-13 所示。单击“确定”按钮，弹出“函数参数”对话框，如图 2-14 所示。

步骤 03 将光标定位在 Range 文本框中，在工作表中选择 A2:A11 单元格区域，为保证复制公式时该单元格区域地址不变，将该地址修改为混合地址 A\$2:A\$11；将光标定位在 Criteria 文本框中，在工作表中选择 A2 单元格。单击“确定”按钮，即可得出第一个会员编号的“重复次数”。

步骤 04 单击 B2 单元格，将光标移至 B2 单元格右下角，当光标变为十字形时双击，填充公式，即可得出其他会员编号的“重复次数”。

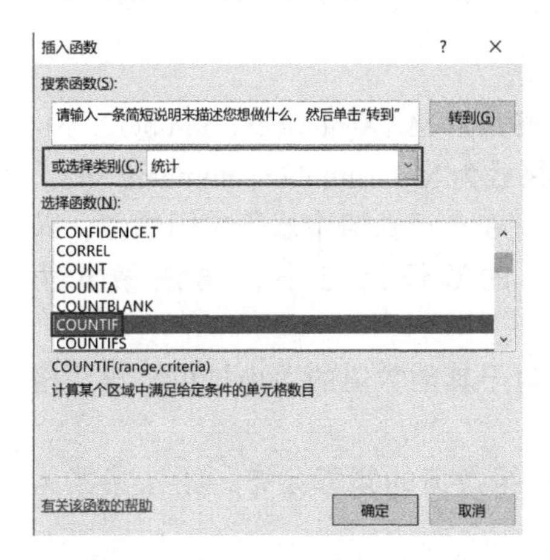

图 2-13　插入 COUNTIF()函数

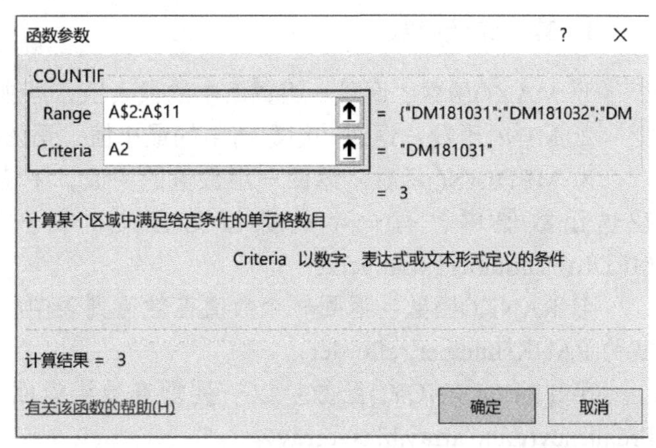

图 2-14　COUNTIF()“函数参数”对话框

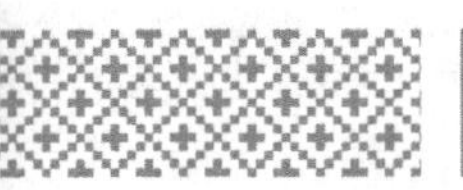

【例 2-4】某单位 2021 年 1 月销售数据表如图 2-15 所示，统计教学部男员工的销售记录个数，具体操作步骤如下。

1月销售数据			
姓名	性别	部门	销售额
徐伟	男	教学部	2000
戴良	男	研发部	1800
张红	女	教学部	3000
顾珍	女	研发部	3500
徐伟	男	教学部	2000
戴良	男	研发部	1800
张红	女	教学部	3000
顾珍	女	研发部	3500
徐伟	男	教学部	2000
戴良	男	研发部	1800
张红	女	教学部	3000
顾珍	女	研发部	3500

图 2-15　某单位 2021 年 1 月销售数据表

步骤 01　在工作表中选择一个空白单元格，在“公式”选项卡“函数库”组中单击“插入函数”按钮，弹出“插入函数”对话框，在“或选择类别”下拉列表中选择“统计”选项，在“选择函数”列表框中选择“COUNTIFS”函数，如图 2-16 所示。单击“确定”按钮，弹出“函数参数”对话框，如图 2-17 所示。

步骤 02　将光标定位在 Criteria_range1 文本框中，在工作表中选择 C3:C14 单元格区域；将光标定位在 Criteria1 文本框中，输入“"教学部"”；将光标定位在 Criteria_range2 文本框中，在工作表中选择 B3:B14 单元格区域；将光标定位在 Criteria2 文本框中，输入“"男"”。单击“确定”按钮，即可得出教学部男员工的销售记录个数。

图 2-16　插入 COUNTIFS()函数

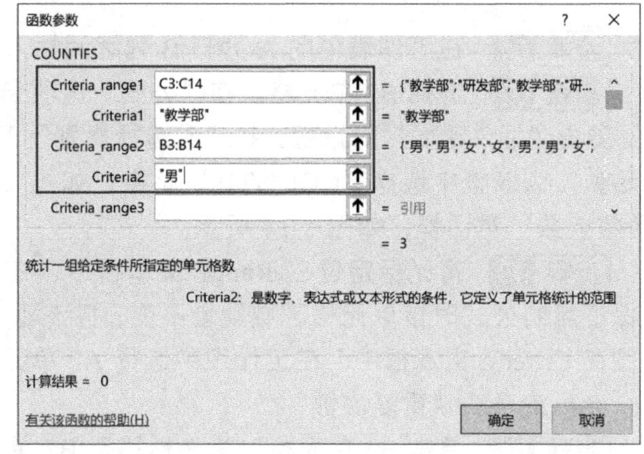

图 2-17　COUNTIFS()“函数参数”对话框

3. 其他统计函数

① MAX()函数：返回一组数值中的最大值，语法格式为 MAX(number1,number2,…)。

② MIN()函数：返回一组数值中的最小值，语法格式为 MIN(number1,number2,…)。

③ MEDIAN()函数：返回一组数值的中值，中值是在一组数值中居于中间的数，即在这组数值中，有一半的数值比它大，另一半的数值比它小；语法格式为 MEDIAN(number1,number2,…)。

④ RANK()函数：返回一个数值在数值列表中相对于其他数值的大小排位，语法格式为 RANK(number,ref,order)。

⑤ FREQUENCY()函数：以一列垂直数组返回一组数值的频率分布，语法格式为 Frequency(data_array,bins_array)。

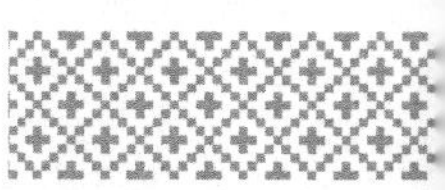

【例 2-5】计算如图 2-18 所示的会员信息数据表中购买金额的最大值，具体操作步骤如下。

	A	B	C	D	E	F	G
1	会员编号	性别	生日	省份	城市	购买金额	购买总次数
2	DM181031	女	1956/1/2	江苏	无锡	1766.1	23
3	DM181032	女	1969/2/1	河南	郑州	11160.2335	23
4	DM181037	男	1987/3/2	浙江	宁波	21140.56	56
5	DM181038	女	1989/5/6	辽宁	沈阳	278.56	30
6	DM181039	男	1976/6/1	湖北	武汉	1894.848	14
7	DM181032	女	1990/1/4	河北	石家庄	2484.7455	23
8	DM181031	女	1976/11/2	河南	郑州	3812.73	34
9	DM181037	男	1987/4/1	广东	汕头	984108.15	56
10	DM181038	女	1988/6/5	内蒙古	呼和浩特	1186.06	13
11	DM181031	女	1987/12/1	江苏	南京	1764.9	10

图 2-18　会员信息数据表

步骤 01 在工作表中选择一个空白单元格，在“公式”选项卡“函数库”组中单击“插入函数”按钮，弹出“插入函数”对话框，在“或选择类别”下拉列表中选择“统计”选项，在“选择函数”列表框中选择“MAX”函数，如图 2-19 所示。单击“确定”按钮，弹出“函数参数”对话框，如图 2-20 所示。

步骤 02 将光标定位在 Number1 文本框中，在工作表中选择 F2:F11 单元格区域，单击“确定”按钮，即可计算出购买金额的最大值。

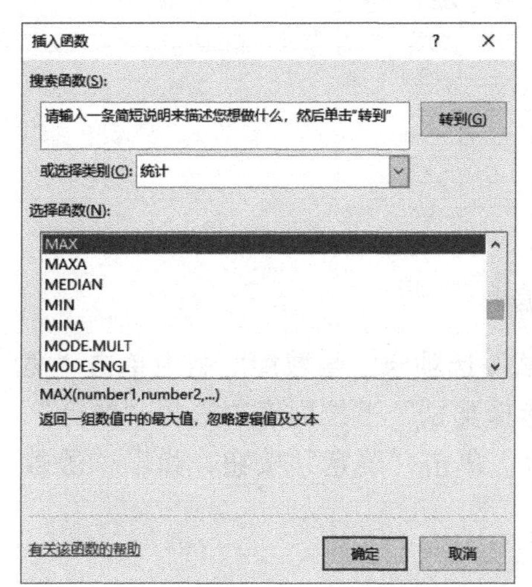

图 2-19　插入 MAX()函数

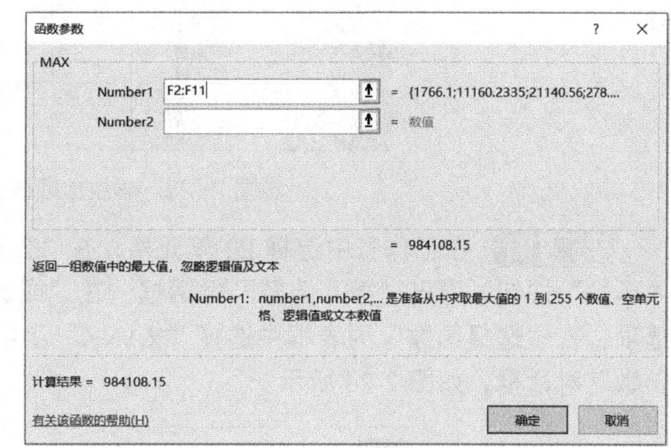

图 2-20　MAX()“函数参数”对话框

【例 2-6】计算如图 2-18 所示的会员信息数据表中购买金额的中位数，具体操作步骤如下。

步骤 01 在工作表中选择另一个空白单元格，在“公式”选项卡“函数库”组中单击“插入函数”按钮，弹出“插入函数”对话框，在“或选择类别”下拉列表中选择“统计”选项，在“选择函数”列表框中选择“MEDIAN”函数，如图 2-21 所示。单击“确定”按钮，弹出“函数参数”对话框，如图 2-22 所示。

步骤 02 将光标定位在 Number1 文本框中，在工作表中选择 F2:F11 单元格区域，单击“确定”按钮，即可计算出购买金额的中位数。

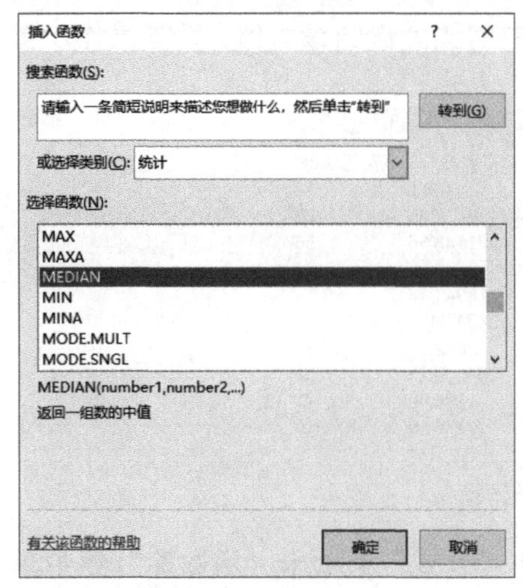

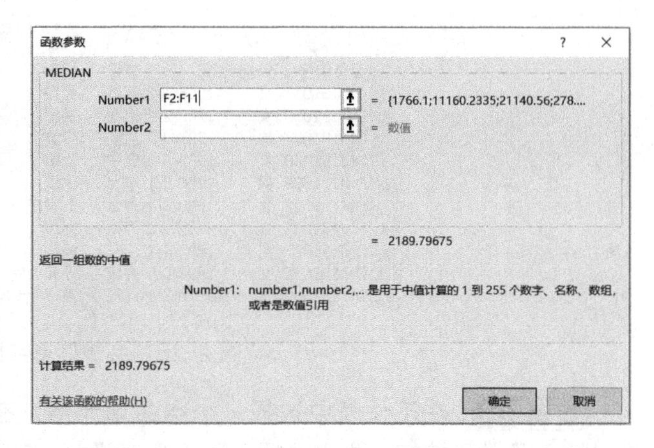

图 2-21　插入 MEDIAN()函数　　　　图 2-22　MEDIAN()“函数参数”对话框

【例 2-7】计算如图 2-23 所示的学生成绩数据表中每位同学成绩在年级中的排名，具体操作步骤如下。

	A	B	C	D	E	F
1	班级1	成绩	班级2	成绩	1班年级排名	2班年级排名
2	徐彦	54	张钰波	78		
3	余鹏飞	65	崔璀	79		
4	杨敏	87	杨娟	85		
5	韩政	98	赵鹏	84		
6	陈礼华	86	周蕾	93		
7	赵飞	66	赵腾	71		
8	孙娟	43	王日	84		
9	刘洁	99	宋全峰	82		
10	周冠英	97	臧晓晶	90		
11	周婷	75	钱永峰	96		

图 2-23　学生成绩数据表

步骤 01　在工作表中选择 E2 单元格，在“公式”选项卡“函数库”组中单击“插入函数”按钮，弹出“插入函数”对话框，在“或选择类别”下拉列表中选择“统计”选项，在“选择函数”列表框中选择“RANK”函数，单击“确定”按钮，弹出“函数参数”对话框，如图 2-24 所示。

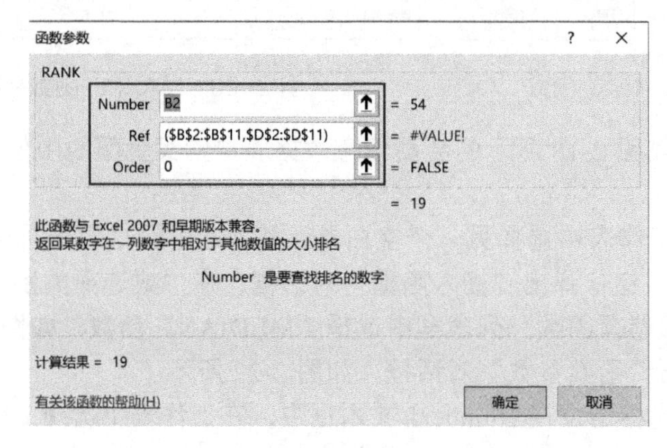

图 2-24　RANK()“函数参数”对话框

步骤 02 将光标定位在 Number 文本框中，在工作表中选择 B2 单元格。

步骤 03 将光标定位在 Ref 文本框中，在按住 Ctrl 键的同时，在工作表中选择 B2:B11 单元格区域和 D2:D11 单元格区域，为保证复制公式时该单元格区域地址不变，将该地址修改为绝对地址，在行、列号前添加绝对引用符号$，并添加英文状态下的括号。

步骤 04 将光标定位在 Order 文本框中，输入“0”或省略，默认情况下为降序，单击“确定”按钮，即可计算出第一位同学成绩在年级中的排名。

步骤 05 填充公式，即可计算出其他同学成绩在年级中的排名。

【例 2-8】在如图 2-25 所示的学生成绩数据表所在的工作表中，在 B13:D17 单元格区域中创建如图 2-26 所示的分段统计表，统计学生成绩数据表中学生成绩的分段人数，具体操作步骤如下。

	A	B	C	D	E	F
1	班级1	成绩	班级2	成绩	1班年级排名	2班年级排名
2	徐彦	54	张钰波	78		
3	余鹏飞	65	崔璀	79		
4	杨敏	87	杨娟	85		
5	韩政	98	赵鹏	84		
6	陈礼华	86	周蕾	93		
7	赵飞	66	赵腾	71		
8	孙娟	43	王日	84		
9	刘洁	99	宋全峰	82		
10	周冠英	97	臧晓晶	90		
11	周婷	75	钱永峰	96		

图 2-25 学生成绩数据表

成绩	分段点	人数
成绩<=60（不合格）	60	
60<成绩<=80（合格）	80	
80<成绩<=90（良好）	90	
成绩>90（优秀）	100	

图 2-26 分段统计表

步骤 01 在工作表中选择 D14:D17 单元格区域，在“公式”选项卡“函数库”组中单击“插入函数”按钮，弹出“插入函数”对话框，在“或选择类别”下拉列表中选择“统计”选项，在“选择函数”列表框中选择“FREQUENCY”函数，如图 2-27 所示。单击“确定”按钮，弹出“函数参数”对话框，如图 2-28 所示。

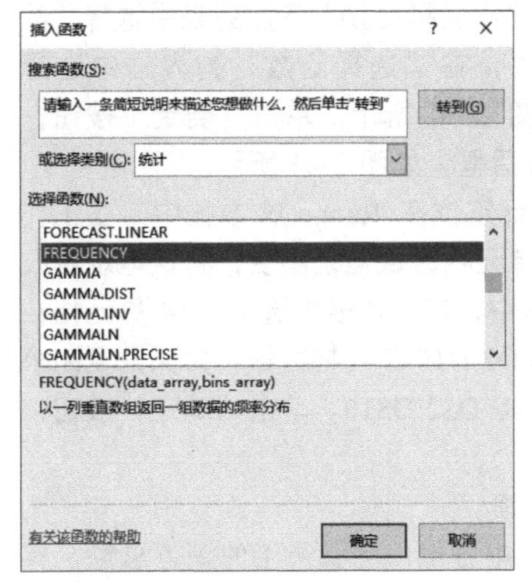

函数参数
FREQUENCY
Data_array ($B$2:$B$11,$D$2:$D$11) = #VALUE!
Bins_array C14:C$17 = {60;80;90;100}
= {2;6;7;5}
以一列垂直数组返回一组数据的频率分布
Bins_array 数据接收区间，为一数组或对数组区域的引用，设定对 data_array 进行频率计算的分段点
计算结果 = 2
有关该函数的帮助(H)
确定 取消

图 2-27 插入 FREQUENCY()函数　　图 2-28 FREQUENCY()“函数参数”对话框

步骤 02 将光标定位在 Data_array 文本框中，在按住 Ctrl 键的同时，在工作表中选择 B2:B11 单元格区域和 D2:D11 单元格区域，为保证复制公式时该单元格区域地址不变，将该地址修改为绝对地址，在行、列号前添加绝对引用符号$，并添加英文状态下的括号。

步骤 03 将光标定位在 Bins_array 文本框中，在工作表中选择 C14:C17 单元格区

域，为保证复制公式时 C17 单元格地址不变，将该地址修改为混合地址 C$17，然后按 Shift+Ctrl+Enter 组合键，结果可自动填充到 D14:D17 单元格区域，即可得出学生成绩的每个分段人数。

2.2.2 数学与三角函数

1. 求和函数

在数据分析过程中，有时需要对数值型数据进行求和或根据指定条件进行求和运算。

① SUM()函数：计算单元格区域中所有数值的和；语法格式为 SUM(number1, number2,…)，其中，number1,number2,…为 1～30 个需要求和的参数，可以是一个数值、一个单元格或单元格区域。

② SUMIF()函数：对单元格区域中符合指定条件的数值求和，语法格式为 SUMIF(range,criteria,sum_range)。

③ SUMIFS()函数：计算单元格区域中满足多个条件的全部数值的总和，语法格式为 SUMIFS(sum_range,criteria_range1,criteria1,[criteria_range2,criteria2],…)。

④ SUMPRODUCT()函数：在给定的几组数组中，将数组间对应的元素相乘，并返回乘积的和；语法格式为 SUMPRODUCT(array1,array2,array3,…)。

	A	B	C	D
1	部门	职务	姓名	成绩
2	账务部	部长	张红	88
3	储运部	保管	李花	98
4	财务部	出纳	唐兰	66
5	储运部	保管	张梅	77
6	安监部	巡逻	冬冬	44
7	生产科	科长	阳阳	65
8	销售部	经理	徐平	43
9	采购部	部长	豆豆	32
10	客服部	经理	毛毛	23
11				
12				
13	部门	总成绩		
14	财务部			
15	储运部			

图 2-29　成绩信息表

【例 2-9】计算如图 2-29 所示的成绩信息表中指定部门的总成绩，具体操作步骤如下。

步骤 01 在工作表中选择 B14 单元格，在“公式”选项卡“函数库”组中单击“插入函数”按钮，弹出“插入函数”对话框，在“或选择类别”下拉列表中选择“数学与三角函数”选项，在“选择函数”列表框中选择“SUMIF”函数，如图 2-30 所示。单击“确定”按钮，弹出“函数参数”对话框，如图 2-31 所示。

步骤 02 将光标定位在 Range 文本框中，在工作表中选择 A2:A10 单元格区域，为保证复制公式时该单元格区域地址不变，将该地址修改为混合地址 A$2:A$10；将光标定位在 Criteria 文本框中，在工作表中选择 A14 单元格；将光标定位在 Sum_range 文本框中，在工作表中选择 D2:D10 单元格区域，为保证复制公式时该单元格区域地址不变，将该地址修改为混合地址 D$2:D$10。单击“确定”按钮，即可计算出财务部的总成绩。

步骤 03 填充公式，即可计算出储运部的总成绩。

【例 2-10】计算如图 2-32 所示的员工销售数据表中各部门男女员工的销售总额，具体操作步骤如下。

步骤 01 在工作表中选择 D18 单元格，在“公式”选项卡“函数库”组中单击“插入函数”按钮，弹出“插入函数”对话框，在“或选择类别”下拉列表中选择“数学与三角函数”选项，在“选择函数”列表框中选择“SUMIFS”函数，如图 2-33 所示。单击“确定”按钮，弹出“函数参数”对话框，如图 2-34 所示。

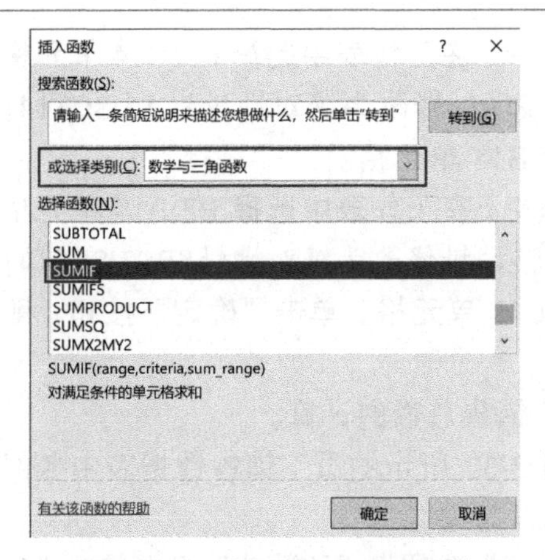

图 2-30　插入 SUMIF()函数

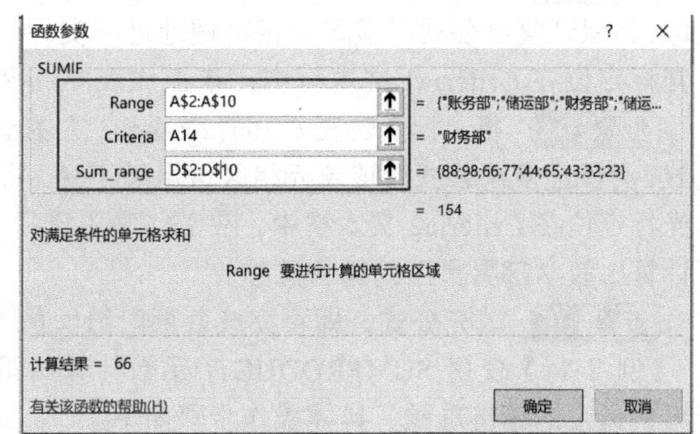

图 2-31　SUMIF()“函数参数”对话框

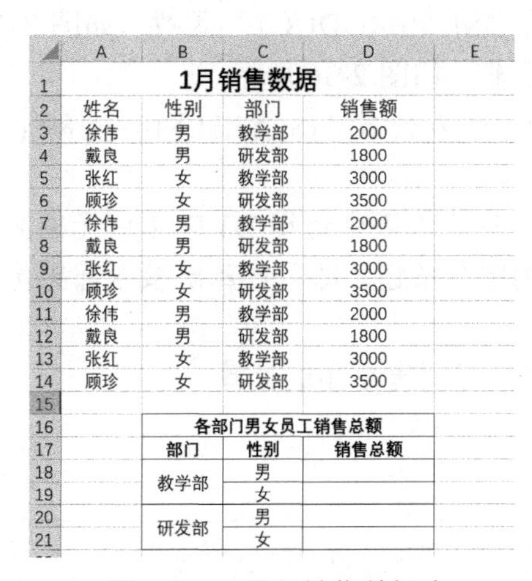

	A	B	C	D
1	1月销售数据			
2	姓名	性别	部门	销售额
3	徐伟	男	教学部	2000
4	戴良	男	研发部	1800
5	张红	女	教学部	3000
6	顾珍	女	研发部	3500
7	徐伟	男	教学部	2000
8	戴良	男	研发部	1800
9	张红	女	教学部	3000
10	顾珍	女	研发部	3500
11	徐伟	男	教学部	2000
12	戴良	男	研发部	1800
13	张红	女	教学部	3000
14	顾珍	女	研发部	3500

各部门男女员工销售总额		
部门	性别	销售总额
教学部	男	
	女	
研发部	男	
	女	

图 2-32　员工销售数据表

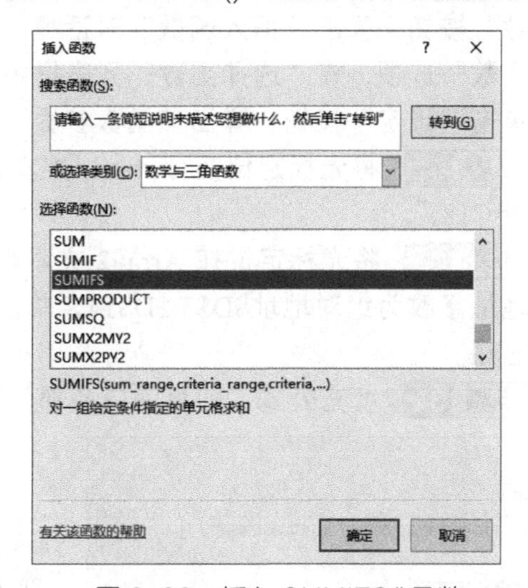

图 2-33　插入 SUMIFS()函数

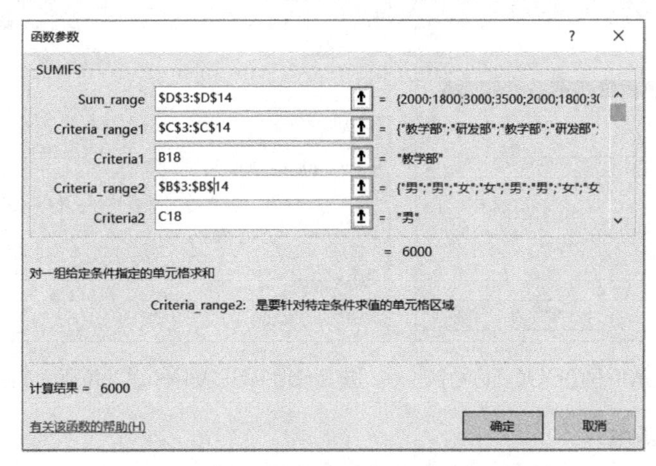

图 2-34　SUMIFS()“函数参数”对话框

步骤 02　将光标定位在 Sum_range 文本框中，在工作表中选择 D3:D14 单元格区域，为保证复制公式时该单元格区域地址不变，将该地址修改为绝对地址$D$3:$D$14。

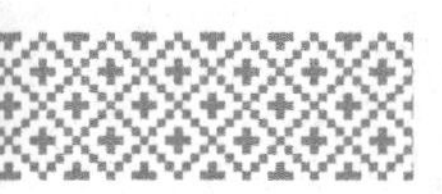

步骤 03 将光标定位在 Criteria_range1 文本框中，在工作表中选择 C3:C14 单元格区域，为保证复制公式时该单元格区域地址不变，将该地址修改为绝对地址$C$3:$C$14；将光标定位在 Criteria1 文本框中，在工作表中选择 B18 单元格。

步骤 04 将光标定位在 Criteria_range2 文本框中，在工作表中选择 B3:B14 单元格区域，为保证复制公式时该单元格区域地址不变，将该地址修改为绝对地址$B$3:$B$14；将光标定位在 Criteria2 文本框中，在工作表中选择 C18 单元格。单击“确定”按钮，即可计算出教学部男员工的销售总额。

步骤 05 填充公式，即可完成各部门男女员工销售总额的计算。

【例 2-11】使用 SUMPRODUCT()函数计算如图 2-32 所示的员工销售数据表中各部门男女员工的销售总额，具体操作步骤如下。

步骤 01 在工作表中选择 D18 单元格，在“公式”选项卡“函数库”组中单击“插入函数”按钮，弹出“插入函数”对话框，在“或选择类别”下拉列表中选择“数学与三角函数”选项，在“选择函数”列表框中选择“SUMPRODUCT”函数，如图 2-35 所示。单击“确定”按钮，弹出“函数参数”对话框，如图 2-36 所示。

步骤 02 将光标定位在 Array1 文本框中，输入公式“($C$3:$C$14=B18)*($B$3:$B$14=C18)”。

步骤 03 将光标定位在 Array2 文本框中，在工作表中选择 D3:D14 单元格区域，将该地址修改为绝对地址$D$3:$D$14，单击“确定”按钮，即可计算出教学部男员工的销售总额。

步骤 04 填充公式，即可完成各部门男女员工销售总额的计算。

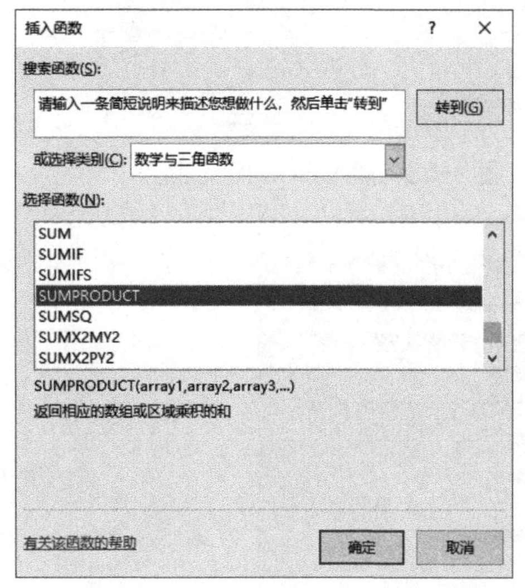

图 2-35 插入 SUMPRODUCT()函数

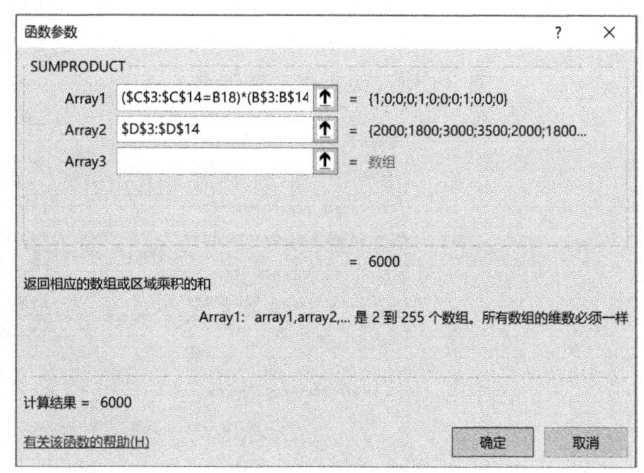

图 2-36 SUMPRODUCT()“函数参数”对话框

2. 其他数学函数

① INT()函数：将数值向下取整为最接近的整数，语法格式为 INT(number)。

② MOD()函数：返回两数相除的余数，结果的正负号与除数相同；语法格式为 MOD(number,divisor)。

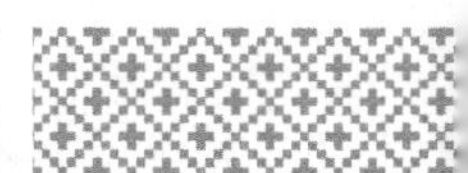

【例 2-12】创建如图 2-37 所示的工作表，计算职工工资发放备钞张数，具体操作步骤如下。

步骤 01 在工作表中选择 B2 单元格，在“公式”选项卡“函数库”组中单击“插入函数”按钮，弹出“插入函数”对话框，在“或选择类别”下拉列表中选择“数学与三角函数”选项，在“选择函数”列表框中选择“INT”函数，单击“确定”按钮，弹出“函数参数”对话框，如图 2-38 所示。

	A	B	C	D	E	F	G
1	金额	100	50	20	10	5	1
2	3179						
3	2718						
4	2373						
5	8274						

图 2-37　职工工资发放备钞张数

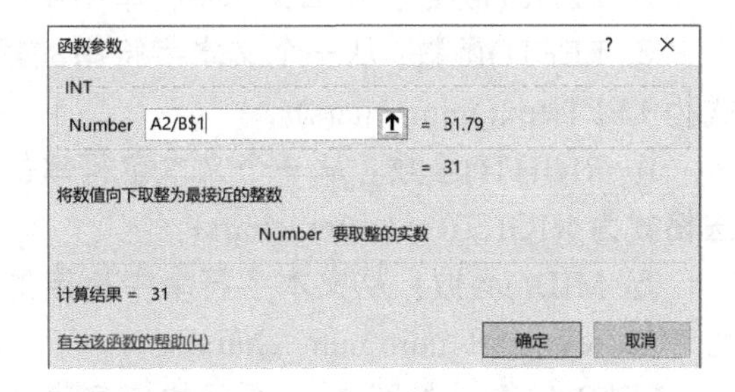

图 2-38　INT()“函数参数”对话框

步骤 02 将光标定位在 Number 文本框中，输入公式“A2/B$1”，单击“确定”按钮，即可计算出 100 元的备钞张数。

步骤 03 使用相同的方法，输入公式“(A2-B2*B$1)/C$1”，计算出 50 元的备钞张数。

步骤 04 使用相同的方法，分别计算出 20 元、10 元、5 元、1 元的备钞张数。填充公式，即可计算出其他金额的备钞张数。

【例 2-13】为如图 2-39 所示的员工销售数据表中的奇偶行设置不同的底纹颜色，具体操作步骤如下。

步骤 01 在工作表中选择 A3:D14 单元格区域，在“开始”选项卡“样式”组中单击“条件格式”→“新建规则”命令，弹出“新建格式规则”对话框，如图 2-40 所示。

步骤 02 在“选择规则类型”列表框中选择“使用公式确定要设置格式的单元格”，在“为符合此公式的值设置格式”文本框中输入公式“=mod(row($A3),2)”，单击“格式”按钮设置底纹颜色，单击“确定”按钮，即为行号是奇数的单元格设置了相应的底纹。

	A	B	C	D	E
1		1月销售数据			
2	姓名	性别	部门	销售额	
3	徐伟	男	教学部	2000	
4	戴良	男	研发部	1800	
5	张红	女	教学部	3000	
6	顾珍	女	研发部	3500	
7	徐伟	男	教学部	2000	
8	戴良	男	研发部	1800	
9	张红	女	教学部	3000	
10	顾珍	女	研发部	3500	
11	徐伟	男	教学部	2000	
12	戴良	男	研发部	1800	
13	张红	女	教学部	3000	
14	顾珍	女	研发部	3500	
15					
16		各部门男女员工销售总额			
17		部门	性别	销售总额	
18		教学部	男		
19			女		
20		研发部	男		
21			女		

图 2-39　员工销售数据表

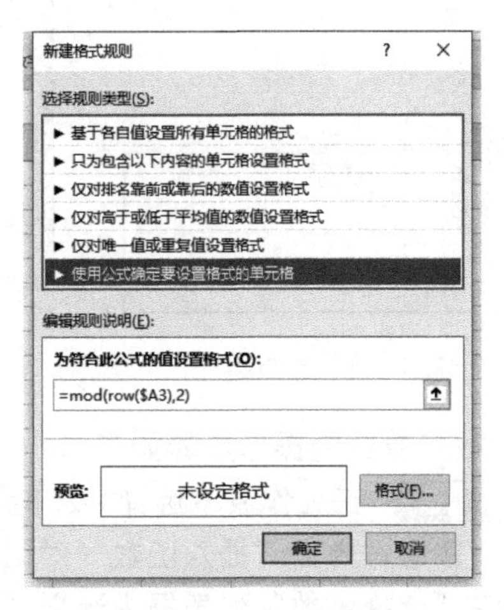

图 2-40　“新建格式规则”对话框

2.2.3 文本函数

1. 字符串截取函数

① LEN()函数：返回文本字符串中的字符个数，语法格式为 LEN(text)。

② LENB()函数：返回文本字符串中用于代表字符的字节数，语法格式为 LENB(text)。

③ LEFT()函数：从一个文本字符串的第一个字符开始返回指定个数的字符，语法格式为 LEFT(text,num_chars)。

④ RIGHT()函数：从一个文本字符串的最后一个字符开始返回指定个数的字符，语法格式为 RIGHT(text,num_chars)。

⑤ MID()函数：从文本字符串中指定的起始位置起返回指定长度的字符，语法格式为 MID(text,start_num,num_chars)。

【例 2-14】从如图 2-41 所示的信息表 A 列相应的单元格中分别截取数字和单位。

① 截取数字的操作步骤如下。

步骤 01 在工作表中选择 B2 单元格，在“公式”选项卡“函数库”组中单击“插入函数”按钮，弹出“插入函数”对话框，在“或选择类别”下拉列表中选择“文本”选项，在“选择函数”列表框中选择“LEFT”函数，单击“确定”按钮，弹出“函数参数”对话框，如图 2-42 所示。

步骤 02 将光标定位在 Text 文本框中，在工作表中选择 A2 单元格。

步骤 03 将光标定位在 Num_chars 文本框中，输入公式“len(A2)*2-lenb(A2)”，单击“确定”按钮。

步骤 04 填充公式，即可完成截取数字的操作。

	A	B	C
1	文本	数字	单位
2	28克		
3	369克		
4	56789吨		

图 2-41 信息表

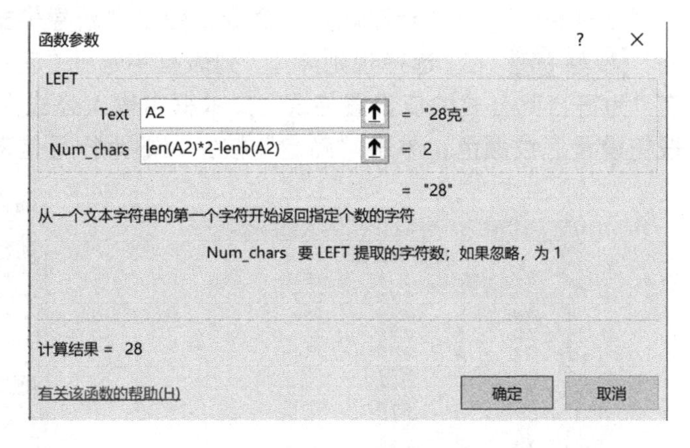

图 2-42 LEFT()“函数参数”对话框

② 截取单位的操作步骤如下。

步骤 01 在工作表中选择 C2 单元格，在“公式”选项卡“函数库”组中单击“插入函数”按钮，弹出“插入函数”对话框，在“或选择类别”下拉列表中选择“文本”选项，在“选择函数”列表框中选择“RIGHT”函数，单击“确定”按钮，弹出“函数

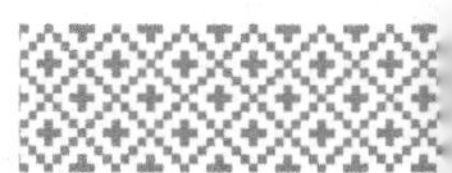

参数”对话框，如图 2-43 所示。

步骤 02 将光标定位在 Text 文本框中，在工作表中选择 A2 单元格。

步骤 03 将光标定位在 Num_chars 文本框中，输入公式“LENB(A2)−LEN(A2)”，单击“确定”按钮。

步骤 04 填充公式，即可完成截取单位的操作。

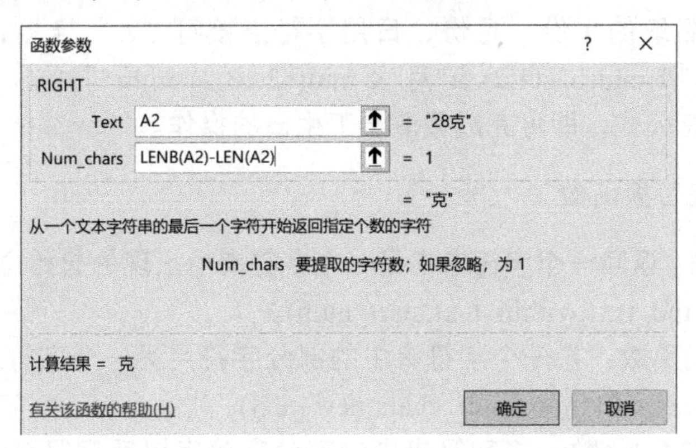

图 2-43 RIGHT()“函数参数”对话框

【例 2-15】从如图 2-44 所示的员工信息表中身份证号中截取员工的生日，以“****年**月**日”的格式显示，具体操作步骤如下。

	A	B	C
1	姓名	身份证号	生日
2	张慧良	320421198308034000	
3	徐雨琴	12064119801003508x	
4	王辰伟	310894198901221006	

图 2-44 员工信息表

步骤 01 在工作表中选择 C2 单元格，在“公式”选项卡“函数库”组中单击“插入函数”按钮，弹出“插入函数”对话框，在“或选择类别”下拉列表中选择“文本”选项，在“选择函数”列表框中选择“MID”函数，单击“确定”按钮，弹出“函数参数”对话框，如图 2-45 所示。

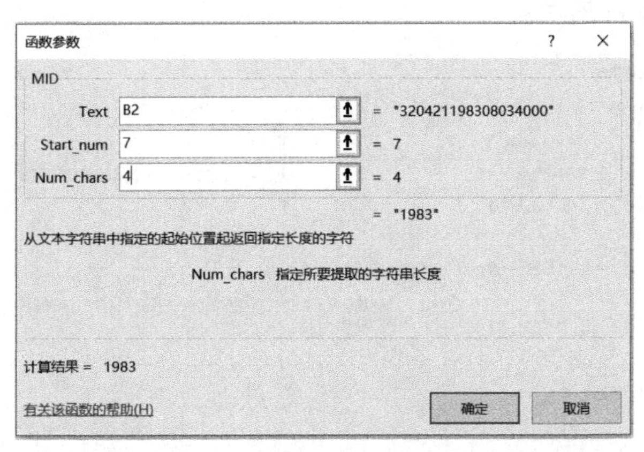

图 2-45 MID()“函数参数”对话框

步骤 02 将光标定位在 Text 文本框中，在工作表中选择 B2 单元格。

步骤 03 将光标定位在 Start_num 文本框中，输入身份证号中出生日期年份起始位置“7”。

步骤 04 将光标定位在 Num_chars 文本框中，输入年份的长度“4”，单击“确定”按钮，即可截取身份证号中出生日期的年份。

步骤 05 将截取的年份、月份、日用字符连接符“&”连接，即完整的公式为“=mid(b2,7,4) &"年"& mid(b2,11,2) &"月"& mid(b2,13,2) &"日"”。

步骤 06 填充公式，即可完成截取员工生日的操作。

2. 字符串查找替换函数

① FIND()函数：返回一个字符串在另一个字符串中出现的起始位置（区分大小写），语法格式为 FIND(find_text,within_text,start_num)。

② REPLACE()函数：将一个字符串中的部分字符用另一个字符串替换，语法格式为 REPLACE(old_text,start_num,num_chars,new_text)。

③ SUBSTITUTE()函数：将字符串中的部分字符串以新字符串替换，语法格式为 SUBSTITUTE(text,old_text,new_text,instance_num)。

【例 2-16】从如图 2-46 所示的员工联系信息表中“员工联系地址信息”列中截取姓名、邮政编码、联系地址，具体操作步骤如下。

	A	B	C	D
1	员工联系地址信息	姓名	邮政编码	联系地址
2	王霄鹏|100083|北京市海淀区学院路			
3	欧阳普钟|201000|上海市			
4	何菲|054001|河北省邢台市			
5	刘丽丽|100711|北京市东城区东四西大街			

图 2-46 员工联系信息表

步骤 01 在工作表中选择 B2 单元格，在“公式”选项卡“函数库”组中单击“插入函数”按钮，弹出“插入函数”对话框，在“或选择类别”下拉列表中选择“文本”选项，在“选择函数”列表框中选择“FIND”函数，单击“确定”按钮，弹出“函数参数”对话框，如图 2-47 所示。

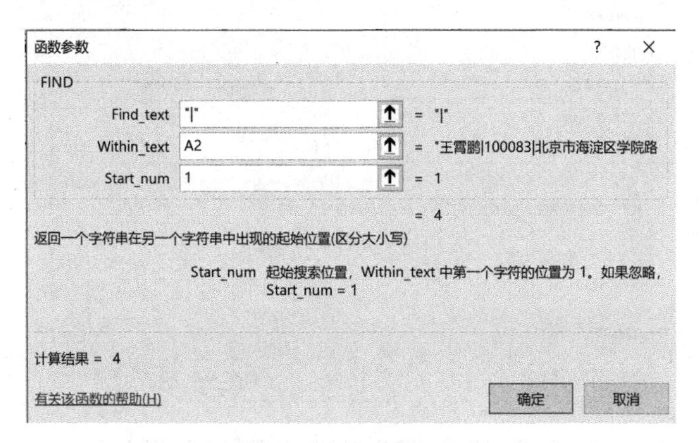

图 2-47 FIND()“函数参数”对话框

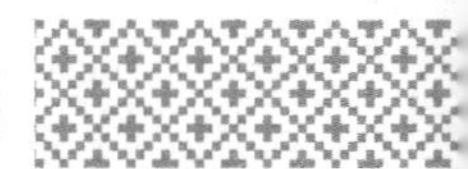

步骤 02 将光标定位在 Find_text 文本框中，输入“"|"”。由于姓名、邮政编码与联系地址之间均用“|”分隔，因此需要查找“|”在“员工联系地址信息”中的位置。

步骤 03 将光标定位在 Within_text 文本框中，在工作表中选择 A2 单元格。

步骤 04 将光标定位在 Start_num 文本框中，输入“1”，若省略，则默认为 1，单击“确定”按钮，即可计算出“|”在字符串中的位置。

步骤 05 截取姓名，输入公式“=left(A2,find("|",A2,1)−1)”即可。

步骤 06 截取邮政编码，输入公式“=mid(A2,find("|",A2,1)+1,6)”即可。

步骤 07 截取联系地址，输入公式“=right(A2,len(A2)−len(B2)−len(C2)−2)”即可。

步骤 08 填充公式，即可完成截取姓名、邮政编码、联系地址的操作。

【例 2-17】隐藏如图 2-48 所示的员工信息表中身份证号中的出生日期，用“****”代替，具体操作步骤如下。

	A	B	C
1	姓名	身份证号	生日
2	张慧良	320421198308034000	
3	徐雨琴	12064119801003508x	
4	王辰伟	310894198901221006	

图 2-48　员工信息表

步骤 01 在工作表中选择 C2 单元格，在“公式”选项卡“函数库”组中单击“插入函数”按钮，弹出“插入函数”对话框，在“或选择类别”下拉列表中选择“文本”选项，在“选择函数”列表框中选择“REPLACE”函数，单击“确定”按钮，弹出“函数参数”对话框，如图 2-49 所示。

步骤 02 将光标定位在 Old_text 文本框中，在工作表中选择 B2 单元格。

步骤 03 将光标定位在 Start_num 文本框中，输入“7”，确定开始替换字符串的位置。

步骤 04 将光标定位在 Num_chars 文本框中，输入“8”，确定被替换字符串的个数。

步骤 05 将光标定位在 New_text 文本框中，输入“"****"”，表示身份证号中 8 位表示出生日期的字符用“****”代替，单击“确定”按钮。

步骤 06 填充公式，即可完成隐藏身份证号中出生日期的操作。

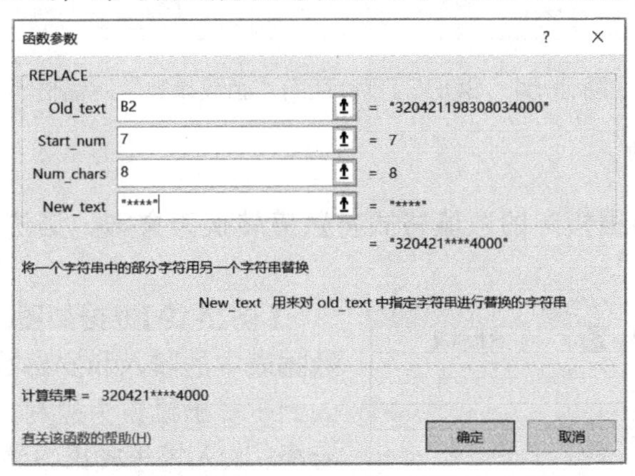

图 2-49　REPLACE()“函数参数”对话框

【例 2-18】使用 SUBSTITUTE()函数隐藏如图 2-50 所示的员工信息表中身份证号中的出生日期，用“****”代替，具体操作步骤如下。

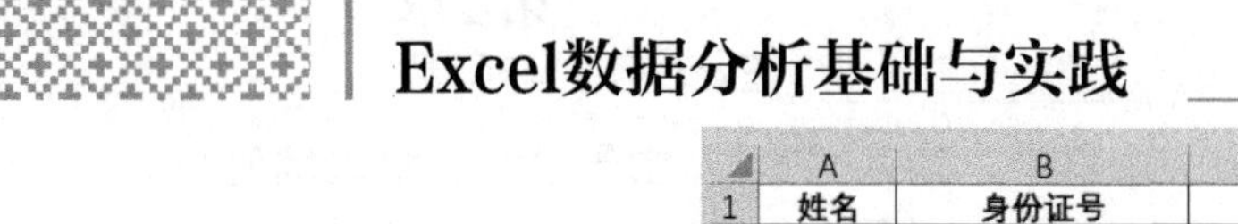

	A	B	C
1	姓名	身份证号	生日
2	张慧良	320421198308034000	
3	徐雨琴	12064119801003508x	
4	王辰伟	310894198901221006	

图 2-50　员工信息表

步骤 01 在工作表中选择 C2 单元格，在“公式”选项卡“函数库”组中单击“插入函数”按钮，弹出“插入函数”对话框，在“或选择类别”下拉列表中选择“文本”选项，在“选择函数”列表框中选择“SUBSTITUTE”函数，单击“确定”按钮，弹出“函数参数”对话框，如图 2-51 所示。

步骤 02 将光标定位在 Text 文本框中，在工作表中选择 B2 单元格。

步骤 03 将光标定位在 Old_text 文本框中，输入“mid(B2,7,8)”，确定需要被替换的字符串。

步骤 04 将光标定位在 New_text 文本框中，输入“"****"”，表示身份证号中 8 位表示出生日期的字符用“****”代替。

步骤 05 将光标定位在 Instance_num 文本框中，输入“1”或省略，单击“确定”按钮。

步骤 06 填充公式，即可完成隐藏身份证号中出生日期的操作。

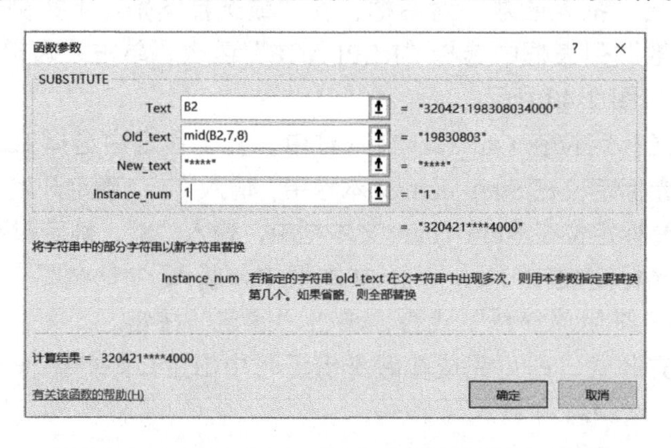

图 2-51　SUBSTITUTE()“函数参数”对话框

3. 文本转换函数

TEXT()函数：根据指定的数值格式将数值转换为文本，语法格式为 TEXT(value, format_text)。

	A	B	C
1	收入（单位：万）	支出（单位：万）	收益情况
2	6.74	6.42	
3	7.61	7.88	
4	6.94	6.51	
5	7.13	7.96	
6	6.99	6.99	
7	7.67	6.46	
8	7.61	6.5	
9	6.15	6.65	

图 2-52　收入支出数据表

【例 2-19】根据如图 2-52 所示的收入支出数据表中的收入和支出数据设置收益情况，收入大于支出设置为盈利，收入小于支出设置为亏损，收入等于支出设置为平衡，具体操作步骤如下。

步骤 01 在工作表中选择 C2 单元格，在“公式”选项卡“函数库”组中单击“插入

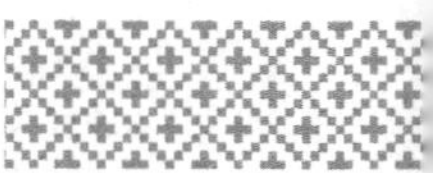

函数”按钮，弹出“插入函数”对话框，在“或选择类别”下拉列表中选择“文本”选项，在“选择函数”列表框中选择“TEXT”函数，单击“确定”按钮，弹出“函数参数”对话框，如图2-53所示。

步骤 02 将光标定位在Value文本框中，输入“A2-B2”，确定盈亏的数值。

步骤 03 将光标定位在Format_text文本框中，输入“"盈利0.00万；亏损0.00万；平衡；"”，单击“确定”按钮。

步骤 04 填充公式，即可完成收益情况的设置。

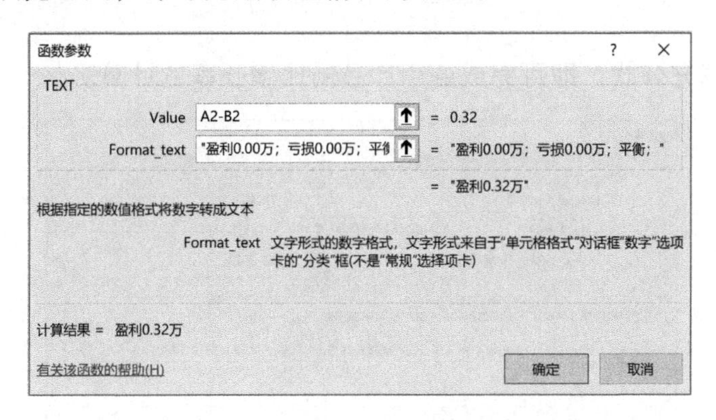

图2-53 TEXT()“函数参数”对话框

2.2.4 逻辑函数

1. IF类函数

① IF()函数：判断是否满足某个条件，如果满足则返回一个值，如果不满足则返回另一个值；语法格式为IF(logical_test,value_if_true,value_if_false)。

② IFNA()函数：如果表达式解析为#N/A，则返回value_if_na指定的值，否则返回表达式的结果；语法格式为IFNA(value,value_if_na)。

③ IFERROR()函数：如果表达式是一个错误，则返回value_if_error指定的值，否则返回表达式的结果；语法格式为IFERROR(value,value_if_error)。

【例2-20】计算如图2-54所示的产品上年和本年销售量数据表中各个产品的同比增长率，若无“上年销售量”则是本年新增产品，若无“本年销售量”则是本年停产产品，具体操作步骤如下。

	A	B	C	D
1	产品	上年销售量	本年销售量	同比增长率
2	产品A	5435	6324	
3	产品B	3254	2876	
4	产品C	354		
5	产品D	6545	7678	
6	产品E		1765	

图2-54 产品上年和本年销售量数据表

步骤 01 在工作表中选择D2单元格，在“公式”选项卡“函数库”组中单击“插

入函数”按钮，弹出“插入函数”对话框，在“或选择类别”下拉列表中选择“逻辑”选项，在“选择函数”列表框中选择“IF”函数，单击“确定”按钮，弹出“函数参数”对话框，如图 2-55 所示。

步骤 02 将光标定位在 Logical_test 文本框中，输入公式“B2<>""”。

步骤 03 将光标定位在 Value_if_true 文本框中，输入公式“IF(C2<>"",(C2-B2)/B2,"已经停产")”。

步骤 04 将光标定位在 Value_if_false 文本框中，输入“"新增项目"”，单击“确定”按钮。

步骤 05 填充公式，即可完成各个产品同比增长率的计算。

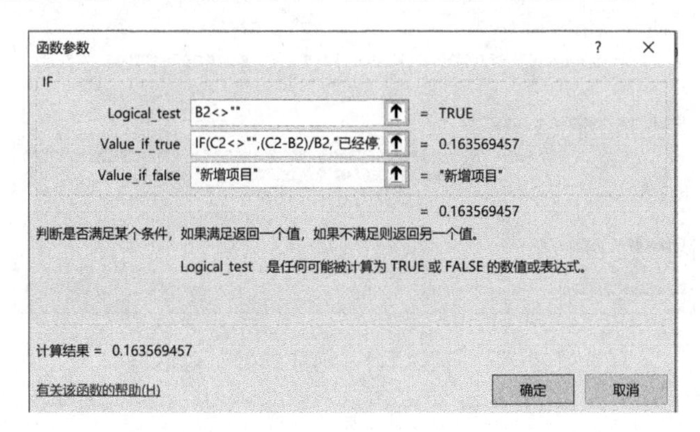

图 2-55 IF()“函数参数”对话框

2. IS 类函数

① ISBLANK(value)：检测是否引用了空单元格，返回 TRUE 或 FALSE。

② ISERR(value)：检测一个值是否为#N/A 以外的错误，返回 TRUE 或 FALSE。

③ ISERROR(value)：检测一个值是否为错误，返回 TRUE 或 FALSE。

④ ISLOGICAL(value)：检测一个值是否为逻辑值（TRUE 或 FALSE），返回 TRUE 或 FALSE。

⑤ ISNA(value)：检测一个值是否为#N/A，返回 TRUE 或 FALSE。

⑥ ISNONTEXT(value)：检测一个值是否不为文本（空单元格不是文本），返回 TRUE 或 FALSE。

⑦ ISNUMBER(value)：检测一个值是否为数值，返回 TRUE 或 FALSE。

⑧ ISREF(value)：检测一个值是否为引用，返回 TRUE 或 FALSE。

⑨ ISTEXT(value)：检测一个值是否为文本，返回 TRUE 或 FALSE。

⑩ ISEVEN(number)：如果数字为偶数，则返回 TRUE。

⑪ ISODD(number)：如果数字为奇数，则返回 TRUE。

3. 逻辑判断类函数

① AND()函数：检查是否所有参数值均为 TRUE，如果所有参数值均为 TRUE，则返回 TRUE；语法格式为 AND(logical1,logical2,…)。

② OR()函数：如果任一参数值为 TRUE，即返回 TRUE，只有当所有参数值均为 FALSE 时，才返回 FALSE；语法格式为 OR(logical1,logical2,…)。

③ NOT()函数：对参数的逻辑值求反，参数为 TRUE 时返回 FALSE，参数为 FALSE 时返回 TRUE；语法格式为 NOT(logical)。

【例 2-21】根据如图 2-56 所示的学生成绩表中三门科目的成绩判定成绩等级，若三门成绩均大于等于 60，则等级为“及格”，否则等级为“补考”，具体操作步骤如下。

	A	B	C	D	E
1	姓名	语文	数学	英语	成绩等级
2	周学宗	100	94	60	
3	邹银一	92	43	97	
4	舒志豪	59	90	91	
5	熊继超	99	76	90	
6	马明才	97	100	50	

图 2-56 学生成绩表

步骤 01 在工作表中选择 E2 单元格，在“公式”选项卡“函数库”组中单击“插入函数”按钮，弹出“插入函数”对话框，在“或选择类别”下拉列表中选择“逻辑”选项，在“选择函数”列表框中选择“AND”函数，单击“确定”按钮，弹出“函数参数”对话框，如图 2-57 所示。

步骤 02 将光标定位在 Logical1 文本框中，输入公式“B2>=60”。

步骤 03 将光标定位在 Logical2 文本框中，输入公式“C2>=60”。

步骤 04 将光标定位在 Logical3 文本框中，输入公式“D2>=60”，单击“确定”按钮。

步骤 05 在工作表的编辑栏中显示 E2 单元格的公式 fx =AND(B2>=60,C2>=60,D2>=60)，选中该公式中除最左侧等号以外的部分，单击鼠标右键，在弹出的菜单中单击“剪切”命令。

步骤 06 在“公式”选项卡“函数库”组中单击“插入函数”按钮，弹出“插入函数”对话框，在“或选择类别”下拉列表中选择“逻辑”选项，在“选择函数”列表框中选择“IF”函数，单击“确定”按钮，弹出“函数参数”对话框，如图 2-58 所示。

步骤 07 将光标定位在 Logical_test 文本框中，按 Ctrl+V 组合键，粘贴公式。

步骤 08 将光标定位在 Value_if_true 文本框中，输入“"及格"”。

步骤 09 将光标定位在 Value_if_false 文本框中，输入“"补考"”，单击“确定”按钮。

步骤 10 填充公式，即可完成成绩等级的判定。

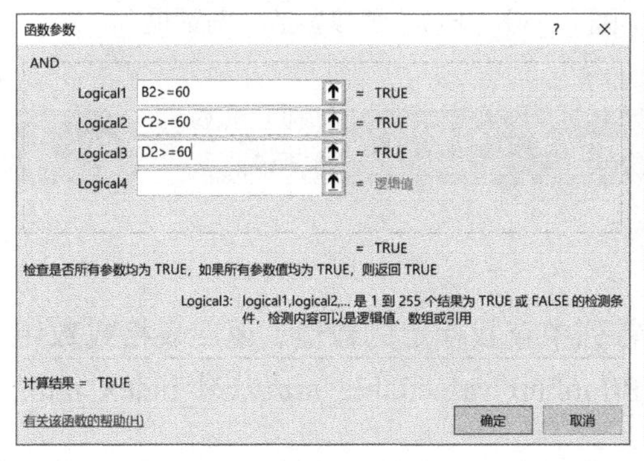

图 2-57 AND()“函数参数”对话框

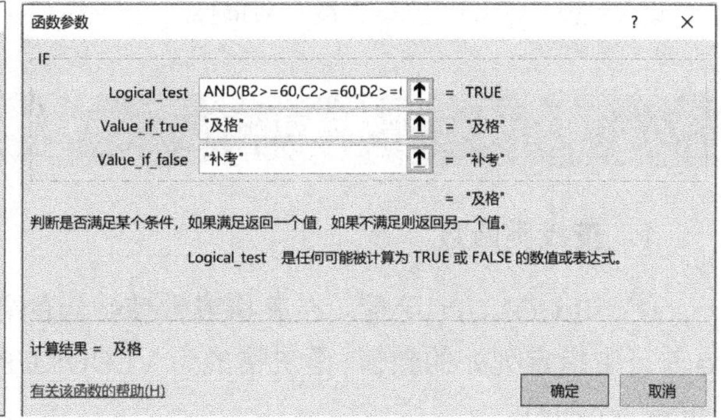

图 2-58 IF()“函数参数”对话框

【例 2-22】使用 IF()函数和 OR()函数判定如图 2-56 所示的学生成绩表中的成绩等级，具体操作步骤如下。

步骤 01 在工作表中选择 E2 单元格，在“公式”选项卡“函数库”组中单击“插入函数”按钮，弹出“插入函数”对话框，在“或选择类别”下拉列表中选择“逻辑”选项，在“选择函数”列表框中选择“OR”函数，单击“确定”按钮，弹出“函数参数”对话框，如图 2-59 所示。

步骤 02 将光标定位在 Logical1 文本框中，输入公式“B2<60”。

步骤 03 将光标定位在 Logical2 文本框中，输入公式“C2<60”。

步骤 04 将光标定位在 Logical3 文本框中，输入公式“D2<60”，单击“确定”按钮。

步骤 05 在工作表的编辑栏中显示 E2 单元格的公式 fx =OR(B2<60,C2<60,D2<60)，选中该公式中除最左侧等号以外的部分，单击鼠标右键，在弹出的菜单中单击“剪切”命令。

步骤 06 在“公式”选项卡“函数库”组中单击“插入函数”按钮，弹出“插入函数”对话框，在“或选择类别”下拉列表中选择“逻辑”选项，在“选择函数”列表框中选择“IF”函数，单击“确定”按钮，弹出“函数参数”对话框，如图 2-60 所示。

步骤 07 将光标定位在 Logical_test 文本框中，按 Ctrl+V 组合键，粘贴公式。

步骤 08 将光标定位在 Value_if_true 文本框中，输入“"补考"”。

步骤 09 将光标定位在 Value_if_false 文本框中，输入“"及格"”，单击“确定”按钮。

步骤 10 填充公式，即可完成成绩等级的判定。

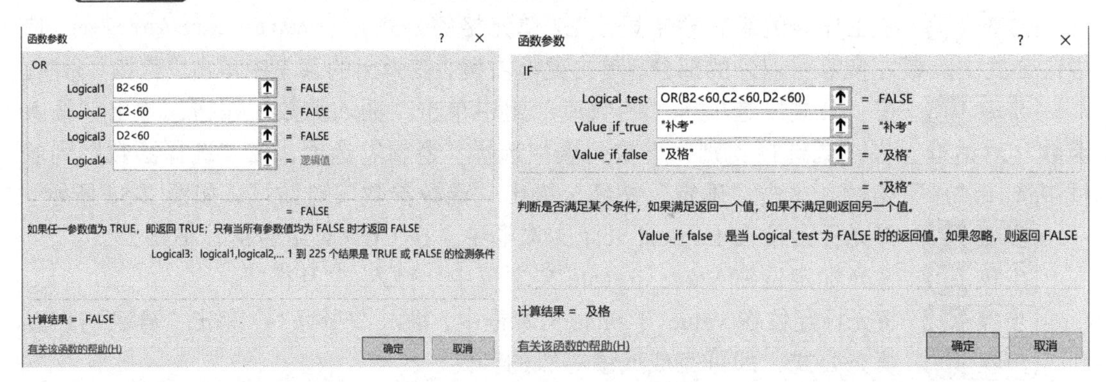

图 2-59 OR()“函数参数”对话框　　　　图 2-60 IF()“函数参数”对话框

2.2.5 查找与引用函数

1. 查找类函数

① VLOOKUP()函数：在表格或数值数组的首列中查找指定的数值，返回表格或数组当前行中指定列处的数值；语法格式为 VLOOKUP(lookup_value,table_array,col_index_num,range_lookup)。

② LOOKUP()函数：以向量形式从单行或单列中查找一个值，语法格式为 LOOKUP(lookup_value,lookup_vector,result_vector)；以数组形式从数组中查找一个值，语法格式为 LOOKUP(lookup_value,array)。

【例 2-23】根据如图 2-61 所示的图书编号对照表中“图书编号”与“图书名称”的对应关系，使用 VLOOKUP()函数自动填充如图 2-62 所示的销售订单明细表中的“图书名称”，具体操作步骤如下。

步骤 01 在工作表中选择 E3 单元格，在“公式”选项卡“函数库”组中单击“插入函数”按钮，弹出“插入函数”对话框，在“或选择类别”下拉列表中选择“查找与引用”选项，在“选择函数”列表框中选择“VLOOKUP”函数，单击“确定”按钮，弹出“函数参数”对话框，如图 2-63 所示。

步骤 02 将光标定位在 Lookup_value 文本框中，在工作表中选择 D3 单元格。

步骤 03 将光标定位在 Table_array 文本框中，在“编号对照”工作表中选择 A3:B19 单元格区域，为保证复制公式时该单元格区域地址不变，将该地址修改为绝对地址 $A$3:$B$19。

图书编号对照表

图书编号	图书名称	定价
BK-83021	《计算机基础及MS Office应用》	¥ 36.00
BK-83022	《计算机基础及Photoshop应用》	¥ 34.00
BK-83023	《C语言程序设计》	¥ 42.00
BK-83024	《VB语言程序设计》	¥ 38.00
BK-83025	《Java语言程序设计》	¥ 39.00
BK-83026	《Access数据库程序设计》	¥ 41.00
BK-83027	《MySQL数据库程序设计》	¥ 40.00
BK-83028	《MS Office高级应用》	¥ 39.00
BK-83029	《网络技术》	¥ 43.00
BK-83030	《数据库技术》	¥ 41.00
BK-83031	《软件测试技术》	¥ 36.00
BK-83032	《信息安全技术》	¥ 39.00
BK-83033	《嵌入式系统开发技术》	¥ 44.00
BK-83034	《操作系统原理》	¥ 39.00
BK-83035	《计算机组成与接口》	¥ 40.00
BK-83036	《数据库原理》	¥ 37.00
BK-83037	《软件工程》	¥ 43.00

订单明细表 | 编号对照 | 统计报告

图 2-61　图书编号对照表

销售订单明细表

订单编号	日期	书店名称	图书编号	图书名称
BTW-08001	2011年1月2日	鼎盛书店	BK-83021	
BTW-08002	2011年1月4日	博达书店	BK-83033	
BTW-08003	2011年1月4日	博达书店	BK-83034	
BTW-08004	2011年1月5日	博达书店	BK-83027	
BTW-08005	2011年1月6日	鼎盛书店	BK-83028	
BTW-08006	2011年1月9日	鼎盛书店	BK-83029	
BTW-08007	2011年1月9日	博达书店	BK-83030	
BTW-08008	2011年1月10日	鼎盛书店	BK-83031	
BTW-08009	2011年1月10日	博达书店	BK-83035	
BTW-08010	2011年1月11日	隆华书店	BK-83022	
BTW-08011	2011年1月11日	鼎盛书店	BK-83023	
BTW-08012	2011年1月12日	隆华书店	BK-83032	
BTW-08013	2011年1月12日	鼎盛书店	BK-83036	
BTW-08014	2011年1月13日	隆华书店	BK-83024	
BTW-08015	2011年1月15日	鼎盛书店	BK-83025	
BTW-08016	2011年1月16日	鼎盛书店	BK-83026	
BTW-08017	2011年1月16日	鼎盛书店	BK-83037	
BTW-08018	2011年1月17日	鼎盛书店	BK-83021	

订单明细表 | 编号对照 | 统计报告

图 2-62　销售订单明细表

步骤 04 将光标定位在 Col_index_num 文本框中，输入“2”，返回 Table_array 中第 2 列值。

步骤 05 将光标定位在 Range_lookup 文本框中，输入“false”或默认，设置为精确匹配，单击“确定”按钮。

步骤 06 填充公式，即可完成销售订单明细表中“图书名称”的填充。

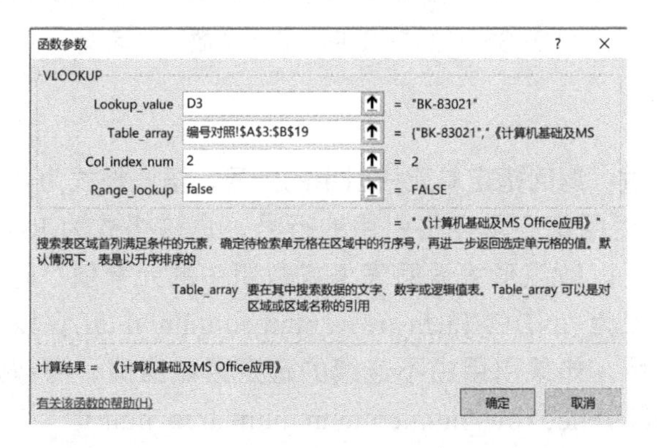

图 2-63　VLOOKUP()“函数参数”对话框

【例 2-24】在如图 2-64 所示的员工部门职务信息表中根据“姓名”查找相应的“职务”，具体操作步骤如下。

步骤 01 将员工部门职务信息表以“员工姓名”为主要关键字进行升序排序。

步骤 02 在工作表中选择 F4 单元格，在“公式”选项卡“函数库”组中单击“插入函数”按钮，弹出“插入函数”对话框，在“或选择类别”下拉列表中选择“查找与引用”选项，在“选择函数”列表框中选择“LOOKUP”函数，单击“确定”按钮，弹出“函数参数”对话框，如图 2-65 所示。

步骤 03 将光标定位在 Lookup_value 文本框中，在工作表中选择 E4 单元格。

步骤 04 将光标定位在 Lookup_vector 文本框中，在工作表中选择 B2:B10 单元格区域。

步骤 05 将光标定位在 Result_vector 文本框中，在工作表中选择 C2:C10 单元格区域，单击“确定”按钮，即可根据“姓名”查找相应的“职务”。

	A	B	C	D	E	F	G
1	部门	员工姓名	职务				
2	法务部	李良	法律顾问				
3	财务部	张伟	财务总监		姓名	职务	
4	安监部	唐辉	部长				
5	质检部	李琴	质检员				
6	生产部	钱平	技术部长				
7	仓储部	张红	保管员				
8	供应部	王晖	发货员				
9	采购部	赵刚	部长				
10	销售部	陆亚	业务经理				
11							

图 2-64　员工部门职务信息表

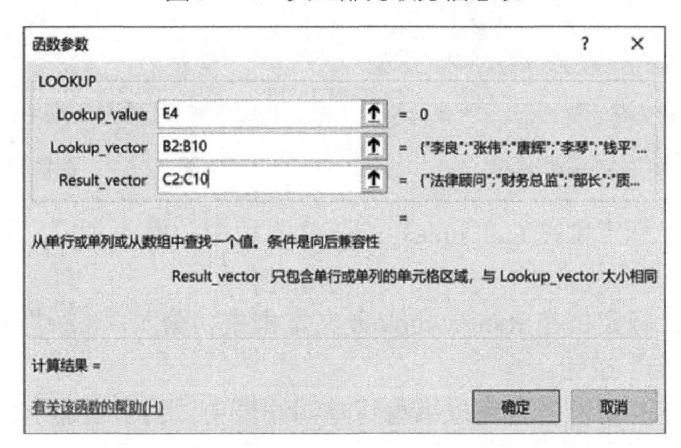

图 2-65　LOOKUP“函数参数”对话框

2. 查询类函数

① COLUMN()函数：返回指定单元格引用的列号，语法格式为 COLUMN([reference])。

② ROW()函数：返回指定单元格引用的行号，语法格式为 ROW([reference])。

③ INDEX()函数：以数组形式返回表格或数组中的元素值，此元素由行号和列号的索引值给定，语法格式为 INDEX(array,row_num,column_num)；以引用形式返回指定行列交叉处单元格的引用，如果引用由不连续的选定区域组成，可以选择某一选定区域，语法格式为 INDEX(reference,row_num,column_num,area_num)。

④ MATCH()函数：返回符合特定值特定顺序的项在数组中的相对位置，语法格式

为 MATCH(lookup_value,lookup_array,[match_type])。

【例 2-25】在如图 2-66 所示的员工销售数据表中根据“姓名”查找“订单数量”“客户名称”“班组”“生产月份”，具体操作步骤如下。

	A	B	C	D	E	F
1	姓名	订单数量	客户名称	班组	生产月份	
2	张良	2000	华为	一组	8月	
3	李伟	1500	方正	一组	9月	
4	武美	8000	清华同方	一组	9月	
5	白齐	5400	中兴	二组	10月	
6						
7						
8	姓名	订单数量	客户名称	班组	生产月份	
9	武美					

图 2-66　员工销售数据表

步骤 01 为 A9 单元格设置数据有效性。在工作表中选择 A9 单元格，在“数据”选项卡“数据工具”组中单击“数据验证”按钮，弹出“数据验证”对话框，设置“验证条件”选项区域中的“允许”为“序列”，将光标定位在“来源”文本框中，在工作表中选择 A2:A5 单元格区域，将该地址修改为绝对地址$A$2:$A$5，如图 2-67 所示，单击“确定”按钮，即可完成 A9 单元格数据有效性的设置。

步骤 02 在工作表中选择 B9 单元格，在“公式”选项卡“函数库”组中单击“插入函数”按钮，弹出“插入函数”对话框，在“或选择类别”下拉列表中选择“查找与引用”选项，在“选择函数”列表框中选择“VLOOKUP”函数，单击“确定”按钮，弹出“函数参数”对话框，如图 2-68 所示。

步骤 03 将光标定位在 Lookup_value 文本框中，在工作表中选择 A9 单元格。

步骤 04 将光标定位在 Table_array 文本框中，在工作表中选择 A2:E5 单元格区域，为保证复制公式时该单元格区域地址不变，将该地址修改为绝对地址$A$2:$E$5。

步骤 05 将光标定位在 Col_index_num 文本框中，输入“COLUMN()”，返回 Table_array 中当前单元格的列号。

步骤 06 将光标定位在 Range_lookup 文本框中，输入“FALSE”或默认，设置为精确匹配，单击“确定”按钮，即可根据“姓名”查找到“订单数量”。

步骤 07 填充公式，即可根据“姓名”查找到“客户名称”“机组”“生产月份”。

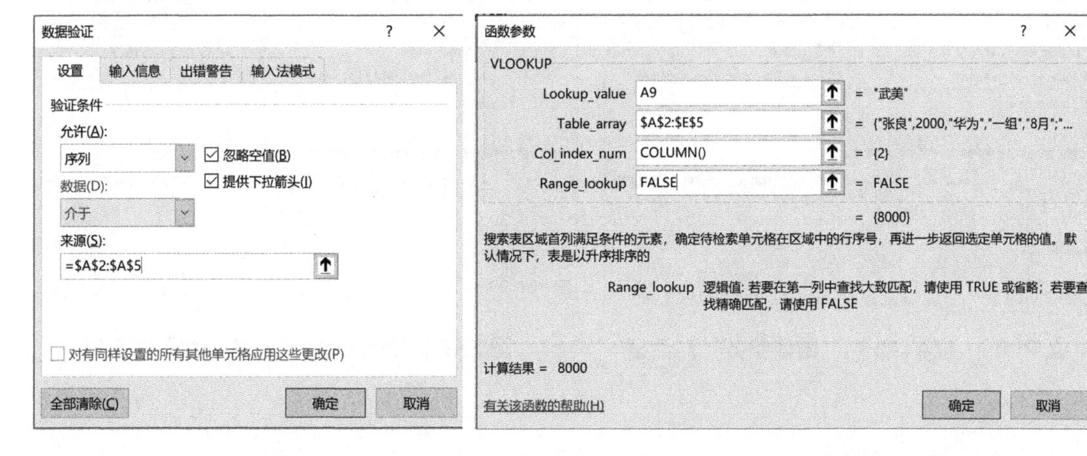

图 2-67　“数据验证”对话框　　　图 2-68　VLOOKUP()“函数参数”对话框

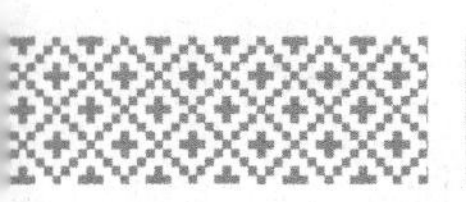

【例 2-26】使用 INDEX()函数和 MATCH()函数，在如图 2-66 所示的员工销售数据表中根据“姓名”查找“订单数量”“客户名称”“班组”“生产月份”，具体操作步骤如下。

步骤 01 使用相同的方法，为 A9 单元格设置数据有效性。

步骤 02 在工作表中选择 B9 单元格，在“公式”选项卡“函数库”组中单击“插入函数”按钮，弹出“插入函数”对话框，在“或选择类别”下拉列表中选择“查找与引用”选项，在“选择函数”列表框中选择“MATCH”函数，单击“确定”按钮，弹出“函数参数”对话框，如图 2-69 所示。

步骤 03 将光标定位在 Lookup_value 文本框中，在工作表中选择 A9 单元格，为保证复制公式时该单元格地址不变，将该地址修改为混合地址$A9。

步骤 04 将光标定位在 Lookup_array 文本框中，在工作表中选择 A2:A5 单元格区域，为保证复制公式时该单元格区域地址不变，将该地址修改为混合地址$A2:$A5。

步骤 05 将光标定位在 Match_type 文本框中，输入“0”，设置为精确匹配，单击“确定”按钮。

步骤 06 在工作表的编辑栏中显示 B9 单元格的公式，选中该公式中除最左侧等号以外的部分，单击鼠标右键，在弹出的菜单中单击“剪切”命令。

步骤 07 在“公式”选项卡“函数库”组中单击“插入函数”按钮，弹出“插入函数”对话框，在“或选择类别”下拉列表中选择“查找与引用”选项，在“选择函数”列表框中选择“INDEX”函数，单击“确定”按钮，弹出“函数参数”对话框，如图 2-70 所示。

步骤 08 将光标定位在 Array 文本框中，在工作表中选择 B2:B5 单元格区域。

步骤 09 将光标定位在 Row_num 文本框中，按 Ctrl+V 组合键，粘贴剪切的 MATCH 公式。

步骤 10 Column_num 参数省略，单击“确定”按钮，即可根据“姓名”查找到“订单数量”。

步骤 11 填充公式，即可根据“姓名”查找到“客户名称”“机组”“生产月份”。

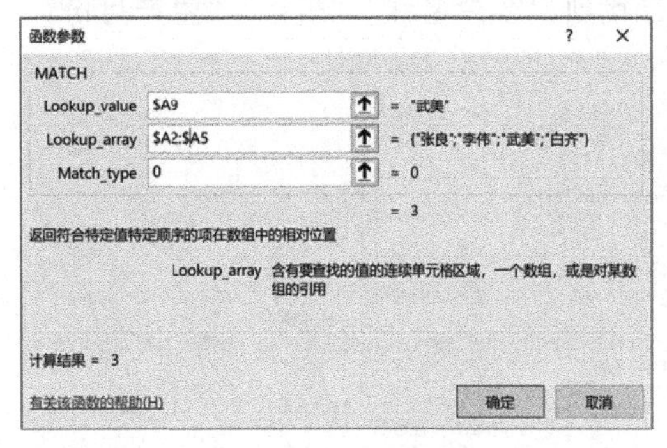

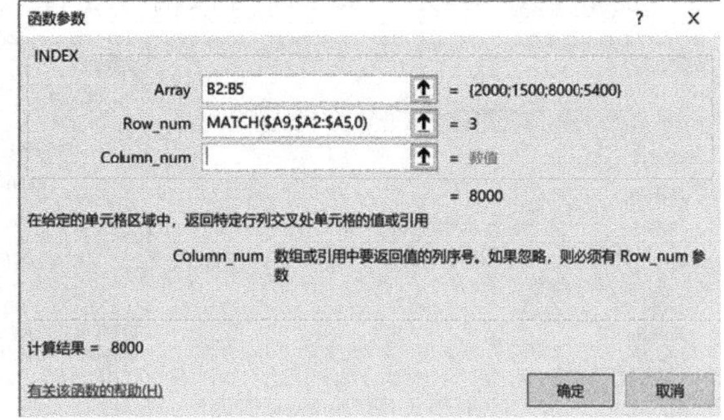

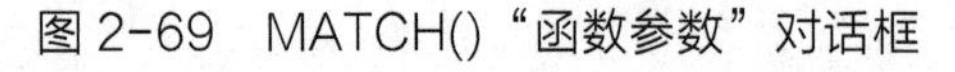
图 2-69 MATCH()“函数参数”对话框

图 2-70 INDEX()“函数参数”对话框

2.2.6 日期与时间函数

1. 计算天数函数

NETWORKDAYS()函数：返回两个日期之间的完整工作日数，语法格式为NETWORKDAYS(start_date,end_date,[holidays])。

【例 2-27】计算如图 2-71 所示的工作时间表中工作日天数和周末天数，具体操作步骤如下。

	A	B	C	D
1	开始日期	结束日期	工作日天数	周末天数
2	2018年7月1日	2018年7月10日		
3	2018年1月14日	2018年2月13日		
4	2018年3月2日	2018年4月20日		
5	2018年4月10日	2018年5月23日		
6	2018年2月18日	2018年4月5日		
7	2018年1月16日	2018年3月22日		
8	2018年3月24日	2018年6月10日		
9	2018年4月2日	2018年6月8日		
10	2018年1月24日	2018年3月9日		
11	2018年4月7日	2018年5月14日		
12	2018年2月21日	2018年3月28日		

图 2-71 工作时间表

步骤 01 在工作表中选择 C2 单元格，在“公式”选项卡“函数库”组中单击“插入函数”按钮，弹出“插入函数”对话框，在“或选择类别”下拉列表中选择“日期与时间”选项，在“选择函数”列表框中选择“NETWORKDAYS”函数，单击“确定”按钮，弹出“函数参数”对话框，如图 2-72 所示。

步骤 02 将光标定位在 Start_date 文本框中，在工作表中选择 A2 单元格。

步骤 03 将光标定位在 End_date 文本框中，在工作表中选择 B2 单元格，单击“确定”按钮，即可计算出第一行日期间“工作日天数”。

步骤 04 将光标定位在 D2 单元格中，输入公式“=B2-A2-C2+1”，即可计算出第一行日期间“周末天数”。

步骤 05 填充公式，即可计算出其他行日期间“工作日天数”和“周末天数”。

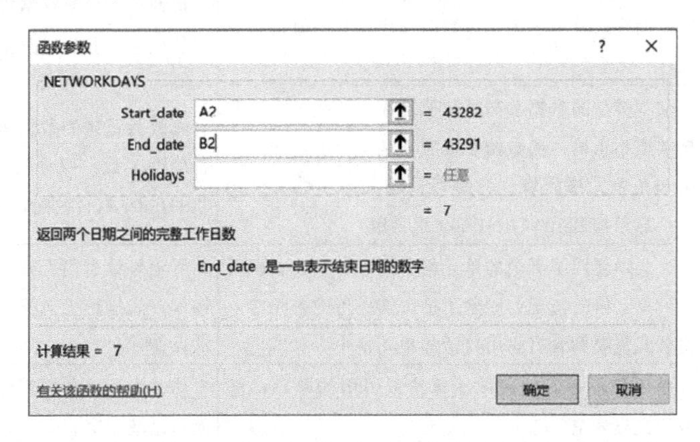

图 2-72 NETWORKDAYS()“函数参数”对话框

2. 年月日判断函数

① TODAY()函数：返回日期格式的当前日期，无参数。

② YEAR()函数：返回以序列数表示的某日期中的年份，年份是介于 1900 至 9999 之间的整数；语法格式为 YEAR(serial_number)。

③ MONTH()函数：返回以序列数表示的某日期中的月份，月份是介于 1（1 月）至 12（12 月）之间的整数；语法格式为 MONTH(serial_number)。

④ DAY()函数：返回以序列数表示的某日期在一个月中的第几天，这是介于 1 至 31 之间的整数；语法格式为 DAY(serial_number)。

2.3 Excel 公式与函数运用中的常见问题

2.3.1 常见问题及处理方法

Excel 公式与函数运用中的常见问题及处理方法如表 2-1 所示。

表 2-1 Excel 公式与函数运用中的常见问题及处理方法

错　误	常 见 原 因	处 理 方 法
#DIV/0!	在公式中有除数为零，或者有除数为空白单元格（Excel 把空白单元格也当作 0）	把除数改为非零的数值，或者使用 IF()函数进行控制
#N/A	在公式中使用具有查找功能的函数（VLOOKUP()、HLOOKUP()、LOOKUP()等）时，找不到匹配的值	检查被查找的值，使其位于查找的数据表中的第 1 列
#NAME?	在公式中使用了 Excel 无法识别的文本，如函数名称拼写错误，使用了没有被定义的单元格区域或单元格名称，引用文本时没加引号等	逐步分析出现该错误的原因，并加以改正
#NUM!	当公式需要数值型参数时，却赋予了非数值型参数；为公式赋予了无效参数；公式返回的值太大或太小	根据公式的具体情况，逐步分析出现该错误的原因，并加以改正
#VALUE!	文本类型的数据参与了数值运算；函数参数的数据类型不正确；函数的参数应该是单一值，却提供了一个单元格区域作为参数；输入一个数组公式时，忘记按 Shift+Ctrl+Enter 组合键	修改为正确的数据类型或参数类型；提供正确的参数；在输入数组公式时，按 Shift+Ctrl+Enter 组合键确定
#REF!	公式中使用了无效的单元格引用，导致公式引用无效单元格的情况：删除了被公式引用的单元格，将公式复制到含有引用自身的单元格中	避免导致引用无效的操作，如果已经出现错误，先撤销无效操作，然后使用正确的方法操作
#NULL!	使用了不正确的区域运算符或引用的单元格区域的交集为空	修改为正确的区域运算符，修改引用使单元格区域相交

2.3.2 单元格的追踪

1. 追踪引用单元格

选择包含需要查找引用单元格的公式的单元格，在“公式”选项卡“公式审核”组中单击“追踪引用单元格”按钮，蓝色箭头显示无错误的单元格，红色箭头显示导致错误的单元格。如果所选单元格引用了另一个工作表或工作簿中的单元格，则会显示一个从工作表图标指向所选单元格的黑色箭头，如图 2-73 所示。

如果要删除引用单元格追踪箭头，在“公式”选项卡“公式审核”组中单击“删除箭头”下拉按钮，在弹出的下拉菜单中单击“删除引用单元格追踪箭头”命令，如图 2-74 所示。

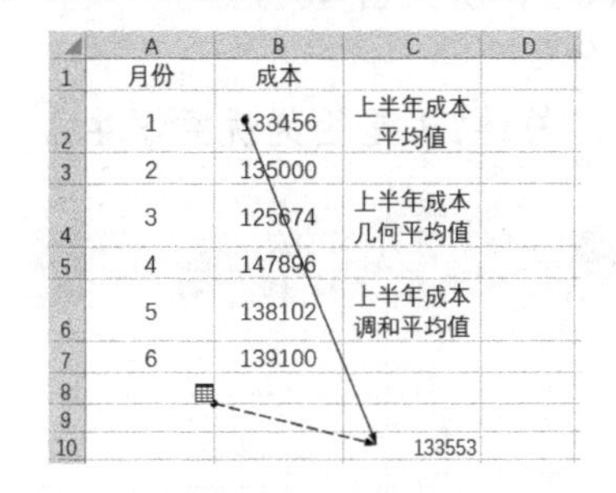

	A	B	C	D
1	月份	成本		
2	1	133456	上半年成本平均值	
3	2	135000		
4	3	125674	上半年成本几何平均值	
5	4	147896		
6	5	138102	上半年成本调和平均值	
7	6	139100		
8				
9				
10			133553	

图 2-73　追踪引用单元格

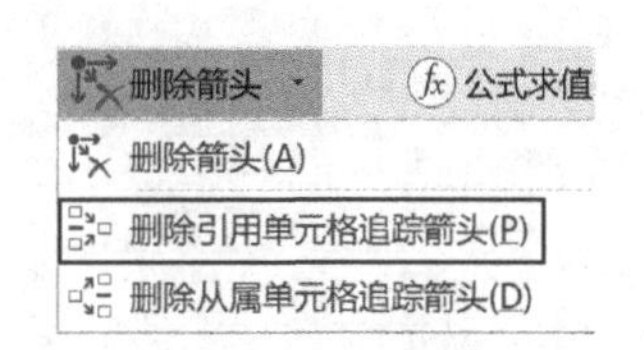

图 2-74　“删除箭头”下拉菜单

2. 追踪从属单元格

选择要对其标识从属单元格的单元格，在“公式”选项卡“公式审核”组中单击“追踪从属单元格”按钮，即可追踪显示引用了该单元格的单元格，蓝色箭头显示无错误的单元格，红色箭头显示导致错误的单元格。

本章小结

本章首先介绍了 Excel 公式中的运算符、Excel 公式中的单元格引用、Excel 公式中的地址引用、名称的定义与运用；然后介绍了 Excel 函数，包括统计函数、数学与三角函数、文本函数、逻辑函数、查找与引用函数、日期与时间函数；最后介绍了 Excel 公式与函数运用中的常见问题及处理方法。

思考题

1. 简述 Excel 公式中的运算符。
2. 简述 Excel 公式中的单元格引用。

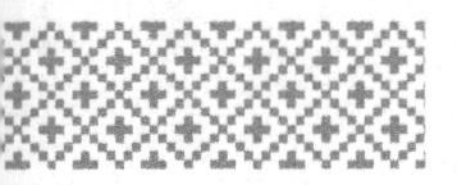

3. 简述 Excel 公式中的地址引用。
4. 简述 Excel 函数的种类。
5. 简述 Excel 公式与函数运用中的常见问题及处理方法。

本章实训

根据如图 2-75 所示的 2018 年第一学期成绩表中的数据，为每位同学计算“英语折合分”“总分”“总评”，计算每门科目的“最高分”“总人数”“不及格人数”。

（1）使用公式计算“英语折合分”（英语占 60%，听力占 40%）。

（2）使用函数计算“最高分”“总人数”“总分”。

（3）使用公式和函数计算“不及格人数”和“总评”（是否为优秀学生）。

2018年第一学期成绩表

学号	班级	姓名	英语	听力	生理	解剖	病理	英语折合分	总分	总评
201601010001	1班	王小蒂	88	78	69	89	86			
201601010002	1班	王英平	82	90	90	89	79			
201601010003	1班	胡龙	75	81	85	82	90			
201601010004	2班	田丽霞	68	70	70	78	83			
201601010005	2班	马力涛	90	75	89	89	76			
201601010006	2班	张丽华	80	68	88	90	78			
201601010007	3班	赵炎	66	50	78	90	83			
201601010008	3班	冯红	98	79	90	88	79			
201601010009	3班	赫志伟	70	68	78	90	85			
2016010100010	3班	岳明	70	83	76	79	80			
最高分										
总人数										
不及格人数										

图 2-75　2018 年第一学期成绩表

第 3 章

Excel 数据获取

思政导读

数据获取规范、准确、有效，才能进一步提升数据的利用效率，最大限度发挥数据的价值和作用，同时也体现出数据获取过程中实事求是的科学精神。在数据获取过程中要合理、合法，时刻树立法律意识、规范意识。

本章教学目标与要求

（1）理解 Excel 中常用的数据类型。
（2）掌握数据类型的转换方法。
（3）掌握获取内部数据的方法。
（4）掌握获取外部数据的基本途径和操作方法。

3.1 Excel 数据类型

3.1.1 数值型数据

数值型数据是表示数量、可以进行数值运算的数据类型。在 Excel 中，数值型数据默认靠右对齐。日期和时间是数值型数据。数值型数据如图 3-1 所示。

	A	B	C
1	数字	20	
2	百分数	20%	
3	分数	1/5	
4	小数	0.2	
5	货币	¥20.00	
6	科学计数	2.00E+01	
7	日期	2019年7月19日	043665
8	时间	14:20:20	0.60

图 3-1　数值型数据

3.1.2 字符型数据

字符型数据是不具备计算能力的文字数据类型，如汉字、字母等。在 Excel 中，字符型数据默认靠左对齐，如图 3-2 所示。

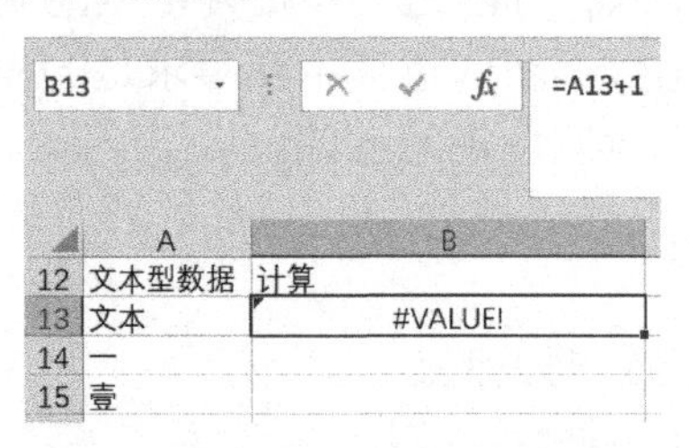

图 3-2　字符型数据

3.1.3 数据类型的转换

1. 数值型数据转换为字符型数据

数值型数据转换为字符型数据有两种方法：一种是在工作表中逐条录入数据时先将单元格格式修改为文本类型，再录入数据；另一种是在工作表中已有数据时使用 Excel 的分列功能将数据转换为文本类型。后一种方法的具体操作步骤如下。

步骤 01 在工作表中选择要转换的数据列，在“数据”选项卡“数据工具”组中单击“分列”按钮。

步骤 02 在弹出的对话框中选中“分隔符号”单选按钮进行分列，如图 3-3 所示。

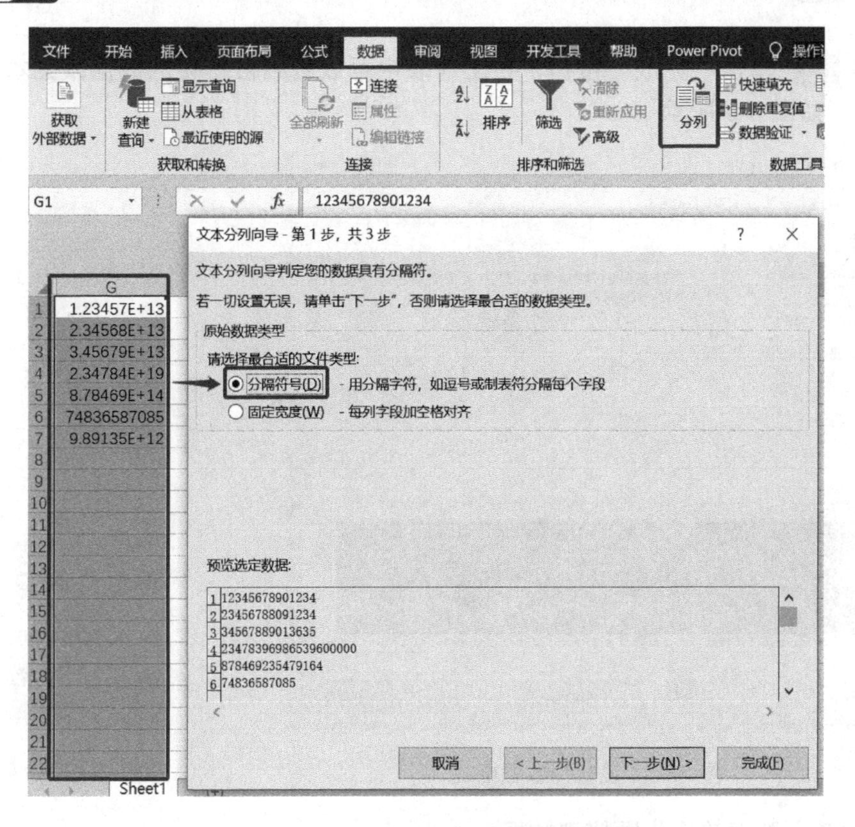

图 3-3　选中“分隔符号”单选按钮进行分列

步骤 03 单击“下一步”按钮，在弹出的对话框中保持“Tab 键”复选框的勾选，如图 3-4 所示。

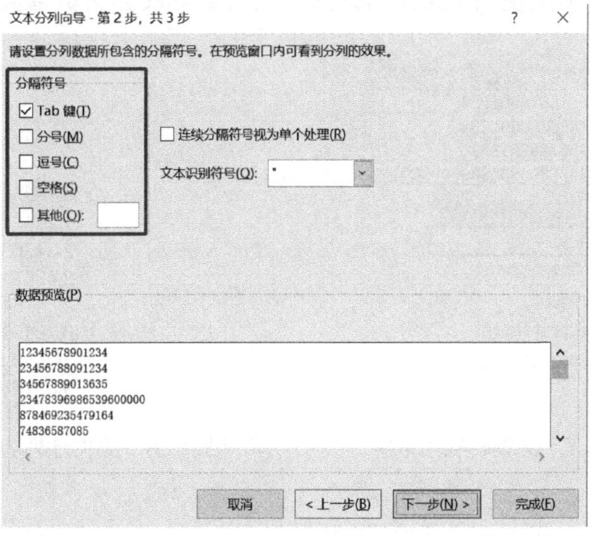

文本分列向导 - 第 2 步，共 3 步
请设置分列数据所包含的分隔符号。在预览窗口内可看到分列的效果。
分隔符号
Tab 键(T)
分号(M)
逗号(C)
空格(S)
其他(O):
连续分隔符号视为单个处理(R)
文本识别符号(Q): "
数据预览(P)
12345678901234
23456788091234
34567889013635
23478396986539600000
878469235479164
74836587085
取消
< 上一步(B)
下一步(N) >
完成(F)

图 3-4　设置分隔符号

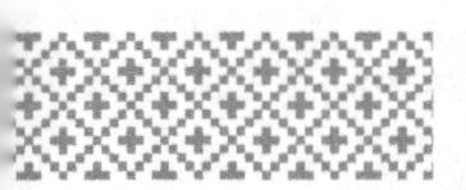

步骤 04 单击“下一步”按钮，在弹出的对话框中选中“文本”单选按钮，如图 3-5 所示。

步骤 05 单击“完成”按钮，在工作表中可以看到被折叠的数据以文本格式全部显示出来，如图 3-6 所示。

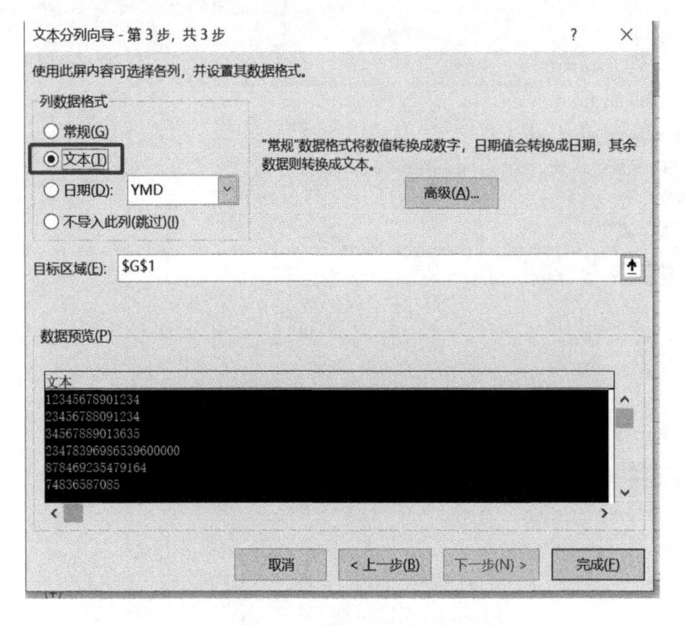

图 3-5 设置列数据格式

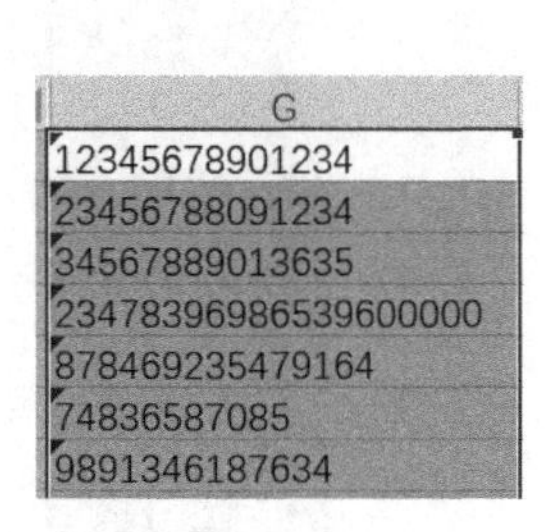

图 3-6 分列完成

2. 字符型数据转换为数值型数据

字符型数据转换为数值型数据有两种方法：一种是单击单元格左上角的绿色图标，在弹出的菜单中单击“转换为数字”命令，将以文本形式存储的数字转换为数值类型，如图 3-7 所示；另一种是使用 Excel 的分列功能将数据转换为数值类型，如图 3-8 所示。

图 3-7 文本转换为数字

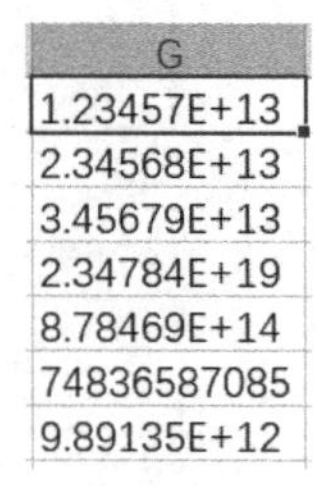

图 3-8 使用分列功能将字符转换为数值

3.2 Excel 内部数据与外部数据的获取

3.2.1 内部数据的获取

Excel 工作簿通常是以.xls、.xlsx 和.csv 为扩展名存储的文件，Excel 2016 版本默认以.xlsx 为扩展名存储文件。

在进行数据分析时，常常会用到 csv 格式的数据，而 csv 文件格式常用于 Python 及数据库的读写。因此，在 Excel 中使用该格式的数据时，可能会遇到以下问题：一是使用 Excel 打开 csv 文件时出现乱码，二是将 Excel 文件存储为 csv 格式后丢失工作表。

1. 使用 Excel 打开 csv 文件时出现乱码

csv 文件格式是一种存储数据的纯文本格式，Excel 文件默认是 ANSI 编码。如果从数据库中导出的 csv 文件的编码方式为 UTF-8 或 Unicode 等，那么使用 Excel 打开 csv 文件时就会出现乱码，如图 3-9 所示。利用记事本重新编码，可以解决乱码问题，如图 3-10 所示。

snum	sname	sage	sex
8	鐜嬭強	#######	濂?
7	閮戠�	1989/7/1	濂?
6	鍚村叞	1992/3/1	濂?
5	鏉庝簯	1990/8/6	鐢?
4	鏉庝簯	1990/8/6	鐢?
3	鐜嬩簲	2003/5/5	濂?
2	鏉庡洓	2003/4/4	鐢?
1	寮犱笁	2003/3/3	鐢?

图 3-9 使用 Excel 打开 csv 文件时出现乱码

1.记事本查看编码

```
snum,sname,sage,sex
8,王菊,1990/1/20,女
7,郑竹,1989/7/1,女
6,吴兰,1992/3/1,女
5,李云,1990/8/6,男
4,李云,1990/8/6,男
3,王五,2003/5/5,女
2,李四,2003/4/4,男
1,张三,2003/3/3,男
```

2.记事本另存为，更改编码

3.再次查看编码，已正常

```
snum,sname,sage,sex
8,王菊,1990/1/20,女
7,郑竹,1989/7/1,女
6,吴兰,1992/3/1,女
5,李云,1990/8/6,男
4,李云,1990/8/6,男
3,王五,2003/5/5,女
2,李四,2003/4/4,男
1,张三,2003/3/3,男
```

4.使用Excel打开，无乱码

snum	sname	sage	sex
8	王菊	#######	女
7	郑竹	1989/7/1	女
6	吴兰	1992/3/1	女
5	李云	1990/8/6	男
4	李云	1990/8/6	男
3	王五	2003/5/5	女
2	李四	2003/4/4	男
1	张三	2003/3/3	男

图 3-10 利用记事本重新编码

2. 将 Excel 文件存储为 csv 格式后丢失工作表

csv 文件格式只能保存当前工作表中的内容，即如果一个 Excel 工作簿包含多个工作表，将工作簿存储为 csv 格式后，只能保存当前显示的工作表，其他工作表会因为无法被存储而丢失，如图 3-11 所示。将 Excel 工作簿存储为 csv 格式的文件时，应注意避免

新增工作表。

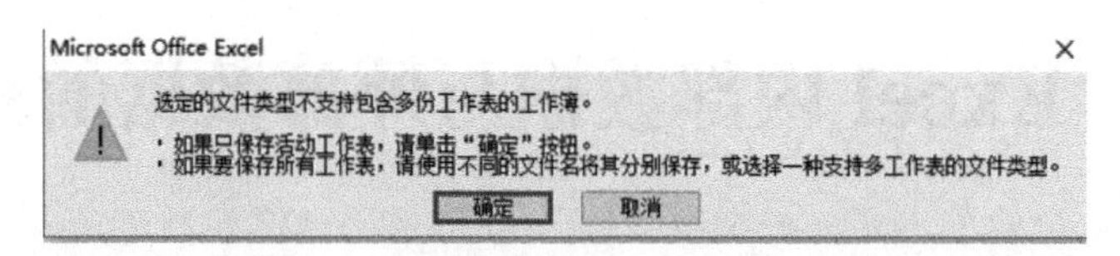

图 3-11 csv 格式不支持保存多个工作表

3.3.2 外部数据的获取

1. 从文本获取外部数据

Excel 除获取内部数据外，还可以从外部获取数据。将以文本格式存储的外部数据导入 Excel 中的具体操作步骤如下。

步骤 01 在工作表中的“数据”选项卡“获取外部数据”组中单击“自文本”按钮，如图 3-12 所示。

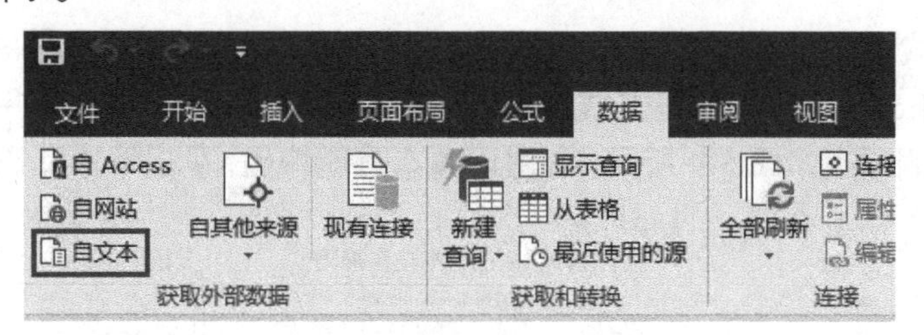

图 3-12 从文本获取外部数据

步骤 02 弹出“导入文本文件”对话框，选择要导入的文件，单击“导入”按钮，在弹出的对话框中选中“分隔符号”单选按钮，如图 3-13 所示。

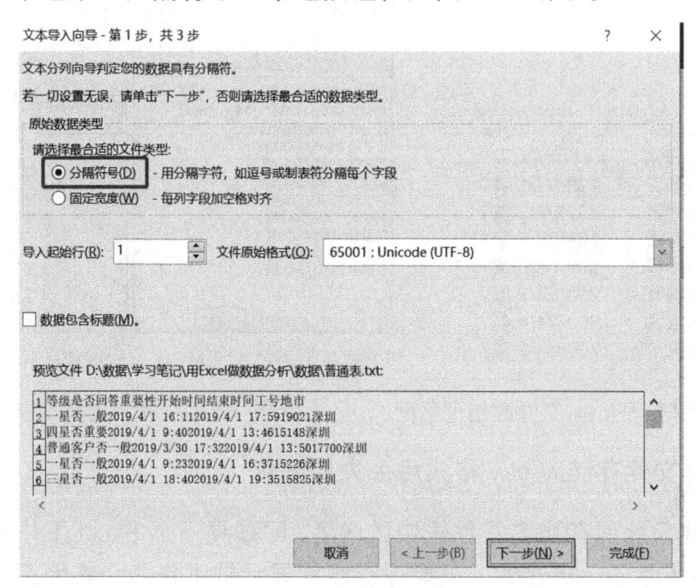

图 3-13 选中“分隔符号”单选按钮

步骤 03 单击“下一步”按钮，在弹出的对话框中勾选“Tab 键”复选框，如图 3-14 所示。

步骤 04 单击“下一步”按钮，在弹出的对话框中选中“常规”单选按钮，如图 3-15 所示。单击“完成”按钮，在弹出的“导入数据”对话框中确认放置位置无误后，单击“确定”按钮，即可从文本获取外部数据，如图 3-16 所示。

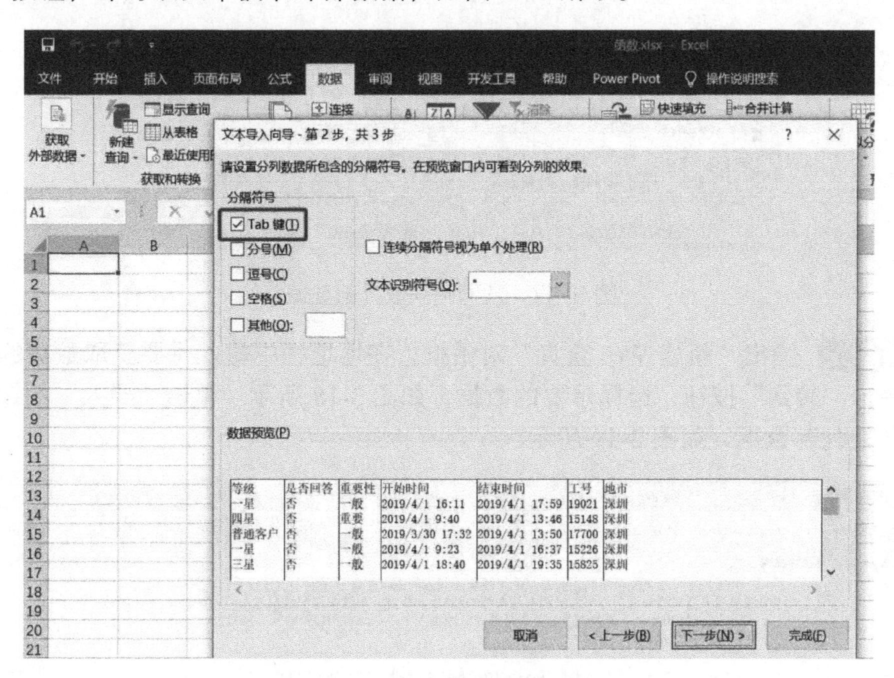

图 3-14 设置分隔符号

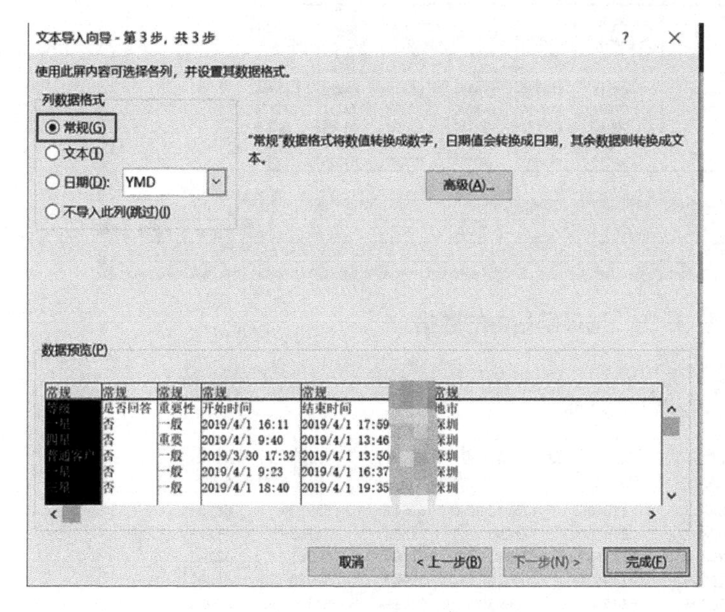

图 3-15 设置列数据格式

	A	B	C	D
1	等级	重要性	时间	地址
2	一星	一般	2019/4/1 16:11	深圳
3	四星	重要	2019/4/1 9:40	深圳
4	普通客户	一般	2019/3/30 17:32	深圳
5	一星	一般	2019/4/1 9:23	深圳
6	三星	一般	2019/4/1 18:40	深圳
7	普通客户	一般	2019/4/1 8:42	深圳
8	四星	重要	2019/4/1 18:00	深圳
9	二星	一般	2019/3/31 19:02	深圳

图 3-16 从文本获取外部数据的结果

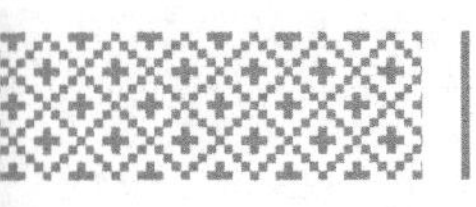

2. 从网站获取外部数据

从网站获取外部数据的具体操作步骤如下。

步骤 01 在工作表中的“数据”选项卡“获取外部数据”组中单击“自网站”按钮，如图 3-17 所示。

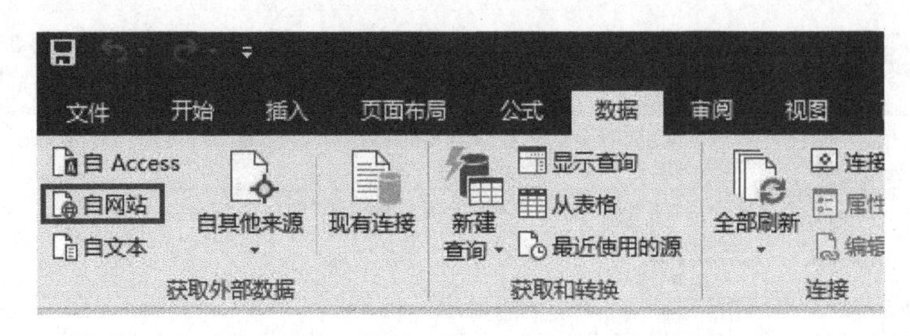

图 3-17　从网站获取外部数据

步骤 02 弹出“新建 Web 查询”对话框，在地址栏中输入想要获取数据的网站的网址，单击“转到”按钮，选择想要的数据，如图 3-18 所示。单击“导入”按钮，即可从网站获取外部数据，如图 3-19 所示。

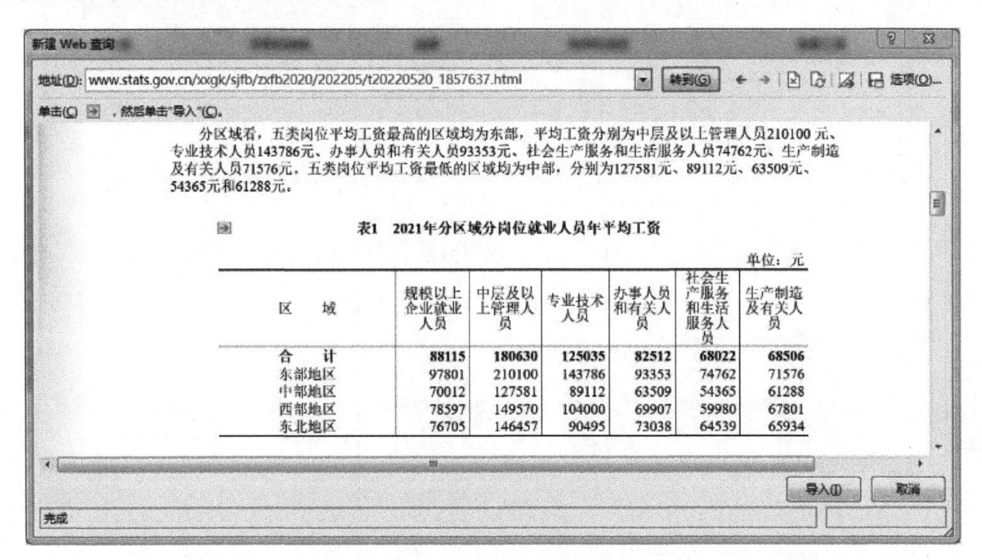

图 3-18　选择网站中的数据

	A	B	C	D	E	F	G
1	表1　2021年分区域分岗位就业人员年平均工资						
2	单位：元						
3–4	区　域	规模以上企业就业人员	中层及以上管理人员	专业技术人员	办事人员和有关人员	社会生产服务和生活服务人员	生产制造及有关人员
5	合　计	88115	180630	125035	82512	68022	68506
6	东部地区	97801	210100	143786	93353	74762	71576
7	中部地区	70012	127581	89112	63509	54365	61288
8	西部地区	78597	149570	104000	69907	59980	67801
9	东北地区	76705	146457	90495	73038	64539	65934

图 3-19　从网站获取外部数据的结果

3. 从数据库获取外部数据

数据库是用来存储和管理数据的仓库。常用的数据库有 Access、SQL Server、MySQL、Oracle 等。

（1）从 Access 数据库获取外部数据

从 Access 数据库获取外部数据的具体操作步骤如下。

步骤 01 在工作表中的“数据”选项卡“获取外部数据”组中单击“自 Access”按钮，如图 3-20 所示。

步骤 02 弹出“选择数据源”对话框，选择数据源所在路径，Access 数据文件以.accdb 为扩展名，如图 3-21 所示。

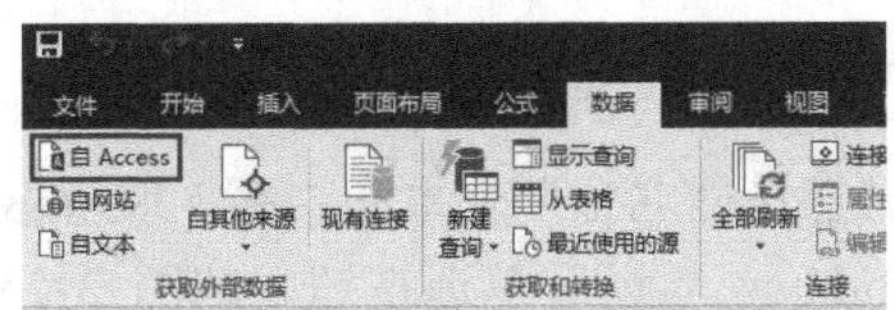

图 3-20　从 Access 数据库获取外部数据

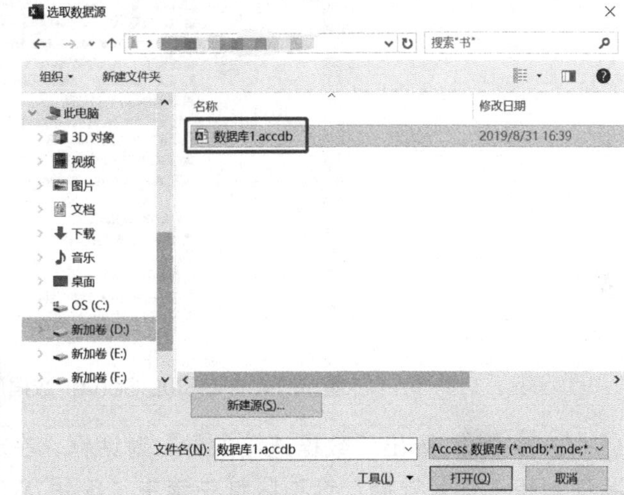

图 3-21　“选择数据源”对话框

步骤 03 单击“打开”按钮，弹出“导入数据”对话框，选中“表”单选按钮，设置“数据的放置位置”为“现有工作表”，如图 3-22 所示。单击“确定”按钮，即可从 Access 数据库获取外部数据，如图 3-23 所示。

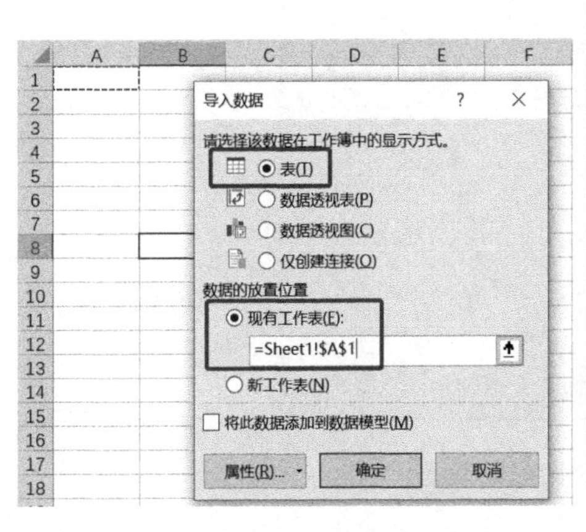

图 3-22　“导入数据”对话框

	A	B	C	D	E	F	G
1	ID1	id	nation	year start	year end	created	changed
2	1	3246	Afghanistan	2017	2017	Oct-18-18	Oct-31-18
3	2	2374	Afghanistan	2014	2014	Oct-28-15	Oct-29-15
4	3	1117	Afghanistan	2011	2011	Dec-12-12	Apr-15-15
5	4	3247	Albania	2017	2017	Oct-18-18	Oct-31-18
6	5	2376	Albania	2014	2014	Oct-28-15	Oct-29-15
7	6	1120	Albania	2011	2011	Dec-12-12	Apr-15-15
8	7	3341	Algeria	2017	2017	Oct-23-18	Oct-31-18
9	8	2412	Algeria	2014	2014	Oct-28-15	Oct-29-15
10	9	1162	Algeria	2011	2011	Dec-12-12	Apr-15-15
11	10	2375	Angola	2014	2014	Oct-28-15	Oct-29-15
12	11	1119	Angola	2011	2011	Dec-12-12	Apr-15-15
13	12	3249	Argentina	2017	2017	Oct-18-18	Oct-31-18
14	13	2378	Argentina	2014	2014	Oct-28-15	Oct-29-15
15	14	1122	Argentina	2011	2011	Dec-12-12	Apr-15-15
16	15	3250	Armenia	2017	2017	Oct-18-18	Oct-31-18
17	16	2379	Armenia	2014	2014	Oct-28-15	Oct-29-15
18	17	1123	Armenia	2011	2011	Dec-12-12	Apr-15-15
19	18	3251	Australia	2017	2017	Oct-18-18	Oct-31-18
20	19	2380	Australia	2014	2014	Oct-28-15	Oct-29-15
21	20	1124	Australia	2011	2011	Dec-12-12	Apr-15-15
22	21	3252	Austria	2017	2017	Oct-18-18	Oct-31-18
23	22	2381	Austria	2014	2014	Oct-28-15	Oct-29-15

图 3-23　从 Access 数据库获取外部数据的结果

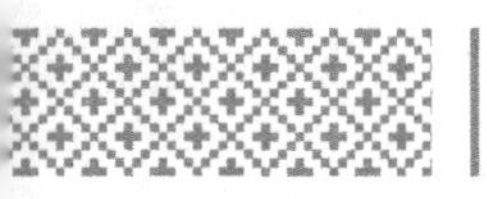

（2）从 SQL Server 数据库获取外部数据

从 SQL Server 数据库获取外部数据的具体操作步骤如下。

步骤 01 在工作表中的“数据”选项卡“获取外部数据”组中单击“自其他来源”→“来自 SQL Server”命令，如图 3-24 所示。

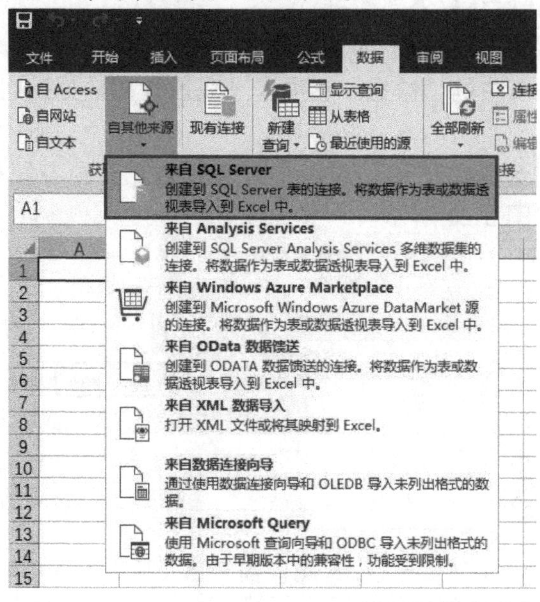

图 3-24　从 SQL Server 数据库获取外部数据

步骤 02 弹出“数据连接向导”对话框，在“服务器名称”文本框中输入服务器名称，在“登录凭据”选项区域中选中“使用 Windows 验证”单选按钮，如图 3-25 所示。

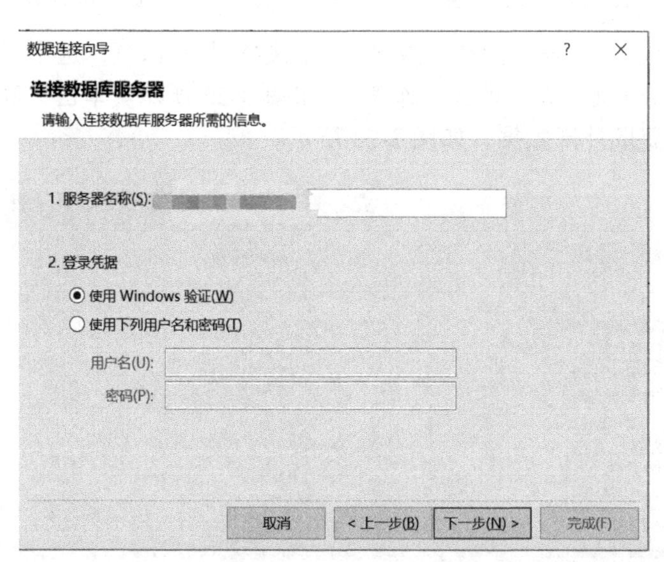

图 3-25　设置服务器名称和登录凭据

步骤 03 单击“下一步”按钮，在“选择包含您所需的数据的数据库”下拉列表

中选择“test”数据库，在下面的列表框中选择“student”工作表，如图 3-26 所示。

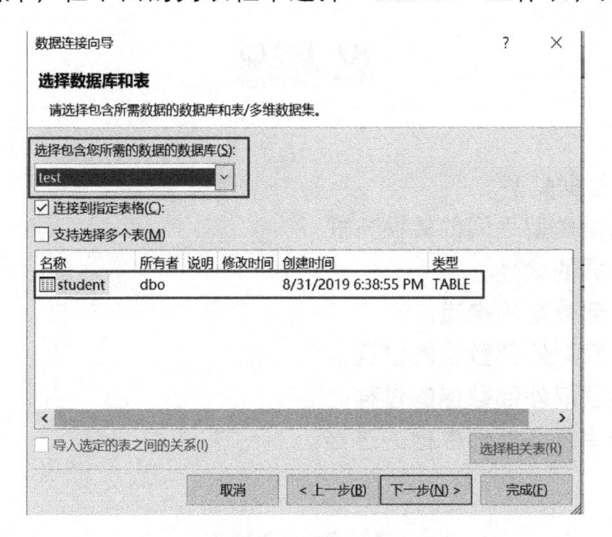

图 3-26　导入数据库

步骤 04 单击“完成”按钮，弹出“导入数据”对话框，选中“表”单选按钮，如图 3-27 所示。单击“确定”按钮，即可从 SQL Server 数据库获取外部数据，如图 3-28 所示。

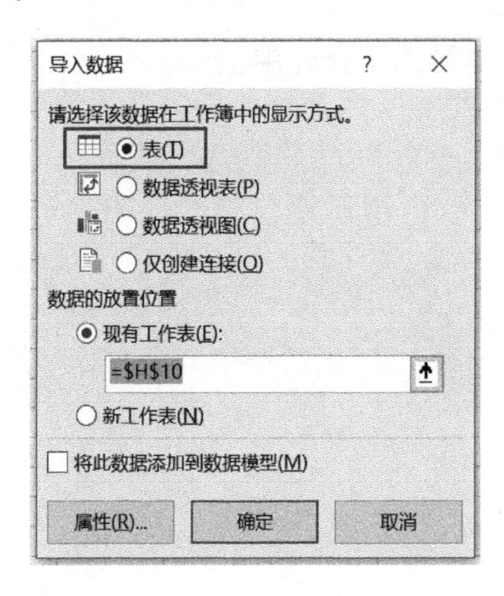

图 3-27　“导入数据”对话框

	A	B	C	D
1	snum	sname	sage	sex
2	8	王菊	1990/1/20 0:00	女
3	7	郑竹	1989/7/1 0:00	女
4	6	吴兰	1992/3/1 0:00	女
5	5	李云	1990/8/6 0:00	男
6	4	李云	1990/8/6 0:00	男
7	3	王五	2003/5/5 0:00	女
8	2	李四	2003/4/4 0:00	男
9	1	张三	2003/3/3 0:00	男

图 3-28　从 SQL Server 数据库获取外部数据的结果

本章小结

本章首先介绍了 Excel 数据类型，包括数值型数据和字符型数据；然后介绍了不同数据类型之间的相互转换；最后介绍了获取数据的途径，一种是从内部获取，另一种是从外部获取，包括从文本、网站和数据库获取外部数据。

思考题

1. 简述 Excel 数据类型。
2. 简述不同数据类型之间的转换方式。
3. 简述获取数据的途径。
4. 简述获取外部数据的渠道。
5. 简述从文本获取外部数据的过程。
6. 简述从网站获取外部数据的过程。
7. 简述从数据库获取外部数据的过程。

本章实训

将“股票数据.csv”文件以不同形式导入 Excel 中。

（1）利用记事本重新编码，防止出现乱码。

（2）通过从文本获取外部数据的方式，将 csv 文件导入 Excel 中。

第 4 章 Excel 数据处理

思政导读

党的十九届四中全会首次将数据增列为一种生产要素，以便加快培育数据要素市场，促进数据要素价值释放。数据已成为新的生产要素和国家基础性战略资源，数据处理是确保数据发挥其价值的关键一环。掌握数据处理的基本方法，通过对数据进行清洗、抽取、合并、计算等操作，从而得到有价值的数据。

本章教学目标与要求

（1）理解数据处理的基本概念。
（2）掌握数据清洗的内容及其处理方法。
（3）掌握数据抽取的基本操作。
（4）掌握数据合并的基本操作。
（5）掌握数据计算的基本操作。

4.1　数据清洗

数据处理是指使用电子计算机将获取到的大量原始数据进行清洗、抽取、合并和计算，使数据结构化、规范化，从而进行数据分析。数据清洗是数据处理的第一步，包括对缺失值、重复值、异常值和不规范数据的处理，最终筛选出有价值的数据。

4.1.1　缺失值的处理

缺失值又称空值，是指粗糙数据中由于缺少信息而造成的数据的聚类、分组、删失或截断。由于人为或系统原因，原始数据中可能会出现空值，数据清洗的第一步就是找出空值并选择合适的方法进行处理。

1. 找出空值

找出空值的方法有很多种，其中筛选空值和定位空值是两种典型的方法。

（1）筛选空值

在数据量较少的情况下，筛选空值是找出空值的有效方法，具体操作步骤如下。

步骤 01 在工作表中选择标题行，在“数据”选项卡“排序和筛选”组中单击“筛选”按钮，标题行中每一列字段右侧将会出现下拉按钮，这时便可以对字段进行筛选了，如图 4-1 所示。

步骤 02 对“学号”列进行筛选，勾选“空白”复选框，即可将空值筛选出来，如图 4-2 所示。使用相同的方法，筛选出“学历”“姓名”“成绩”列中的空值。

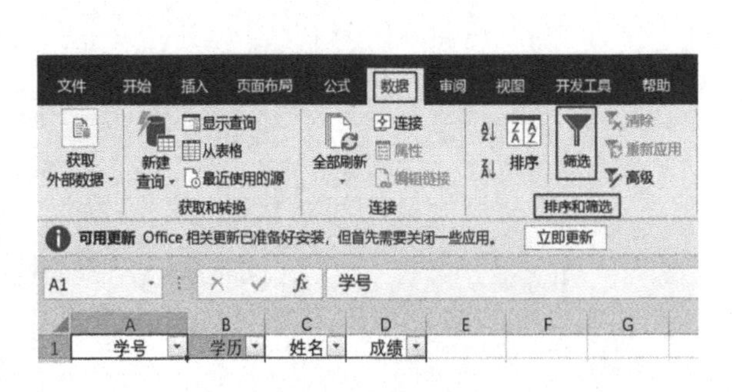

图 4-1　设置筛选字段

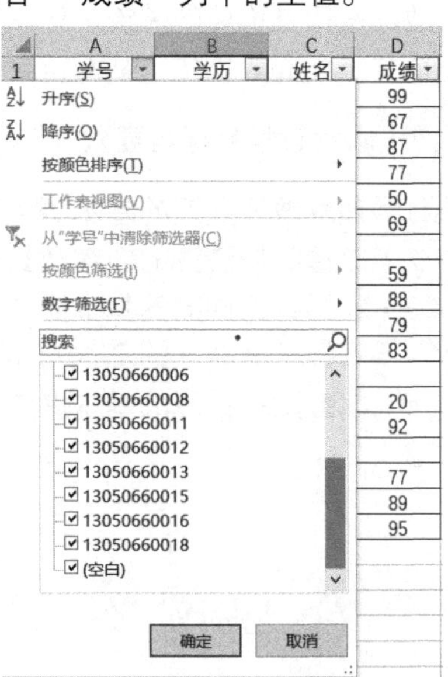

图 4-2　筛选“学号”列中的空值

（2）定位空值

定位空值可以通过“定位条件”命令实现，具体操作步骤如下。

步骤 01 在工作表中选择全部数据，在“开始”选项卡“编辑”组中单击“查找和选择”→“定位条件”命令，如图 4-3 所示。

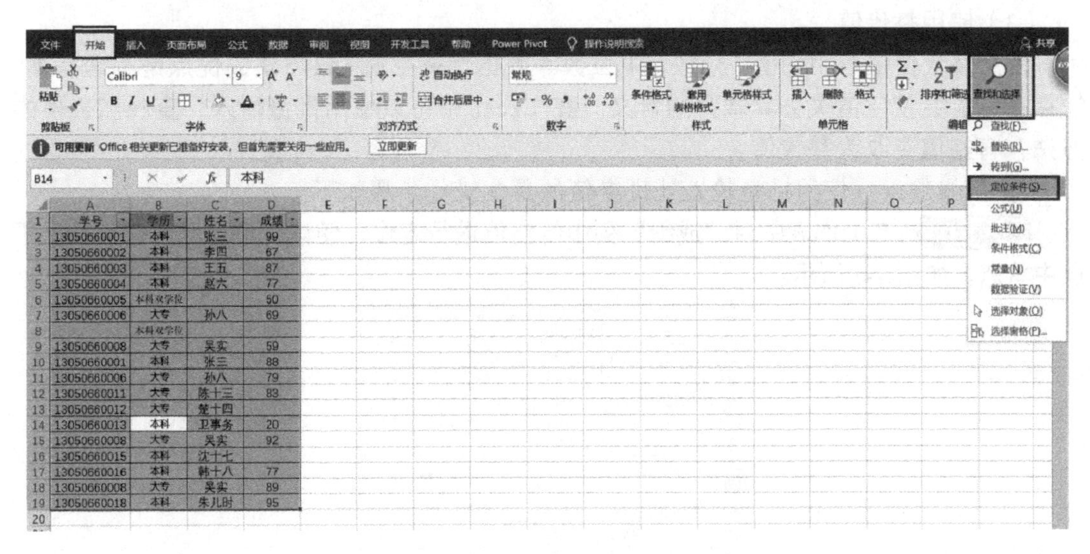

图 4-3 单击“定位条件”命令

步骤 02 弹出“定位条件”对话框，选中“空值”单选按钮，如图 4-4 所示。单击“确定”按钮，即可在工作表中显示所有空值，如图 4-5 所示。

	A	B	C	D
1	学号	学历	姓名	成绩
2	13050660001	本科	张三	99
3	13050660002	本科	李四	67
4	13050660003	本科	王五	87
5	13050660004	本科	赵六	77
6	13050660005	本科双学位		50
7	13050660006	大专	孙八	69
8		本科双学位		
9	13050660008	大专	吴实	59
10	13050660001	本科	张三	88
11	13050660006	大专	孙八	79
12	13050660011	大专	陈十三	83
13	13050660012	大专	楚十四	
14	13050660013	本科	卫事务	20
15	13050660008	大专	吴实	92
16	13050660015	本科	沈十七	
17	13050660016	本科	韩十八	77
18	13050660008	大专	吴实	89
19	13050660018	本科	朱儿时	95

定位条件

选择

○ 批注(C)	○ 行内容差异单元格(W)
○ 常量(O)	○ 列内容差异单元格(M)
○ 公式(F)	○ 引用单元格(P)
☑ 数字(U)	○ 从属单元格(D)
☑ 文本(X)	◉ 直属(I)
☑ 逻辑值(G)	○ 所有级别(L)
☑ 错误(E)	○ 最后一个单元格(S)
◉ 空值(K)	○ 可见单元格(Y)
○ 当前区域(R)	○ 条件格式(T)
○ 当前数组(A)	○ 数据验证(V)
○ 对象(B)	◉ 全部(L)
	○ 相同(E)

确定 取消

图 4-4 选中“空值”单选按钮

	A	B	C	D
1	学号	学历	姓名	成绩
2	13050660001	本科	张三	99
3	13050660002	本科	李四	67
4	13050660003	本科	王五	87
5	13050660004	本科	赵六	77
6	13050660005	本科双学位		50
7	13050660006	大专	孙八	69
8		本科双学位		
9	13050660008	大专	吴实	59
10	13050660001	本科	张三	88
11	13050660006	大专	孙八	79
12	13050660011	大专	陈十三	83
13	13050660012	大专	楚十四	
14	13050660013	本科	卫事务	20
15	13050660008	大专	吴实	92
16	13050660015	本科	沈十七	
17	13050660016	本科	韩十八	77
18	13050660008	大专	吴实	89
19	13050660018	本科	朱儿时	95

图 4-5 定位空值的结果

2. 处理空值

在数据清洗过程中，可以根据需要对空值进行处理。下面介绍 3 种处理空值的方法。

（1）删除空值

删除空值是指删除包含空值的整条记录。该方法的优点是删除后所有数据均有完整记录，且操作简单；缺点是删除后可能会导致整体结果出现偏差。

（2）保留空值

保留空值是指对空值不做任何改动。该方法的优点是保证了样本的完整性，缺点是需要知道为什么保留、保留的意义是什么、是什么原因导致了空值。这种保留建立在只缺失单个数据且空值有明确意义的基础上。

（3）使用替代值

使用替代值是指用均值、众数、中位数等数据代替空值。该方法的优点是有理有据，缺点是可能会使空值失去其本身的含义。在 Excel 中可以使用批量输入、查找和替换的方法，将空值更改为替代值。

① 批量输入。使用批量输入处理空值的具体操作步骤如下。

步骤 01 在工作表中对“成绩”列中的空值进行定位，使该列中的所有空值均处于选中状态，如图 4-6 所示。

	A	B	C	D
1	学号	学历	姓名	成绩
2	13050660001	本科	张三	99
3	13050660002	本科	李四	67
4	13050660003	本科	王五	87
5	13050660004	本科	赵六	77
6	13050660005	本科双学位		50
7	13050660006	大专	孙八	69
8		本科双学位		
9	13050660008	大专	吴实	59
10	13050660001	本科	张三	88
11	13050660006	大专	孙八	79
12	13050660011	大专	陈十三	83
13	13050660012	大专	楚十四	
14	13050660013	本科	卫事务	20
15	13050660008	大专	吴实	92
16	13050660015	本科	沈十七	
17	13050660016	本科	韩十八	77
18	13050660008	大专	吴实	89
19	13050660018	本科	朱儿时	95

图 4-6　对空值进行定位

步骤 02 计算出成绩的平均值为 75.4，在空值被选中的情况下，输入“75.4”，如图 4-7 所示。

步骤 03 按 Ctrl+Enter 组合键，将所有被选中的空值更改为“75.4”，如图 4-8 所示。

	A	B	C	D
1	学号	学历	姓名	成绩
2	13050660001	本科	张三	99
3	13050660002	本科	李四	67
4	13050660003	本科	王五	87
5	13050660004	本科	赵六	77
6	13050660005	本科双学位		50
7	13050660006	大专	孙八	69
8		本科双学位		75.4
9	13050660008	大专	吴实	59
10	13050660001	本科	张三	88
11	13050660006	大专	孙八	79
12	13050660011	大专	陈十三	83
13	13050660012	大专	楚十四	
14	13050660013	本科	卫事务	20
15	13050660008	大专	吴实	92
16	13050660015	本科	沈十七	
17	13050660016	本科	韩十八	77
18	13050660008	大专	吴实	89
19	13050660018	本科	朱儿时	95

图 4-7　输入平均值

	A	B	C	D
1	学号	学历	姓名	成绩
2	13050660001	本科	张三	99
3	13050660002	本科	李四	67
4	13050660003	本科	王五	87
5	13050660004	本科	赵六	77
6	13050660005	本科双学位		50
7	13050660006	大专	孙八	69
8		本科双学位		75.4
9	13050660008	大专	吴实	59
10	13050660001	本科	张三	88
11	13050660006	大专	孙八	79
12	13050660011	大专	陈十三	83
13	13050660012	大专	楚十四	75.4
14	13050660013	本科	卫事务	20
15	13050660008	大专	吴实	92
16	13050660015	本科	沈十七	75.4
17	13050660016	本科	韩十八	77
18	13050660008	大专	吴实	89
19	13050660018	本科	朱儿时	95

图 4-8　批量输入的结果

② 查找和替换。使用查找和替换处理空值的具体操作步骤如下。

步骤 01 在工作表中选择“成绩”列，在“开始”选项卡“编辑”组中单击“查找和选择”→“替换”命令，如图 4-9 所示，或者按 Ctrl+H 组合键。

图 4-9 单击“替换”命令

步骤 02 弹出“查找和替换”对话框，在“替换为”文本框中输入“75.4”，如图 4-10 所示。单击“全部替换”按钮，替换后的结果如图 4-11 所示。

查找和替换
查找(D) 替换(P)
查找内容(N):
替换为(E): 75.4
选项(T) >>
全部替换(A) 替换(R) 查找全部(I) 查找下一个(F) 关闭

图 4-10 “查找和替换”对话框

	A	B	C	D
1	学号	学历	姓名	成绩
2	13050660001	本科	张三	99
3	13050660002	本科	李四	67
4	13050660003	本科	王五	87
5	13050660004	本科	赵六	77
6	13050660005	本科双学位		50
7	13050660006	大专	孙八	69
8		本科双学位		75.4
9	13050660008	大专	吴实	59
10	13050660001	本科	张三	88
11	13050660006	大专	孙八	79
12	13050660011	大专	陈十三	83
13	13050660012	大专	楚十四	75.4
14	13050660013	本科	卫事务	20
15	13050660008	大专	吴实	92
16	13050660015	本科	沈十七	75.4
17	13050660016	本科	韩十八	77
18	13050660008	大专	吴实	89
19	13050660018	本科	朱儿时	95

图 4-11 替换后的结果

4.1.2 重复值的处理

重复值是指原始数据中完全相同的数据。对于重复的数据，没有必要进行重复统计，在 Excel 中可以通过查找并删除重复值的方法进行处理。

1. 查找重复值

查找重复值有两种方法：一种是使用 COUNTIF()函数，另一种是使用条件格式功能。

（1）使用 COUNTIF()函数

COUNTIF()函数用来计算特定单元格区域中满足条件的单元格的数量；其语法格式

为 COUNTIF(range,criteria)，其中，range 为要统计的单元格区域，criteria 为统计条件。

若要统计工作表中学号的重复次数，则在 E2 单元格中输入公式"=COUNTIF(A$2:A$18,A2)"，如图 4-12 所示，即可在 A2:A18 单元格区域中统计 A2 单元格中的值所出现的次数。E2 单元格中的结果为 2，说明 A2 单元格中的值出现了 2 次。使用相同的方法，可以统计出剩余学号的重复值。

E2 =COUNTIF(A$2:A$18,A2)

	A	B	C	D	E
1	学号	学历	姓名	成绩	
2	13050660001	本科	张三	99	2
3	13050660002	本科	李四	67	1
4	13050660003	本科	王五	87	1
5	13050660004	本科	赵六	77	1
6	13050660005	本科双学位		50	1
7	13050660006	大专	孙八	69	2
8	13050660008	大专	吴实	59	3
9	13050660001	本科	张三	88	2
10	13050660006	大专	孙八	79	2
11	13050660011	大专	陈十三	83	1

图 4-12 使用 COUNTIF()函数统计重复值

（2）使用条件格式功能

在 Excel 中使用条件格式功能可以查找重复值，该功能可以使重复值突出显示。

在工作表中选择"学号"列，在"开始"选项卡"样式"组中单击"条件格式"→"突出显示单元格规则"→"重复值"命令，如图 4-13 所示。这样即可在工作表中突出显示重复值，如图 4-14 所示。

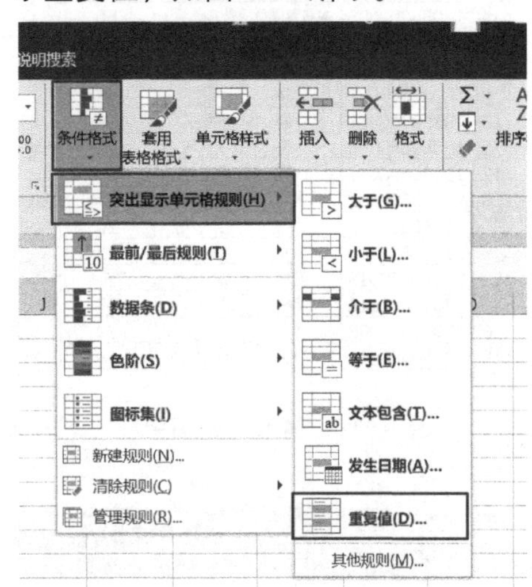

图 4-13 单击"重复值"命令

	A	B	C	D	E	F
1	学号	学历	姓名	成绩	countif统	结果
2	13050660001	本科	张三	99	2	重复
3	13050660002	本科	李四	67	1	不重复
4	13050660003	本科	王五	87	1	不重复
5	13050660004	本科	赵六	77	1	不重复
6	13050660005	本科双学位		50	1	不重复
7	13050660006	大专	孙八	69	2	重复
8	13050660008	大专	吴实	59	3	重复
9	13050660001	本科	张三	88	2	重复
10	13050660006	大专	孙八	79	2	重复
11	13050660011	大专	陈十三	83	1	不重复
12	13050660012	大专	楚十四	75.4	1	不重复
13	13050660013	本科	卫事务	20	1	不重复
14	13050660008	大专	吴实	92	3	重复
15	13050660015	本科	沈十七	75.4	1	不重复
16	13050660016	本科	韩十八	77	1	不重复
17	13050660008	大专	吴实	89	3	重复
18	13050660018	本科	朱儿时	95	1	不重复

图 4-14 突出显示重复值

2. 删除重复值

在 Excel 中使用删除重复值功能可以删除重复值，具体操作步骤如下。

步骤 01 在工作表中选择 A1:F18 单元格区域，在"数据"选项卡"数据工具"组中单击"删除重复值"按钮，弹出"删除重复值"对话框，仅保持"学号"复选框的勾选，如图 4-15 所示。

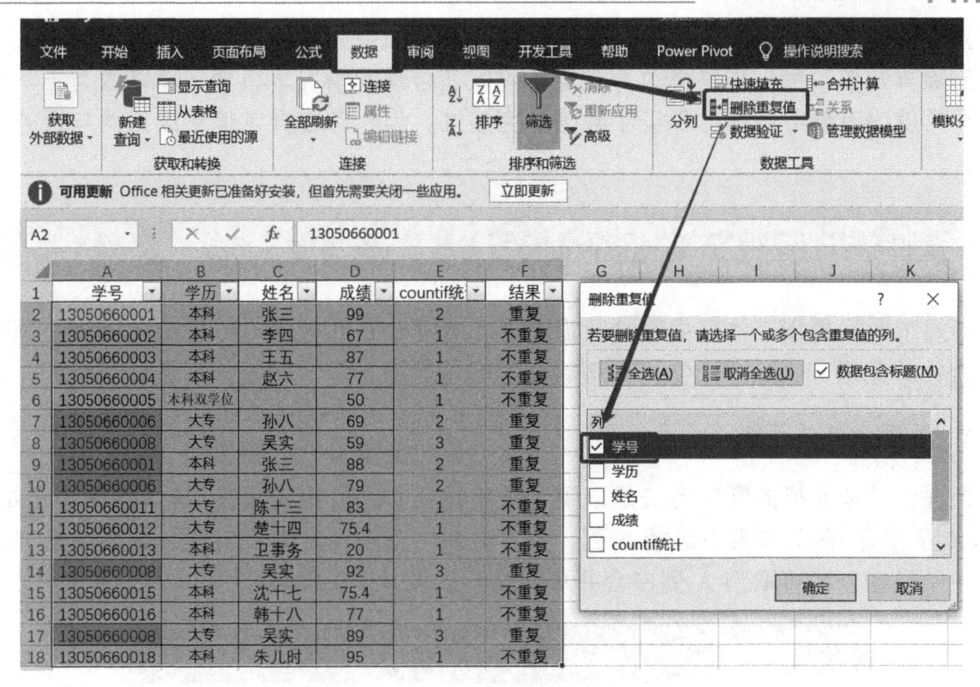

	学号	学历	姓名	成绩	countif统	结果
2	13050660001	本科	张三	99	2	重复
3	13050660002	本科	李四	67	1	不重复
4	13050660003	本科	王五	87	1	不重复
5	13050660004	本科	赵六	77	1	不重复
6	13050660005	本科双学位		50	1	不重复
7	13050660006	大专	孙八	69	2	重复
8	13050660008	大专	吴实	59	3	重复
9	13050660001	本科	张三	88	2	重复
10	13050660006	大专	孙八	79	2	重复
11	13050660011	大专	陈十三	83	1	不重复
12	13050660012	大专	楚十四	75.4	1	不重复
13	13050660013	本科	卫事务	20	1	不重复
14	13050660008	大专	吴实	92	3	重复
15	13050660015	本科	沈十七	75.4	1	不重复
16	13050660016	本科	韩十八	77	1	不重复
17	13050660008	大专	吴实	89	3	重复
18	13050660018	本科	朱儿时	95	1	不重复

图 4-15　弹出“删除重复值”对话框

步骤 02 单击“确定”按钮，重复值删除完成后会弹出提示对话框，单击“确定”按钮，如图 4-16 所示。

	学号	学历	姓名	成绩	countif统	结果
2	13050660001	本科	张三	99	2	重复
3	13050660002	本科	李四	67	1	不重复
4	13050660003	本科	王五	87	1	不重复
5	13050660004	本科	赵六	77	1	不重
6	13050660005	本科双学位		50	1	不重
7	13050660006	大专	孙八	69	2	重复
8	13050660008	大专	吴实	59	3	重复
9	13050660011	大专	陈十三	83	1	不重
10	13050660012	大专	楚十四	75.4	1	不重
11	13050660013	本科	卫事务	20	1	不重
12	13050660015	本科	沈十七	75.4	1	不重复
13	13050660016	本科	韩十八	77	1	不重复
14	13050660018	本科	朱儿时	95	1	不重复

Microsoft Excel

发现了 4 个重复值，已将其删除；保留了 13 个唯一值。

确定

图 4-16　删除重复值后的结果

4.1.3　异常值的处理

异常值是指原始数据中个别明显偏离其余数据的值。一个数值是否是异常值可以从统计学和业务指标两个方面来判断。统计学上的异常值是指一组数据中与平均值的偏差超过两倍标准差的值。业务指标上的异常值是指出现的频率非常低或明显偏离正常值的个别变量的值。例如，一般情况下考试成绩都是百分制，如果一个同学的考试成绩是 111 分，那么就可以判定其为异常值。

异常值有两种处理方法：一种是删除异常值，如果异常值对数据分析影响不大，则直接删除异常值；另一种是修改异常值，可以在合理的情况下将异常值修改为正常值。修改异常值没有删除数据，保证了数据的完整性，但也存在异常值更改正确与否的不确定性。

4.1.4 不规范数据的处理

不规范数据是指工作表中影响数据处理和数据分析的数据。不规范数据的处理包括处理合并单元格、删除多余空行和删除分类汇总数据行等。下面分别进行介绍。

1. 处理合并单元格

处理合并单元格的常用方法是取消合并单元格并进行相应填充，具体操作步骤如下。

步骤 01 在工作表中选择 A 列，在“开始”选项卡“对齐方式”组中单击“合并后居中”按钮，即可取消 A 列中合并单元格，如图 4-17 所示。

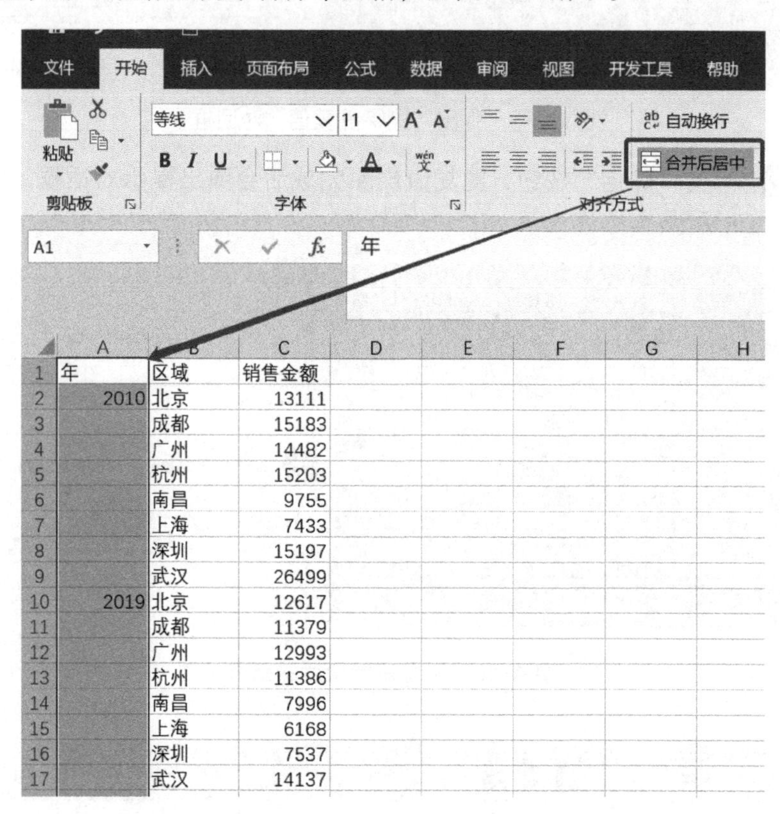

	A	B	C
1	年	区域	销售金额
2	2010	北京	13111
3		成都	15183
4		广州	14482
5		杭州	15203
6		南昌	9755
7		上海	7433
8		深圳	15197
9		武汉	26499
10	2019	北京	12617
11		成都	11379
12		广州	12993
13		杭州	11386
14		南昌	7996
15		上海	6168
16		深圳	7537
17		武汉	14137

图 4-17 取消合并单元格

步骤 02 在“开始”选项卡“编辑”组中单击“查找和选择”→“定位条件”命令，弹出“定位条件”对话框，选中“空值”单选按钮，单击“确定”按钮，如图 4-18 所示。

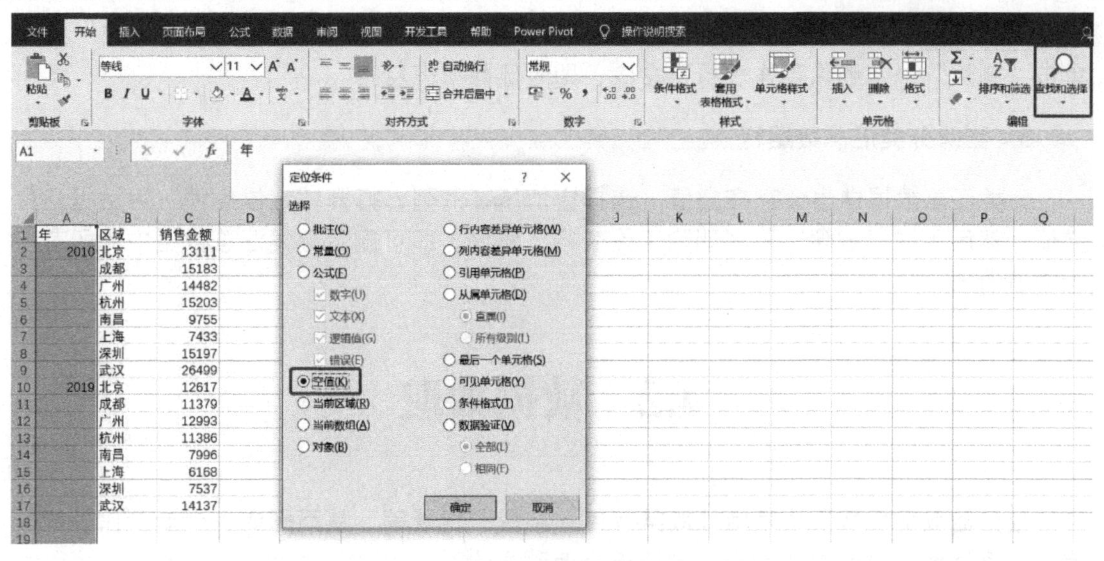

图 4-18　定位空值

步骤 03 在编辑栏中输入公式“=A2”，按 Ctrl+Enter 组合键，如图 4-19 所示。处理合并单元格的结果如图 4-20 所示。

A2　=A2

	A	B	C	D
1	年	区域	销售金额	
2	2010	北京	13111	
3	=A2	成都	15183	
4		广州	14482	
5		杭州	15203	
6		南昌	9755	
7		上海	7433	
8		深圳	15197	
9		武汉	26499	
10	2019	北京	12617	
11		成都	11379	
12		广州	12993	
13		杭州	11386	
14		南昌	7996	
15		上海	6168	
16		深圳	7537	
17		武汉	14137	

图 4-19　批量填充

	A	B	C
1	年	区域	销售金额
2	2010	北京	13111
3	2010	成都	15183
4	2010	广州	14482
5	2010	杭州	15203
6	2010	南昌	9755
7	2010	上海	7433
8	2010	深圳	15197
9	2010	武汉	26499
10	2019	北京	12617
11	2019	成都	11379
12	2019	广州	12993
13	2019	杭州	11386
14	2019	南昌	7996
15	2019	上海	6168
16	2019	深圳	7537
17	2019	武汉	14137

图 4-20　处理合并单元格的结果

2. 删除多余空行

工作表中多余空行会对数据处理和数据分析造成误导，因此必须删除。对于数据量较少的情况，可以直接查找并删除多余空行。对于数据量较多的情况，可以通过定位空值的方法查找并删除多余空行，具体操作步骤如下。

步骤 01 打开包含多余空行的工作表，选择任意一列，在“开始”选项卡“编辑”组中单击“查找和选择”→“定位条件”命令，弹出“定位条件”对话框，选中“空值”单选按钮，单击“确定”按钮。

步骤 02 此时该列中的所有空值都被选中了，在“开始”选项卡“单元格”组中单击“删除”→“删除工作表行”命令，即可删除所有空行。

3. 删除分类汇总数据行

分类汇总数据中也会存在空值。选择空值所在的列，打开“定位条件”对话框定位空值，然后单击“删除”→“删除工作表行”命令，即可删除分类汇总数据中的所有包含空值的行。

4.2 数据抽取

数据抽取是指从工作表中抽取某些值、字段、记录等，从而形成一个新工作表的过程。数据抽取主要有查找引用和字段拆分两种方法。

4.2.1 查找引用

查找引用是指从一组数据中查找出指定数值的位置。常用的函数有 MATCH()函数和 INDEX()函数。

1. MATCH()函数

MATCH()函数是查找指定数值在指定单元格区域中的相对位置；其语法格式为 MATCH(lookup_value,lookup_arrary,match_type)，其中，lookup_value 表示要查找的值，lookup_array 表示要查找的范围，match_type 表示可选参数（数值-1、0、1 这 3 个参数），默认值为 0，即精确匹配。

2. INDEX()函数

INDEX()函数是根据行列位置的坐标抽取对应的数值；其语法格式为 INDEX(array, row_num,column_num)，其中，array 表示查找区域，row_num 表示第几行，column_num 表示第几列，行列位置的坐标可以通过 MATCH()函数得到。

3. 查找引用的应用

MATCH()函数可以查找指定数值的位置，INDEX()函数可以根据指定数值位置的坐标抽取该数值。使用这两个函数与数据验证功能，可以更加灵活地查找数据，具体操作步骤如下。

步骤 01 进行数据验证。在工作表中选择 G2 单元格，在“数据”选项卡“数据工具”组中单击“数据验证”按钮。

步骤 02 确定数据来源。在弹出的“数据验证”对话框中，设置“验证条件”选项区域中的“允许”为“序列”，“来源”为 A2:A19 单元格区域，单击“确定”按钮。

步骤 03 输入公式。在 H2 单元格中输入公式“=INDEX(B2:B19,MACTH($G$2,$A$2:$A$19,0))”，如图 4-21 所示。MATCH()函数表示在$A$2:$A$19 单元格区域中查找$G$2 单元格中值的位置，得到的结果是 1，表示“张三”是$A$2:$A$19 单元格区域中的第一个值，再用 INDEX()函数抽取 B2:B19 单元格区域中的第一个值，得到的结果就是“76”。

H2 | =INDEX(B2:B19,MATCH($G$2,$A$2:$A$19,0))

	A	B	C	D	E	F	G	H	I	J	K
1	姓名	语文	数学	英语	平均分			语文	数学	英语	平均分
2	张三	76	44	0	40		张三	76			
3	李四	69	52	71	64						
4	王五	70	68	70	69						
5	赵六	91	99	95	95						
6	钱七	92	65	43	67						
7	孙八	45	48	68	54						
8	周久	39	87	99	75						
9	吴实	89	88	15	64						
10	郑示意	60	88	76	74						
11	冯十二	77	98	33	70						
12	陈十三	89	96	49	78						
13	楚十四	61	72	20	51						
14	卫事务	45	86	45	59						
15	蒋十六	42	74	62	59						
16	沈十七	50	83	79	71						
17	韩十八	93	65	77	78						
18	杨十九	80	57	88	75						
19	朱儿时	53	57	94	68						

图 4-21 输入公式

步骤 04 填充公式。将光标移至 H2 单元格右下角，当光标变为十字形时按住鼠标左键向右拖动至 K2 单元格，即可填充公式，如图 4-22 所示。

H2 | =INDEX(B2:B19,MATCH($G$2,$A$2:$A$19,0))

	A	B	C	D	E	F	G	H	I	J	K
1	姓名	语文	数学	英语	平均分			语文	数学	英语	平均分
2	张三	76	44	0	40		张三	76	44	0	40
3	李四	69	52	71	64						
4	王五	70	68	70	69						
5	赵六	91	99	95	95						
6	钱七	92	65	43	67						
7	孙八	45	48	68	54						
8	周久	39	87	99	75						
9	吴实	89	88	15	64						
10	郑示意	60	88	76	74						
11	冯十二	77	98	33	70						
12	陈十三	89	96	49	78						
13	楚十四	61	72	20	51						
14	卫事务	45	86	45	59						
15	蒋十六	42	74	62	59						
16	沈十七	50	83	79	71						
17	韩十八	93	65	77	78						
18	杨十九	80	57	88	75						
19	朱儿时	53	57	94	68						

图 4-22 填充公式

步骤 05 抽取数值。单击 G2 单元格右侧的下拉按钮，在打开的下拉列表中选择不同的姓名，即可在 H2:K2 单元格区域中得到对应的分数，如图 4-23 所示。

G	H	I	J	K
	语文	数学	英语	平均分
张三	76	44	0	40

下拉列表：张三、李四、王五、赵六、钱七、孙八、周久、吴实

图 4-23 抽取数值

4.2.2 字段拆分

字段拆分是指从一个长字符串或数值中拆分出特定部分。常用的方法有 LEFT()函数、RIGHT()函数、MID()函数、分列功能和快速填充功能。

1. LEFT()函数

LEFT()函数是从字符串的左侧开始拆分字符串，从文本字符串的第一个字符开始返回指定个数的字符；语法格式为 LEFT(text,num_chars)，其中，text 表示要抽取的字符串，num_chars 表示要抽取的字符个数。

2. RIGHT()函数

RIGHT()函数是从字符串的右侧开始拆分字符串，从文本字符串的最后一个字符开始返回指定个数的字符；语法格式为 RIGHT(text,num_chars)，其中，text 表示要抽取的字符串，num_chars 表示要抽取的字符个数。

3. MID()函数

MID()函数是从字符串的中间位置开始拆分字符串，从文本字符串中指定的位置开始返回指定个数的字符；语法格式为 MID(text,start_num,num_chars)，其中，text 表示要抽取的字符串，start_num 表示要抽取的第一个字符的位置，num_chars 表示要抽取的字符个数。

4. 分列功能

分列功能有分隔符号分列和固定列宽分列两种方法。下面介绍固定列宽分列的方法。

同一班级学生的学号位数都是相同的，前面几位代表班级代码，后面几位代表个人代码，将班级代码和个人代码拆分，如班级代码 7 位，个人代码 4 位，只要将前 7 位和后 4 位分开即可，具体操作步骤如下。

步骤 01 在工作表中选择“学号”列，在“数据”选项卡“数据工具”组中单击“分列”按钮，在弹出的对话框中选中“固定宽度”单选按钮，如图 4-24 所示。

步骤 02 单击“下一步”按钮，在弹出对话框中的“数据预览”列表框中“学号”第 7 位的位置上单击，单击处会出现一条分隔线，如图 4-25 所示。选中分隔线按住鼠标左键左右拖动，可以移动分隔线；在分隔线上双击，可以清除分隔线。

步骤 03 设置好分隔线位置后，单击“下一步”按钮，在弹出的对话框中设置“列数据格式”为“常规”，如图 4-26 所示。单击“完成”按钮，在工作表中可以看到分列后的结果，如图 4-27 所示。

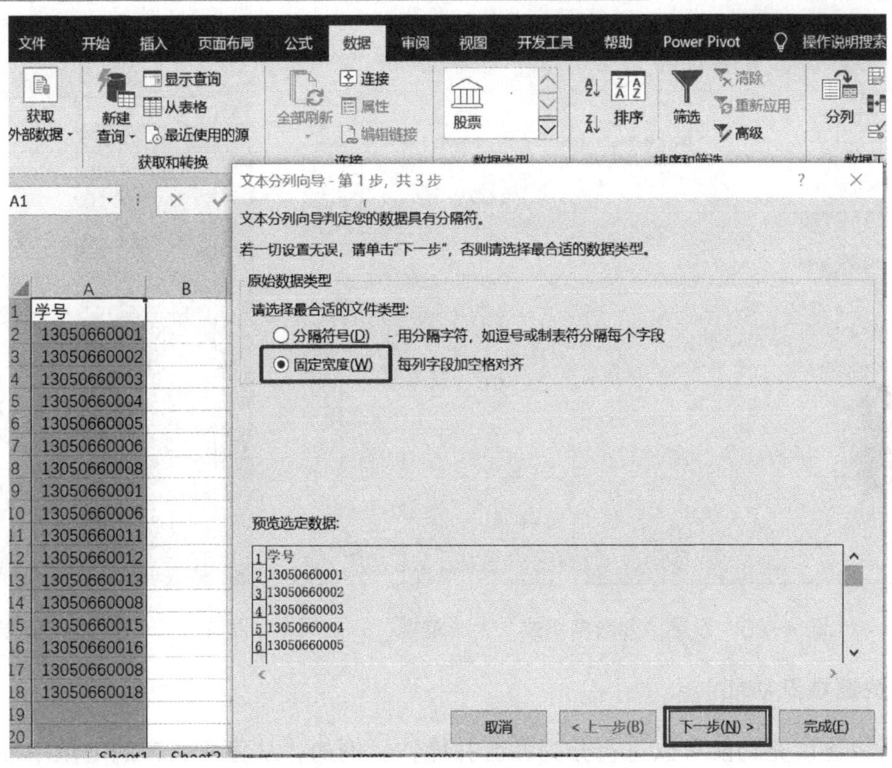

图 4-24　选中“固定宽度”单选按钮

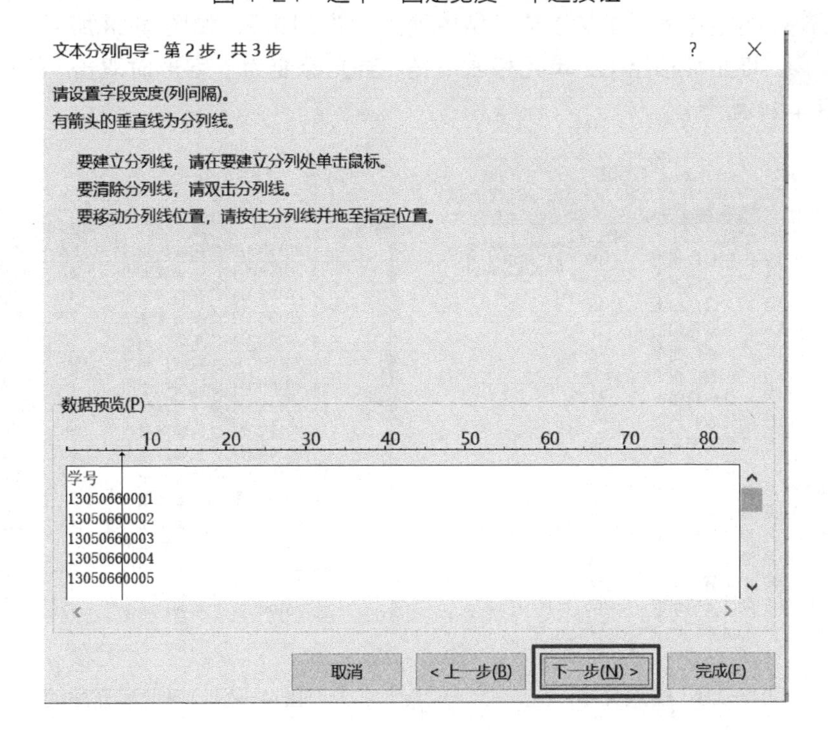

图 4-25　设置分隔线

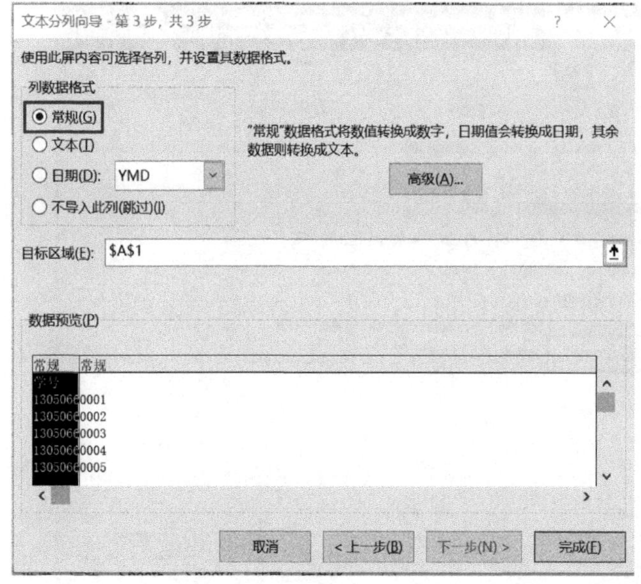

图 4-26　设置“列数据格式”为“常规”

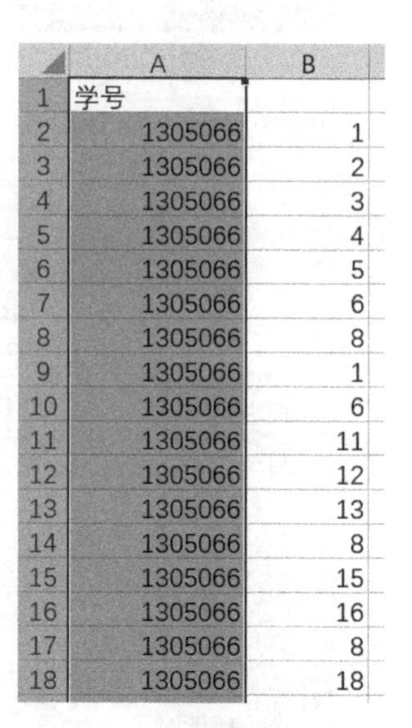

	A	B
1	学号	
2	1305066	1
3	1305066	2
4	1305066	3
5	1305066	4
6	1305066	5
7	1305066	6
8	1305066	8
9	1305066	1
10	1305066	6
11	1305066	11
12	1305066	12
13	1305066	13
14	1305066	8
15	1305066	15
16	1305066	16
17	1305066	8
18	1305066	18

图 4-27　分列后的结果

5. 快速填充功能

使用快速填充功能可以进行分列和合并操作。例如，从包含省市的地址中抽取市的地址，具体操作步骤如下。

步骤 01 在工作表中的 O2 单元格中输入“广州市”，如图 4-28 所示。

步骤 02 将光标移至 O2 单元格右下角，当光标变为十字形时双击，即可进行快速填充，如图 4-29 所示。

K	L	M	N	O
序号	日期	区域	销售金额	
1	2019年1月	广东省广州市	100	广州市
2	2019年1月	广东省深圳市	87	
4	2019年1月	广东省广州市	45	
8	2019年1月	广东省深圳市	77	
9	2019年1月	广东省广州市	96	
11	2019年1月	广东省广州市	345	
14	2019年1月	浙江省杭州市	75	
15	2019年1月	浙江省杭州市	67	
16	2019年1月	江西省南昌市	56	
17	2019年1月	广东省广州市	73	
18	2019年1月	浙江省杭州市	97	
19	2019年1月	湖北省武汉市	58	
21	2019年1月	浙江省杭州市	15	
23	2019年1月	湖北省武汉市	23	
24	2019年1月	广东省广州市	30	
25	2019年1月	浙江省杭州市	39	
26	2019年1月	广东省广州市	12	

图 4-28　输入文本

序号	日期	区域	销售金额	
1	2019年1月	广东省广州市	100	广州市
2	2019年1月	广东省深圳市	87	深圳市
4	2019年1月	广东省广州市	45	广州市
8	2019年1月	广东省深圳市	77	深圳市
9	2019年1月	广东省广州市	96	广州市
11	2019年1月	广东省广州市	345	广州市
14	2019年1月	浙江省杭州市	75	杭州市
15	2019年1月	浙江省杭州市	67	杭州市
16	2019年1月	江西省南昌市	56	南昌市
17	2019年1月	广东省广州市	73	广州市
18	2019年1月	浙江省杭州市	97	杭州市
19	2019年1月	湖北省武汉市	58	武汉市
21	2019年1月	浙江省杭州市	15	杭州市
23	2019年1月	湖北省武汉市	23	武汉市
24	2019年1月	广东省广州市	30	广州市
25	2019年1月	浙江省杭州市	39	杭州市
26	2019年1月	广东省广州市	12	广州市

图 4-29　快速填充后的结果

4.3 数据合并

数据合并分为数据表合并和字段合并。数据表合并主要通过匹配两个数据表中的相同字段来完成，而字段合并则是将同一工作表中的多列合并为一列。

4.3.1 数据表合并

数据表合并是将两个有相同字段的数据表合并为一个新数据表。数据表合并主要有横向连接和纵向连接两种方法。

1. 横向连接

在进行数据处理时，可能会遇到一个数据表中缺失的列数据与另一个数据表中的列数据相对应的情况，即要查找一个数据表中某一列的数据需要对另一个数据表中每一行的数据进行匹配查找，这种对行合并操作的方式称为横向连接。数据表横向连接需要满足 3 个条件：有两个数据表、两个数据表中有相同的字段、其中一个数据表中缺少另一个数据表中的其他字段。

数据表横向连接可以使用 VLOOKUP()函数，该函数根据首列满足的条件进行查找匹配；语法格式为 VLOOKUP(lookup_value,table_arrary,col_index_num,range_lookup)，其中，lookup_value 表示要查找的单元格，table_arrary 表示查找的单元格区域或工作表，col_index_num 表示选择单元格区域或工作表中的第几列，range_lookup 表示查找模式，0 表示精确匹配，1 表示近似匹配。

将表 2 中的“年龄”字段匹配到表 1 中，使用 VLOOKUP()函数进行横向连接，具体操作步骤如下。

步骤 01 在工作表中选择 D2 单元格，在“公式”选项卡“函数库”组中单击“插入函数”按钮，弹出“插入函数”对话框，在“或选择类别”下拉列表中选择“查找与引用”选项，在“选择函数”列表框中选择“VLOOKUP”函数，单击“确定”按钮。

步骤 02 弹出“函数参数”对话框，设置“Lookup_value”为“A2”，设置“Table_array”为“F:G”，设置“Col_index_num”为“2”，设置“Range_lookup”为“0”，单击“确定”按钮，如图 4-30 所示。

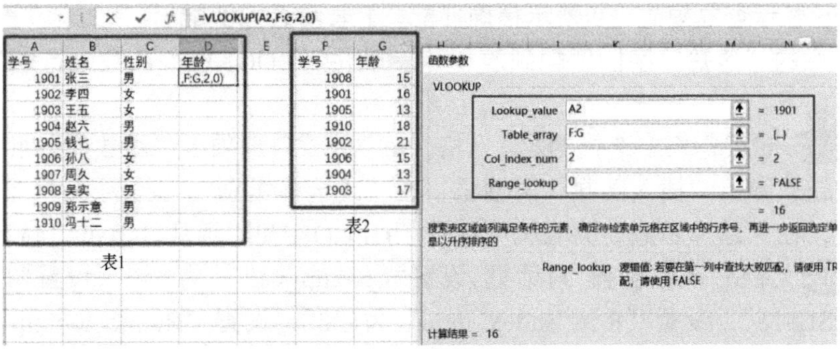

图 4-30 VLOOKUP()“函数参数”对话框

步骤 03 将光标移至 D2 单元格右下角，当光标变为十字形时按住鼠标左键拖动至 D11 单元格，填充公式，如图 4-31 所示。可以看到 1907 号没有找到，因为表 2 中没有 1907 这个学号。

=VLOOKUP(A8,F:G,2,0)

A	B	C	D	E	F	G
学号	姓名	性别	年龄		学号	年龄
1901	张三	男	16		1908	15
1902	李四	女	21		1901	16
1903	王五	女	17		1905	13
1904	赵六	男	13		1910	18
1905	钱七	男	13		1902	21
1906	孙八	女	15		1906	15
1907	周久	女	#N/A		1904	13
1908	吴实	男	15		1903	17
1909	郑示意	男	#N/A			
1910	冯十二	男	18			

图 4-31 使用 VLOOKUP()函数的结果

2. 纵向连接

在进行数据处理时，还可能会遇到一个数据表中缺失的列数据与另一个数据表中的行数据相对应的情况，即要查找一个数据表中某一列的数据需要对另一个数据表中每一列的数据进行匹配查找，这种对列合并操作的方式称为纵向连接，如图 4-32 所示。

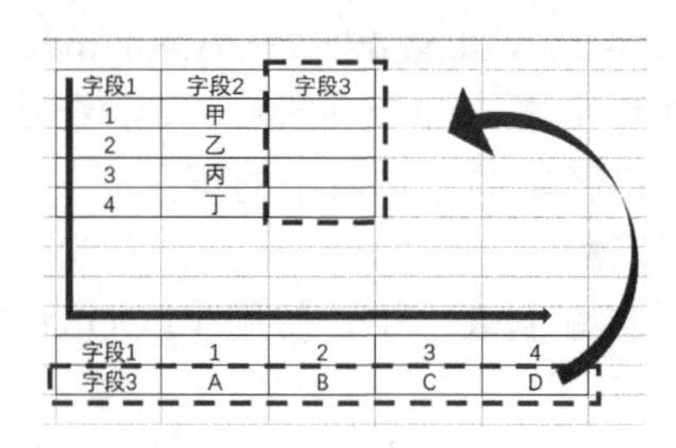

图 4-32 数据表纵向连接

数据表纵向连接可以使用 HLOOKUP()函数，该函数根据首行满足的条件进行查找匹配；语法格式为 HLOOKUP(lookup_value,table_arrary,row_index_num,range_lookup)，其中，lookup_value 表示要查找的单元格，table_arrary 表示查找的单元格区域或工作表，row_index_num 表示选择单元格区域或工作表中的第几行，默认序号从 1 开始，range_lookup 表示查找模式，0 表示精确匹配，1 表示近似匹配。

将表 2 中的“年龄”字段匹配到表 1 中，使用 HLOOKUP()函数进行纵向连接，具体操作步骤如下。

步骤 01 在工作表中选择 D2 单元格，在“公式”选项卡“函数库”组中单击“插入函数”按钮，弹出“插入函数”对话框，在“或选择类别”下拉列表中选择“查找与引用”选项，在“选择函数”列表框中选择“HLOOKUP”函数，单击“确定”按钮。

步骤 02 弹出“函数参数”对话框，设置“Lookup_value”为“A2”，设置“Table_array”为“$A$15:$L$16”，设置“Row_index_num”为“2”，设置“Range_lookup”为“0”，单击“确定”按钮，如图 4-33 所示。

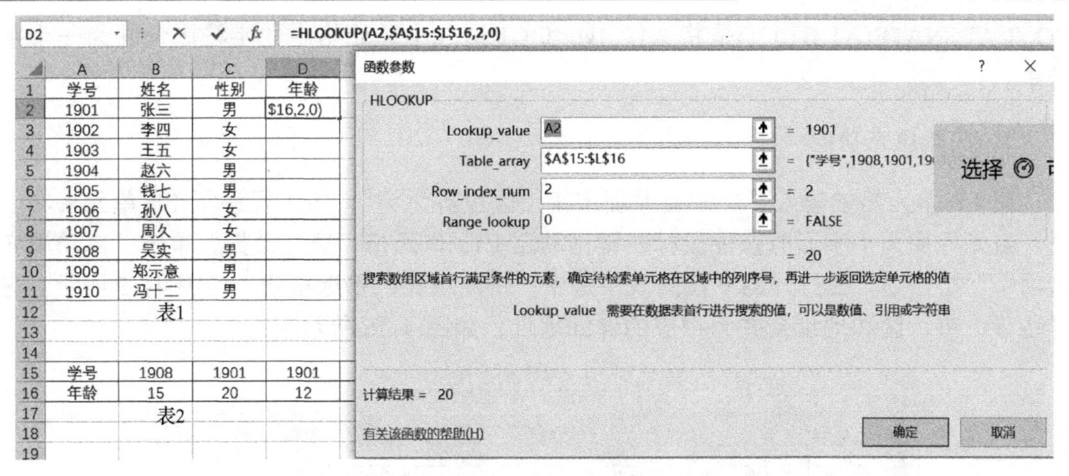

图 4-33　HLOOKUP()“函数参数”对话框

步骤 03 将光标移至 D2 单元格右下角，当光标变为十字形时按住鼠标左键拖动至 D11 单元格，填充公式，如图 4-34 所示。

	A	B	C	D	E	F	G	H	I	J	K	L
1	学号	姓名	性别	年龄								
2	1901	张三	男	20								
3	1902	李四	女	21								
4	1903	王五	女	17								
5	1904	赵六	男	13								
6	1905	钱七	男	13								
7	1906	孙八	女	15								
8	1907	周久	女	16								
9	1908	吴实	男	15								
10	1909	郑示意	男	15								
11	1910	冯十二	男	18								
12												
13												
14												
15	学号	1908	1901	1901	1905	1910	1902	1906	1904	1903	1907	1909
16	年龄	15	20	12	13	18	21	15	13	17	16	15

图 4-34　使用 HLOOKUP()函数的结果

4.3.2　字段合并

字段合并是将多列数据合并为一列数据。字段合并的方法有很多种，这里介绍连接符&、CONCATENATE()函数和快速填充功能 3 种方法。

1. 连接符&

使用连接符&可将多个单元格合并在一起。例如，A1&B1&C1 是将 A1、B1 和 C1 这 3 个单元格合并在一起。使用 Shift+7 组合键可得到连接符&。

2. CONCATENATE()函数

CONCATENATE()函数是将多个字符串合并为一个字符串；语法格式为 CONCATENATE(text1,text2,⋯)，其中，text1,text2,⋯分别表示要合并的字符串。例如，

CONCATENATE(A1,B1,C1)是将 A1、B1 和 C1 这 3 个单元格中的字符串合并为一个字符串。

3. 快速填充功能

在 E8 单元格中输入“广东省深圳市南山区世界之窗”，将光标移至 E8 单元格右下角，当光标变为十字形时按住鼠标左键拖动至 E13 单元格，填充数据，单击“自动填充选项”下拉按钮，在打开的下拉列表中选中“快速填充”单选按钮，如图 4-35 所示。这样各省、市、区和地址合并为相应的详细地址，如图 4-36 所示。

E8 广东省深圳市南山区世界之窗

	A	B	C	D	E
7	省	市	区	地址	详细地址
8	广东省	深圳市	南山区	世界之窗	广东省深圳市南山区世界之窗
9	广东省	深圳市	福田区	福田口岸	广东省深圳市南山区世界之窗
10	广东省	深圳市	罗湖区	地王大厦	广东省深圳市南山区世界之窗
11	广东省	广州市	海珠区	广州塔	广东省深圳市南山区世界之窗
12	上海	上海	浦东新区	东方明珠	广东省深圳市南山区世界之窗
13	陕西省	西安市	雁塔区	大雁塔	广东省深圳市南山区世界之窗

图 4-35　选中“快速填充”单选按钮

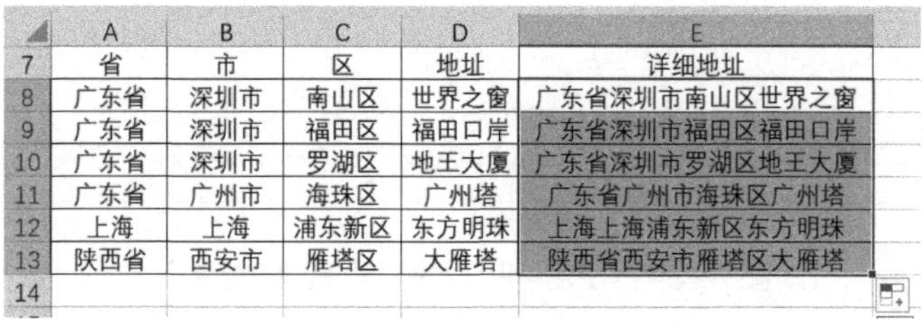

	A	B	C	D	E
7	省	市	区	地址	详细地址
8	广东省	深圳市	南山区	世界之窗	广东省深圳市南山区世界之窗
9	广东省	深圳市	福田区	福田口岸	广东省深圳市福田区福田口岸
10	广东省	深圳市	罗湖区	地王大厦	广东省深圳市罗湖区地王大厦
11	广东省	广州市	海珠区	广州塔	广东省广州市海珠区广州塔
12	上海	上海	浦东新区	东方明珠	上海上海浦东新区东方明珠
13	陕西省	西安市	雁塔区	大雁塔	陕西省西安市雁塔区大雁塔

图 4-36　快速填充后的结果

4.4　数据计算

数据计算包括字段计算和数据标准化。一般来说，数据计算主要是指字段计算。

4.4.1　字段计算

字段计算是指通过对数据进行加、减、乘、除、比较等，从而得到运算结果。字段计算包括算术运算和比较运算，其中数值型数据可进行算术运算和比较运算，字符型数据可进行比较运算。

1. 算术运算

Excel 中常用的算术运算符及其用法如表 4-1 所示。

表 4-1　Excel 中常用的算术运算符及其用法

运　算　符	解　　释	Excel 中的表示	结　　果
+	加法运算	=5+10	15
-	减法运算	=5-10	-5
*	乘法运算	=5*10	50
/	除法运算	=5/10	0.5
^	幂运算	=5^10	9765625

2. 比较运算

Excel 中常用的比较运算符及其用法如表 4-2 所示。

表 4-2　Excel 中常用的比较运算符及其用法

运　算　符	解　　释	Excel 中的表示	结　　果
>	大于	=5>10	False
<	小于	=5<10	True
=	等于	=5=10	False
>=	大于或等于	=5>=10	False
<=	小于或等于	=5<=10	True
<>	不等于	=5<>10	True

4.4.2　数据标准化

数据标准化是指将数据按比例缩放到一个特定的区间，以便进行数据处理和数据分析。常用的数据标准化方法有 0-1 标准化和 z-score 标准化。

1. 0-1 标准化

0-1 标准化又称离差标准化或归一化，是指通过对一组数据最大值、最小值的线性变换处理，使数据落在[0,1]区间内。对于一组数据$\{x_1,x_2,\cdots,x_n\}$，其 0-1 标准化的计算公式为

$$y_i = \frac{x_i - \min}{\max - \min}$$

式中，min 为该组数据的最小值，max 为该组数据的最大值，y_i 为标准化后的数值。

下面以“身高”列数据为例介绍在 Excel 中进行 0-1 标准化的方法，具体操作步骤如下。

步骤 01 在 B2 单元格中输入 0-1 标准化公式“=(A2-MIN(A:A))/(MAX(A:A)-

MIN(A:A))"，如图 4-37 所示。

步骤 02 将光标移至 B2 单元格右下角，当光标变为十字形时双击，填充公式，即可得到对"身高"列数据进行 0-1 标准化后的结果，如图 4-38 所示。

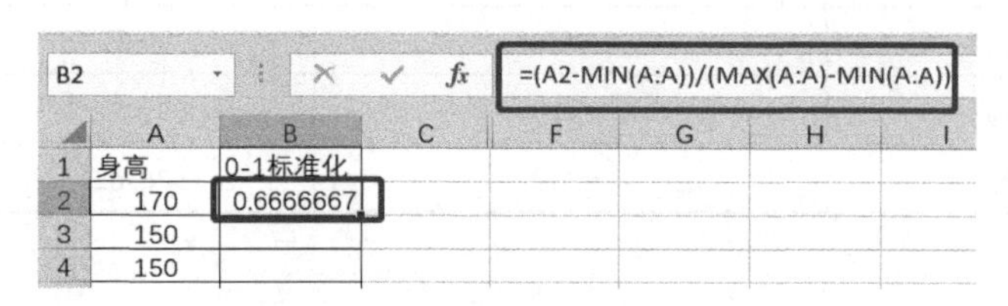

图 4-37 输入 0-1 标准化公式

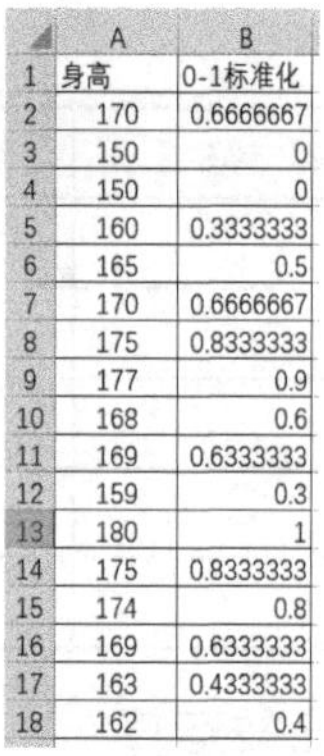

	A	B
1	身高	0-1标准化
2	170	0.6666667
3	150	0
4	150	0
5	160	0.3333333
6	165	0.5
7	170	0.6666667
8	175	0.8333333
9	177	0.9
10	168	0.6
11	169	0.6333333
12	159	0.3
13	180	1
14	175	0.8333333
15	174	0.8
16	169	0.6333333
17	163	0.4333333
18	162	0.4

图 4-38 0-1 标准化后的结果

2. z-score 标准化

z-score 标准化又称标准差标准化。经过 z-score 标准化后的数据均符合标准正态分布，即均值为 0、标准差为 1。对于一组数据，其 z-score 标准化的计算公式为

$$x^{*}=\frac{x-\mu}{\sigma}$$

式中，μ 为该组数据的均值，σ 为该组数据的标准差。

z-score 标准化适用于一组数据中最大值和最小值未知的情况。与 0-1 标准化相比，z-score 标准化不会改变原始数据的分布。

下面以"身高"列数据为例来介绍在 Excel 中进行 z-score 标准化的方法，具体操作步骤如下。

步骤 01 在 H2 单元格中输入 z-score 标准化公式"=(G2−AVERAGE(G:G))/STDEV(G:G)"，如图 4-39 所示。

步骤 02 将光标移至 H2 单元格右下角，当光标变为十字形时双击，填充公式，即可得到对"身高"列数据进行 z-score 标准化后的结果，如图 4-40 所示。

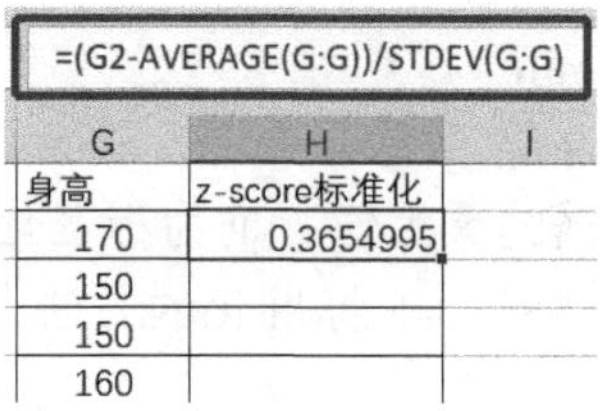

=(G2-AVERAGE(G:G))/STDEV(G:G)

G	H	I
身高	z-score标准化	
170	0.3654995	
150		
150		
160		

图 4-39 输入 z-score 标准化公式

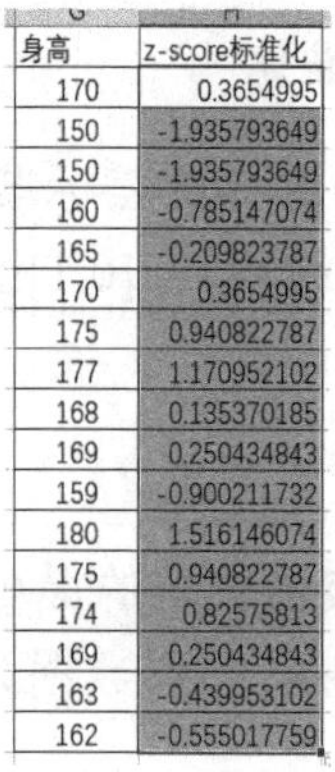

G	H
身高	z-score标准化
170	0.3654995
150	-1.935793649
150	-1.935793649
160	-0.785147074
165	-0.209823787
170	0.3654995
175	0.940822787
177	1.170952102
168	0.135370185
169	0.250434843
159	-0.900211732
180	1.516146074
175	0.940822787
174	0.82575813
169	0.250434843
163	-0.439953102
162	-0.555017759

图 4-40 z-score 标准化后的结果

本章小结

本章首先介绍了数据清洗的内容，包括对缺失值、重复值、异常值和不规范数据的处理；然后介绍了数据抽取的方法，包括对单个数值的查找引用和对整个字段的拆分；接着介绍了数据合并，包括数据表之间相同字段的合并、字段与字段之间的合并方法；最后介绍了数据计算，包括字段计算、数据标准化。

思考题

1. 简述数据清洗的内容及过程。
2. 简述缺失值的判断和处理方法。
3. 简述重复值的判断和处理方法。
4. 简述数据抽取的概念及其方法。
5. 简述数据合并的内容。
6. 简述数据计算的内容。

本章实训

1. 对工作表中的数据进行数据清洗，如图 4-41 所示。

	A	B	C	D	E	F	G	H	I
1	招聘ID	岗位	地址	薪资	工作经验	学历	行业	融资	人数
2	1	数据分析岗	上海·浦东新	1k-1k	经验3-5年	硕士	移动互联网	不需要融资	500-2000人
3	2	数据分析岗	上海·陆家嘴	10k-20k	经验1-3年	本科	金融	上市公司	2000人以上
4	3	数据分析师	深圳·福田区		经验1-3年	本科	金融	上市公司	2000人以上
5	4		深圳·福田区	11k-20k	经验1-3年	本科	金融	上市公司	2000人以上
6	5	032303-数据分	深圳·陆家嘴	11k-22k	经验3-5年	硕士	金融	上市公司	2000人以上
7	6	25210V-数据分	上海·福田区	13k-26k	经验3-5年	本科	金融	B轮	2000人以上
8									
9	7	25212E-数据分	深圳·福田区	10k-15k	经验3-5年	本科	金融	B轮	2000人以上
10	8	PTBU-数据分析	广州·东圃	15k-25k	经验不限	本科	文娱丨内容	上市公司	500-2000人
11	9	SPBU-数据分析	广州·棠下	20k-35k	经验3-5年	本科	文娱丨内容	上市公司	500-2000人
12	10	ZBBU-数据分析	广州·棠下	10k-20k	经验1-3年	本科	文娱丨内容	上市公司	500-2000人
13	11	产品运营-数据分	广州·天河城	8k-16k	经验3-5年	本科	移动互联网	不需要融资	50-150人
14	12	大数据分析师	北京·朝阳区	20k-35k	经验3-5年	本科	移动互联网	A轮	50-150人
15	13								
16	14	大数据分析师	郑州·高新区	15k-25k	经验3-5年	本科	移动互联网	不需要融资	2000人以上
17	15	电力数据分析师	广州·珠江新	15k-22k	经验1-3年	本科	移动互联网	A轮	50-150人
18									
19	16	高级数据分析	广州·瑞宝	15k-25k	经验5-10年	本科	移动互联网	C轮	150-500人
20	17	高级数据分析（	上海·北新泾	20k-35k	经验3-5年	本科	旅游	上市公司	2000人以上

图 4-41　清洗数据

2. 将表 1、表 2、表 3 进行合并，得到一个新数据表，如图 4-42 所示。

	A	B	C	D	E	F	G	H	I	J	K	L	M	N	O	P	Q
1	序号	日期	销售区域			销售区域	销售数量			序号	售价		序号	日期	销售区域	销售数量	售价
2	1	2009/1/1	广州			广州	27			1	808.44	→					
3	2	2009/1/1	南宁			南宁	67			2	480.71				总表		
4	3	2009/1/1	北京			北京	60			3	301.37						
5	7	2009/1/1	上海			上海	66			7	415.85						
6	14	2009/1/1	杭州			杭州	16			14	331.62						
7	16	2009/1/1	南昌			南昌	55			16	863.28						
8	19	2009/1/1	沈阳			沈阳	74			19	667.53						
9	27	2009/1/1	成都			成都	32			27	831.68						
10	76	2009/1/1	西宁			西宁	58			76	494.53						
11	77	2009/1/1	合肥			合肥	45			77	770.67						
12	78	2009/1/1	深圳			深圳	54			78	481.86						
13	79	2009/1/1	苏州			苏州	29			79	862.61						
14	80	2009/1/1	济南			济南	77			80	928.20						
15	81	2009/1/1	黑龙江			黑龙江	32			81	305.55						
16	82	2009/1/1	兰州			兰州	46			82	508.50						
17	83	2009/1/1	西安			西安	76			83	772.12						
18	84	2009/1/1	贵州			贵州	77			84	981.31						
19	85	2009/1/1	昆明			昆明	79			85	851.98						
20																	
21		表1					表2				表3						

图 4-42　合并数据表

第 5 章 Excel 数据分析

➘ 思政导读

数据资源的充分开发是数据要素市场发育成长的关键。习近平总书记强调，要“善于获取数据、分析数据、运用数据”。任何一个行业和领域都会产生有价值的数据，而对这些数据的统计、分析、挖掘则会创造出意想不到的价值和财富。

本章教学目标与要求

（1）理解数据分析的思维模式。

（2）熟悉常用的数据分析模型。

（3）掌握数据分析的基本方法。

（4）熟悉数据分析的进阶方法。

5.1 数据分析的思维模式

运用数据分析的方法思考问题、解决问题，从而形成数据分析的思维模式。数据分析的思维模式有结构化思维、漏斗思维、矩阵思维、相关性思维、降维思维、假说演绎思维、对比思维、帕累托分析思维等。下面介绍结构化思维、漏斗思维、矩阵思维、相关性思维、降维思维 5 种典型的数据分析思维模式。

5.1.1 结构化思维

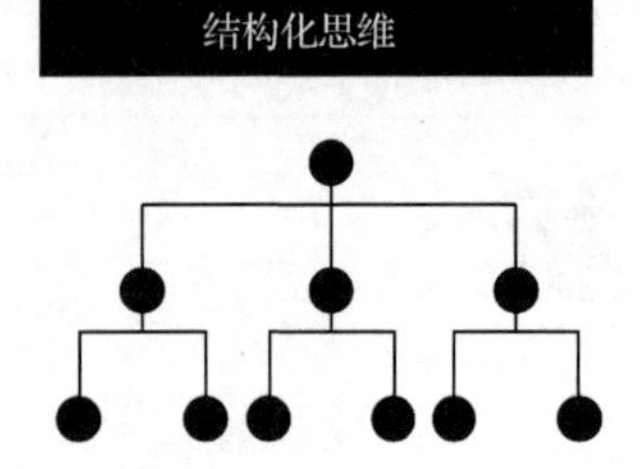

图 5-1 结构化思维

结构化思维是把复杂的问题分解成多个单一因素，并将这些因素归纳、整理，从而使零散、复杂的内容有条理地呈现出来，如图 5-1 所示。

结构化思维的应用非常广泛，该思维模式不仅应用于数据分析，而且在几乎所有行业都有应用，甚至人们在生活中处处都在应用这种思维模式。例如，生活中采用各种收纳方法，收纳鞋子有鞋柜，收纳厨具有橱柜；写作时先列出大纲或目录，再填充内容：这些都是结构化思维在生活中的应用。在数据分析过程中可以运用结构化思维模式为数据表起名，为列赋予字段，为指标分层，如用户的姓名、性别、年龄是用户的基本信息，用户的关注率、点击率、浏览率是拉新阶段的数据信息。

结构化思维最常用的是麦肯锡 7S 模型。该模型指出企业在发展过程中必须全面地考虑各方面的情况，包括结构（Structure）、制度（System）、风格（Style）、人员（Staff）、技能（Skill）、战略（Strategy）和共同价值观（Shared value），如图 5-2 所示。

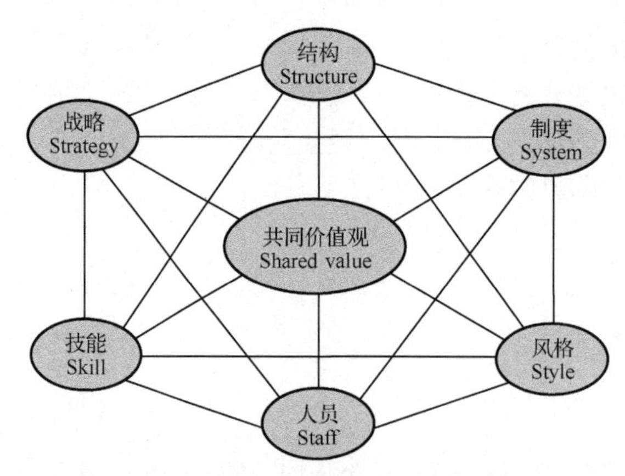

图 5-2 麦肯锡 7S 模型

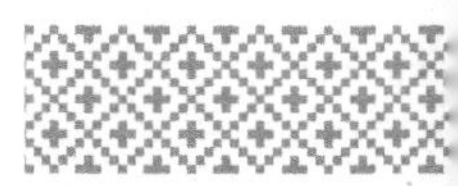

5.1.2 漏斗思维

漏斗思维是先确定要分析的关键环节，然后抽取相应数据，计算其转化率。该思维模式应用广泛，如用户转化率分析、用户浏览路径分析、流量监控等。以某网站的用户转化率分析为例，运用漏斗思维分析用户从进入网站到支付的全过程，可以分为 5 个关键步骤：进入网站、浏览商品详情页、加入购物车、确认订单、支付。如果该网站开始进入了 100 个用户，其中有 80 个用户浏览了该网站的商品详情页，那么进入网站到浏览商品详情页的转化率为 80%；如果有 45 个用户加入了购物车，那么浏览详情页到加入购物车的转化率为 56.25%；如果有 25 个用户确认了订单，那么加入购物车到确认订单的转化率为 55.56%；如果有 10 个用户进行了支付，那么确认订单到支付的转化率为 40%。通过统计关键步骤的用户数，得到相应的转化率，用户数越来越少，形状像一个漏斗，因此又称漏斗图，如图 5-3 所示。这种分析方式称为漏斗分析，运用漏斗分析时要注意确定关键环节，并得到相应的数据。

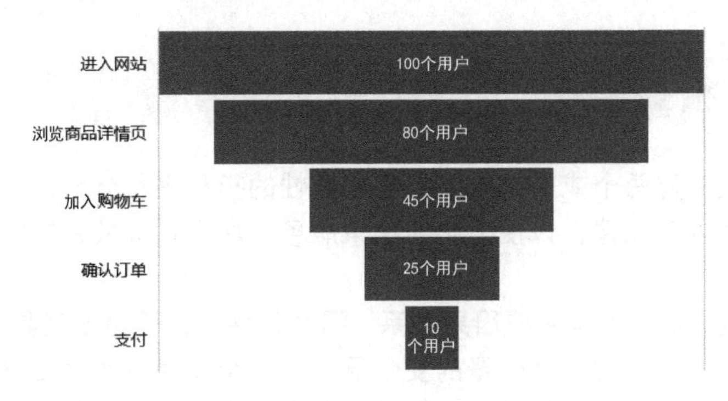

图 5-3 用户转化漏斗图

5.1.3 矩阵思维

矩阵思维是通过两组指标的交叉结合来分析问题的思维方法。矩阵思维比较典型的应用是波士顿矩阵，又称市场增长率–相对市场份额矩阵或四象限分析法，如图 5-4（a）所示。纵坐标为销售增长率，横坐标为市场份额，通过这两个因素的相互作用，将公司产品划分为 4 种不同性质的产品类型。

① 问题类产品（创新型产品）：销售增长率高，市场份额低。这类产品市场机会大、前景好，能够为企业带来高额利润，但投资风险较大，应谨慎选择。

② 明星类产品（标准化产品）：销售增长率和市场份额“双高”。这类产品是企业成长起来的明星，对这类产品要加大资金投入。

③ 金牛类产品（成熟型产品）：销售增长率低，市场份额高。这类产品属于成熟、稳定的产品，能够为企业带来大量的现金流。

④ 瘦狗类产品（个性化产品）：销售增长率和市场份额“双低”。这类产品无法为企

业带来收益，应尽早放弃，及时止损。

矩阵思维也可以应用到平时的工作和生活中，如将事情按重要程度和紧急程度划分为四象限的任务分析矩阵，如图 5-4（b）所示。应优先处理重要且紧急的事情，其次处理不重要紧急的事情，接着处理重要不紧急的事情，最后处理不重要不紧急的事情。根据任务分析矩阵可以平衡地处理工作和生活中的琐事。

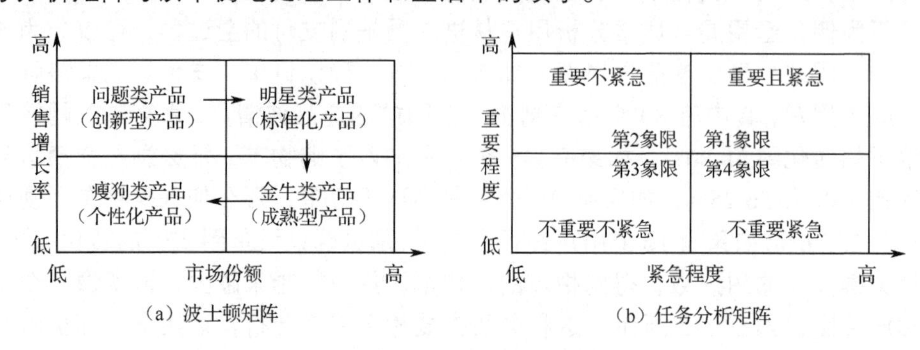

（a）波士顿矩阵　　（b）任务分析矩阵

图 5-4　矩阵思维

5.1.4　相关性思维

相关性思维是指对两个或两个以上具有相关性的指标进行分析，衡量指标之间的相互关系，从而发现内在规律，以便为企业决策服务。衡量相关关系的指标是相关系数，取值范围为[−1,1]。

需要注意的是，相关关系并非因果关系。相关关系是指两个变量具有相同（或相反）的变化趋势，因果关系是指一个变量的变化导致另一个变量也跟着变化，所以具有相关关系的两个变量不一定存在因果关系。例如，科学家经过统计发现人的睡眠时间与收入成反比，由此可以得出睡眠时间越短收入就越高的结论吗？显然不行，因为这两个变量只是在统计学上存在相关关系，而非因果关系。而蝴蝶效应就是一种因果关系，蝴蝶扇动翅膀的运动导致其四周的空气系统发生变化，并产生微弱的气流，而微弱的气流又会引起四周空气或其他系统产生相应的变化，由此引起连锁反应，最终导致其他系统的极大变化。

5.1.5　降维思维

降维思维是指运用结构化思维将大量的数据拆分成若干维度，并赋予每个维度相应的权重，最后得到一个综合评价指标。如图 5-5 所示，先将杂乱无章的内容运用结构化思维拆分成若干维度，然后可以根据经验对每个维度赋予一定的权重，最终形成一个能体现原始内容的最具代表性的综合评价指标。

如何通过分析大量繁杂的数据得到一个问题的答案？这就要用到降维思维。降维本质上是将多个数据变成一个指标。灵活运用降维思维有助于对数据的理解和分析。

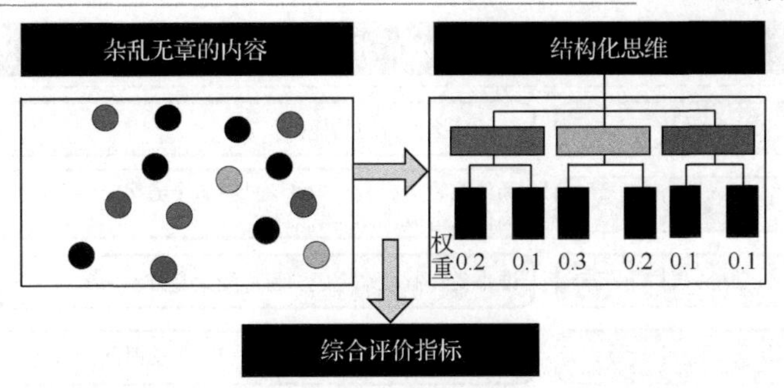

图 5-5 降维思维

例如，如何评价学生的综合能力，从而确定优秀学生呢？可以通过语文成绩、数学成绩、英语成绩、体育成绩、思想政治成绩 5 个相互独立的指标来衡量。先对所有指标进行标准化，将成绩转换为 0 ~ 100 的数值，然后确定每个指标的权重（权重根据历史数据和经验确定，或者根据特定算法计算，权重累加为 1），如确定前述 5 科成绩的权重分别为 0.3、0.3、0.2、0.1、0.1，最后得到学生综合能力分数=语文成绩×0.3+数学成绩×0.3+英语成绩×0.2+体育成绩×0.1+思想政治成绩×0.1。

降维思维经常应用在各种数据分析报告中，如高德地图发布的《2021 年三季度中国主要城市交通分析报告》中提到的“交通健康指数”。该指数包含时间、空间、效率 3 个维度中路网行程延时指数、路网高峰拥堵路段里程比、路网高延时运行时间占比等 9 个数据指标，客观反映城市交通运行状态。

5.2 数据分析模型

进行数据分析，首先要明确数据分析的目的和思路。数据分析模型是指运用数据分析的思维模式通过数学模型挖掘数据中隐藏的规律和价值，从而预测事件发生后的状况。常用的数据分析模型有 5W2H 分析模型、PEST 分析模型、SWOT 分析模型、4P 和 4C 分析模型、逻辑树分析模型等。

5.2.1 5W2H 分析模型

5W2H 分析模型又称七问分析法，即以 5 个以 W 开头和两个以 H 开头的英文单词进行提问，从回答中寻找答案的分析方法，如图 5-6 所示。该分析模型常用于企业管理，也可以用来进行用户行为分析和营销方案制定等。

① What：以“什么”结尾的提问，如“要做什么？”“目的是什么？”。

② Why：以“为什么”开始的提问，如“为什么要这么做？”“为什么选择这个方案？”“为什么造成这样的结果？”。

③ Who：以人为关键词的提问，如“谁来负责？”“谁来完成？”“目标受众是谁？”。

④ When：以时间为关键词的提问，如“什么时间开始？”“什么时间结束？”“什么时间最合适？”。

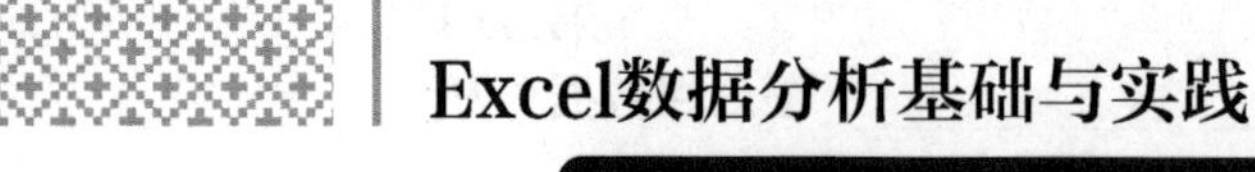

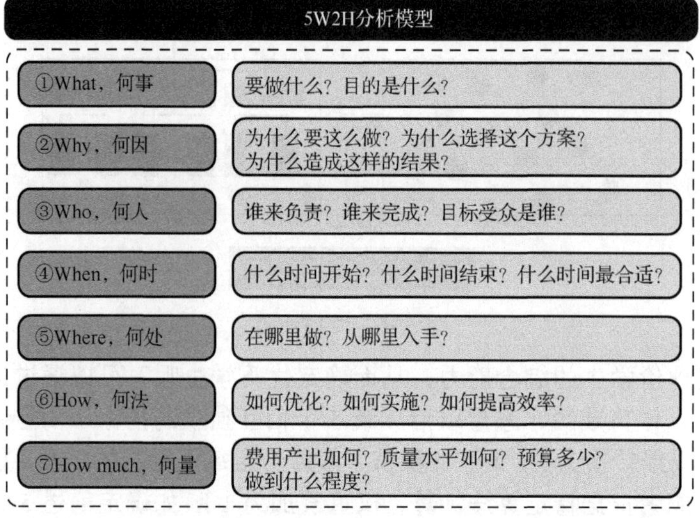

图 5-6　5W2H 分析模型

⑤ Where：以地点为关键词的提问，如“在哪里做？”“从哪里入手？”。

⑥ How：涉及具体实施步骤的提问，如“如何优化？”“如何实施？”“如何提高效率？”。

⑦ How much：涉及程度的提问，如“费用产出如何？”“质量水平如何？”“预算多少？”“做到什么程度？”。

5W2H 分析模型简单、方便，易于理解，广泛应用于企业营销和管理活动。例如，运用 5W2H 分析模型对用户购买行为进行数据分析，先搭建框架，再进行细化分解，最终得到整体分析框架，如图 5-7 所示。

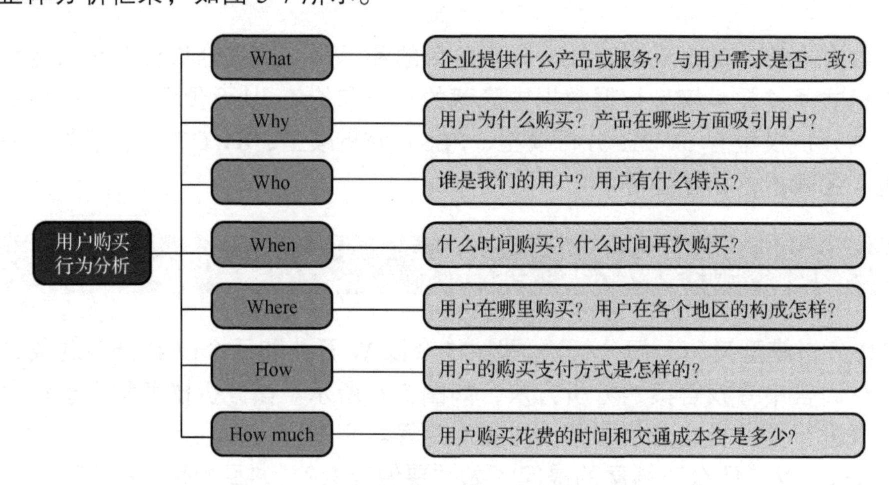

图 5-7　用户购买行为 5W2H 分析模型

5.2.2　PEST 分析模型

PEST 分析模型常用来分析外部宏观环境，即从政治（Political）、经济（Economic）、

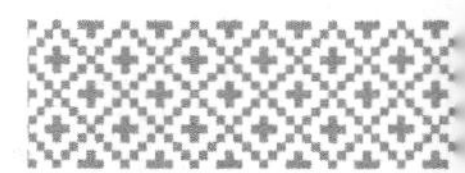

社会（Social）、技术（Technological）4 个方面，分析影响企业决策、课题选择、背景调查等的宏观因素。PEST 代表这 4 个单词的首字母。PEST 分析模型应用广泛，在各行各业均有应用。

① 政治：国家政策、国家法律法规、当地政府的方针、国内外局势、国际关系等。

② 经济：经济发展水平、经济政策、国家经济形势、国民生产总值、居民消费水平、居民消费结构、通货膨胀率等。

③ 社会：国家或地区的历史文化、风俗习惯、宗教信仰、语言文字、教育水平、审美观念、生活方式等。

④ 技术：国家对技术的支持程度、申请授权专利、技术的研究程度等。

以目前我国母婴行业为例，运用 PEST 分析模型进行分析，如图 5-8 所示。可以看出，在鼓励生育的背景下，我国母婴行业发展处于利好阶段。

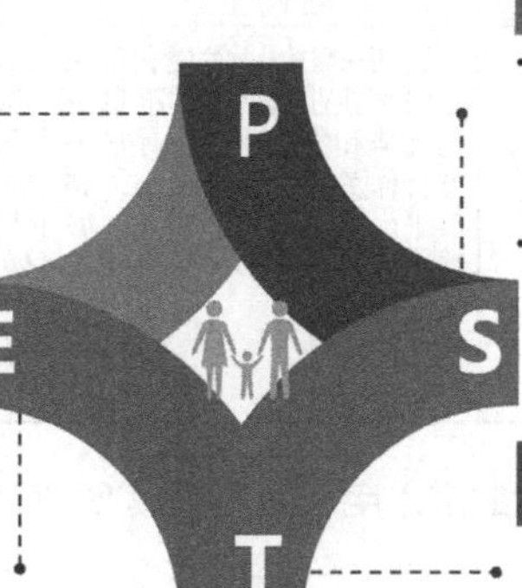

图 5-8　我国母婴行业发展 PEST 分析模型

5.2.3　SWOT 分析模型

SWOT 分析模型是将企业内部的优势（Strengths）、劣势（Weaknesses）和外部的机会（Opportunities）、威胁（Threats）以矩阵形式排列出来，运用系统分析的思想，将各种因素相互匹配并加以分析，从而得出相应的结论。

① 优势与劣势（SW）：优势与劣势是对企业或某个产品内部环境的分析，从而得知与竞争对手相比存在哪些优势和劣势。正确认识优势与劣势，才能够扬长避短。

② 机会与威胁（OT）：机会与威胁是对宏观环境的分析，可参考 PEST 分析模型。对机会要积极争取，对威胁要进行规避，同时也要意识到，威胁本身既是机遇也是挑战。

分别列出这 4 个维度下的条件，运用矩阵思维进行交叉组合，还可以得到优势与机会（SO）、劣势与机会（WO）、优势与威胁（ST）和劣势与威胁（WT）。对于优势与机会，要放大并加以利用；对于劣势与机会，要改进劣势以迎合机会；对于优势与威胁，要持续监控并跟进；对于劣势与威胁，要尽可能地消除。

运用 SWOT 分析模型对某企业进入电子商务领域进行分析，如图 5-9 所示。

内部因素 / 外部因素	优势（Strengths）	劣势（Weaknesses）
	•对互联网的理解深刻 •技术力量强 •有好的核心团队	•缺乏行业积累 •缺乏实际操作经验 •没有线下实体支撑 •没有强大资金支持 •人员配备不完善
机会（Oppotunities）	SO利用	WO改进
•市场前景巨大 •没有领头羊 •模式上的创新	抓住互联网的发展趋势，利用自身技术优势实现模式上的创新，通过提供良好的用户体验建立口碑和积累人气，逐步抢占市场份额	通过平台的搭建和发展不断加强对品牌供应商的沟通和加深对最终消费者的理解，积累相关行业经验；在实际操作过程中逐步完善会员体系，以填补能力上的缺陷
威胁（Threats）	ST监控	WT消除
•低价为王 •物流配送体系不完善 •行业不规范 •巨头跃跃欲试进入市场	密切关注行业发展和巨头动向。在业务上，找准自身的优势和价值所在，寻求多方合作关系；在技术上，完善平台底层架构，增强扩展性以满足未来多方平台接入的需求	在初期阶段避开直接开展电子商务所需要的投入与风险，先集中力量做好技术上的引导和推荐，与一些更为成熟和专业的电子商务平台做好产品对接，也就是实现间接电子商务，将最终的销售环节转接过去，并从中收益

图 5-9　企业进入电子商务领域 SWOT 分析模型

5.2.4　4P 和 4C 分析模型

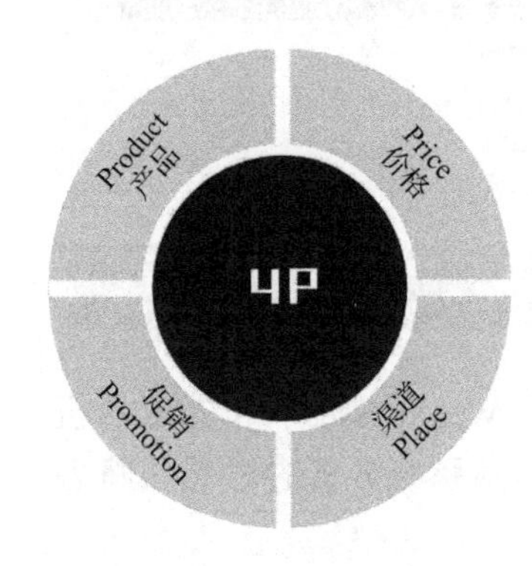

图 5-10　4P 分析模型

4P 分析模型是经典的营销分析模型，4P 是指以“P”开头的 4 个英文单词，即产品（Product）、价格（Price）、渠道（Place）、促销（Promotion），如图 5-10 所示。企业可以将这 4 个因素进行营销组合，分析产品的现状，调整产品的推广策略。4P 分析模型围绕产品展开，是典型的“以产品为中心”的营销分析模型。

① 产品：指公司主推何种产品（包括有形产品和无形产品），分析时要考虑产品的内容是什么、有什么特色、性能如何等。

② 价格：指产品的售价，分析时要考虑产品的生产成本、利润等。

③ 渠道：包括产品从企业生产到交付给用户过程中的所有环节，分析时要考虑产品的承包商、中间的制作环节、后期的流通方式等。

④ 促销：企业通过销售行为的改变来刺激用户消费，以短期行为（如让利、买一送一等）促进消费的增长，吸引潜在消费者或促使消费者提前消费以促进销售的增长。促

销方式包括广告、宣传推广、人员推销等。

4C 分析模型是 1990 年美国营销专家罗伯特·劳特朋（Robert F. Lauterborn）教授提出的与 4P 分析模型相对应的营销分析模型。4C 是指以“C”开头的 4 个英文单词，即客户（Consumer）、成本（Cost）、便利（Convenience）、沟通（Communication），如图 5-11 所示。与 4P 分析模型不同的是，4C 分析模型围绕客户展开，是典型的“以客户为中心”的营销分析模型。

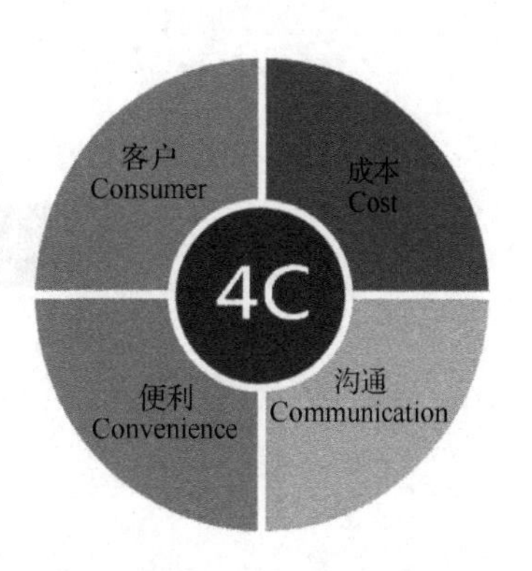

图 5-11　4C 分析模型

① 客户：了解客户的需求，根据客户的需求定制产品。

② 成本：包括 4P 分析模型中的价格（Price），同时还包括客户的购买成本，研究客户能否在金钱、时间和精力上接受产品。

③ 便利：为客户提供最大程度的便利，如方便支付、方便维护等。

④ 沟通：做到随时随地与客户进行有效沟通，及时听取客户建议和意见，以便更好地优化产品，如客服系统、收集并处理投诉等。

5.2.5　逻辑树分析模型

逻辑树分析模型运用逻辑树来分析问题。逻辑树又称树图、问题树、演绎树或分解树等，先对问题进行层层拆解，将所有子问题分层罗列，从最高层开始，逐步向下扩展，直至找到末端原因。在运用逻辑树分析模型时，首先要找到相互独立的相关因素，再从相关因素推导出第二层相关因素，最后得出末端原因。第一层相关因素是逻辑树的“大树枝”，第二层相关因素则是逻辑树的“小树枝”，从而构成了树图。逻辑树分析模型使分析人员不被眼前的表象迷惑，一层一层逐层剖析，最终找出真正的原因。逻辑树分析模型保证解决问题过程的完整性，将工作细分为若干个便于操作的任务，并划分出优先顺序，把责任明确地落实到个人。

使用逻辑树分析模型必须遵循以下 3 个原则。

① 要素化：将相同问题总结归纳为要素。

② 框架化：将要素组织成框架，遵守不重不漏的原则。

③ 关联化：框架内的各要素保持必要的相互关系，简单而不孤立。

例如，运用逻辑树分析模型分析某企业利润增长缓慢的原因，从收入、成本和其他因素 3 个方面进行分析，这就是第一层相关因素；再针对这 3 个因素分别展开，得到第二层相关因素；最后得出企业利润增长缓慢的若干末端原因，通过经验判断和逻辑推理找出其中最关键的若干原因，如客户流失严重、对手竞争力增强和人工成本上升 3 个关键原因，如图 5-12 所示。因此，该企业应针对这 3 个关键原因制定相应的经营策略，以改善企业利润增长缓慢的现状。

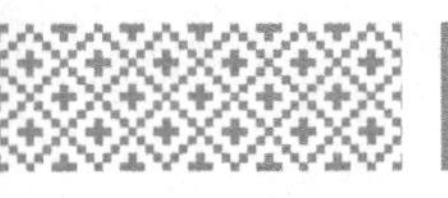

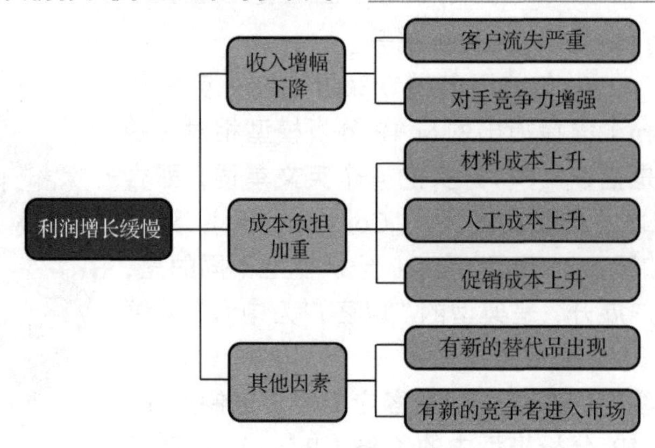

图 5-12　利润增长缓慢的逻辑树分析模型

5.3　数据分析的基本方法

数据分析方法是指在进行数据分析时具体采用的分析方法。常见的数据分析的基本方法有对比分析法、分组分析法、结构分析法、平均分析法、矩阵分析法、综合指标分析法、RFM 分析法等。

5.3.1　对比分析法

对比分析法也称比较分析法，是对客观事物进行比较，以达到认识事物的本质和规律，并做出正确评价的分析方法。对比分析法通常是将两个相互联系的指标数值进行比较，从数量上展示和说明分析对象规模的大小、水平的高低、速度的快慢，以及各种关系是否协调。在进行对比分析时，选择合适的对比标准十分重要，只有选择合适的对比标准才能做出客观评价，如果选择了不合适的对比标准就可能得出错误的结论。

在进行对比分析时，可以选择时间维度、空间维度、计划目标标准维度、经验标准维度与理论标准维度等不同的维度分析方法。

1. 时间维度对比分析法

时间维度对比分析法是指以不同时间的指标数值作为对比标准进行数据分析的分析方法，是一种常见的对比分析方法。根据选择比较的时间标准，可分为同比分析法和环比分析法。

同比分析法是指本期分析数据与历史同期分析数据相比，这消除了季节变动带来的影响，如今年第 1 季度与去年第 1 季度相比。

环比分析法是指本期分析数据与前一时期的分析数据相比，以表明现象逐期的发展速度，如本年第 4 季度与第 3 季度相比、第 3 季度与第 2 季度相比等。

例如，某企业 2021 年第 1 季度与 2022 年第 1 季度的企业产值同比情况如图 5-13 所示，2022 年第 1 季度与 2022 年第 2 季度的企业产值环比情况如图 5-14 所示。

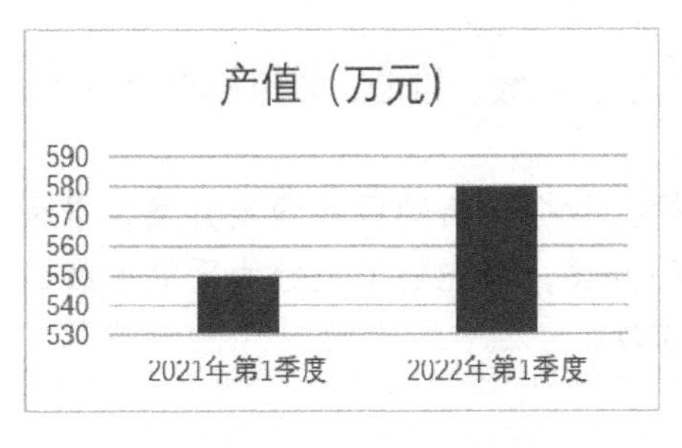

图 5-13　企业产值同比情况

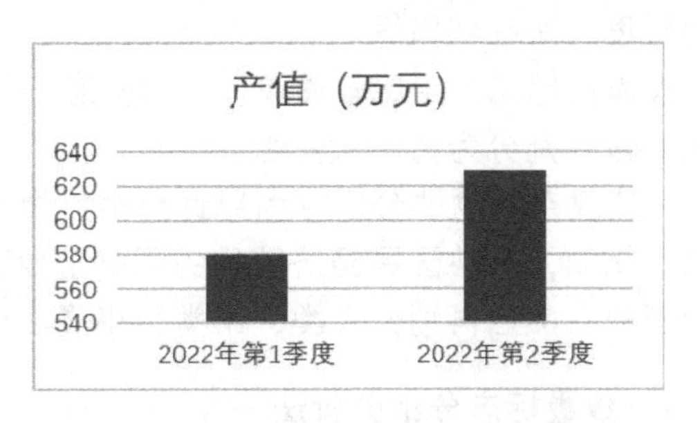

图 5-14　企业产值环比情况

2. 空间维度对比分析法

空间维度对比分析法是指以不同空间的指标数值作为对比标准进行数据分析的分析方法，可以是同级部门、单位、地区相比，也可以是行业内的标杆企业、竞争对手或行业平均水平相比。

3. 计划目标标准维度对比分析法

计划目标标准维度对比分析法是指以实际完成值与目标、计划进度作为对比标准进行数据分析的分析方法，如公司本季度完成的业绩与目标业绩相比、促销活动实际销售情况与原计划销售情况相比等。

4. 经验标准维度对比分析法与理论标准维度对比分析法

经验标准维度对比分析法是指以通过归纳历史资料得出的结论作为对比标准进行数据分析的分析方法。理论标准维度对比分析法是指以通过已知理论经过推理得出的结论作为对比标准进行数据分析的分析方法，如以衡量生活质量的恩格尔系数对比农村、城镇生活水平等。

5.3.2　分组分析法

分组分析法是指根据数据分析对象的特点，按照特定的标志，将数据分析对象划分为不同的部分或类型，以揭示其内在联系和规律。

分组分析法通过分组将性质相同的对象归纳在一起，使组内对象属性一致，以便进一步运用数据分析方法来解构内在的数量关系。

分组分析法的关键是分组，选择不同的分组标志，可以有不同的分组方法。常见的分组分析法有属性标志分组分析法和数量标志分组分析法。

1. 属性标志分组分析法

属性标志分组分析法是指根据数据分析对象的属性标志进行分组，分析社会经济现象的各种特征，从而找出客观事物规律的一种分析方法。

属性标志数据不能进行运算，只能用来说明事物的性质、特征，如人的姓名、性别、文化程度、所在部门等。

按属性标志分组比较简单，分组标志一旦确定，组数、组名、分组标准也就确定了，如人口按性别分为男、女两组。

一些复杂问题的分组称为统计分类，需要根据数据分析的目的确定分类标准和分类目录。例如，反映国民经济结构的国家工业部门分类，首先将工业分为采掘业和制造业两大部分，然后再划分大类、中类、小类 3 个层次。

2. 数量标志分组分析法

数量标志分组分析法是指根据数据分析对象的数量标志进行分组，将所有数据划分为若干个性质不同的部分，分析数据的分布特征和内在联系。

数量标志数据能够进行加、减、乘、除运算，说明事物的数量特征，如人的年龄、工资水平、企业的资产等。

根据分组数量不同，数量标志分组分析法可分为单项式分组分析法和组距式分组分析法。

（1）单项式分组分析法

单项式分组分析法是将标志值作为分组依据，每个标志值就是一个组，有多少个标志值就分成多少个组，适用于数量不多、变动范围较小的离散型数据，如按产品产量、技术级别、员工工龄等标志进行分组。

例如，某企业成立 3 年，现有员工 100 人，以员工工龄标志作为分组标准，可以分成工龄 1 年的员工、工龄 2 年的员工、工龄 3 年的员工 3 组。

（2）组距式分组分析法

组距式分组分析法是将所有数据划分为若干区间，每个区间作为一组，组内数据属性相同，适用于变化幅度较大的数据。

组距式分组分析法分组的关键是确定组数与组距。各组之间的分组界限称为组限；一个组的最小值称为下限，最大值称为上限；上限与下限的差值称为组距；上限与下限的平均数称为组中值，它是一组变量值的代表。

使用组距式分组分析法进行数据分析要注意以下几个问题。

① 确定组数。根据数据分析的需要和自身的特点确定组数。由于分组的目的之一是观察数据分布的特征，因此组数应适中。如果组数太少，数据的分布会过于集中；如果组数太多，数据的分布会过于分散：都不利于观察数据分布的特征。

② 确定组距。根据数据的最大值、最小值和组数确定组距，组距=（最大值-最小值）/组数。

③ 对数据进行分组。根据组距对数据进行分组，汇总分组信息，从而对比各组之间、各组与总体之间的差异。

前面介绍的分组方法属于等距分组，根据数据研究对象的特点还可以对数据进行不等距分组。等距分组适用于数据变动比较均匀的情况，不等距分组适用于数据变动不均匀的情况。

例如，2020 年第七次全国人口普查数据按年龄分组情况表如表 5-1 所示。

表 5-1 2020 年第七次全国人口普查数据按年龄分组情况表

年　　龄	人口数（万人）	比重（%）
0～14 岁	25338	17.95
15～59 岁	89438	63.35
60 岁及以上	26402	18.70
总计	141178	100.00

5.3.3　结构分析法

结构分析法是指将数据分析对象各组成部分与总体对比的分析方法。各组成部分占总体的比例属于相对指标，比例越大，重要程度越高，对总体的影响越大。例如，对国民经济的构成进行分析，可以得出国民经济在生产、流通、分配和使用各环节占国民经济的比例或各部门的贡献率，揭示国民经济各组成部分之间的相互联系及变化规律。结构分析法的优点是简单、实用。

结构相对指标（比例）的计算公式为

结构相对指标（比例）=（总体某部分的数值/总体总量）×100%

在企业运营分析中，市场占有率是非常典型的结构分析法的应用。市场占有率的计算公式为

市场占有率=（某种商品销售量/该种商品市场销售总量）×100%

市场占有率是分析企业竞争能力的重要指标，也是衡量企业运营状况的综合经济指标。市场占有率高，表明企业运营状况好，竞争能力强，在市场上占据有利地位；市场占有率低，则表明企业运营状况差，竞争能力弱，在市场上处于不利地位。

因此，评价一个企业运营状况是否良好，不仅需要了解企业的客户数量、收入等绝对数值指标是否增长，还要了解其在行业中的比例是否维持稳定或增长。如果其在行业中的比例下降，则说明竞争对手增长更快，此时，企业应实施相应的改进措施。

例如，根据《中华人民共和国 2021 年国民经济和社会发展统计公报》，2021 年国内生产总值构成数据表如表 5-2 所示。

表 5-2 2021 年国内生产总值构成数据表

指　　标	2021 年产值（亿元）	比重（%）
国内生产总值	1143670	100
第一产业增加值	83086	7.3
第二产业增加值	450904	39.4
第三产业增加值	609680	53.3

5.3.4　平均分析法

平均分析法是指通过计算平均数的方法来反映数据分析对象总体在特定时间、地点

某一数量标志的一般水平。平均分析法的主要作用有以下两点。

① 利用平均指标可以对比同类现象在不同地区、不同行业、不同单位之间的差异程度。

② 利用平均指标可以对比同类现象在不同历史时期的变化，有利于观察其发展趋势和规律。

平均指标有算术平均数、调和平均数、几何平均数、众数和中位数等，其中最常用的是算术平均数。算术平均数又称平均数或平均值。

算术平均数的计算公式为

算术平均数=总体各单位数值的总和/总体单位个数

算术平均数是非常重要的基础性指标，也是一个综合指标，将总体内各单位的数量差异抽象化。算术平均数只能代表总体的一般水平，掩盖了总体内各单位的数量差异。

5.3.5 矩阵分析法

矩阵分析法是指将事物（如产品、服务等）的两个重要属性（指标）作为数据分析的依据，对数据进行分类关联分析，以解决问题的分析方法。矩阵分析法是由交叉分析法演变而来的。

1. 交叉分析法

交叉分析法是将两个或两个以上数据指标进行交叉分析，找出数据之间的关系，从而归纳数据的特征。

	A	B	C	D	E
1	年	月	销售区域	销售数量	售价
2	2009	1	广州	70	408.43
3	2009	1	南宁	25	444.15
4	2009	1	北京	17	443.66
5	2009	1	广州	99	427.81
6	2009	1	北京	43	819.04
7	2009	1	广州	57	539.02
8	2009	1	上海	47	524.30

图 5-15　某连锁店商品销售数据

例如，某连锁店商品销售数据如图 5-15 所示。工作表包括年、月、销售区域、销售数量和售价，将这些数据两两组合得到交叉关系，如年和销售数量、年和售价、销售区域和销售数量、销售区域和售价等。需要注意的是，这些交叉关系要具有实际意义。

下面对商品销售数据进行交叉分析，具体操作步骤如下。

步骤 01 在工作表中选择商品销售数据表，在“插入”选项卡“表格”组中单击“数据透视表”按钮，插入数据透视表，在“数据透视表字段”面板中将“年”字段拖动至“行”列表框，将“销售数量”字段拖动至“值”列表框并求和，可以看到 2010 年销售数量比 2009 年销售数量高，如图 5-16（a）所示。

步骤 02 在“数据透视表字段”面板中将“销售区域”字段拖动至“行”列表框，将“销售数量”字段拖动至“值”列表框并求和，可以看到沈阳的销售数量最高，上海的销售数量最低，如图 5-16（b）所示。

步骤 03 在“数据透视表字段”面板中将“销售区域”字段拖动至“行”列表框，将“年”字段拖动至“列”列表框，将“销售数量”字段拖动至“值”列表框并求和，可以看到不同区域、不同年份的销售数量，如图 5-16（c）所示。

步骤 04 在数据透视表中分析销售区域、销售数量、年和售价的交叉关系，如图 5-16（d）所示。

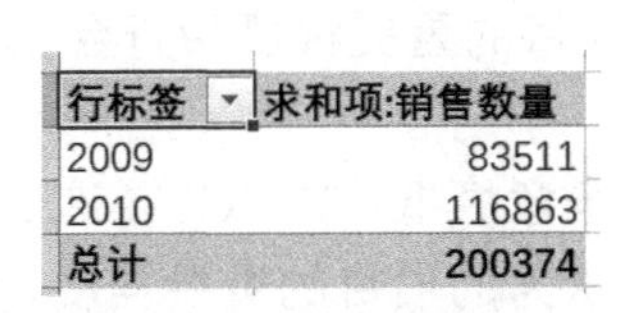

行标签	求和项:销售数量
2009	83511
2010	116863
总计	200374

（a）年与销售数量交叉分析

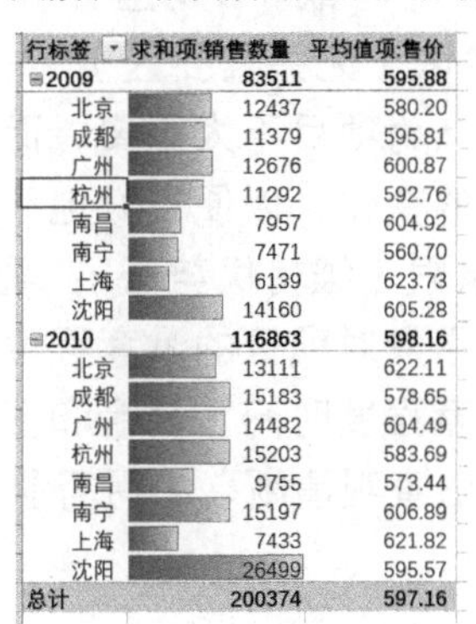

行标签	求和项:销售数量
北京	25548
成都	26562
广州	27158
杭州	26495
南昌	17712
南宁	22668
上海	13572
沈阳	40659
总计	200374

（b）销售区域与销售数量交叉分析

求和项:销售数量	列标签		
行标签	2009	2010	总计
北京	12437	13111	25548
成都	11379	15183	26562
广州	12676	14482	27158
杭州	11292	15203	26495
南昌	7957	9755	17712
南宁	7471	15197	22668
上海	6139	7433	13572
沈阳	14160	26499	40659
总计	83511	116863	200374

（c）销售区域、年与销售数量交叉分析

行标签	求和项:销售数量	平均值项:售价
⊟2009	83511	595.88
北京	12437	580.20
成都	11379	595.81
广州	12676	600.87
杭州	11292	592.76
南昌	7957	604.92
南宁	7471	560.70
上海	6139	623.73
沈阳	14160	605.28
⊟2010	116863	598.16
北京	13111	622.11
成都	15183	578.65
广州	14482	604.49
杭州	15203	583.69
南昌	9755	573.44
南宁	15197	606.89
上海	7433	621.82
沈阳	26499	595.57
总计	200374	597.16

（d）4 个维度交叉分析

图 5-16　商品销售数据的交叉分析

2. 矩阵分析法应用

矩阵分析法又称矩阵关联分析法、象限图分析法，是首先以属性 A 为横轴，以属性 B 为纵轴，生成一个坐标系，然后分别在两个坐标轴上按某一标准（如平均值、经验值、行业水平等）进行刻度划分，从而划分成 4 个象限，将数据分析对象投射到相应的象限中进行交叉分析，得出数据在这两个属性上的关联关系。

矩阵分析法为决策者在解决问题和分配资源时提供重要参考依据。该方法先解决主要矛盾，再解决次要矛盾，有利于提高工作效率，优化资源配置。

例如，运用矩阵分析法分析某公司用户满意度调查情况，如图 5-17 所示。

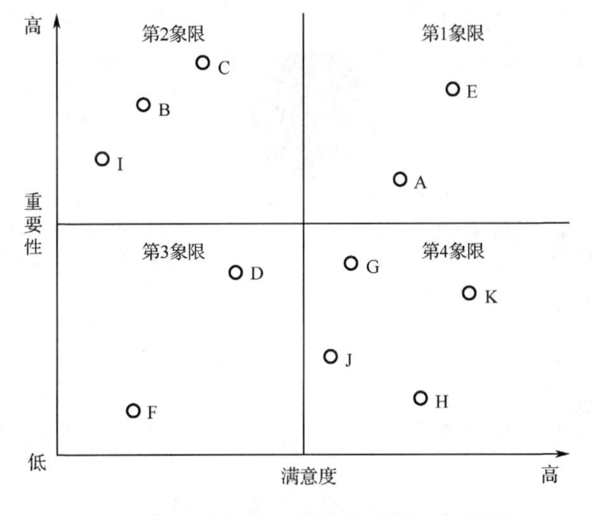

图 5-17　某公司用户满意度调查象限图

① 第 1 象限（高度关注区）：重要性和满意度“双高”。A、E 这两个项目落在该象限，表示用户对项目的满意程度与用户认为的项目的重要程度相符合，均高于平均水平。公司应继续支持这两个项目。

② 第 2 象限（优先改进区）：重要性高，满意度低。B、C、I 这 3 个项目落在该象限，表示用户对项目的满意程度大大低于用户认为的项目的重要程度，用户感觉与事实有时一致，有时不一致。公司应分析项目存在的问题并进行改进，从而提高用户满意度。

③ 第 3 象限（无关紧要区）：重要性和满意度“双低”。D、F 这两个项目落在该象限，表示用户认为项目不太重要，而且公司也没有投入相应资源。公司应关注用户对两个项目期望值的变化，以便更好地为用户服务。

④ 第 4 象限（维持优势区）：重要性低，满意度高。G、H、J、K 这 4 个项目落在该象限，表示用户对项目的满意程度大大超过了用户认为的项目的重要程度。公司投入了超出用户满意程度时间、资金和资源，可适当转移部分资源到其他项目。

矩阵分析法直观清晰、使用简便，在营销和管理活动中应用广泛，具有指导、促进、提高的作用。

5.3.6 综合指标分析法

对比分析法、分组分析法、结构分析法、平均分析法和矩阵分析法都是对单一指标进行数据分析的分析方法。综合指标分析法是在复杂数据情况下，将多个指标转换为一个综合指标，并对某一特征进行总体评价，如人民幸福指数、人才评价、用户活跃程度等。综合指标分析法常用于行业报告中。

2019 年 8 月 19 日，极光发布了《2019 年 APP 流量价值评估报告》，在该报告中运用综合指标分析法从用户规模、流量质量、用户特征和产品特性 4 个维度分别对 APP 流量价值进行分析，如图 5-18 所示。

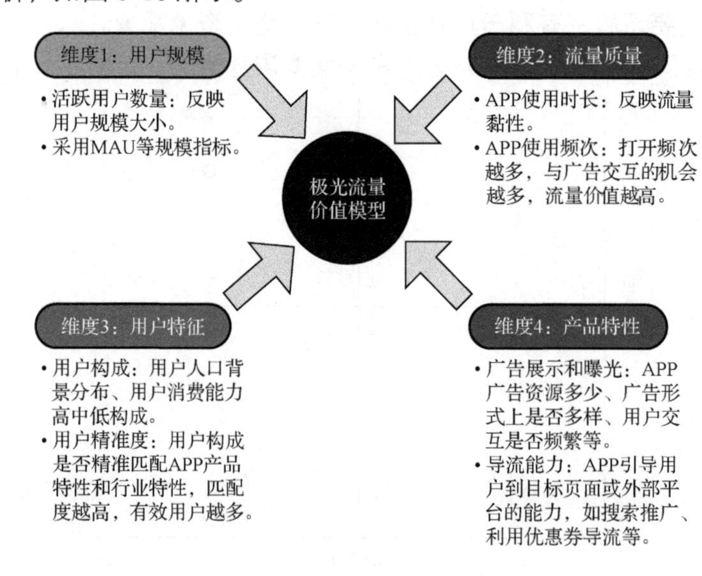

图 5-18 极光流量价值模型

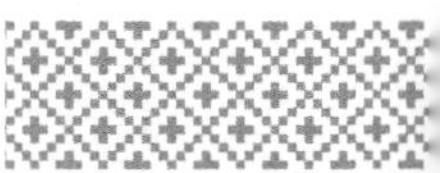

1. 综合指标分析法过程

运用综合指标分析法首先要确定指标，然后为指标赋予相应的权重，最后对指标进行综合分析。

（1）确定指标

列举出要进行综合评价的所有相关指标，确定指标要遵循以下原则。

① 指标应充分枚举，避免遗漏。例如，进行人才评定时，将与基础能力、创新能力、沟通能力、执行力、品德修养、团队意识 6 个方面相关的指标全部列举出来。

② 指标之间应相互独立，避免共线性问题。例如，评价沟通能力的指标“和团队成员的协作程度”，与评价团队意识的指标“和团队成员共事的能力”，这两个指标分析的内容是相同的，应避免这种情况。

运用逻辑树分析模型评价人才优秀程度如图 5-19 所示。第一层从基础能力、沟通能力、创新能力、执行力、团队意识、品德修养 6 个方面进行评价，第二层将与这 6 个方面相互独立的相关指标全部列举出来。

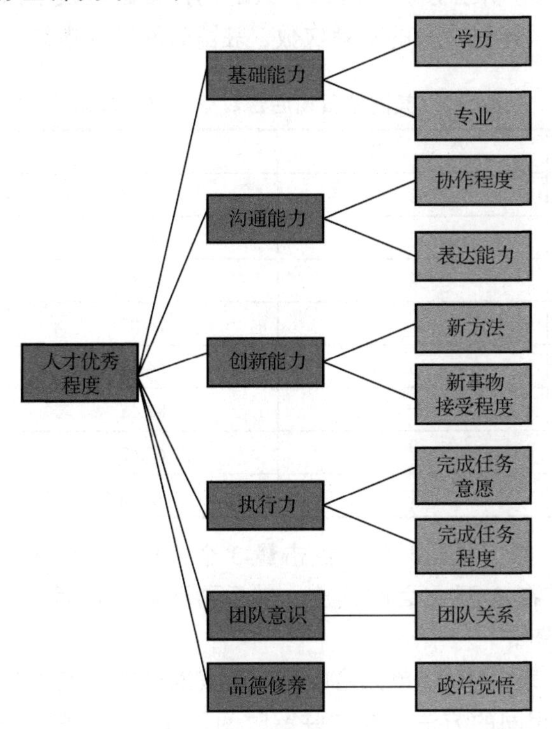

图 5-19　运用逻辑树分析模型评价人才优秀程度

（2）填充数据

确定指标后，将相应指标的打分结果填充到数据表中。

（3）确定权重

为指标赋予相应的权重，如赋予基础能力 5%的权重、赋予执行力 35%的权重等，所有指标权重之和为 100%。

（4）综合分析

为每个指标计算加权后的值（即加权值），再将加权值相加即可得到一个综合值（即权重得分）。加权值的计算公式为：加权值=原值×权重。例如，张三基础能力指标的加权值=（100+90）×2.5%=4.75，沟通能力指标的加权值=（80+85）×2.5%=4.125，计算出张三所有指标的加权值，再将这些加权值相加即可得到张三的权重得分。使用相同的方法，可以计算出所有同学的权重得分，如图 5-20 所示。

M3 =B3*0.025+C3*0.025+D3*0.025+E3*0.025+F3*0.15+G3*0.15+H3*0.175+I3*0.175+J3*0.1+K3*0.15

	A	B	C	D	E	F	G	H	I	J	K	L	M
1		基础能力（5%）		沟通能力（5%）		创新能力（30%）		执行力（35%）		团队意识（10%）	品德修养（15%）		
2	姓名	学历(2.5%)	专业(2.5%)	协作程度(2.5%)	表达能力(2.5%)	新方法(15%)	新事物接受程度(15%)	完成任务意愿(17.5%)	完成任务程度(17.5%)	团队关系(10%)	政治觉悟(15%)	得分	权重得分
3	张三	100	90	80	85	60	70	86	60	90	75	796	74.18
4	李四	90	97	95	86	69	59	87	55	50	66	754	68.04
5	王五	76	56	83	99	88	81	75	95	98	64	816	82.44
6	王丽	60	66	95	99	75	54	63	50	67	83	711	66.17
7	李梅	98	93	79	91	89	52	53	51	80	62	749	65.60
8	张削	57	82	68	68	40	91	52	63	89	90	700	68.97
9	赵华	51	64	90	78	91	56	77	98	77	72	753	78.21

图 5-20　运用综合指标分析法

2．综合指标分析法应用

下面运用综合指标分析法分析某网站一天的用户活跃程度。该网站日均后台数据（部分数据）如表 5-3 所示。通过用户的登录次数、驻留时间和点击量 3 个指标确定综合指标。

表 5-3　某网站日均后台数据（部分数据）

ID	登录次数	驻留时间	点击量
10001	2	60.95	3
10002	8	101.16	5
10003	8	71.55	9
10004	16	76.03	7
10005	6	64.42	5
10006	15	82.45	9
10007	7	67.62	8
10008	1	72.70	10

由于用户的登录次数、驻留时间、点击量 3 个指标的单位不一致，所以首先要进行 0-1 标准化处理，使其在 0 至 1 之间缩放，然后再计算加权后的综合值，最后对结果进行分析。具体操作步骤如下。

步骤 01 在工作表中的 E2 单元格中输入公式对“登录次数”进行 0-1 标准化处理，如图 5-21 所示。使用相同的方法，对“驻留时间”和“点击量”进行 0-1 标准化处理。

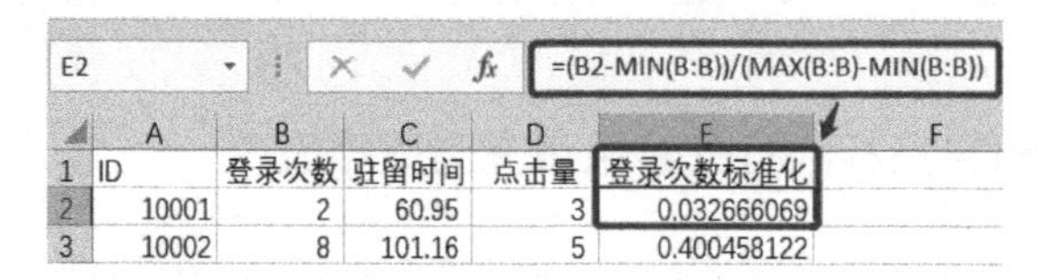

图 5-21　对“登录次数”进行 0-1 标准化处理

步骤 02 设置“登录次数”的权重为 0.3，“驻留时间”的权重为 0.3，“点击量”的权重为 0.4，计算“加权综合值”，如图 5-22 所示。

H2 =E2*0.3+F2*0.3+G2*0.4

	A	B	C	D	E	F	G	H
1	ID	登录次数	驻留时间	点击量	登录次数标准化	驻留时间标准化	点击量标准化	加权综合值
2	10001	2	60.95	3	0.032666069	0.349934099	0.34979153	0.254696662
3	10002	8	101.16	5	0.400458122	0.809420699	0.546913696	0.581729125

图 5-22　计算“加权综合值”

步骤 03 对“加权综合值”进行降序排序，得到“加权综合值”最高的 10 个用户 ID，如图 5-23 所示。

1	ID	登录次数	驻留时间	点击量	登录次数标准化	驻留时间标准化	点击量标准化	加权综合值
2	10026	18	79.12	9	0.978488198	0.557522124	0.934229913	0.834495062
3	10015	16	84.61	10	0.829200279	0.620253562	0.996394871	0.833394101
4	10046	13	110.74	8	0.643893371	0.918879056	0.766136869	0.775286476
5	10038	19	110.27	5	0.985691996	0.913418691	0.509702499	0.773614205
6	10006	15	82.45	9	0.771271122	0.595650537	0.884855325	0.764018627
7	10010	11	87.41	9	0.55801215	0.652325362	0.921314148	0.731626913
8	10018	5	104.12	10	0.199249743	0.843155715	0.983698549	0.706201057
9	10004	16	76.03	7	0.830760548	0.522280801	0.667230948	0.672804784
10	10009	18	75.66	6	0.969624539	0.517981548	0.557039406	0.669097588
11	10023	18	83.84	5	0.956710819	0.61152953	0.464842158	0.656408968

图 5-23　按“加权综合值”降序排序的网站访问数据结果

5.3.7　RFM 分析法

RFM 分析法是指通过对客户群体进行细分判定重要客户、重点挽留客户，针对不同客户制定不同营销方案，从而进行精准营销的分析方法。RFM 分析法根据客户活跃程度、消费次数和消费金额对客户群体进行细分，通过分析这 3 个指标得到一个综合指标。这 3 个指标分别表示为 Recency（R）、Frequency（F）和 Monetary（M）。

Recency（R）是指客户最近一次消费和上一次消费的时间间隔。R 值越大，表示距离客户上一次交易的时间越长，客户活跃程度越低；R 值越小，表示距离客户上一次交易的时间越短，客户活跃程度越高。Frequency（F）是指客户最近一段时间内消费的次数。F 值越大，表示客户消费频次越高；F 值越小，表示客户消费频次越低。Monetary（M）是指客户最近一段时间内消费的金额。M 值越大，表示客户消费的金额越高；M 值越小，表示客户消费的金额越低。

按 3 个指标的高低程度划分，可以得到 8 类客户，如表 5-4 所示。其中，0 表示低，1 表示高。

表 5-4　RFM 分类

R	F	M	客户类型
1	1	1	高价值客户
0	1	1	重点保持客户
1	0	1	重点发展客户
0	0	1	重点挽留客户

续表

R	F	M	客 户 类 型
1	1	0	一般价值客户
0	1	0	一般保持客户
1	0	0	一般发展客户
0	0	0	潜在客户

下面运用 RFM 分析法进行数据分析。原始数据表包含客户标识、日期和消费金额 3 个指标，如表 5-5 所示。

表 5-5　原始数据表（部分数据）

客 户 标 识	日　　期	消费金额（元）
1	2018/1/1	50
2	2018/1/1	3588
3	2018/1/1	356
4	2018/1/1	3488
5	2018/1/1	3399
6	2018/1/1	3399
7	2018/1/1	199
8	2018/1/1	3099

1. 创建数据透视表

步骤 01 在工作表中选择原始数据表，在“插入”选项卡“表格”组中单击“数据透视表”按钮，插入数据透视表，在“数据透视表字段”面板中将“客户标识”字段拖动至“行”列表框，将“日期”字段拖动至“值”列表框。单击“日期”右侧的下拉按钮，在打开的下拉列表中选择“值字段设置”选项，弹出“值字段设置”对话框，设置“日期”的“值汇总方式”为“最大值”，如图 5-24 所示。

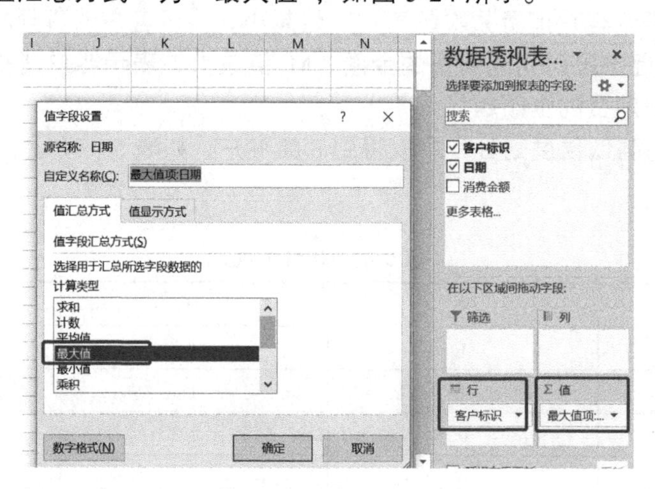

图 5-24　对“日期”求“最大值”

步骤 02 在工作表中选择“日期”列，单击鼠标右键，在弹出的菜单中单击“设置单元格格式”命令，弹出“设置单元格格式”对话框，设置“日期”格式，如图 5-25 所示。

步骤 03 在“数据透视表字段”面板中将“客户标识”字段拖动至“值”列表框，打开“值字段设置”对话框，设置“客户标识”的“值汇总方式”为“计数”，如图 5-26（a）所示。在“数据透视表字段”面板中将“消费金额”字段拖动至“值”列表框，打开“值字段设置”对话框，设置“消费金额”的“值汇总方式”为“求和”，如图 5-26（b）所示。

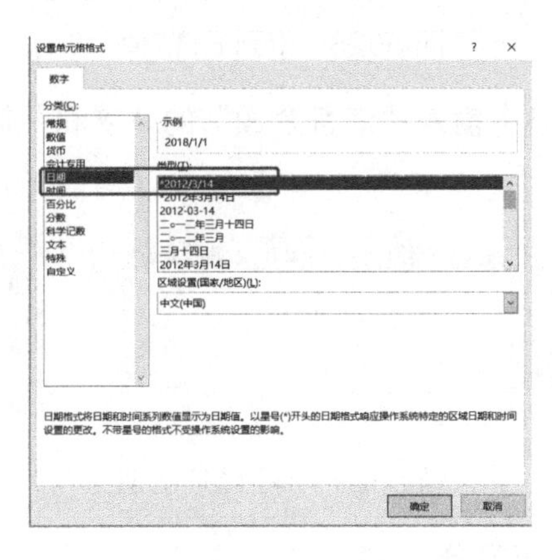

图 5-25 设置“日期”格式

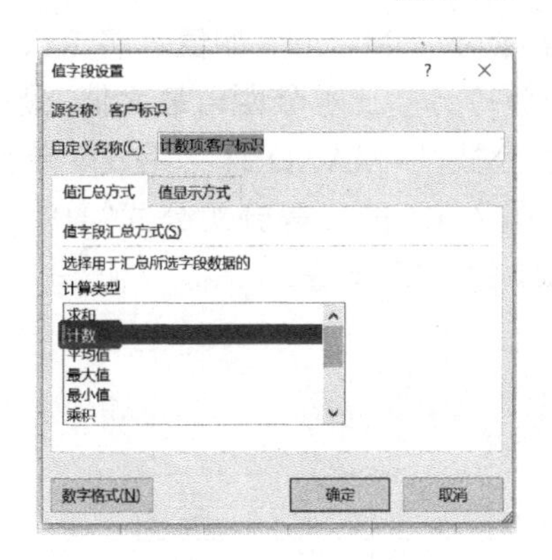

（a）设置“客户标识”的“值汇总方式”

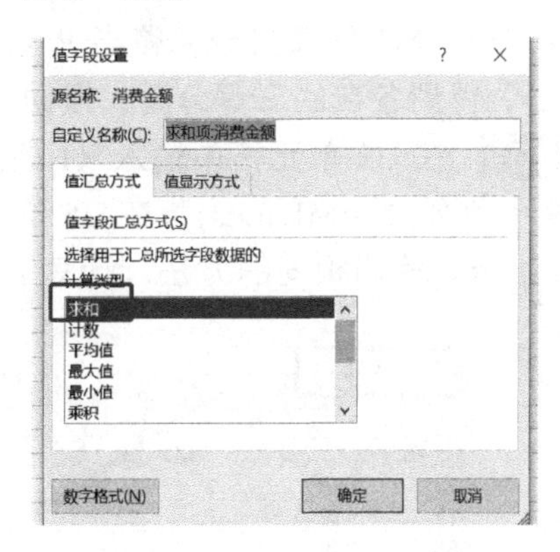

（b）设置“消费金额”的“值汇总方式”

图 5-26 设置“值汇总方式”

2. 求 R、F、M 的过渡值 R1、F1、M1

步骤 01 以 2019 年 8 月 1 日为基准日期，在 J2 单元格中输入公式“=$C$1-G2”，计算 R1 的值，如图 5-27 所示。

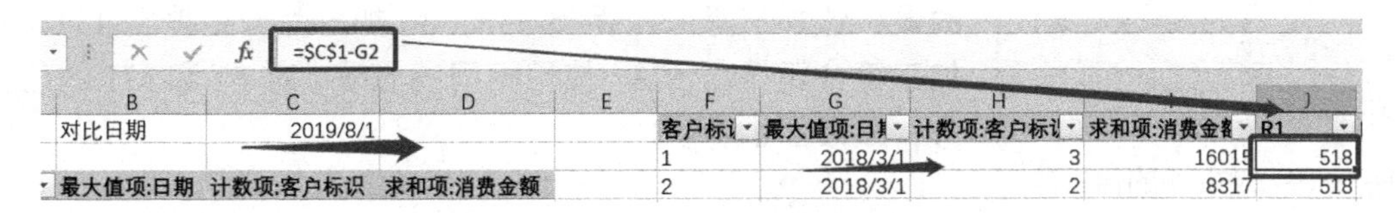

图 5-27 计算 R1 的值

步骤 02 在 K2 单元格中输入“客户标识”的“计数”值，即可得到 F1 的值，如图 5-28 所示。

F	G	H	I	J	K
客户标识	最大值项:日期	计数项:客户标识	求和项:消费金额	R1	F1
1	2018/3/1	3	16015	518	3
2	2018/3/1	2	8317	518	2
3	2018/2/1	2	7955	546	2
4	2018/2/1	2	10776	546	2

图 5-28 得到 F1 的值

步骤 03 在 L2 单元格中输入“消费金额”的“求和”值，即可得到 M1 的值，如图 5-29 所示。

客户标识	最大值项:日期	计数项:客户标识	求和项:消费金额	R1	F1	M1
1	2018/3/1	3	16015	518	3	16015
2	2018/3/1	2	8317	518	2	8317
3	2018/2/1	2	7955	546	2	7955
4	2018/2/1	2	10776	546	2	10776
5	2018/2/1	3	10296	546	3	10296

图 5-29 得到 M1 的值

3. 对 R1、F1、M1 的值打分

对 R1、F1、M1 的值打分，得出 R-score、F-score、M-score 的值。将 R1、F1、M1 的值三等分，得到各自的三等分距，根据三等分距打分。三等分距=(最大值-最小值)÷3。

步骤 01 在 U3 单元格中输入 R1 的最大值公式“=MAX(J:J)”，在 U4 单元格中输入 R1 的最小值公式“=MIN(J:J)”，在 U5 单元格中输入 R1 的三等分距公式“=(U3-U4)/3”，如图 5-30 所示。使用相同的方法，计算 F1 和 M1 的三等分距。

=(U3-U4)/3

	J	K	L	S	T	U	V	W
额	R1	F1	M1					
015	518	3	16015			R1	F1	M1
317	518	2	8317		最大值	577	9	33798
955	546	2	7955		最小值	215	1	3
776	546	2	10776		三等分距	120.6667	2.666667	11265
296	546	3	10296					

图 5-30 计算 R1、F1、M1 的三等分距

	R1	F1	M1
最大值	577	9	33798
最小值	215	1	3
三等分距	120.6667	2.666667	11265

区间	R1	R-score	区间
[215,336)	336	3	
[336,457)	457	2	
[457,578]	578	1	

图 5-31 对 R1 的值打分

步骤 02 先对 R1 的值打分。当 215≤R1<336 时，R-score 的值为 3，当 336≤R1<457 时，R-score 的值为 2，当 457≤R1≤578 时，R-score 的值为 1，如图 5-31 所示。由 R1 的最小值加三等分距得出 336，336 加三等分距得出 457，457 加三等分距得出 578。使用相同的方法，对 F1 和 M1 的值打分，如表 5-6 所示。

表 5-6　打分区间表

区　间	R1	R-score	区　间	F1	F-score	区　间	M1	M-score
[215,336)	336	3	[1,4)	4	1	[3,11268)	11268	1
[336,457)	457	2	[4,7)	7	2	[11268,22533)	22533	2
[457,578]	578	1	[7,10]	10	3	[22533,33798]	33798	3

步骤 03 在 M2 单元格中输入公式“=IF(J2<336,3,IF(J2<457,2,1))”，根据 R1 的值计算 R-score 的值，如图 5-32 所示。

=IF(J2<336,3,IF(J2<457,2,1))

求和项:消费金额	R1	F1	M1	R-score	F-score	M-score
16015	518	3	16015	1		
8317	518	2	8317	1		
7955	546	2	7955	1		
10776	546	2	10776	1		
10296	546	3	10296	1		
3399	577	1	3399	1		
199	577	1	199	1		
7598	546	2	7598	1		
2672	577	1	2672	1		
18019	304	7	18019	3		

	R1	F1
最大值	577	9
最小值	215	1
三等分距	120.6667	2.666667

区间	R1	R-score
[215,336)	336	3
[336,457)	457	2
[457,578]	578	1

图 5-32　计算 R-score 的值

步骤 04 使用相同的方法，计算 F-score 和 M-score 的值，如图 5-33 所示。

客户标识	最大值项:日期	计数项:客户标识	求和项:消费金额	R1	F1	M1	R-score	F-score	M-score
1	2018/3/1	3	16015	518	3	16015	1	1	2
2	2018/3/1	2	8317	518	2	8317	1	1	1
3	2018/2/1	2	7955	546	2	7955	1	1	1
4	2018/2/1	2	10766	546	2	10766	1	1	1
5	2018/2/1	3	10296	546	3	10296	1	1	1
6	2018/1/1	1	3399	577	1	3399	1	1	1
7	2018/1/1	1	199	577	1	199	1	1	1
8	2018/2/1	2	7598	546	2	7598	1	1	1

图 5-33　计算 F-score 和 M-score 的值

4. 计算 R、F、M 的值

步骤 01 将 R-score 的值与该列的平均值进行比较，大于平均值为 1，否则为 0，在 P2 单元格中输入公式“=IF(M2>AVERAGE(M:M),1,0)”，如图 5-34 所示。

步骤 02 使用相同的方法，计算 F、M 的值。

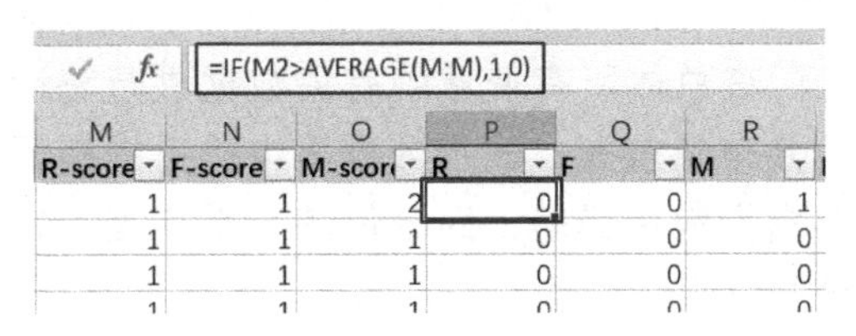

=IF(M2>AVERAGE(M:M),1,0)

R-score	F-score	M-score	R	F	M
1	1	2	0	0	1
1	1	1	0	0	0
1	1	1	0	0	0

图 5-34　计算 R 的值

5. 计算 RFM 的值并得到客户类型

步骤 01 在 S2 单元格中输入公式“=100*P2+10*Q2+R2”，计算 RFM 的值，如图 5-35 所示。与 RFM 的值对应的客户类型如图 5-36 所示。

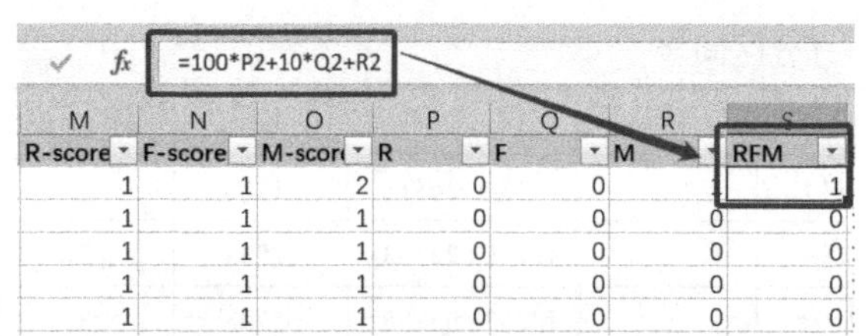

=100*P2+10*Q2+R2

R-score	F-score	M-score	R	F	M	RFM
1	1	2	0	0	1	1
1	1	1	0	0	0	0
1	1	1	0	0	0	0
1	1	1	0	0	0	0
1	1	1	0	0	0	0

图 5-35　计算 RFM 的值

RFM	R	F	M	类型
111	1	1	1	高价值客户
11	0	1	1	重点保持客户
101	1	0	1	重点发展客户
1	0	0	1	重点挽留客户
110	1	1	0	一般价值客户
10	0	1	0	一般保持客户
100	1	0	0	一般发展客户
0	0	0	0	潜在客户

图 5-36　与 RFM 的值对应的客户类型

步骤 02　使用 VLOOKUP()函数得到客户类型，如图 5-37 所示。

=VLOOKUP(S2,$U$4:$Y$11,5,0)

F-score	M-score	R	F	M	RFM	类型					
1	1	0	0	0	0	潜在客户					
1	1	0	0	0	0	潜在客户	RFM	R	F	M	类型
1	1	0	0	0	0	潜在客户	111	1	1	1	高价值客户
1	1	0	0	0	0	潜在客户	11	0	1	1	重点保持客户
1	1	0	0	0	0	潜在客户	101	1	0	1	重点发展客户
1	1	0	0	0	0	潜在客户	1	0	0	1	重点挽留客户
1	1	0	0	0	0	潜在客户	110	1	1	0	一般价值客户
1	1	0	0	0	0	潜在客户	10	0	1	0	一般保持客户
1	1	0	0	0	0	潜在客户	100	1	0	0	一般发展客户
1	1	0	0	0	0	潜在客户	0	0	0	0	潜在客户

图 5-37　得到客户类型

5.4　数据分析的进阶方法

下面介绍描述性统计分析、相关分析、回归分析、时间序列分析、假设检验、方差分析等数据分析的进阶方法。

5.4.1　描述性统计分析

描述性统计分析是指使用数据来描述数据整体情况的分析方法。

1．描述性统计分析指标

描述性统计分析要对调查总体所有变量的有关数据进行统计性描述，包括数据的集中趋势分析、离散程度及分布形态等。表示数据集中趋势的指标包括均值、中位数和众数，表示数据离散程度的指标包括极差、四分位差、平均差、方差和标准差，表示数据分布形态的指标包括峰度和偏度。

（1）均值

均值又称平均数，用来反映数据的集中趋势，是指在一组数据中先求所有数据之和再除以这组数据的个数，计算公式为 $\bar{x}=\left(\sum_{i=1}^{n}x_i\right)/n$。

在 Excel 中使用 AVERAGE()函数计算均值。例如，在 D2 单元格中输入公式

“=AVERAGE(A:A)”，计算 A 列数据的均值，如图 5-38 所示。

均值受极值的影响较大，当数据中出现极值时，得到的均值会出现较大的偏差。例如，计算企业员工的平均收入，如果个别员工收入过高，则会导致整体收入的均值偏高，这就是人们常说的工资收入“被平均”。为了避免这种情况的发生，通常使用中位数、众数代替均值来描述数据的集中趋势，或者使用截尾平均数计算均值。

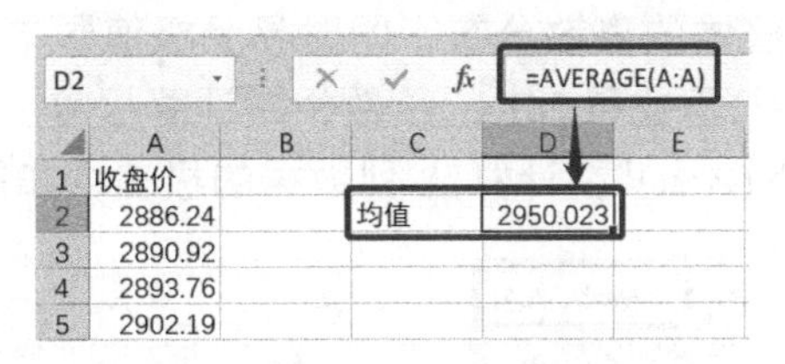

图 5-38　计算 A 列数据的均值

截尾平均数是指将数据进行排序后，按照一定比例去掉两端的数据，使用中间的数据计算均值。例如，图 5-39 所示为体育比赛的 6 位裁判对 3 位选手的打分情况，如果选择“均值”作为选手的得分，那么 3 位选手的得分分别是 91.50、90.00、89.83，如果选择“截尾平均数”作为选手的得分，那么 3 位选手的得分分别为 90.33、90.67、91.33，两种得分的排名结果完全相反。

年份	裁判1	裁判2	裁判3	裁判4	裁判5	裁判6	均值	截尾平均数
选手A	99	88	89	90	92	91	91.50	90.33
选手B	93	90	91	90	91	91	91.00	90.67
选手C	93	82	92	92	90	90	89.83	91.33

图 5-39　6 位裁判对 3 位选手的打分情况

（2）中位数

中位数是指将数据进行排序后处于中间位置的数据，用来反映数据的集中趋势。当数据个数为奇数时，中位数为最中间的数；当数据个数为偶数时，中位数为最中间两个数的平均值。中位数不受极值影响，当出现异常值无法用均值描述数据时，可以使用中位数。

在 Excel 中使用 MEDIAN()函数计算中位数。例如，在 D3 单元格中输入公式“=MEDIAN(A:A)”，计算 A 列数据的中位数，如图 5-40 所示。

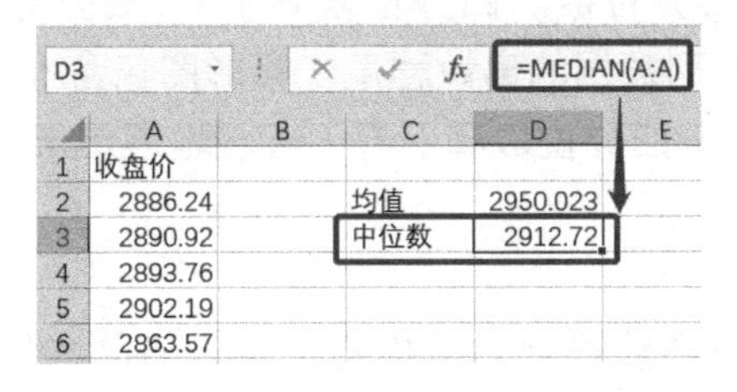

图 5-40　计算 A 列数据的中位数

（3）众数

众数是指在一组数据中出现次数最多的数据，用来反映数据的集中趋势。在一组数据中众数可能不止一个，众数不仅能用于数值型数据，还可用于非数值型数据，且不受极值影响。一般情况下，在数据量较大时使用众数比较有意义。众数通常用来反映一组数据的一般水平，如某次考试中学生的集中水平、城镇居民的平均生活水平、本月最卖座电影等。

在 Excel 中使用 MODE()函数计算众数。例如，在 D4 单元格中输入公式“=MODE(A:A)”，计算 A 列数据的众数，如图 5-41 所示。

（4）极差

极差又称全距，是指一组数据中的最大值减去最小值，用来反映数据的离散程度，即数据偏离中心位置的程度。离散程度越大，数据越分散；离散程度越小，数据越集中。极差无法准确地描述数据整体的离散分布，同时易受极值影响。

在 Excel 中使用 MAX()函数和 MIN()函数相减计算极差。例如，在 D5 单元格中输入公式“=MAX(A:A)−MIN(A:A)”，计算 A 列数据的极差，如图 5-42 所示。

D4 =MODE(A:A)

	A	B	C	D	E
1	收盘价				
2	2886.24		均值	2950.023	
3	2890.92		中位数	2912.72	
4	2893.76		众数	2893.76	
5	2902.19				
6	2863.57				
7	2897.43				

图 5-41　计算 A 列数据的众数

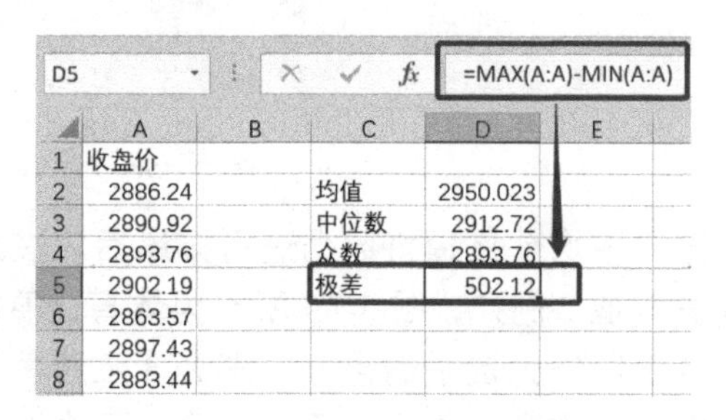

图 5-42　计算 A 列数据的极差

（5）四分位差

四分位差用来反映数据的离散程度。将数据从小到大进行排列并分成四等份，处于 3 个分割点（25%、50%、75%）位置的数值即为四分位数，四分位差是上四分位数 Q_3（数据从小到大排列排在 75%位置的数值，即最大的四分位数）与下四分位数 Q_1（数据从小到大排列排在 25%位置的数值，即最小的四分位数）的差，中间的四分位数即为中位数。四分位差反映的是中间数据的离散程度，不受极值影响。四分位差越大，中间的数据越分散；反之，中间的数据越集中。

在 Excel 中使用 QUARTILE()函数计算四分位数。例如，在 D6 单元格中输入公式“=QUARTILE(A:A,1)”，计算 A 列数据的下四分位数 Q_1，在 D7 单元格中输入公式“=QUARTILE(A:A,3)”，计算 A 列数据的上四分位数 Q_3，如图 5-43 所示。使用相同的方法，计算 A 列数据中间的四分位数。四分位差等于 Q_3 减去 Q_1。

可以使用箱形图反映 A 列数据的离散程度。箱形图包含 6 个数据，分别为异常值、上界、上四分位数、中位数、下四分位数和下界，直观地展示出数据的离散程度，如图 5-44 所示。

（6）平均差

平均差用来反映数据的离散程度，是指各个变量值同均值的离差绝对值的算术平均数。平均差越大，变量与均值的差异程度越大，均值的代表性越小；平均差越小，变量与均值的差异程度越小，均值的代表性越大。平均差的计算公式为 $\text{MID}=(\sum|x-\bar{x}|)/n$。其中，MID 表示平均差，$x$ 表示变量，$\bar{x}$ 表示均值，n 表示数据个数。

例如，图 5-45 所示为 10 位评委对两位选手的打分情况，可以手动计算平均差，先计算均值，再计算每位评委的打分与均值的差，最后将差值相加再除以数据个数得到平均差；也可以使用 AVEDEV()函数计算平均差，在 D44 单元格中输入公式

“=AVEDEV(D32:D41)”，计算平均差。可以看到，选手 1 的平均差 1.916 小于选手 2 的平均差 6.518。选手 1 的评委打分集中在 90 ~ 95 分，选手 2 的评委打分从 75 分到 99 分不等，选手 2 的打分情况更分散，使用均值不能很好地反映其水平，可以使用截尾平均数代替均值。

D6 =QUARTILE(A:A,1)

	A	B	C	D	E
1	收盘价				
2	2886.24		均值	2950.023	
3	2890.92		中位数	2912.72	
4	2893.76		众数	2893.76	
5	2902.19		极差	502.12	
6	2863.57		Q_1	2883.355	

D7 =QUARTILE(A:A,3)

	A	B	C	D	E
1	收盘价				
2	2886.24		均值	2950.023	
3	2890.92		中位数	2912.72	
4	2893.76		众数	2893.76	
5	2902.19		极差	502.12	
6	2863.57		Q_1	2883.355	
7	2897.43		Q_3	2983.333	

图 5-43　计算 A 列数据的四分位数

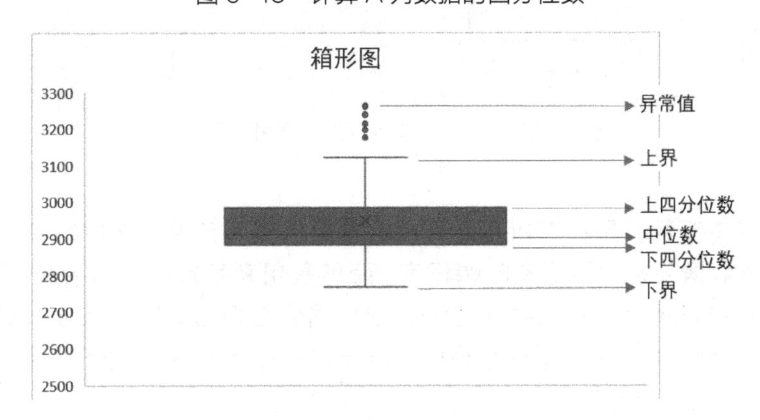

图 5-44　箱形图

D44 =AVEDEV(D32:D41)

	C	D	E	F	G	H	I
30	选手1				选手2		
31	评委	打分	离差		评委	打分	离差
32	1	96.7	1.13		1	99.1	3.53
33	2	96.5	0.93		2	96.5	0.93
34	3	99.1	3.53		3	92.1	3.47
35	4	96.4	0.83		4	84.3	11.27
36	5	96.8	1.23		5	96.8	1.23
37	6	97.5	1.93		6	80.8	14.77
38	7	94.3	1.27		7	94.3	1.27
39	8	92.1	3.47		8	92.1	3.47
40	9	95.4	0.17		9	75	20.57
41	10	90.9	4.67		10	90.9	4.67
42	均值	95.57			均值	90.19	
43	平均差	1.916			平均差	6.518	
44	平均差公式	1.916					

图 5-45　计算数据的平均差

（7）方差和标准差

方差是指每个样本值与样本总体的算术平均数之差的平方值的算术平均数，标准差是方差的算术平方根。方差的计算公式为 $S^2=\left[\sum_{i=1}^{N}(X_i-\bar{x})^2\right]/N$。其中，$S^2$ 为样本方差，

X 为变量，$\bar{x}$ 为样本均值，N 为样本个数。对 S^2 开平方即可得到标准差 S 。方差和标准差用来反映数据的离散程度。方差和标准差越小，数据越集中，数据的离散程度越小；方差和标准差越大，数据越分散，数据的离散程度越大。

在 Excel 中使用 VAR()函数计算样本的方差，使用 STDEV.S()函数计算样本的标准差。例如，在 D8 单元格中输入公式“=VAR(A:A)”，计算 A 列数据的方差，在 D9 单元格中输入公式“=STDEV.S(A:A)”，计算 A 列数据的标准差，如图 5-46 所示。

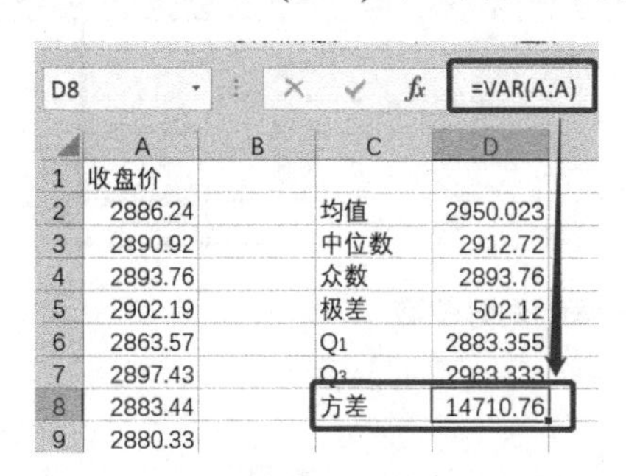

D9	=STDEV.S(A:A)		
A	B	C	D
收盘价			
2886.24		均值	2950.023
2890.92		中位数	2912.72
2893.76		众数	2893.76
2902.19		极差	502.12
2863.57		Q1	2883.355
2897.43		Q3	2983.333
2883.44		方差	14710.76
2880.33		标准差	121.2879

图 5-46　计算 A 列数据的方差和标准差

（8）峰度

峰度又称峰态系数，是指在以正态分布为参照的概率密度分布曲线中顶峰处的尖端程度，用来反映数据分布的平缓和陡峭程度。峰值是用来度量峰度的指标：如果峰值=0，则数据分布呈标准正态分布；如果峰值>0，则数据分布相比标准正态分布更陡峭，属于尖峰分布；如果峰值<0，则数据分布相比标准正态分布更平缓，属于平峰分布。尖峰分布和平峰分布如图 5-47 所示。

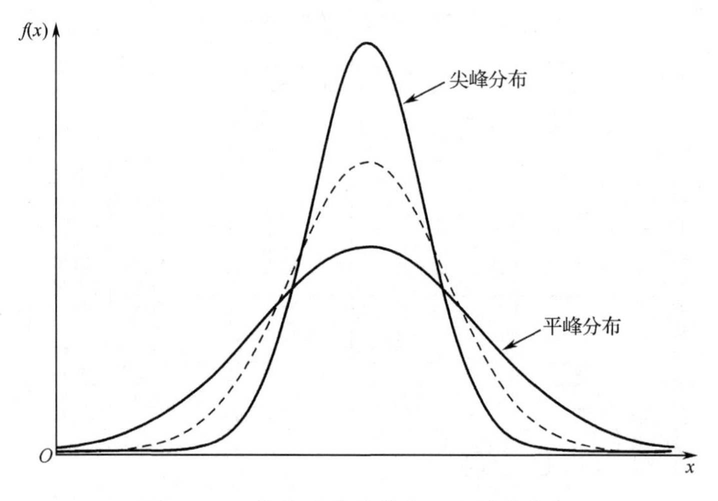

图 5-47　峰态（尖峰分布和平峰分布）

在 Excel 中使用 KURT()函数计算峰值。例如，在 D10 单元格中输入公式“=KURT(A:A)”，计算 A 列数据的峰值，如图 5-48 所示。得到的峰值为 0.965771>0，说明数据分布相比标准正态分布更陡峭，属于尖峰分布。

D10 =KURT(A:A)

	A	B	C	D
1	收盘价			
2	2886.24		均值	2950.023
3	2890.92		中位数	2912.72
4	2893.76		众数	2893.76
5	2902.19		极差	502.12
6	2863.57		Q1	2883.355
7	2897.43		Q3	2983.333
8	2883.44		方差	14710.76
9	2880.33		标准差	121.2879
10	2880		峰度(峰值)	0.965771
11	2883.1			

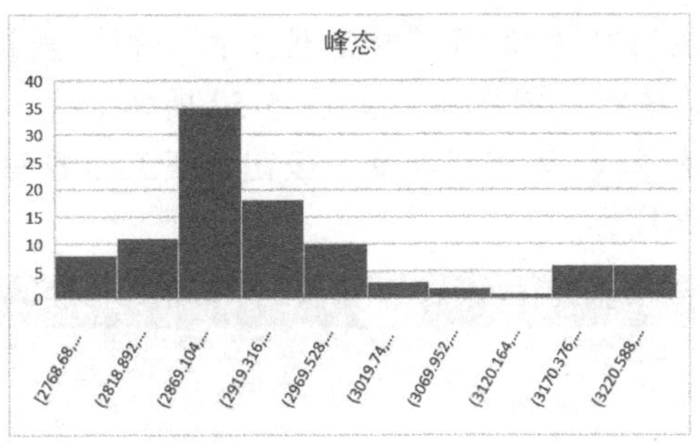

图 5-48 计算 A 列数据的峰值

（9）偏度

偏度又称偏态系数，是指在以正态分布为参照的概率密度分布曲线中数据分布的偏斜方向和程度，用来反映数据分布的偏斜程度。如果偏度=0，则数据分布对称，呈正态分布；如果偏度>0，则数据分布的高峰向左偏移，呈正偏态分布；如果偏度<0，则数据分布的高峰向右偏移，呈负偏态分布。如果|偏度|>1，则呈高度偏态；如果 0.5<|偏度|<1，则呈中等偏态。正偏态分布和负偏态分布如图 5-49 所示。

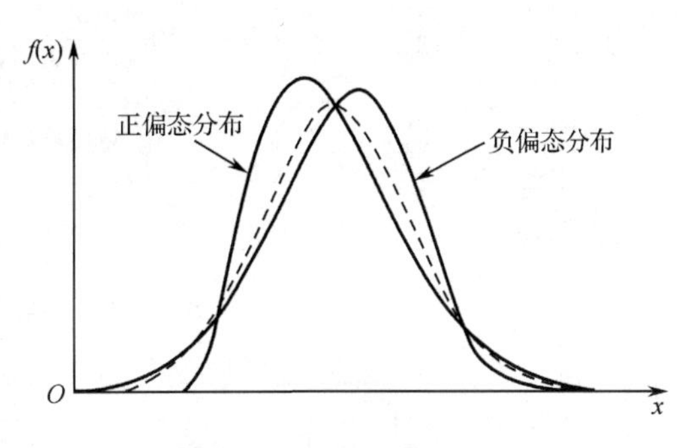

图 5-49 偏态（正偏态分布和负偏态分布）

在 Excel 中使用 SKEW()函数计算偏度。例如，在 D11 单元格中输入公式“=SKEW(A:A)”，计算 A 列数据的偏度，如图 5-50 所示。得到的偏度为 1.277462>0，说明数据分布呈正偏态分布。

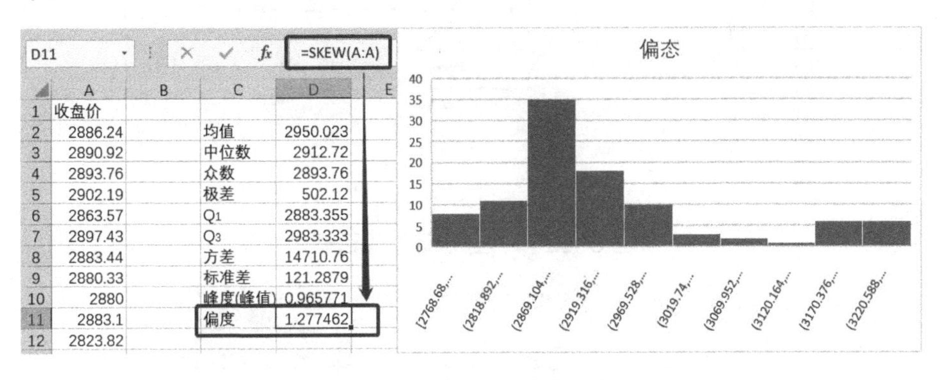

D11 =SKEW(A:A)

	A	B	C	D
1	收盘价			
2	2886.24		均值	2950.023
3	2890.92		中位数	2912.72
4	2893.76		众数	2893.76
5	2902.19		极差	502.12
6	2863.57		Q1	2883.355
7	2897.43		Q3	2983.333
8	2883.44		方差	14710.76
9	2880.33		标准差	121.2879
10	2880		峰度(峰值)	0.965771
11	2883.1		偏度	1.277462
12	2823.82			

图 5-50 计算 A 列数据的偏度

2. 描述性统计分析方法

使用 Excel 数据分析工具库中的描述性统计分析工具对数据进行分析，具体操作步骤如下。

步骤 01 在工作表中的“数据”选项卡“分析”组中单击“数据分析”按钮，弹出“数据分析”对话框，选择“描述统计”选项，如图 5-51 所示。

步骤 02 单击“确定”按钮，弹出“描述统计”对话框，设置“输入区域”为

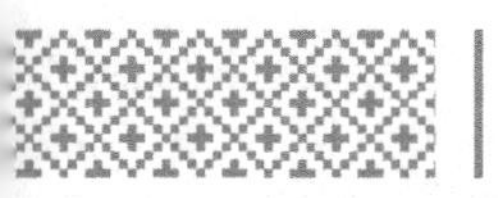

“$A$1:$A$101”，勾选“标志位于第一行”复选框，设置“输出区域”为“$F$1”，勾选“汇总统计”复选框，如图 5-52 所示。

步骤 03 单击“确定”按钮，在工作表中得到数据的中位数、众数、方差等指标，如图 5-53 所示。

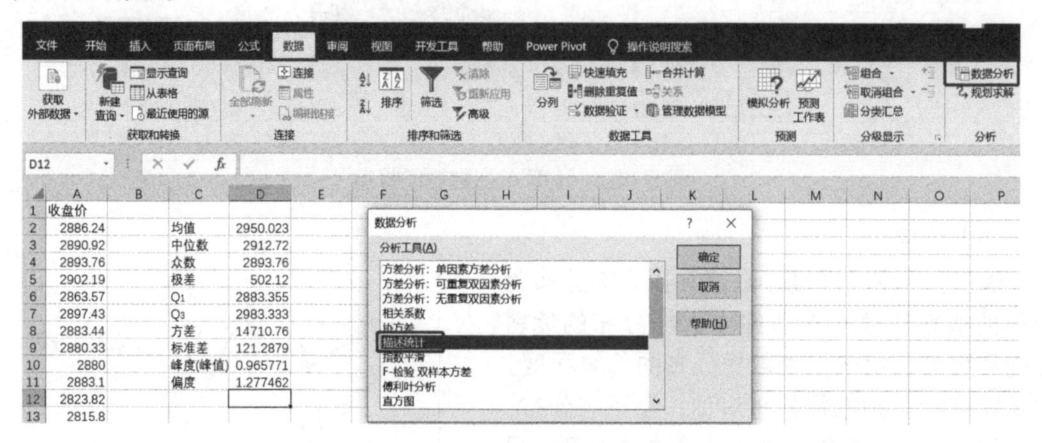

图 5-51　选择“描述统计”选项

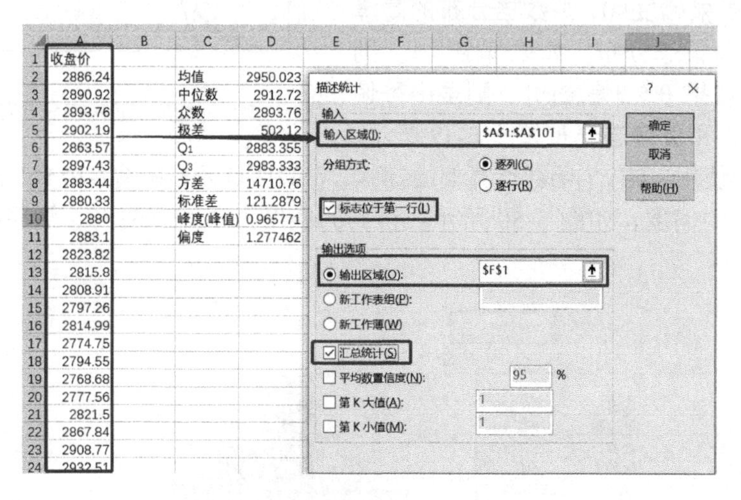

图 5-52　“描述统计”对话框

	A	B	C	D	E	F	G
1	收盘价					收盘价	
2	2886.24		均值	2950.023			
3	2890.92		中位数	2912.72		平均	2950.023
4	2893.76		众数	2893.76		标准误差	12.12879
5	2902.19		极差	502.12		中位数	2912.72
6	2863.57		Q1	2883.355		众数	2893.76
7	2897.43		Q3	2983.333		标准差	121.2879
8	2883.44		方差	14710.76		方差	14710.76
9	2880.33		标准差	121.2879		峰度	0.965771
10	2880		峰度(峰值)	0.965771		偏度	1.277462
11	2883.1		偏度	1.277462		区域	502.12
12	2823.82					最小值	2768.68
13	2815.8					最大值	3270.8
14	2808.91					求和	295002.3
15	2797.26					观测数	100
16	2814.99						

图 5-53　描述统计结果

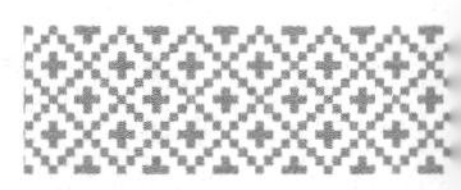

5.4.2 相关分析

相关分析是指对两个或两个以上具备相关性的变量进行分析，从而衡量变量之间相关程度的分析方法。按照相关的程度，相关关系可以分为完全相关、不完全相关和不相关；按照相关的方向，相关关系可以分为正相关和负相关；按照相关的形式，相关关系可以分为线性相关和非线性相关；按照影响因素的多少，相关关系可以分为单相关和复相关。其中比较常用的是线性相关分析，线性相关也是单相关，包含两个变量。

1. 线性相关分析指标

线性相关分析的指标是线性相关系数，又称皮尔逊相关系数，通常用 r 表示。线性相关系数的计算公式为 $r=\frac{\sum_{i=1}^{n}(x_i-\bar{x})(y_i-\bar{y})}{\sqrt{\sum_{i=1}^{n}(x_i-\bar{x})^2\sum_{i=1}^{n}(y_i-\bar{y})^2}}$，取值范围是[−1,1]。该公式的含义为 x 和 y 的协方差与 x 的标准差和 y 的标准差的乘积之比。若 $r>0$，则称正相关；若 $r<0$，则称负相关。r 的绝对值越接近 1，两个变量的相关关系就越强；r 的绝对值越接近 0，两个变量的相关关系就越弱。r 值与相关程度如表 5-7 所示。

表 5-7 r 值与相关程度

r 取值范围	相 关 程 度
$\|r\|<0.3$	低线性相关
$0.3\leqslant\|r\|<0.5$	中低线性相关
$0.5\leqslant\|r\|<0.8$	中线性相关
$0.8\leqslant\|r\|\leqslant1$	高线性相关

2. 相关分析方法

（1）使用散点图进行相关分析

在 Excel 中制作散点图，分析如图 5-54 所示的数据表中“销售额”与“宣传成本”之间的相关关系，具体操作步骤如下。

步骤 01 在工作表中选择“销售额”与“宣传成本”两列数据，在“插入”选项卡“图表”组中单击“插入散点图（X、Y）或气泡图”下拉按钮，在打开的下拉列表中选择“散点图”选项，插入散点图，横轴（自变量）为“销售额”，纵轴（因变量）为“宣传成本”，如图 5-54（b）所示。通过观察散点图的走势判断数据的相关性。

步骤 02 如果数据呈现出明显的相关关系，可以使用 CORREL()函数计算两个变量的相关系数。观察图 5-54（b）的走势，可以初步判断它们呈正相关，对 B、C 两列进行相关分析，在 F2 单元格中输入公式“=CORREL(B:B,C:C)”，得到的相关系数为 0.956493，如图 5-54（c）所示。

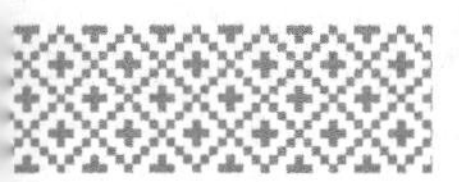

	A	B	C
1	时间	销售额	宣传成本
2	2019/3/1	20,939	4,976
3	2019/3/2	21,198	5,020
4	2019/3/3	21,254	5,164
5	2019/3/4	21,536	5,264
43	2019/4/11	30,633	8,880
44	2019/4/12	30,821	8,500
45	2019/4/13	31,081	8,666
46	2019/4/14	31,257	8,787
47	2019/4/15	31,548	8,984

（a）相关分析数据

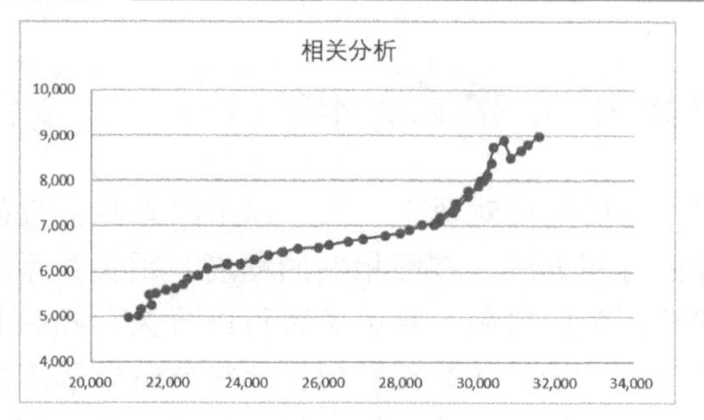

（b）散点图

F2 =CORREL(B:B,C:C)

	A	B	C	D	E	F
1	时间	销售额	宣传成本			
2	2019/3/1	20,939	4,976		相关系数	0.956493
3	2019/3/2	21,198	5,020			
4	2019/3/3	21,254	5,164			
5	2019/3/4	21,536	5,264			
6	2019/3/5	21,466	5,482			

（c）使用 CORREL()函数计算相关系数

图 5-54　相关分析

（2）使用相关分析工具计算相关系数

使用 Excel 数据分析工具库中的相关分析工具计算相关系数，具体操作步骤如下。

步骤 01 在工作表中的“数据”选项卡“分析”组中单击“数据分析”按钮，弹出“数据分析”对话框，选择“相关系数”选项，如图 5-55（a）所示。

步骤 02 单击“确定”按钮，弹出“相关系数”对话框，设置“输入区域”为“$B$1:$C$47”，勾选“标志位于第一行”复选框，设置“输出区域”为“$H$1”，如图 5-55（b）所示。

步骤 03 单击“确定”按钮，在工作表中可以看到，“销售额”和“宣传成本”的相关系数为 0.956493，两个变量呈高度正相关，如图 5-55（c）所示。

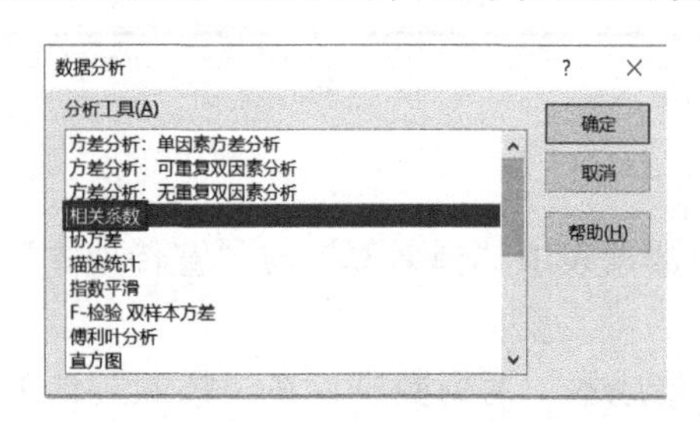

（a）选择“相关系数”选项

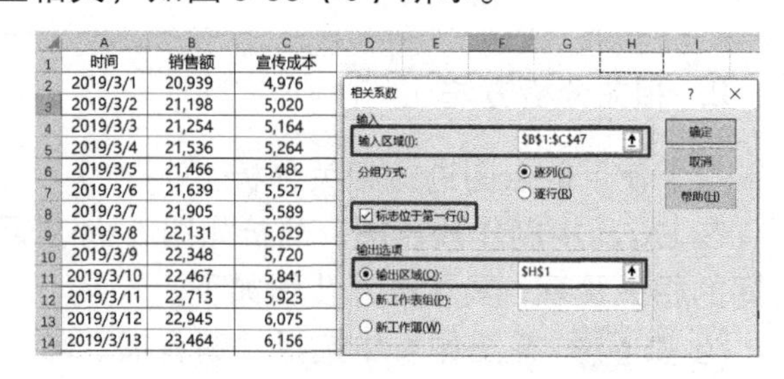

（b）“相关系数”对话框

E	F	G	H	I	J
				销售额	宣传成本
相关系数	0.956493		销售额	1	
			宣传成本	0.956493	1

（c）计算相关系数结果

图 5-55　使用相关分析工具计算相关系数

5.4.3 回归分析

回归分析是指确定两种或两种以上变量间相互依赖的定量关系的分析方法。回归分析通过分析数据间的相关性，建立自变量 $X_i(i=1,2,3,\cdots)$与因变量 Y 的回归函数，即回归模型，从而预测数据的发展趋势。

按照涉及的变量的多少，回归分析分为一元回归分析和多元回归分析；按照因变量的多少，回归分析分为简单回归分析和多重回归分析；按照自变量和因变量之间的关系类型，回归分析分为线性回归分析和非线性回归分析。

1. 一元线性回归分析

一元线性回归模型包含一个自变量和一个因变量，两个变量之间呈简单的线性关系，其公式为 $Y=a+bX+\varepsilon$。其中，Y 为因变量，X 为自变量，a 为常数，b 为回归系数（斜率），ε 为随机误差。

在 Excel 中可以使用散点图和趋势线进行一元线性回归分析，具体操作步骤如下。

步骤 01 在工作表中选择“销售额”与“宣传成本”两列数据，在“插入”选项卡“图表”组中单击“插入散点图（X、Y）或气泡图”下拉按钮，在打开的下拉列表中选择“散点图”选项，插入散点图，横轴（自变量）为“销售额”，纵轴（因变量）为“宣传成本”，如图 5-56 所示。通过图形的走势，可以初步判断它们呈正相关。

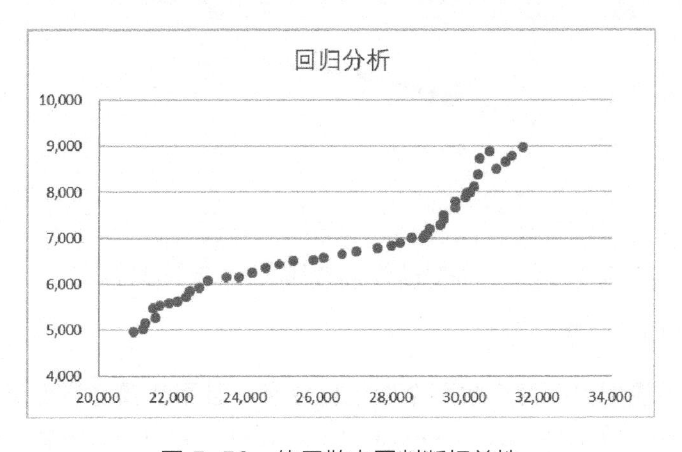

图 5-56 使用散点图判断相关性

步骤 02 在数据区域中单击鼠标右键，在弹出的菜单中单击“添加趋势线”命令，打开“设置趋势线格式”面板，选中“线性”单选按钮，勾选“显示公式”复选框和“显示 R 平方值”复选框，如图 5-57 所示。

步骤 03 在散点图中显示“销售额”与“宣传成本”的一元线性回归公式“Y=0.3069X−1287.9”（Y 为“宣传成本”，X 为“销售额”）及“R^2=0.9149”，如图 5-58 所示。R^2 称为判定系数，取值范围是[0,1]，用来评价回归模型的拟合程度。R^2 值越大，回归模型拟合程度越好，一般大于 0.7 就表示回归模型拟合程度良好。这里 R^2=0.9149，说明回归模型拟合程度非常好。

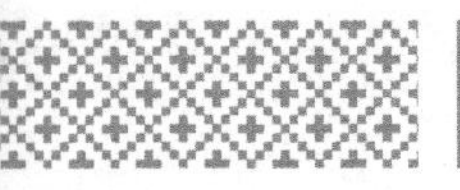

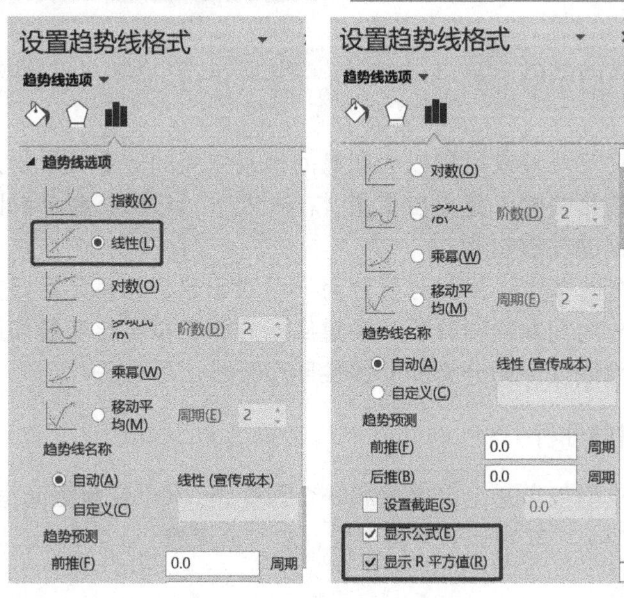

图 5-57　设置趋势线格式

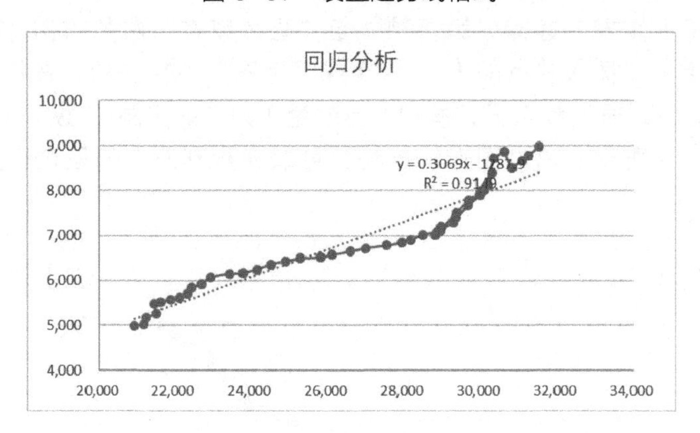

图 5-58　一元线性回归趋势线及一元线性回归公式

2. 多元线性回归分析

多元线性回归模型包含两个或两个以上自变量，且因变量与自变量之间存在线性关系，其公式为 $Y=b_0+b_1X_1+b_2X_2+\cdots+b_nX_n+\varepsilon$。其中，$b_n$ 为回归系数，ε 为随机误差。

3. 指数回归分析

指数回归分析是一种非线性回归分析。指数回归公式为 $Y=a\mathrm{e}^{bX}$。其中，a 和 b 为常数，e 为自然对数的底数。

在 Excel 中可以使用散点图和趋势线进行指数回归分析，具体操作步骤如下。

步骤 01 在工作表中选择“本金”与“本息”两列数据，在“插入”选项卡“图表”组中单击“插入散点图（X、Y）或气泡图”下拉按钮，在打开的下拉列表中选择“散点图”选项，插入散点图，如图 5-59 所示。通过图形的走势，可以初步判断它们呈正相关。

	A	B	C
55	序号	本金	本息
56	1	1000	1500
57	2	2000	1600
58	3	3000	1700
59	4	4000	1800
60	5	5000	2000
61	6	6000	2300
62	7	7000	2800
63	8	8000	3500
64	9	9000	4100
65	10	10000	5000

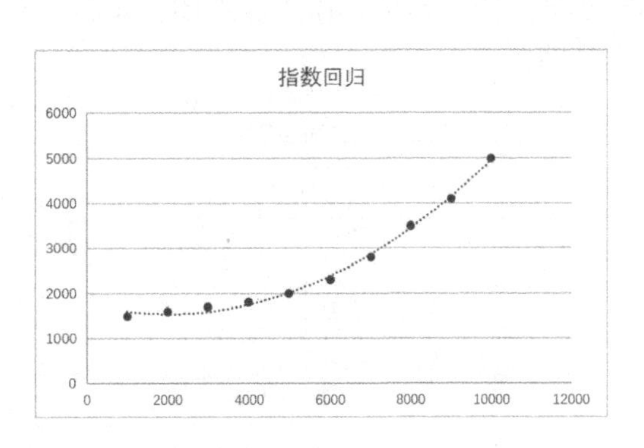

图 5-59　使用散点图判断相关性

步骤 02 在数据区域中单击鼠标右键，在弹出的菜单中单击“添加趋势线”命令，打开“设置趋势线格式”面板，选中“指数”单选按钮，勾选“显示公式”复选框和“显示 R 平方值”复选框，在散点图中显示“本金”与“本息”的指数回归公式“$Y=1141.5e^{0.0001X}$”及“$R^2=0.9509$”，如图 5-60 所示。

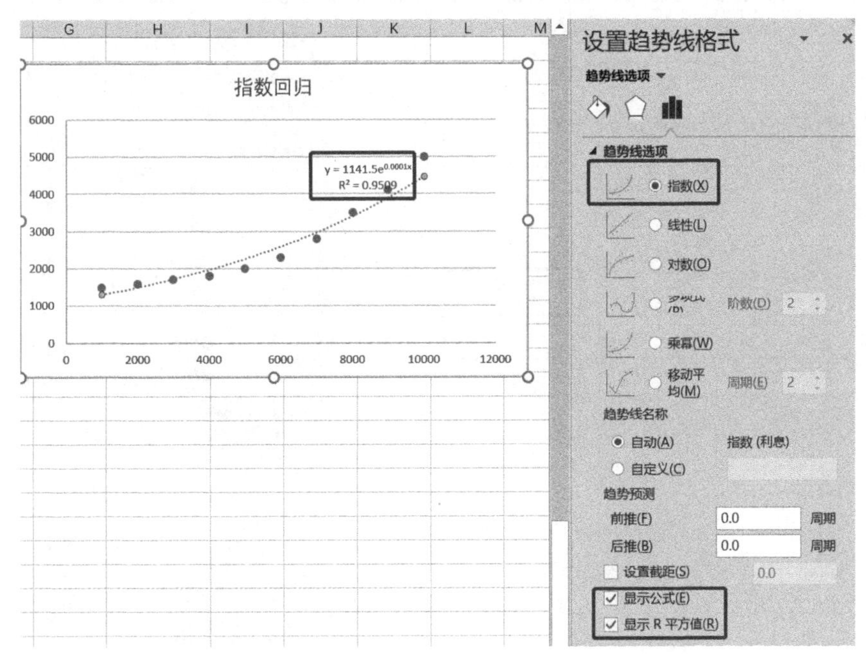

图 5-60　指数回归趋势线及指数回归公式

4. 对数回归分析

对数回归分析也是一种非线性回归分析。对数回归公式为 $Y=a+b\ln X$。其中，a 和 b 为常数，$\ln X$ 为以 e 为底 X 的对数。

在 Excel 中可以使用散点图和趋势线进行对数回归分析，具体操作步骤如下。

步骤 01 在工作表中选择“人均收入”与“恩格尔系数”两列数据，在“插入”选项卡“图表”组中单击“插入散点图（X、Y）或气泡图”下拉按钮，在打开的下拉列表中选择“散点图”选项，插入散点图，如图 5-61 所示。通过图形的走势，可以初步判断它们呈负相关。

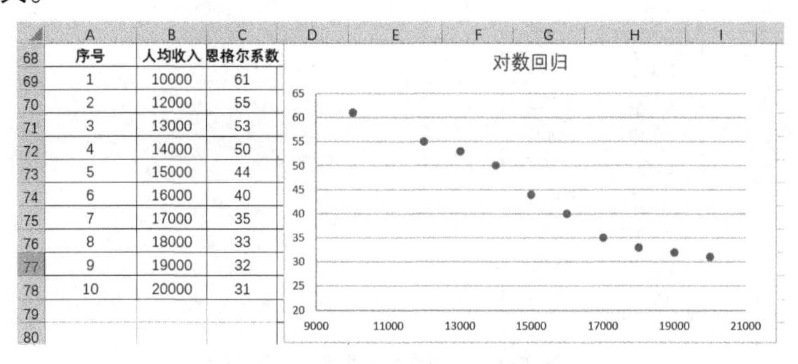

图 5-61　使用散点图判断相关性

步骤 02 在数据区域中单击鼠标右键，在弹出的菜单中单击“添加趋势线”命令，打开“设置趋势线格式”面板，选中“对数”单选按钮，勾选“显示公式”复选框和“显示 R 平方值”复选框，在散点图中显示“人均收入”与“恩格尔系数”的对数回归公式“Y=−48.7ln(X)+511.98”及“R^2=0.9692”，如图 5-62 所示。

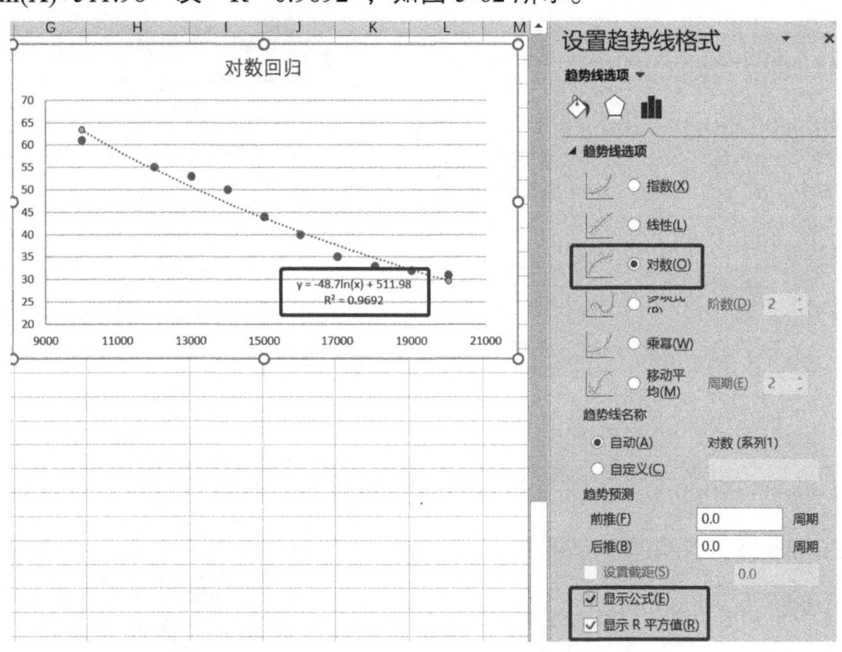

图 5-62　对数回归趋势线及对数回归公式

5. 多项式回归分析

多项式回归分析也是一种非线性回归分析。多项式回归公式为 $Y = a + b_1X + b_2X^2 + \cdots + b_nX^n$。

在 Excel 中可以使用散点图和趋势线进行多项式回归分析，具体操作步骤如下。

步骤 01 在工作表中选择“本金”与“本息”两列数据，使用相同的方法，插入散点图。

步骤 02 在数据区域中单击鼠标右键，在弹出的菜单中单击“添加趋势线”命令，

打开“设置趋势线格式”面板，选中“多项式”单选按钮，设置“阶数”为“2”（即二次多项式，当“阶数”为“1”时，表示线性回归），勾选“显示公式”复选框和“显示R平方值”复选框，在散点图中显示“本金”与“本息”的多项式回归公式“$Y=5E-05X^2-0.2202X+1770$”及“$R^2=0.9964$”，如图5-63所示。

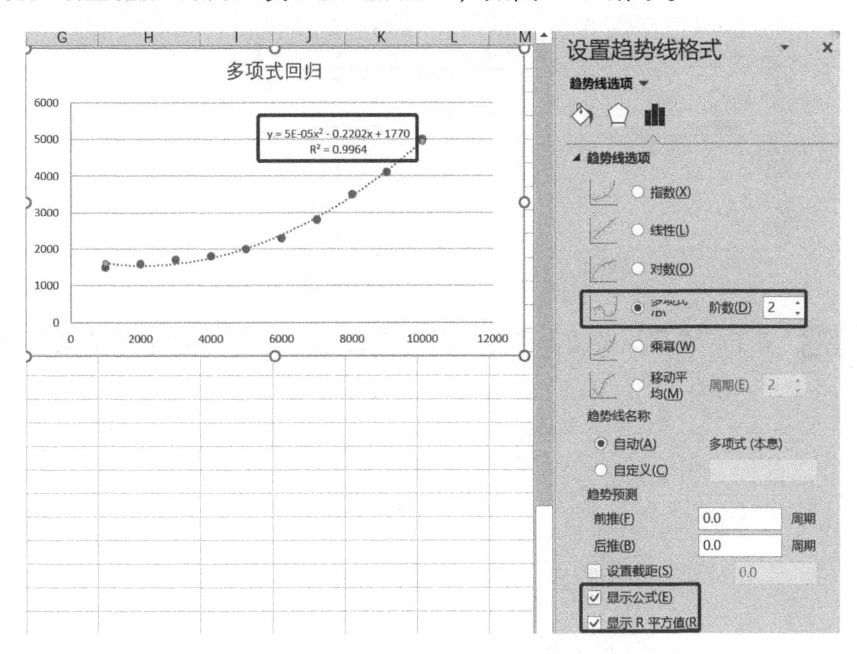

图5-63　多项式回归趋势线及多项式回归公式

5.4.4　时间序列分析

时间序列是指按时间顺序排列的一组数据。时间序列分析是指分析序列的变化规律并预测其发展趋势的分析方法，如已知2009—2022年我国每年的人口出生率，预测2023年的人口出生率。常用的时间序列分析方法有移动平均法和指数平滑法。

1. 移动平均法

移动平均法根据时间序列逐项推移，依次计算包含一定项数的平均值作为下期预测值，以反映长期趋势的分析方法。移动平均法适用于即期预测，不适合预测具有复杂趋势的时间序列。移动平均法的公式为 $F_{t+1}=(A_t+A_{t-1}+\cdots+A_{t-n+1})/n$。其中，$F_{t+1}$ 为第 $t+1$ 期的预测值；A_t 为第 t 期的实际值；n 为移动平均的项数，即时期个数，n 的取值不宜过大或过小。

例如，已知2009—2018年我国每年的人口出生率，预测2019年的人口出生率，具体操作步骤如下。

步骤 01 在工作表中的“数据”选项卡“分析”组中单击“数据分析”按钮，弹出“数据分析”对话框，选择“移动平均”选项，单击“确定”按钮。在弹出的“移动平均”对话框中，设置“输入区域”为“$B$1:$B$11”，设置“间隔”为“2”（即移动

平均法公式中的 n=2），设置“输出区域”为“\$C\$3”，如图 5-64 所示。

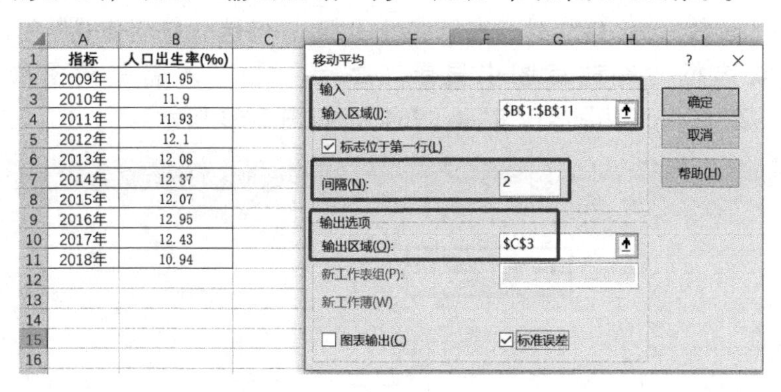

图 5-64 “移动平均”对话框

步骤 02 单击“确定”按钮，在工作表中得到“预测值”和“标准误差”，如图 5-65 所示。

C12 =AVERAGE(B10:B11)

	A	B	C	D
1	指标	人口出生率(‰)	预测值	标准误差
2	2009年	11.95		
3	2010年	11.9	#N/A	#N/A
4	2011年	11.93	11.925	#N/A
5	2012年	12.1	11.915	0.020616
6	2013年	12.08	12.015	0.061033
7	2014年	12.37	12.09	0.060519
8	2015年	12.07	12.225	0.102774
9	2016年	12.95	12.22	0.147521
10	2017年	12.43	12.51	0.32871
11	2018年	10.94	12.69	0.361386
12	2019年		11.685	0.557954

图 5-65 运用移动平均法的结果

2. 指数平滑法

指数平滑法是指对数据赋予不同的权重进行预测的分析方法，且对较近的数据赋予较大的权重，原理是任意一期的指数平滑值都是本期实际值与上一期指数平滑值的加权平均。指数平滑法的公式为 $Y_{t+1}=\alpha X_t+(1-\alpha)Y_t$。其中，$Y_{t+1}$ 为第 t+1 期的预测值，即本期（第 t 期）的指数平滑值；X_t 为第 t 期（本期）的实际值；α 为平滑系数；Y_t 为第 t 期的预测值，即上一期（第 t-1 期）的指数平滑值。$1-\alpha=\beta$ 表示阻尼系数，阻尼系数越小，近期实际值对预测结果的影响越大。若时间序列数据波动较小，则选择较小的阻尼系数，如 0.1、0.2、03；若时间序列数据波动较大，则选择较大的阻尼系数，如大于 0.6。

例如，已知 2009—2018 年我国每年的人口死亡率，预测 2019 年的人口死亡率，具体操作步骤如下。

步骤 01 在工作表中的“数据”选项卡“分析”组中单击“数据分析”按钮，弹出“数据分析”对话框，选择“指数平滑”选项，单击“确定”按钮。在弹出的“指数平滑”对话框中，设置“输入区域”为“\$H\$1:\$H\$11”，设置“阻尼系数”为“0.1”，设置“输出区域”为“\$I\$2”，如图 5-66 所示。

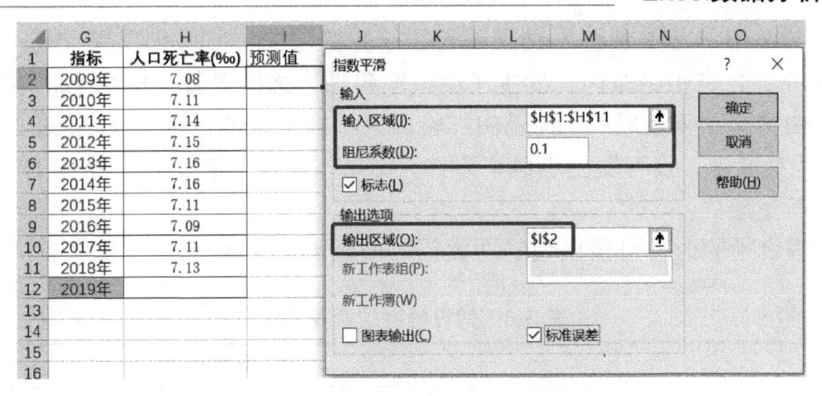

图 5-66 “指数平滑”对话框

步骤 02 单击“确定”按钮，在工作表中得到“预测值”和“标准误差”，如图 5-67 所示。

I12 =0.9*H11+0.1*I11

	G	H	I	J
1	指标	人口死亡率(‰)	预测值	标准误差
2	2009年	7.08	#N/A	#N/A
3	2010年	7.11	7.08	#N/A
4	2011年	7.14	7.107	#N/A
5	2012年	7.15	7.1367	#N/A
6	2013年	7.16	7.14867	0.026869
7	2014年	7.16	7.158867	0.021558
8	2015年	7.11	7.159887	0.010108
9	2016年	7.09	7.114989	0.029543
10	2017年	7.11	7.092499	0.03222
11	2018年	7.13	7.10825	0.033761
12	2019年		7.127825	0.021632

图 5-67 运用指数平滑法的结果

5.4.5 假设检验

假设检验又称统计假设检验，用来判断样本与样本、样本与总体的差异是由抽样误差造成的还是由本质差别造成的，是一种统计推断方法。显著性检验是假设检验中最常用的一种方法，其基本原理是先对总体的特征做出某种假设，然后通过抽样研究的统计推理，对此假设应该被拒绝还是接受做出推断。

假设检验的基本思想是小概率反证法思想。小概率思想是指小概率事件在一次试验中基本上不会发生。小概率反证法思想是先提出检验假设，再用适当的统计方法，利用小概率思想，确定假设是否成立。也就是，为了检验一个假设是否成立，先假定该假设成立，如果样本观察值导致了小概率事件发生，应拒绝原假设；如果样本观察值没有导致小概率事件发生，应接受原假设。

假设检验的基本步骤：①提出检验假设，确定原假设 H_0 和备择假设 H_1；②选择检验统计量；③确定显著性水平 α，即小概率事件发生的概率，常用的显著性水平为 $\alpha=0.01$ 或 $\alpha=0.05$；④计算检验统计量的 P 值，即小于或等于于拒绝域方向上（即原假设条件下）

的样本数值的概率；⑤查看样本结果是否位于拒绝域内；⑥做出决策。若 $P\leqslant\alpha$，则在 H_0 假设条件下，P 在拒绝域内，发生了小概率事件，结果显著，拒绝 H_0，接受 H_1，即此差别不是由抽样误差造成的，而是由实验因素不同造成的；若 $P>\alpha$，则在 H_0 假设条件下，P 不在拒绝域内，没有发生小概率事件，结果不显著，接受 H_0，拒绝 H_1，即此差别是由抽样误差造成的。

在进行假设检验时，可能出现的两类错误如表 5-8 所示。

表 5-8　假设检验的两类错误

判断结论	分布真实情况	
	H_0 成立	H_1 成立
接受 H_0	正确	第二类错误
拒绝 H_0	第一类错误	正确

第一类错误：原假设为真，却被拒绝了。第二类错误：原假设为假，却被接受了。应尽可能降低这两类错误发生的概率。在给定样本容量的情况下，人们总是会犯第一类错误，取 α 值为 0.05 降低第一类错误发生的概率。这种控制第一类错误发生的概率、不管第二类错误的检验方法又称显著性检验。$H_0:\mu=\mu_0$，$H_1:\mu\neq\mu_0$ 的检验称为双边检验。$H_0:\mu\leqslant\mu_0$，$H_1:\mu>\mu_0$ 的检验称为右边检验，$H_0:\mu\geqslant\mu_0$，$H_1:\mu<\mu_0$ 的检验称为左边检验，统称为单边检验。

常用的假设检验方法有 t-检验、z-检验、F-检验和卡方检验等。下面分别介绍 t-检验、z-检验、F-检验在 Excel 中的应用。

1. t-检验

t-检验是用 t 分布理论来推断差异发生的概率，从而比较两个均值的差异是否显著，主要用于样本量较小（$n<30$）、总体方差未知的正态分布。

（1）t-检验：平均值的成对二样本分析

使用 t-检验中平均值的成对二样本分析，可以对样本中两组配对数值进行分析。例如，通过 t-检验中平均值的成对二样本分析可以判断推广活动前后 APP 活跃度是否提升。在显著性水平为 0.05 的条件下分析推广活动是否提升了 APP 的活跃度，具体操作步骤如下。

步骤 01 确定原假设和备择假设：原假设为两个样本的总体均值相等，备择假设为两个样本的总体均值不等，即 $H_0:\mu_1=\mu_2$，$H_1:\mu_1\neq\mu_2$。

步骤 02 在工作表中的“数据”选项卡“分析”组中单击“数据分析”按钮，弹出“数据分析”对话框，选择“t-检验：平均值的成对二样本分析”选项，单击“确定”按钮。在弹出的“t-检验：平均值的成对二样本分析”对话框中，设置“变量 1 的区域”为“$B$1:$B$21”，设置“变量 2 的区域”为“$C$1:$C$21”，设置“假设平均差”为“0”（即原假设两个样本的总体均值相等），勾选“标志”复选框，设置“α”为“0.05”，设置“输出区域”为“$D$1”，如图 5-68 所示。

步骤 03 单击“确定”按钮，在工作表中可以看到，t 值为-1.81495，|t|<t 双尾临界值落在接受域内，P 双尾值为 0.085352>0.05，落在接受域内，不拒绝原假设，如图 5-69

所示。因此，两个样本的均值相等，两者差异无统计学意义，说明推广活动后 APP 的活跃度没有显著提升。

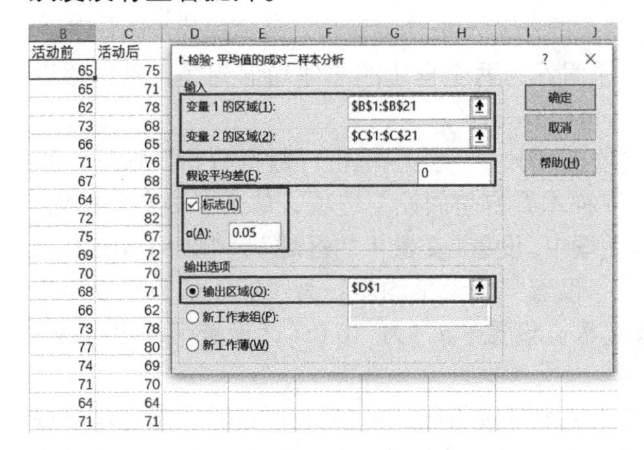

t-检验: 成对双样本均值分析		
	活动前	活动后
平均	69.15	71.65
方差	17.50263	29.71316
观测值	20	20
泊松相关系	0.203212	
假设平均差	0	
df	19	
t Stat	-1.81495	
P(T<=t) 单	0.042676	
t 单尾临界	1.729133	
P(T<=t) 双	0.085352	
t 双尾临界	2.093024	
不拒绝原假设		

图 5-68 “t-检验：平均值的成对二样本分析”对话框　图 5-69 t-检验中平均值的成对二样本分析结果

（2）t-检验：双样本等方差假设

使用 t-检验中双样本等方差假设，可以检验方差相同的两个样本总体均值是否相等。在显著性水平为 0.05 的条件下分析推广活动是否提升了 APP 的活跃度，具体操作步骤如下。

步骤 01 确定原假设和备择假设：原假设为两个样本的总体均值相等，备择假设为两个样本的总体均值不等，即 $H_0:\mu_1=\mu_2$，$H_1:\mu_1\neq\mu_2$。

步骤 02 在工作表中的“数据”选项卡“分析”组中单击“数据分析”按钮，弹出“数据分析”对话框，选择“t-检验：双样本等方差假设”选项，单击“确定”按钮。在弹出的“t-检验：双样本等方差假设”对话框中，设置“变量 1 的区域”为“$B$1:$B$21”，设置“变量 2 的区域”为“$C$1: $C$21”，设置“假设平均差”为“0”（即原假设两个样本的总体均值相等），勾选“标志”复选框，设置“α”为“0.05”，设置“输出区域”为“$I$1”，如图 5-70 所示。

步骤 03 单击“确定”按钮，在工作表中可以看到，P 值大于 0.05，落在接受域内，不拒绝原假设，如图 5-71 所示。因此，两个样本的均值相等，两者差异无统计学意义，说明推广活动后 APP 的活跃度没有显著提升。

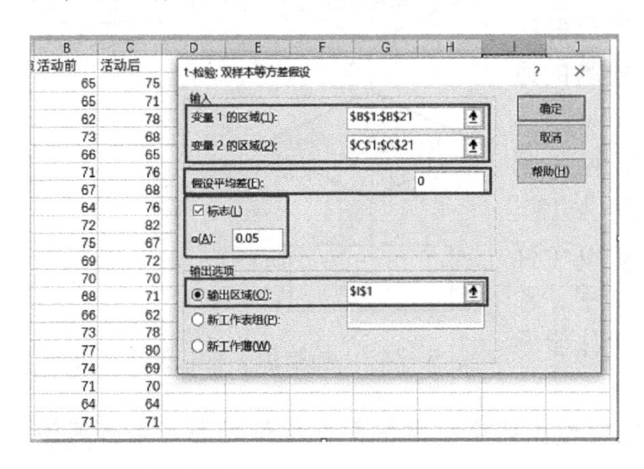

t-检验: 双样本等方差假设		
	活动前	活动后
平均	69.15	71.65
方差	17.50263	29.71316
观测值	20	20
合并方差	23.60789	
假设平均差	0	
df	38	
t Stat	-1.62709	
P(T<=t) 单	0.055992	
t 单尾临界	1.685954	
P(T<=t) 双	0.111983	
t 双尾临界	2.024394	
不拒绝原假设		

图 5-70 “t-检验：双样本等方差假设”对话框　　图 5-71 t-检验中双样本等方差假设结果

（3）t-检验：双样本异方差假设

使用t-检验中双样本异方差假设，可以检验方差不同的两个样本总体均值是否相等。在显著性水平为0.05的条件下分析推广活动是否提升了APP的活跃度，具体操作步骤如下。

步骤01 确定原假设和备择假设：原假设为两个样本的总体均值相等，备择假设为两个样本的总体均值不等，即 $H_0:\mu_1=\mu_2$，$H_1:\mu_1\neq\mu_2$。

步骤02 在工作表中的“数据”选项卡“分析”组中单击“数据分析”按钮，弹出“数据分析”对话框，选择“t-检验：双样本异方差假设”选项，单击“确定”按钮。在弹出的“t-检验：双样本异方差假设”对话框中，设置“变量1的区域”为“\$B\$1:\$B\$21”，设置“变量2的区域”为“\$C\$1:\$C\$21”，设置“假设平均差”为“0”（即原假设两个样本的总体均值相等），勾选“标志”复选框，设置“α”为“0.05”，设置“输出区域”为“\$M\$1”，如图5-72所示。

步骤03 单击“确定”按钮，在工作表中可以看到，P值大于0.05，落在接受域内，不拒绝原假设，如图5-73所示。因此，两个样本的均值相等，两者差异无统计学意义，说明推广活动后APP的活跃度没有显著提升。

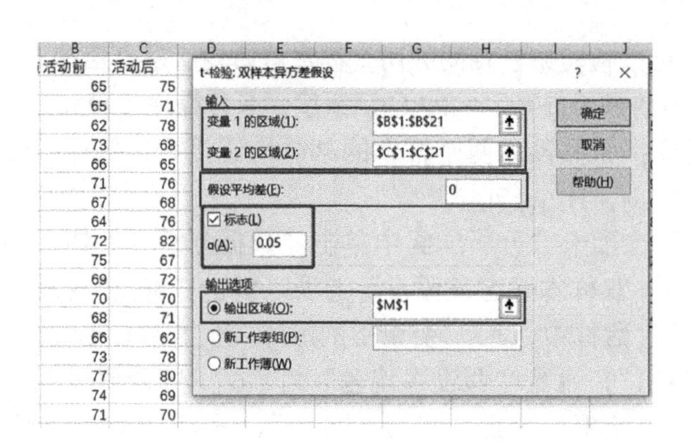

图5-72 “t-检验：双样本异方差假设”对话框

t-检验: 双样本异方差假设		
	活动前	活动后
平均	69.15	71.65
方差	17.50263	29.71316
观测值	20	20
假设平均差	0	
df	36	
t Stat	-1.62709	
P(T<=t) 单	0.05622	
t 单尾临界	1.688298	
P(T<=t) 双	0.112441	
t 双尾临界	2.028094	
不拒绝原假设		

图5-73 t-检验中双样本异方差假设结果

2. z-检验

z-检验是指服从标准正态分布统计量的检验方法，主要用于样本量较大（$n\geqslant30$）、总体方差已知的两个样本正态总体均值的检验。t-检验和z-检验的适用情况如图5-74所示。

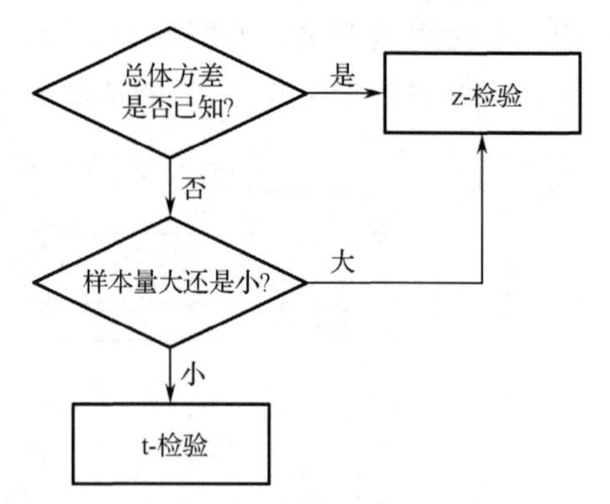

图5-74 t-检验和z-检验的适用情况

例如，某试验基地对农作物施加甲、乙两种肥料，已知甲肥料的方差为14，乙肥料的方差为12，从施加甲、乙两种肥料的农作物中随机抽取50个样本，分析在显著性水平为0.05的条件下施加甲、乙两种肥料对农作物的产量有无差异，具体操作步骤如下。

步骤01 确定原假设和备择假设：原假设为两个样本的总体均值相等，备择假设为两个样本的总体均值不等，即 $H_0:\mu_1=\mu_2$，$H_1:\mu_1\neq\mu_2$。

步骤 02 在工作表中的“数据”选项卡“分析”组中单击“数据分析”按钮，弹出“数据分析”对话框，选择“z-检验：双样本平均差检验”选项，单击“确定”按钮。在弹出的“z-检验：双样本平均差检验”对话框中，设置“变量 1 的区域”为“$B$1:$B$51”，设置“变量 2 的区域”为“$C$1:$C$51”，设置“假设平均差”为“0”（即原假设两个样本的总体均值相等），勾选“标志”复选框，设置“α”为“0.05”，设置“输出区域”为“$J$4”，如图 5-75 所示。

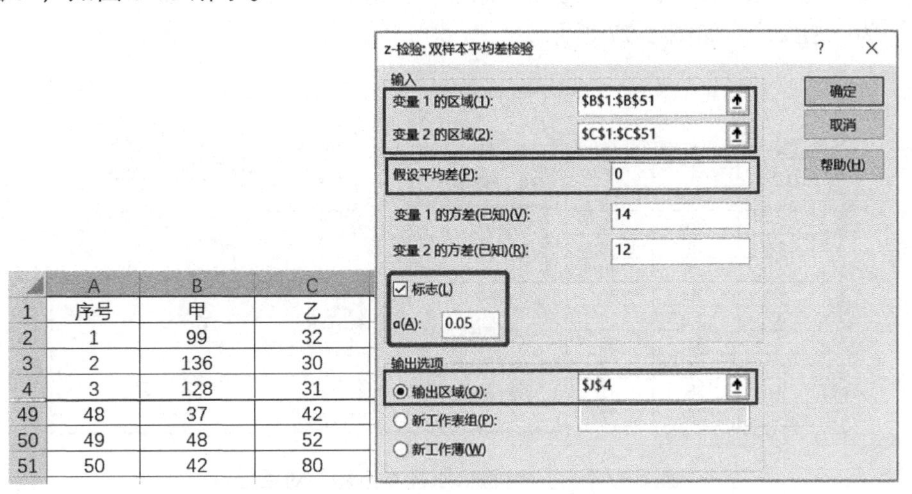

图 5-75 “z-检验：双样本平均差检验”对话框

步骤 03 单击“确定”按钮，在工作表中可以看到，P 值远远小于 0.05，拒绝原假设，如图 5-76 所示。因此，两个样本的均值不等，说明甲、乙两种肥料对农作物的产量有显著差异。

原假设：两个样本总体均值相等		
备则假设：均值不等		
z-检验: 双样本均值分析		
	甲	乙
平均	66.18	69.98
已知协方差	14	12
观测值	50	50
假设平均差	0	
z	-5.269652	
P(Z<=z) 单尾	6.834E-08	
z 单尾临界	1.6448536	
P(Z<=z) 双尾	1.367E-07	
z 双尾临界	1.959964	
检验结果	拒绝原假设	均值不等，甲乙两种肥料对农作物的产量有显著差别

图 5-76 z-检验的双样本平均差检验结果

3. F-检验

F-检验又称方差齐性检验，是对两个正态分布总体方差的检验。在回归分析中，使用 F-检验判断因变量与自变量之间的线性关系是否显著，即判断其方差是否相等。

例如，选取 10 小块土地播种 A、B 两种谷物种子，在显著性水平为 0.05 的条件下判断两种种子的产量是否有显著差异，具体操作步骤如下。

步骤01 确定原假设和备择假设：原假设为两个样本的总体方差相等，备择假设为两个样本的总体方差不等，即 $H_0: \sigma_1^2 = \sigma_2^2$，$H_1: \sigma_1^2 \neq \sigma_2^2$。

步骤02 在工作表中的“数据”选项卡“分析”组中单击“数据分析”按钮，弹出“数据分析”对话框，选择“F-检验 双样本方差”选项，单击“确定”按钮。在弹出的“F-检验 双样本方差”对话框中，设置“变量 1 的区域”为“\$B\$1:\$B\$11”，设置“变量 2 的区域”为“\$C\$1:\$C\$11”，勾选“标志”复选框，设置“α”为“0.05”，设置“输出区域”为“\$E\$1”，如图 5-77 所示。

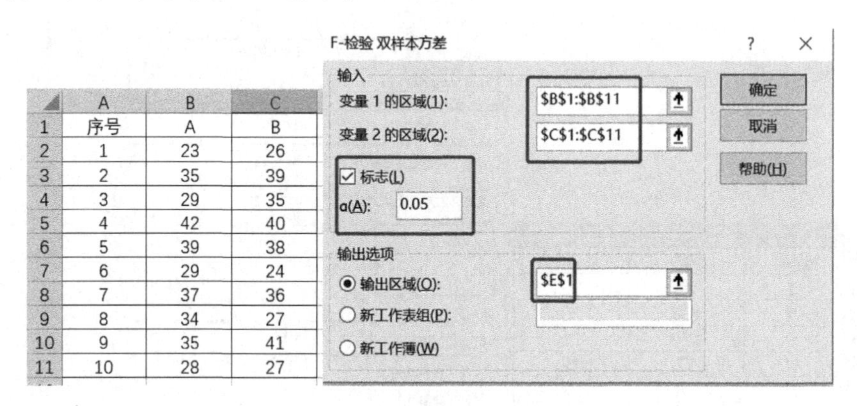

图 5-77 “F-检验：双样本方差”对话框

步骤03 单击“确定”按钮，在工作表中可以看到，P 值大于 0.05，不拒绝原假设，如图 5-78 所示。因此，两个样本的方差相等，说明 A、B 两种种子的产量没有显著差异。

F-检验 双样本方差分析		
	A	B
平均	33.1	33.3
方差	33.21111	43.12222
观测值	10	10
df	9	9
F	0.770162	
P(F<=f) 单	0.351788	
F 单尾临界	0.314575	
检验结果	不拒绝原假设	

图 5-78 F-检验的双样本方差分析结果

5.4.6 方差分析

方差分析又称变异数分析，用于两个及两个以上样本的总体均值差异的显著性检验。由于事件受到多种因素的影响，使用方差分析可以确定每个因素对事件的影响程度。

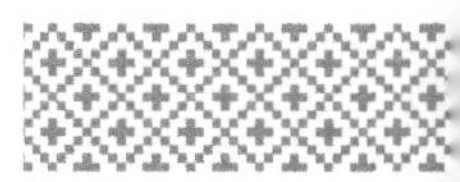

1. 单因素方差分析

单因素方差分析是指分析单个因素对观测变量的影响程度。原假设为两个及两个以上总体均值相等，备择假设为两个及两个以上总体均值不全相等。与假设检验相同，只需要关注 F 值或在 F 统计量下的 P 值即可。若 P≤α，则拒绝原假设，均值不相等，该因素对结果有显著影响；若 P>α，则不拒绝原假设，均值相等，该因素对结果无显著影响。

例如，使用单因素方差分析法分析 4 种不同推广方法对用户数增长是否有显著影响，每种推广方法选择一周共 7 天每天的新增用户数，具体操作步骤如下。

步骤 01 确定原假设和备择假设：原假设为 4 个样本的总体均值相等，备择假设为 4 个样本的总体均值不全相等，即 $H_0:\mu_1=\mu_2=\mu_3=\mu_4$，$H_1:\mu_1,\mu_2,\mu_3,\mu_4$ 不全相等。

步骤 02 在工作表中的“数据”选项卡“分析”组中单击“数据分析”按钮，弹出“数据分析”对话框，选择“方差分析：单因素方差分析”选项，单击“确定”按钮。在弹出的“方差分析：单因素方差分析”对话框中，设置“输入区域”为“$B$1:$E$8”，勾选“标志位于第一行”复选框，设置“α”为“0.05”，设置“输出区域”为“$A$11”，如图 5-79 所示。

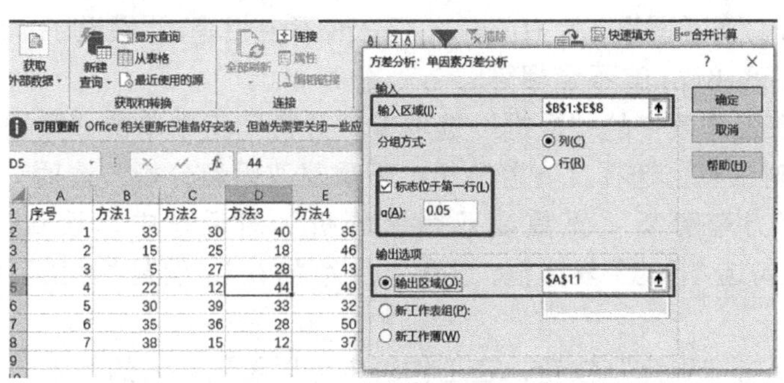

图 5-79 “方差分析：单因素方差分析”对话框

步骤 03 单击“确定”按钮，在工作表中可以看到：P 值小于 0.05，拒绝原假设；F 值为 3.770111>F crit 值，落在拒绝域内，拒绝原假设，如图 5-80 所示。因此，4 个样本的总体均值不相等，说明 4 种不同推广方法对用户数增长有显著差异。

B28 =IF(F23<0.05,"因素对试验结果有显著性影响")

	A	B	C	D	E	F	G
10							
11	方差分析：单因素方差分析						
12							
13	SUMMARY						
14	组	观测数	求和	平均	方差		
15	方法1	7	178	25.42857	144.2857		
16	方法2	7	184	26.28571	100.5714		
17	方法3	7	203	29	129		
18	方法4	7	292	41.71429	50.57143		
19							
20							
21	方差分析						
22	差异源	SS	df	MS	F	P-value	F crit
23	组间	1200.107	3	400.0357	3.770111	0.023864	3.008787
24	组内	2546.571	24	106.1071			
25							
26	总计	3746.679	27				
27							
28	结果	因素对试验结果有显著性影响					

图 5-80 方差分析的单因素方差分析结果

2. 无重复双因素方差分析

双因素方差分析是指分析两个因素对观测变量的影响程度。根据两个因素之间是否相互影响，双因素方差分析可以分为无重复双因素方差分析和可重复双因素方差分析。无重复双因素方差分析不考虑两个因素之间的相互影响。

例如，不同的人使用不同推广方法的用户数增长数据如图 5-81 所示，使用无重复双因素方差分析法分析不同的人使用不同推广方法对用户数增长是否有显著影响，具体操作步骤如下。

	A	B	C	D	E
31	姓名	方法1	方法2	方法3	方法4
32	甲	33	30	40	35
33	乙	15	25	18	46
34	丙	5	27	28	43
35	丁	22	12	44	49

图 5-81　不同的人使用不同推广方法的用户数增长数据

步骤 01 确定原假设和备择假设，因为有两个因素，所以有两个假设：原假设 1 为 $H_{01}:\alpha_1=\alpha_2=\alpha_3=\alpha_4$，备择假设 1 为 $H_{11}:\alpha_1,\alpha_2,\alpha_3,\alpha_4$ 不全相等；原假设 2 为 $H_{02}:\beta_1=\beta_2=\beta_3=\beta_4$，备择假设 2 为 $H_{12}:\beta_1,\beta_2,\beta_3,\beta_4$ 不全相等。

步骤 02 在工作表中的“数据”选项卡“分析”组中单击“数据分析”按钮，弹出“数据分析”对话框，选择“方差分析：无重复双因素分析”选项，单击“确定”按钮。在弹出的“方差分析：无重复双因素分析”对话框中，设置“输入区域”为“\$A\$31:\$E\$35”，勾选“标志”复选框，设置“α”为“0.05”，设置“输出区域”为“\$O\$31”，如图 5-82 所示。

步骤 03 单击“确定”按钮，在工作表中可以看到：人的因素的 P 值大于 0.05，不拒绝原假设，说明人的因素对用户数增长没有显著影响；方法因素的 P 值小于 0.05，拒绝原假设，说明方法因素对用户数增长有显著影响，如图 5-83 所示。

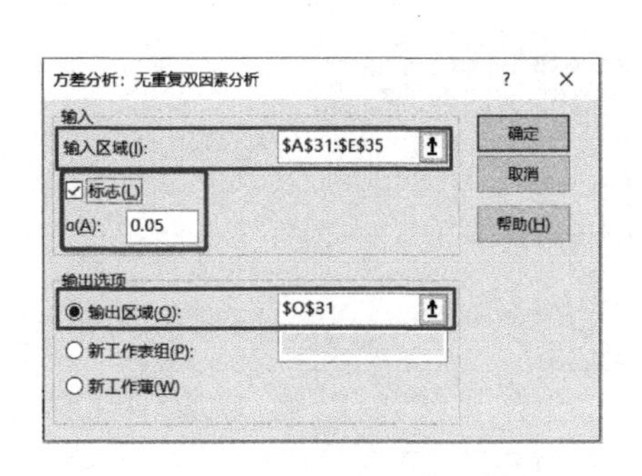

图 5-82 “方差分析：无重复双因素分析”对话框

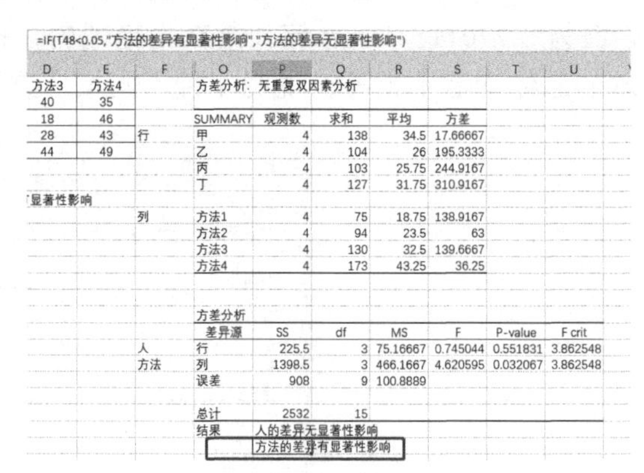

=IF(T48<0.05,"方法的差异有显著性影响","方法的差异无显著性影响")

方差分析：无重复双因素分析

SUMMARY	观测数	求和	平均	方差
甲	4	138	34.5	17.66667
乙	4	104	26	195.3333
丙	4	103	25.75	244.9167
丁	4	127	31.75	310.9167
方法1	4	75	18.75	138.9167
方法2	4	94	23.5	63
方法3	4	130	32.5	139.6667
方法4	4	173	43.25	36.25

方差分析

	差异源	SS	df	MS	F	P-value	F crit
人	行	225.5	3	75.16667	0.745044	0.551831	3.862548
方法	列	1398.5	3	466.1667	4.620595	0.032067	3.862548
	误差	908	9	100.8889			
	总计	2532	15				
	结果	人的差异无显著性影响					
		方法的差异有显著性影响					

图 5-83　方差分析的无重复双因素分析结果

3. 可重复双因素方差分析

可重复双因素方差分析需要考虑两个因素之间的相互影响。

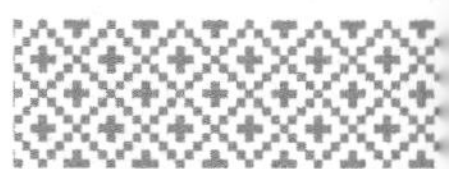

例如，不同平台上应用不同方法的用户数增长数据如图 5-84 所示，使用可重复双因素方差分析法分析在不同平台上应用不同方法对用户数增长是否有显著影响，以及这两个因素的相互影响对用户数增长是否有显著影响，具体操作步骤如下。

	A	B	C	D
98	方法	平台A	平台B	平台C
99	方法1	40	58	61
100		59	75	52
101	方法2	66	63	58
102		80	80	80
103	方法3	85	88	78
104		88	70	79

图 5-84　不同平台上应用不同方法的用户数增长数据

步骤 01　确定原假设和备择假设：原假设 1 为 $H_{01}:\alpha_1=\alpha_2=\alpha_3=\alpha_4$，备择假设 1 为 $H_{11}:\alpha_1,\alpha_2,\alpha_3,\alpha_4$ 不全相等；原假设 2 为 $H_{02}:\beta_1=\beta_2=\beta_3=\beta_4$，备择假设 2 为 $H_{12}:\beta_1,\beta_2,\beta_3,\beta_4$ 不全相等。

步骤 02　在工作表中的“数据”选项卡“分析”组中单击“数据分析”按钮，弹出“数据分析”对话框，选择“方差分析：可重复双因素分析”选项，单击“确定”按钮。在弹出的“方差分析：可重复双因素分析”对话框中，设置“输入区域”为“$A$98:$D$104”，设置“每一样本的行数”为“2”，设置“α”为“0.05”，设置“输出区域”为“$F$98”，如图 5-85 所示。

步骤 03　单击“确定”按钮，在工作表中可以看到：方法因素的 P 值小于 0.05，拒绝原假设，说明方法因素对用户数增长有显著影响；平台因素的 P 值大于 0.05，不拒绝原假设，说明平台因素对用户数增长没有显著影响；交互作用的 P 值大于 0.05，说明两个因素的相互影响不显著，如图 5-86 所示。

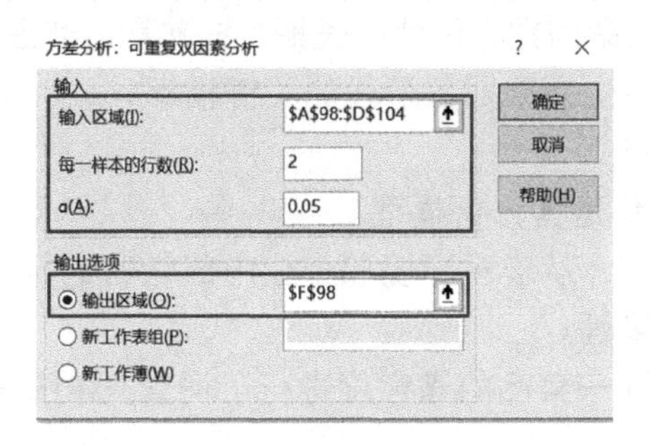

图 5-85　“方差分析：可重复双因素分析”对话框

	方差分析						
	差异源	SS	df	MS	F	P-value	F crit
方法	样本	1716.333	2	858.1667	7.594395	0.01169	4.256495
平台	列	57.33333	2	28.66667	0.253687	0.781301	4.256495
	交互	331.3333	4	82.83333	0.733038	0.591937	3.633089
	内部	1017	9	113			
	总计	3122	17				
结果	方法的差异有显著性影响						
	平台的差异无显著性影响						
	两因素交互作用不显著						

图 5-86　方差分析的可重复双因素分析结果

本章小结

本章介绍了数据分析的思维模式、数据分析模型和数据分析方法。首先介绍了 5 种典型的数据分析思维模式，分别是结构化思维、漏斗思维、矩阵思维、相关性思维和降维思维，数据分析的思维模式会影响数据分析结果的深度；然后介绍了数据分析模型，包括 5W2H 分析模型、PEST 分析模型、SWOT 分析模型、4P 和 4C 分析模型、逻辑树分析模型，这些数据分析模型提供了进行数据分析的思路；接着介绍了数据分析的基本方法，包括对比分析法、分组分析法、结构分析法、平均分析法、矩阵分析法、综合指标分析法和 RFM 分析法；最后介绍了数据分析的进阶方法，包括描述性统计分析、相关分析、回归分析、时间序列分析、假设检验和方差分析，并介绍了这些分析方法的基本原理及在 Excel 中的应用。

思考题

1. 什么是数据分析的思维模式?
2. 简述典型的数据分析思维模式。
3. 什么是数据分析模型?
4. 简述常用的数据分析模型。
5. 简述数据分析的基本方法。
6. 简述数据分析的进阶方法。

本章实训

1. 如何分析一款网络游戏?

（1）使用矩阵思维模式分析该网络游戏的生命周期，包括成长期、成熟期、衰退期。

（2）使用结构化思维模式分析该网络游戏在生命周期各阶段的关键指标。

2. 如何搭建一个会员数据化运营分析模型?

（1）使用 SWOT 分析模型分析该会员数据化运营分析模型。

（2）使用 PEST 分析模型和逻辑树分析模型，从宏观环境和企业内部状况进行分层分析，如会员价值、会员活跃度、会员流失预警等。

3. 某餐厅为提高经济效益，对不同用户对同一菜品的满意度进行了调查，如图 5-87 所示。如何分析这些数据?

（1）对每个问题进行分组分析，并统计不同答案的人数。

（2）使用数据透视表进行交叉分析。

（3）构造一个综合指标，与用户的打分评价进行对比。

（4）使用合适的数据分析方法对用户整体打分情况进行分析。

（5）分析用户整体打分与哪个问题最相关。

（6）如果一个用户的答案分别为“满意，漏了，一致，新鲜，卫生”，那么他/她最有可能的打分是多少?

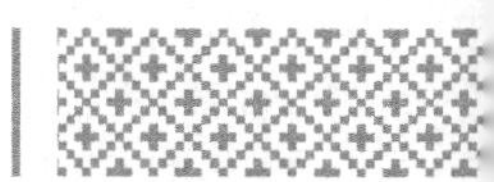

	A	B	C	D	E	F	G
1	用户编号	此菜品的口味满意吗	此菜品包装有撒漏吗	此菜品是否与图片一致	此菜品食材新鲜吗	此菜品干净卫生吗	用1-5分评价
2	1	满意	没有	一致	新鲜	卫生	5
3	2	不满意	没有	不一致	不新鲜	不确定	1
4	3	满意	漏了	不一致	不确定	不卫生	3
5	4	满意	没有	不一致	新鲜	卫生	5
6	5	不满意	没有	一致	新鲜	卫生	3
7	6	不满意	没有	一致	新鲜	卫生	1
8	7	满意	没有	不一致	新鲜	卫生	4
9	8	满意	没有	一致	不确定	卫生	1
10	9	满意	没有	一致	不新鲜	不卫生	5
11	10	满意	没有	不一致	新鲜	卫生	3
12	11	不满意	没有	不一致	新鲜	卫生	4
13	12	不满意	没有	不一致	不确定	卫生	1
14	13	满意	没有	一致	新鲜	卫生	5
15	14	满意	没有	不一致	新鲜	卫生	2
16	15	满意	没有	一致	不新鲜	不卫生	5
17	16	满意	没有	一致	新鲜	卫生	1
18	17	满意	漏了	一致	新鲜	卫生	5
19	18	满意	漏了	一致	不确定	卫生	2
20	19	不满意	没有	不一致	不新鲜	不卫生	1

图 5-87　菜品满意度调查问卷数据

4. 对如表 5-9 所示的 1978—2015 年全国稻谷产量数据进行数据分析。

（1）计算“年份”与“稻谷产量”的相关系数。

（2）对历年稻谷产量进行描述性统计分析，得到描述性统计分析相关指标。

（3）使用移动平均法，预测 2016 年全国稻谷产量。

（4）使用指数平滑法，预测 2016 年全国稻谷产量。

表 5-9　1978—2015 年全国稻谷产量数据

年份（年）	稻谷产量（万吨）	年份（年）	稻谷产量（万吨）
1978	13693.00	1997	20073.48
1979	14375.00	1998	19871.30
1980	13990.50	1999	19848.73
1981	14395.50	2000	18790.77
1982	16159.50	2001	17758.03
1983	16886.50	2002	17453.85
1984	17825.50	2003	16065.56
1985	16856 90	2004	17908.76
1986	17222.40	2005	18058.84
1987	17441.60	2006	18171.80
1988	16910.80	2007	18603.40
1989	18013.00	2008	19189.60
1990	18933.10	2009	19510.30
1991	18381.30	2010	19576.10
1992	18622.20	2011	20100.00
1993	17751.40	2012	20423.59
1994	17593.30	2013	20361.22
1995	18522.60	2014	20650.74
1996	19510.27	2015	20823.00

第 6 章 Excel 数据可视化

思政导读

实事求是，"是"是规律，是真理。数据可视化的直观表达可以让人们看出数据运行背后的规律，帮助人们发现预测力更强、解释性更好、对实践更有指导意义的规律。

本章教学目标与要求

（1）理解数据可视化的概念。

（2）理解数据可视化的方式。

（3）掌握图表的概念和组成，熟悉常用的图表。

（4）掌握绘制常用图表的方法。

6.1 数据可视化概述

6.1.1 数据可视化的概念

在日常工作中，经常需要进行工作汇报，如果只提供一份密密麻麻的数据，很难让人在短时间内理解数据的含义。通过数据可视化将以文本或数值形式显示的数据分析结果以可视的、交互的形式展示出来，使用生动的图形代替枯燥的文字和数据，直观地揭示数据之间的关系和规律，使数据要表达的含义一目了然。

数据可视化是指将数据以生动的、易于感知的方式展示出来，并利用数据分析和开发工具分析数据之间的关系和规律，挖掘数据的潜在价值。将数据以可视化的形式展示出来，以便更直观地传达与沟通信息。

数据可视化的流程如图 6-1 所示。首先将原始数据进行标准化、结构化处理，将数据转换为数据表，然后使用视觉结构（如形状、位置、色彩、尺寸、方向等）映射表格中的数值，最后将这些视觉结构组合转换为图形传递给用户，从而使用户更好地理解数据背后的问题与规律。

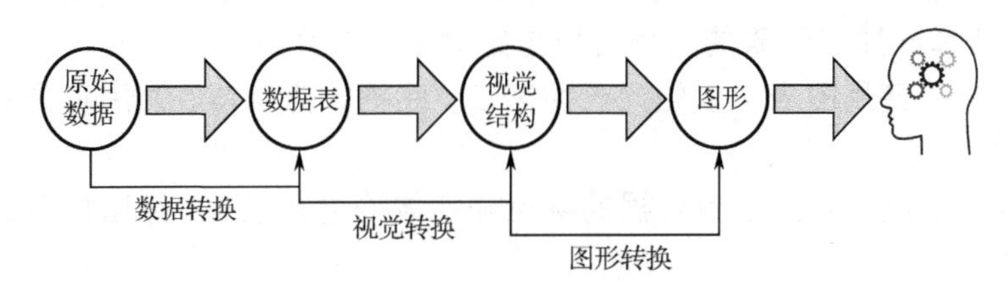

图 6-1 数据可视化的流程

数据可视化旨在借助图形化手段，化抽象为具体，有效地将数据中的各种属性和变量及隐藏于其中的规律清晰直观地呈现出来，使用户可以从不同的维度观察数据，从而对数据进行更深入的观察和分析。

6.1.2 数据可视化的方式

数据可视化可以进一步优化数据分析结果，用更加直观、有效的方式将数据展示出来。俗话说，字不如表，表不如图，一表胜千言，一图胜万语。相较于数值和文字，通过数据可视化可以直观地表明数据所要表达的含义。合理的数据图表可使描述更加清晰，可以更直观地反映出数据之间的关系，从中可以更好地了解数据变化的趋势，以便进行合理的推断和预测。在 Excel 中，数据可视化有表格和图表两种方式。

1. 表格

采用表格方式进行数据可视化就是将数据按一定的顺序排列在表格中，按照某种条件格式进行展示。在具体应用中可以将数据列突出显示，或者运用图标集、数据条、色阶、迷你图等工具直接在表格中对数据进行可视化。

表格方式的作用主要体现在以下两点。

① 标识重点数据。在Excel中存储着大量的数据，对某些数据范围内的重点数据需要标识出来，将数据标识为不同的类型具有强调作用，以显示数据的差异性。将数据列突出显示，或者运用图标集、数据条都可以实现标识重点数据的功能。

② 分析总结数据。通过在表格中覆盖或嵌入相关修饰，可以清晰、简洁地表达出数据的分布趋势，帮助人们迅速判断出数据存在的问题。使用色阶和迷你图可以实现分析总结数据的功能。

2. 图表

采用图表方式进行数据可视化就是将枯燥的数字以直观、形象的形式展示为生动的图形，以便帮助人们理解和记忆。图表是指可直观展示统计信息属性（时间性、数量性等），对知识挖掘及信息生动感受起关键作用的图形结构。

（1）图表的作用

图表可将表格中的数据以图形的形式表现出来，使数据可视化、形象化，以便用户观察数据的趋势和规律。图表的作用可以总结为以下几点。

① 表达形象：使用图表可以化冗长为简洁，化抽象为具体，使用户更容易理解数据的含义。

② 重点突出：通过对图表中数据的颜色和字体等进行设置，可以把问题的重点有效地传递给用户。

③ 体现专业：科学、准确、严谨的图表表现出制图者的专业素养。

（2）图表的组成

图表主要由图表区、绘图区、图表标题及图例等组成。下面以柱形图为例，对图表的组成进行介绍，如图6-2所示。

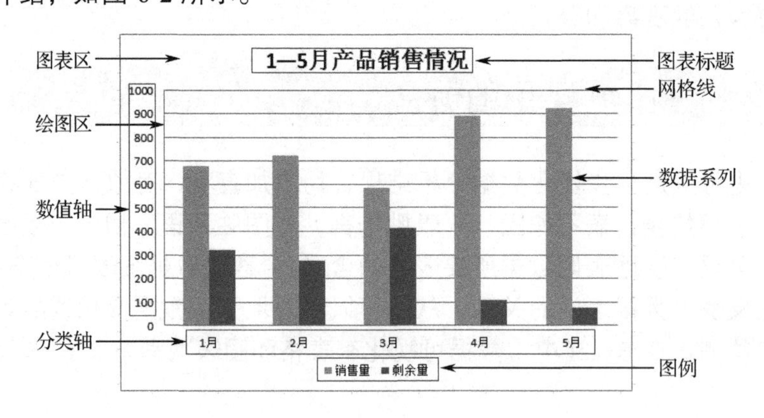

图6-2　图表的组成

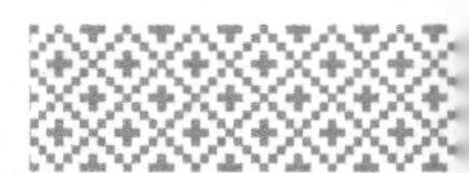

① 图表区：图表区是指图表的背景区域，主要包括所有数据的数据信息及图表的说明信息。

② 绘图区：绘图区主要包括数值轴、分类轴、数据系列和网格线等，它是图表的主要组成部分。

a．数值轴：数值轴是指表示数据大小的坐标轴，它的单位长度随数据表中数据的不同而变动。

b．分类轴：分类轴是指表示图表中需要比较的各个对象的坐标轴。

c．数据系列：数据系列是指以系列的形式显示在图表中的可视化数据。分类轴上的每一个分类对应一个或多个数据，不同分类颜色相同的数据构成一个数据系列。

d．网格线：网格线是绘图区中为了便于观察数据的大小而设置的线，包括主要网格线和次要网格线。

③ 图表标题：图表标题就是图表的名称，是用来说明图表主题的说明性文字。

④ 图例：图例是指表示图表中数据系列的图案、颜色和名称。

图表是数据可视化最常见也是最重要的方式。Excel 2016 提供了多种类型的图表供用户选择和使用，这些图表不仅应用在数据分析领域，还广泛应用于各种方案和新闻中。下面就详细介绍几种在数据分析中常用的图表，包括柱形图、条形图、折线图、饼图、散点图和雷达图。

6.2 柱形图

柱形图是以宽度相等的柱形高度的差异来展示统计指标数值大小的一种图形，常用于展示一段时间内数据的变化或各项数据之间相比较的情况。

6.2.1 柱形图的常见类型

常见的柱形图包括簇状柱形图、堆积柱形图和百分比堆积柱形图。簇状柱形图用来比较各个类别的值，如可以用来展示某企业各省份的员工男女人数分布，如图 6-3（a）所示；堆积柱形图用来展示单个项目与整体之间的关系，如可以用来展示某企业各省份的员工人数及男女人数分布，如图 6-3（b）所示；百分比堆积柱形图用来比较各个类别的每一数值所占总数值的百分比大小，如可以用来展示各部门每个年龄段的员工百分比分布情况，如图 6-3（c）所示。在如图 6-3（c）所示的百分比堆积柱形图中，同一部门中 4 个年龄段员工的占比相加结果为 100%，根据各年龄段员工的占比来分配各年龄段颜色区域的大小。

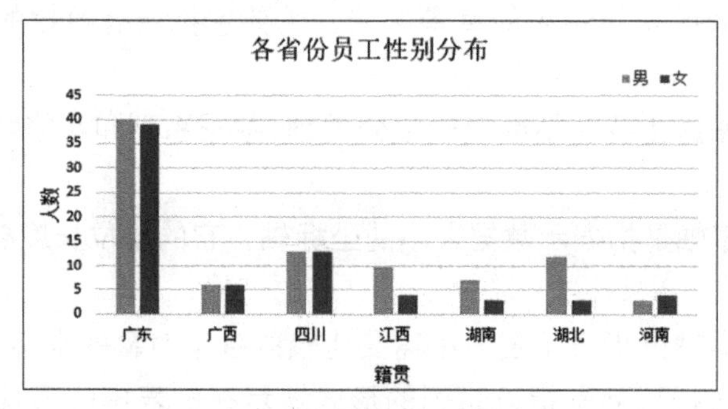

（a）簇状柱形图

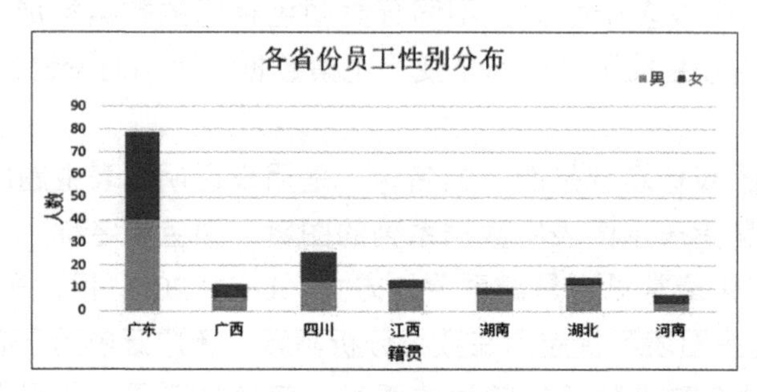

（b）堆积柱形图

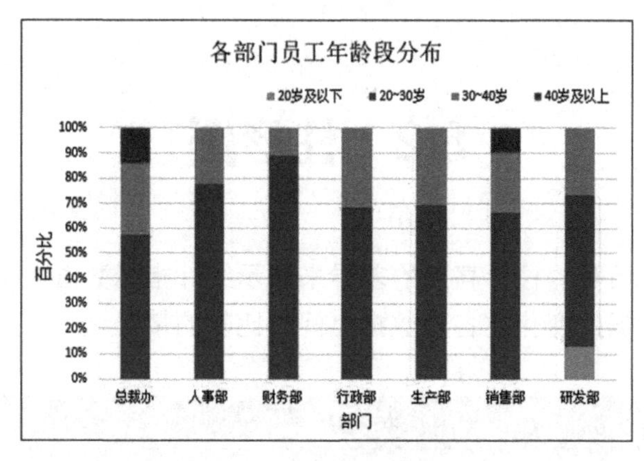

（c）百分比堆积柱形图

图 6-3　柱形图

6.2.2　柱形图的绘制

下面以绘制簇状柱形图为例介绍柱形图的绘制方法。为了分析各部门员工的性别分布情况，根据“各省份员工性别分布”工作表绘制簇状柱形图，具体操作步骤如下。

步骤 01　在工作表中选择 A1:C8 单元格区域，在“插入”选项卡的“图表”组中单击按钮，弹出“插入图表”对话框，如图 6-4 所示。

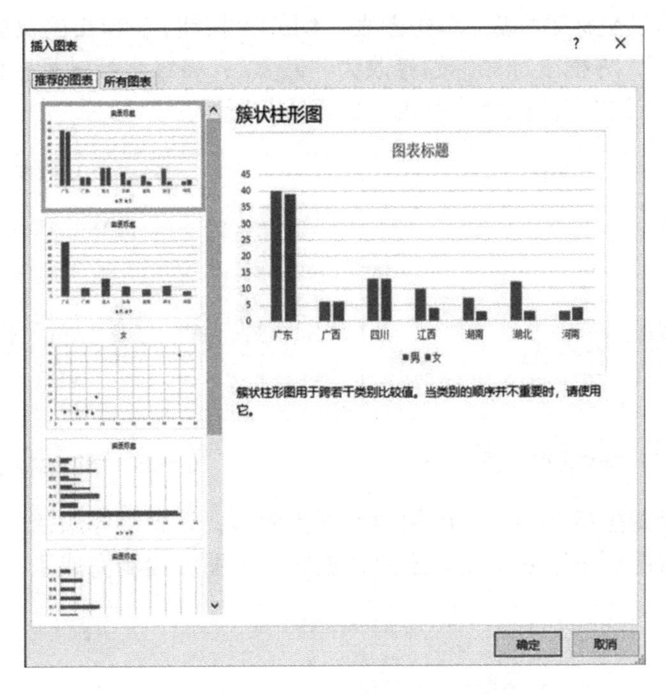

图 6-4 “插入图表”对话框

步骤 02 切换至“所有图表”选项卡，选择“柱形图”选项，在右侧的选项面板中单击“簇状柱形图”图标，如图 6-5 所示。单击“确定”按钮，在工作表中插入簇状柱形图，如图 6-6 所示。

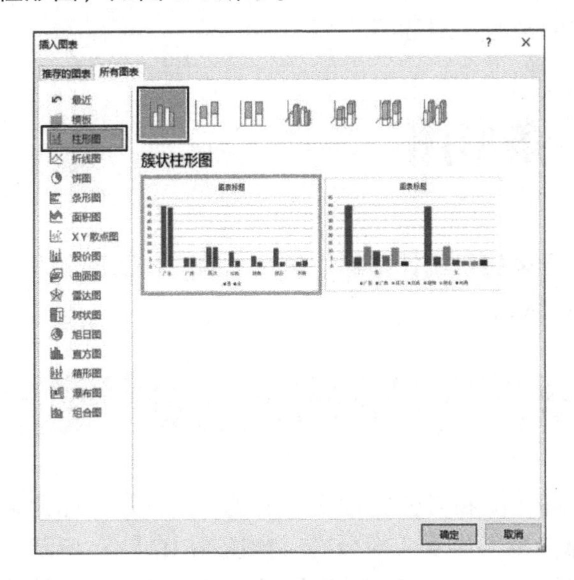

图 6-5 选择“柱形图”选项

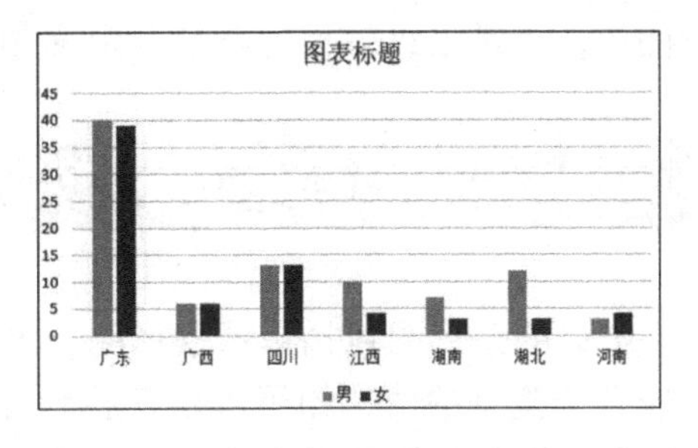

图 6-6 插入簇状柱形图

步骤 03 修改图表标题：单击“图表标题”文本激活图表标题文本框，将图表标题修改为“各省份员工性别分布”，设置字体为宋体，设置字体颜色为黑色，如图 6-7 所示。

步骤 04 添加坐标轴标题：单击图表右侧的 + 按钮，在弹出的快捷菜单中勾选“坐标轴标题”复选框，将横坐标轴标题修改为“籍贯”，将纵坐标轴标题修改为“人数”，设置字体为宋体，设置字体颜色为黑色，如图 6-8 所示。

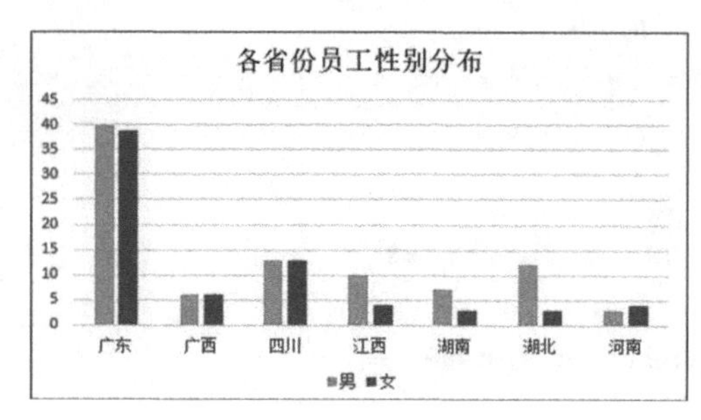

图 6-7　修改图表标题

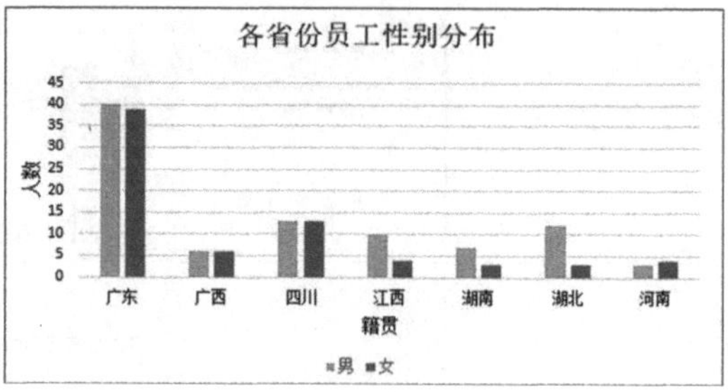

图 6-8　添加坐标轴标题

步骤 05 设置坐标轴标签和图例的字体为宋体，设置字体颜色为黑色。

步骤 06 将图例移至右上角。至此，簇状柱形图就绘制完成了，如图 6-9 所示。

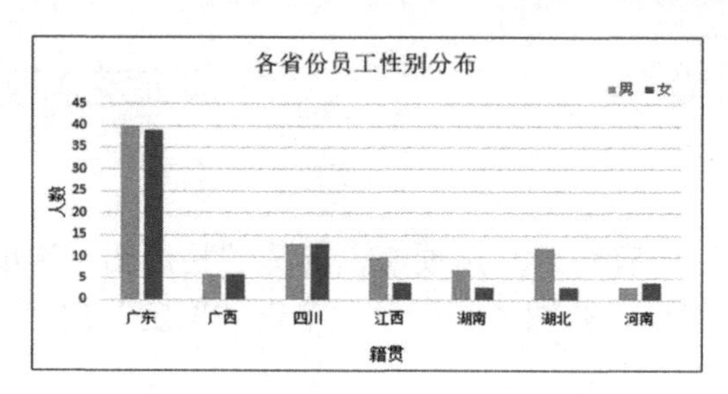

图 6-9　绘制完成的簇状柱形图

6.3　条形图

条形图是以宽度相等的条形长度的差异来展示统计指标数值大小的一种图形。在条形图中，通常沿纵轴标记类别，沿横轴标记数值。

6.3.1　条形图的常见类型

常见的条形图包括簇状条形图、堆积条形图和百分比堆积条形图。簇状条形图用来比较各个类别的值，如可以用来展示各部门员工男女人数分布，如图 6-10（a）所示；堆积条形图用来展示单个项目与整体之间的关系，如可以用来展示各部门员工人数及男女人数分布，如图 6-10（b）所示；百分比堆积条形图用来比较各个类别的每一数值所占总数值的百分比大小，如可以用来展示各部门每个年龄段的员工百分比分布情况，如图 6-10（c）所示。

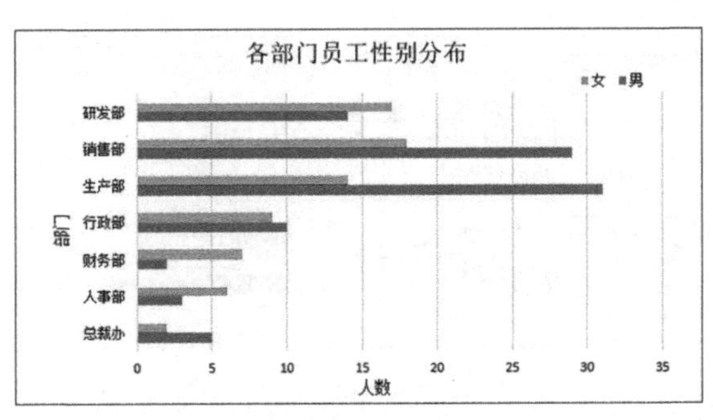

（a）簇状条形图

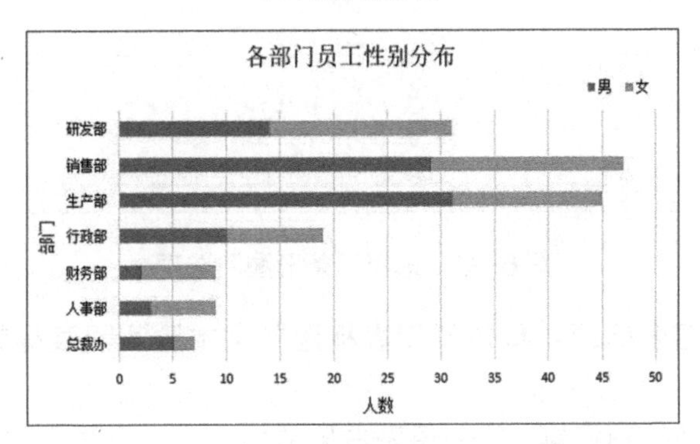

（b）堆积条形图

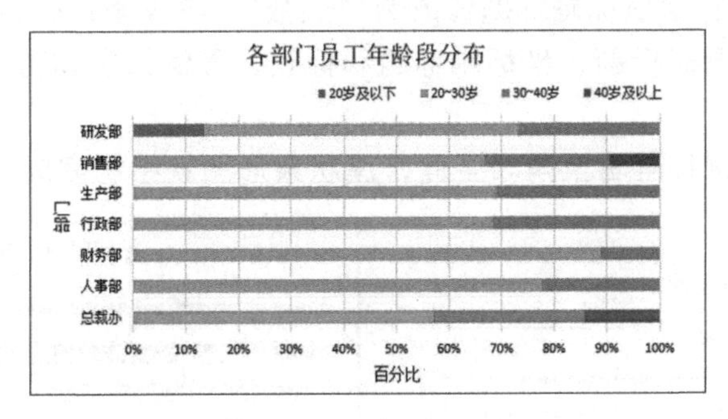

（c）百分比堆积条形图

图 6-10　条形图

6.3.2　条形图的绘制

下面以绘制簇状条形图为例介绍条形图的绘制方法。为了分析各部门员工的性别分布情况，根据“各部门员工性别分布”工作表绘制簇状条形图，具体操作步骤如下。

步骤 01　在工作表中选择 A1:C8 单元格区域，在“插入”选项卡“图表”组中单击 按钮，弹出“插入图表”对话框，切换至“所有图表”选项卡，选择“条形图”选项，在右侧的选项面板中单击“簇状条形图”图标，如图 6-11 所示。单击“确定”按钮，在工作表中插入簇状条形图，如图 6-12 所示。

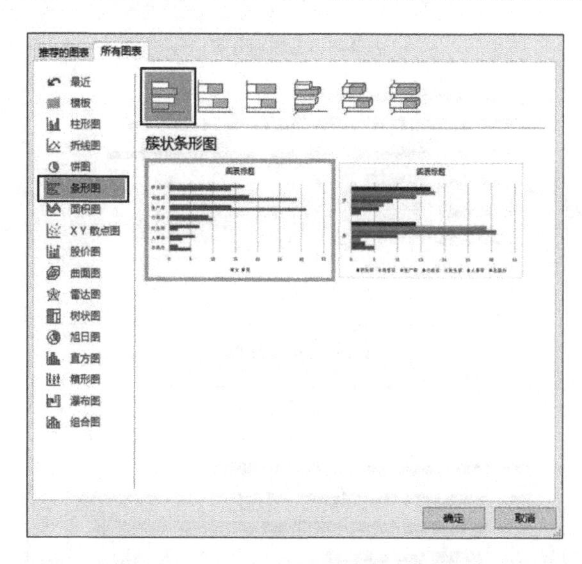

图 6-11　选择“条形图”选项

步骤 02 修改图表标题：单击“图表标题”文本激活图表标题文本框，将图表标题修改为“各部门员工性别分布”。

步骤 03 添加坐标轴标题：单击图表右侧的＋按钮，在弹出的快捷菜单中勾选“坐标轴标题”复选框，将横坐标轴标题修改为“人数”，将纵坐标轴标题修改为“部门”。

步骤 04 设置图表标题、坐标轴标题和标签、图例的字体为宋体，设置字体颜色为黑色。

步骤 05 将图例移至右上角。至此，簇状条形图就绘制完成了，如图 6-13 所示。

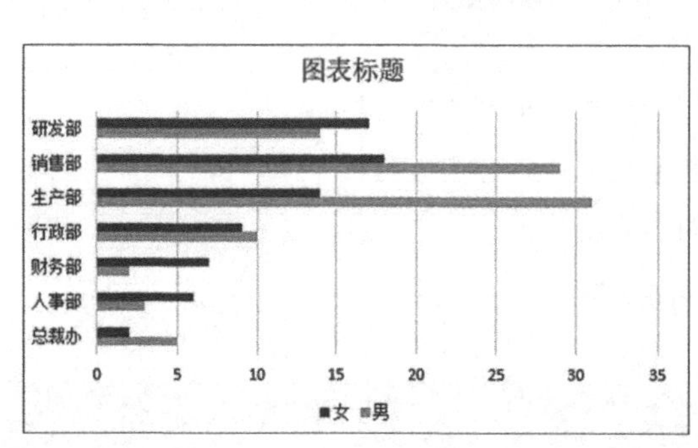

图 6-12　插入簇状条形图

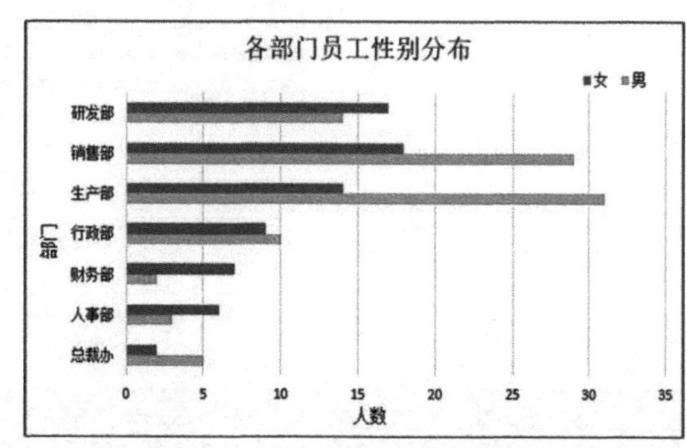

图 6-13　绘制完成的簇状条形图

6.4　折线图

折线图用来展示数据随时间或有序类别而变化的趋势。折线图是点、线连在一起的图表，反映事物的发展趋势和分布情况。

6.4.1 折线图的常见类型

常见的折线图包括基础折线图、堆积折线图和百分比堆积折线图。基础折线图用来展示数据随时间或有序类别而变化的趋势，展现数据递增、递减、增减的速率、增减的规律（周期性、螺旋性等）、峰值等特征，如可以用来展示销售额随已购买客户数量变化的趋势，如图 6-14（a）所示；堆积折线图用来展示同一时期的数据累加及总和的发展趋势，如可以用来展示各季度销售额随已购买客户数量变化的趋势，如图 6-14（b）所示；百分比堆积折线图用来展示每一数值所占百分比随时间或有序类别而变化的趋势，如可以用来展示各季度销售额所占百分比随已购买客户数量变化的情况，如图 6-14（c）所示。

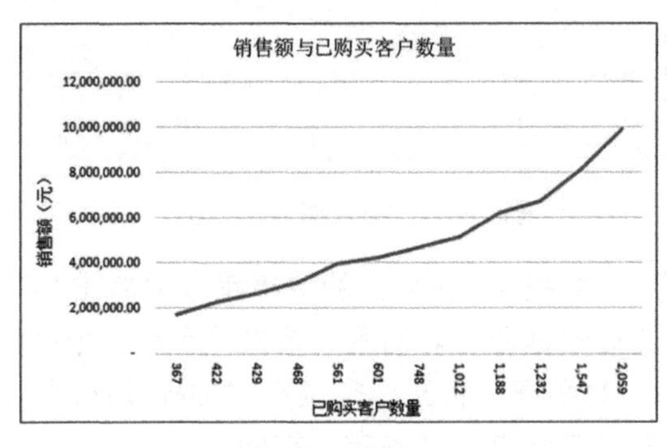

（a）基础折线图

（b）堆积折线图

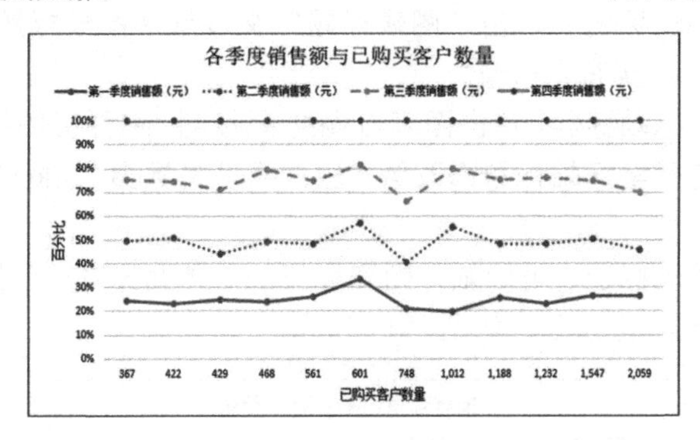

（c）百分比堆积折线图

图 6-14　折线图

6.4.2 折线图的绘制

下面以绘制基础折线图为例介绍折线图的绘制方法。为了分析销售额与已购买客户数量之间的关系，根据“季度销售任务完成情况”工作表绘制基础折线图，具体操作步骤如下。

步骤 01 在工作表中对“已购买客户数量”字段，按照升序进行排序。选择 I2:I13 单元格区域，在“插入”选项卡“图表”组中单击 按钮，弹出“插入图表”对话框，切换至“所有图表”选项卡，选择“折线图”选项，在右侧的选项面板中单击“折线图”图标，如图 6-15 所示。单击“确定”按钮，在工作表中插入基础折线图，如图 6-16 所示。

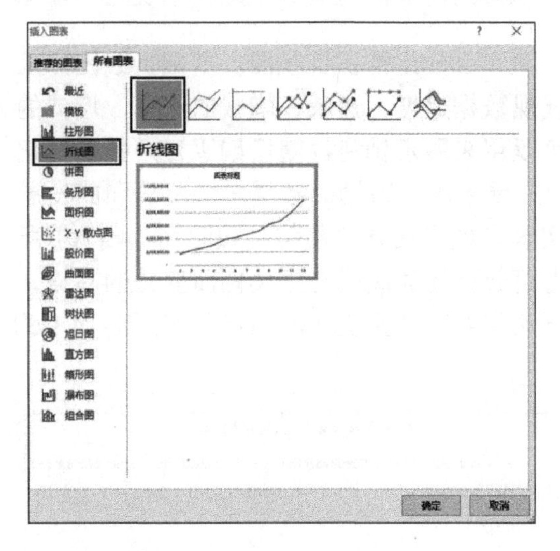

图 6-15　选择“折线图”选项

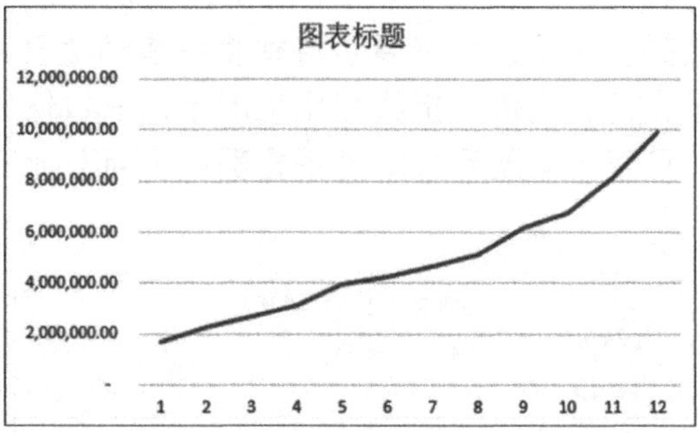

图 6-16　插入基础折线图

步骤 02 修改水平轴标签：单击图表右侧的▼按钮，在弹出的快捷菜单中单击“数值”组右下角的“选择数据...”命令，弹出“选择数据源”对话框，单击“水平（分类）轴标签”下方的“编辑”按钮，弹出“轴标签”对话框，将光标定位在“轴标签区域”文本框中，在工作表中选择 D2:D13 单元格区域，连续单击“确定”按钮。

步骤 03 修改图表标题：单击“图表标题”文本激活图表标题文本框，将图表标题修改为“销售额与已购买客户数量”。

步骤 04 添加坐标轴标题：单击图表右侧的+按钮，在弹出的快捷菜单中勾选“坐标轴标题”复选框，将横坐标轴标题修改为“已购买客户数量”，将纵坐标轴标题修改为“销售额（元）”。

步骤 05 设置图表标题、坐标轴标题和标签的字体为宋体，设置字体颜色为黑色。至此，基础折线图就绘制完成了，如图 6-17 所示。

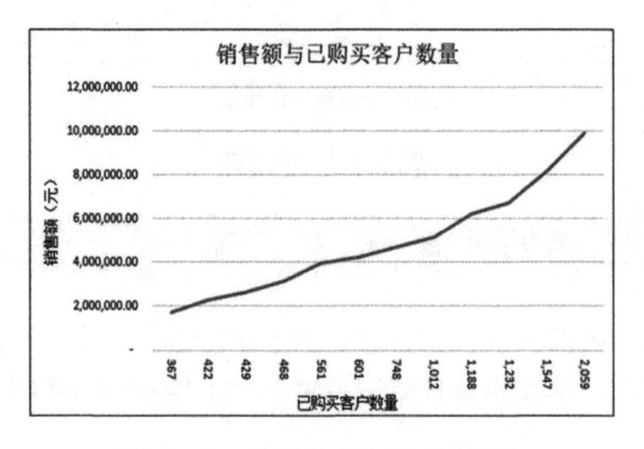

图 6-17　绘制完成的基础折线图

6.5 饼图

饼图以一个完整的圆来表示数据对象的全体，其中扇形表示各个组成部分。饼图常用于描述百分比构成，其中每一个扇形代表一类数据所占的比例。

6.5.1 饼图的常见类型

常见的饼图包括基础饼图、子母饼图和圆环图。基础饼图中的数据点显示为各类数据的百分比，如可以用来展示每个省份年利润分布百分比，如图 6-18（a）所示；子母饼图可以展示各个大类及某个主要分类的占比情况，如可以用来展示每个省份年利润分布百分比及某一省份中主要城市年利润分布百分比，如图 6-18（b）所示；圆环图在圆环中显示数据，每个圆环代表一个数据系列，如可以用来展示每个省份年利润分布百分比，如图 6-18（c）所示。

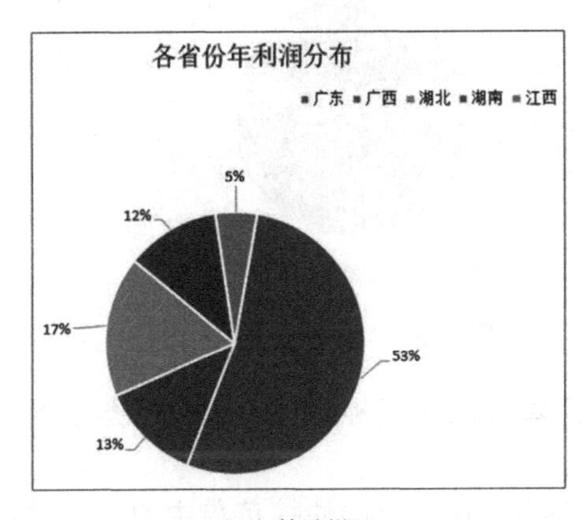

（a）基础饼图

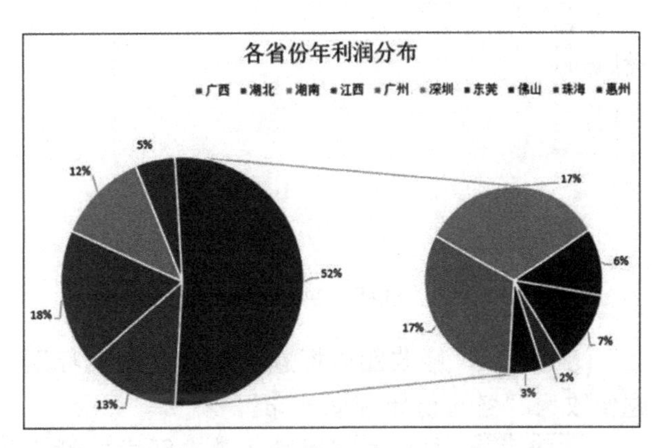

（b）子母饼图

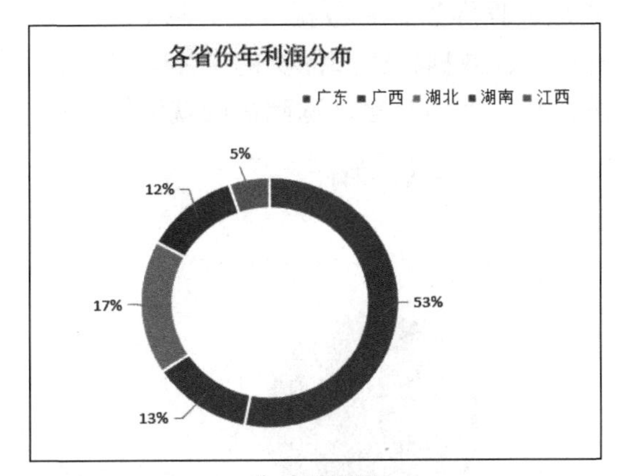

（c）圆环图

图 6-18　饼图

6.5.2 饼图的绘制

下面以绘制基础饼图为例介绍饼图的绘制方法。为了分析各省份年利润分布情况，根据“省份利润”工作表绘制基础饼图，具体操作步骤如下。

步骤 01 在工作表中选择 A2:B6 单元格区域，在“插入”选项卡“图表”组中单击按钮，弹出“插入图表”对话框，切换至“所有图表”选项卡，选择“饼图”选项，在右侧的选项面板中单击“饼图”图标，如图 6-19 所示。单击“确定”按钮，在工作表中插入基础饼图，如图 6-20 所示。

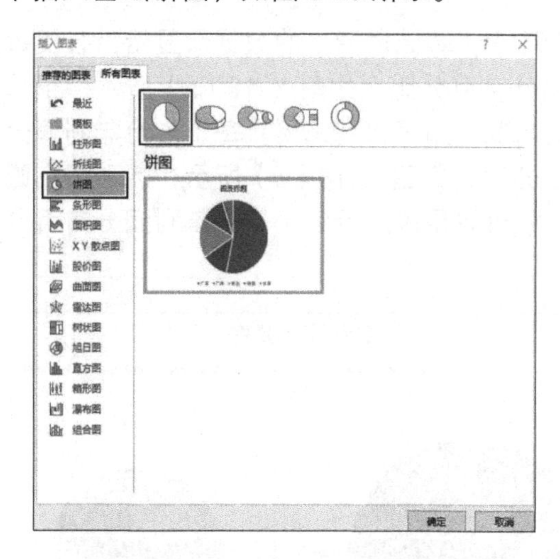

图 6-19 选择“饼图”选项

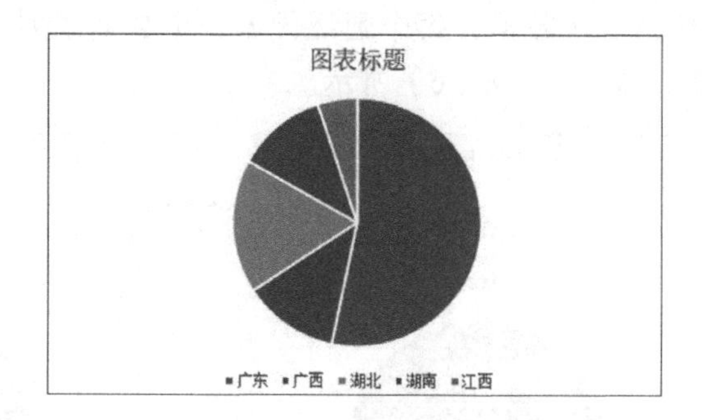

图 6-20 插入基础饼图

步骤 02 修改图表标题：单击“图表标题”文本激活图表标题文本框，将图表标题修改为“各省份年利润分布”。

步骤 03 添加数据标签：单击图表右侧的+按钮，在弹出的快捷菜单中勾选“数据标签”复选框，即可添加数据标签，将数据标签外移。

步骤 04 设置图表标题、数据标签和图例的字体为宋体，设置字体颜色为黑色。

步骤 05 将图例移至右上角。至此，基础饼图就绘制完成了，如图 6-21 所示。

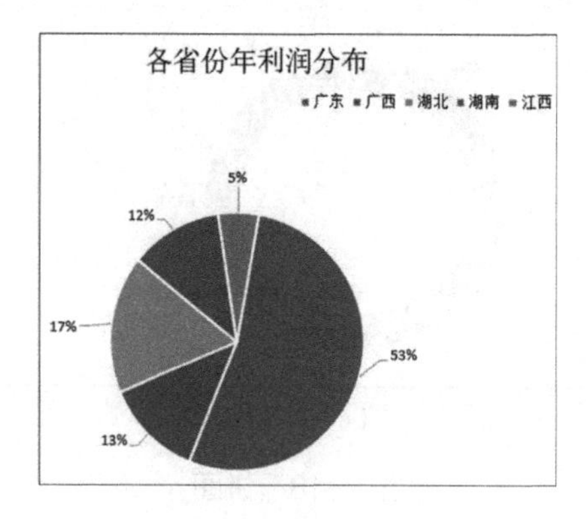

图 6-21 绘制完成的基础饼图

6.6 散点图

散点图是将数据显示为一组点，用两组数据构成多个坐标点，通过观察坐标点的分布，判断两个变量之间是否存在某种关联，或者分析坐标点的分布和聚合情况。

6.6.1 散点图的常见类型

常见的散点图包括基础散点图、带直线和数据标记的散点图、气泡图。基础散点图是指在回归分析中数据点在直角坐标系平面上的分布图，如可以用来展示已购买客户数量和销售额（按销售代表）的关系，如图 6-22（a）所示；带直线和数据标记的散点图可以更清楚地展示数据变化的大致趋势，如可以用来展示已购买客户数量和销售额（按销售代表）的关系，如图 6-22（b）所示；气泡图是在基础散点图上添加一个维度，即用气泡大小表示一个新的维度，如可以展示客户总数与已购买客户数量、销售额（按销售代表）之间的关系，如图 6-22（c）所示。

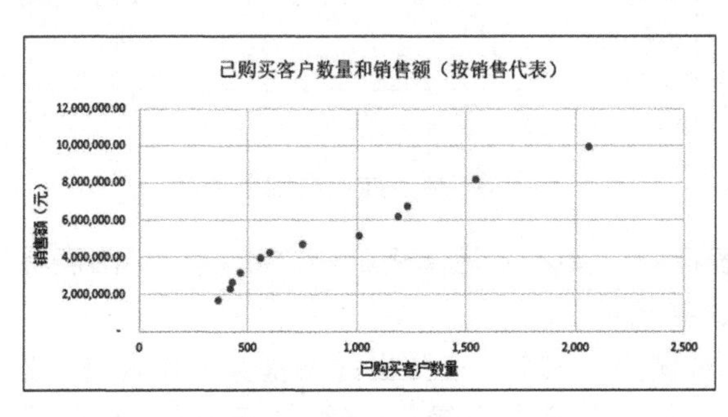

（a）基础散点图

（b）带直线和数据标记的散点图

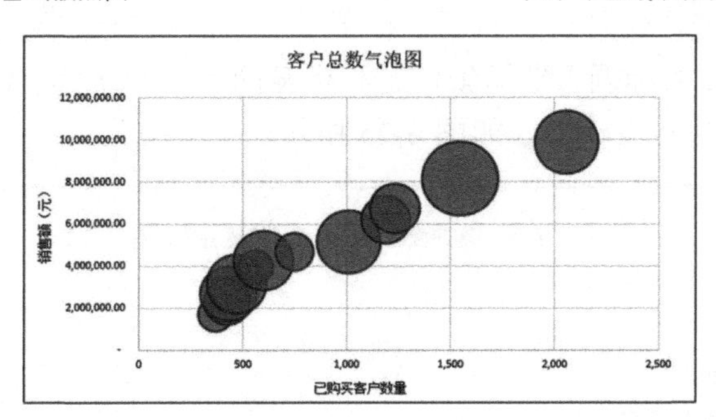

（c）气泡图

图 6-22　散点图

6.6.2 散点图的绘制

下面以绘制基础散点图为例介绍散点图的绘制方法。为了分析已购买客户数量

与销售额之间的关系，根据“销售任务完成情况”工作表绘制基础散点图，具体操作步骤如下。

步骤 01 在工作表中选择 D2:E13 单元格区域，在“插入”选项卡“图表”组中单击 按钮，弹出“插入图表”对话框，切换至“所有图表”选项卡，选择“X、Y 散点图”选项，在右侧的选项面板中单击“散点图”图标，如图 6-23 所示。单击“确定”按钮，在工作表中插入基础散点图，如图 6-24 所示。

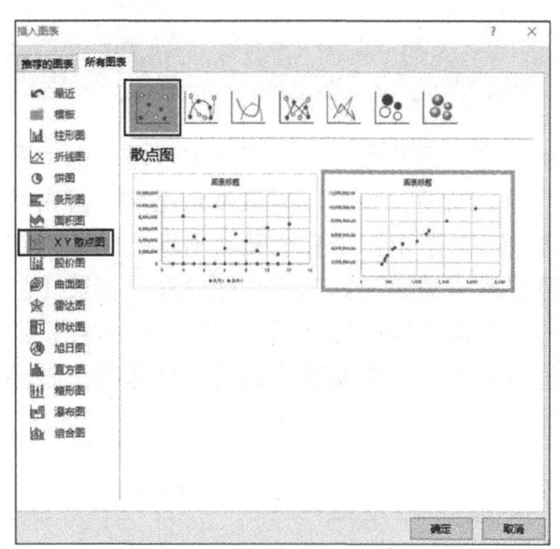

图 6-23　选择“X、Y 散点图”选项

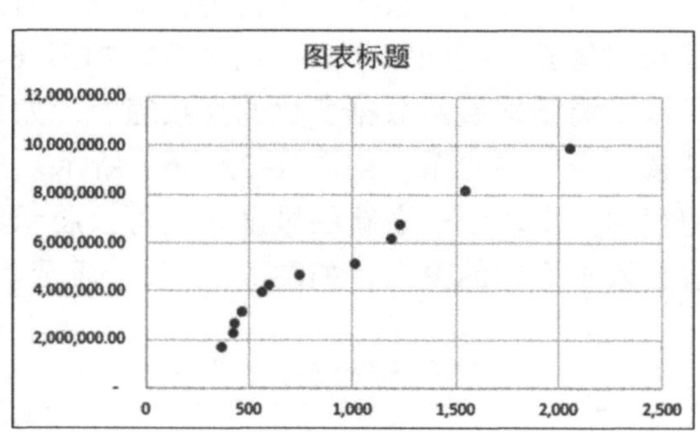

图 6-24　插入基础散点图

步骤 02 修改图表标题：单击“图表标题”文本激活图表标题文本框，将图表标题修改为“已购买客户数量和销售额（按销售代表）”。

步骤 03 添加坐标轴标题：单击图表右侧的 + 按钮，在弹出的快捷菜单中勾选“坐标轴标题”复选框，将横坐标轴标题修改为“已购买客户数量”，将纵坐标轴标题修改为“销售额（元）”。

步骤 04 设置图表标题、坐标轴标题和标签的字体为宋体，设置字体颜色为黑色。至此，基础散点图就绘制完成了，如图 6-25 所示。

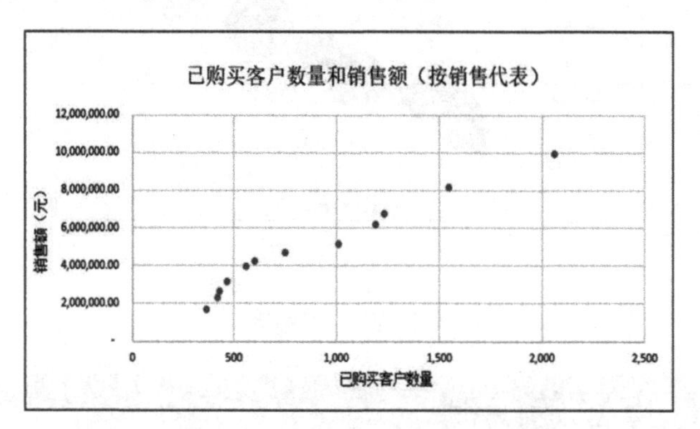

图 6-25　绘制完成的基础散点图

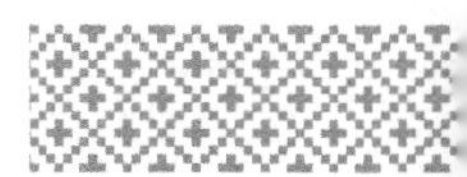

6.7 雷达图

将多个维度的数据映射到坐标轴上，这些坐标轴起始于同一个圆心点，结束于圆周边缘，将同一组的点用线连接起来即可成为雷达图。

6.7.1 雷达图的常见类型

常见的雷达图包括基础雷达图、带数据标记的雷达图和填充雷达图。基础雷达图可以用来查看哪些变量具有相似值、变量中是否有异常值、变量的得分情况，如可以用来展示各销售经理能力考核情况，如图 6-26（a）所示；带数据标记的雷达图在基础雷达图的基础上更加清晰地展示了各种性能数据的高低情况，如可以用来展示各销售经理的各项能力的高低情况，如图 6-26（b）所示；填充雷达图通过面积显示数据，更易观察各类性能数据中的最大值，如可以用来展示各销售经理的各项能力的高低情况，如图 6-26（c）所示。

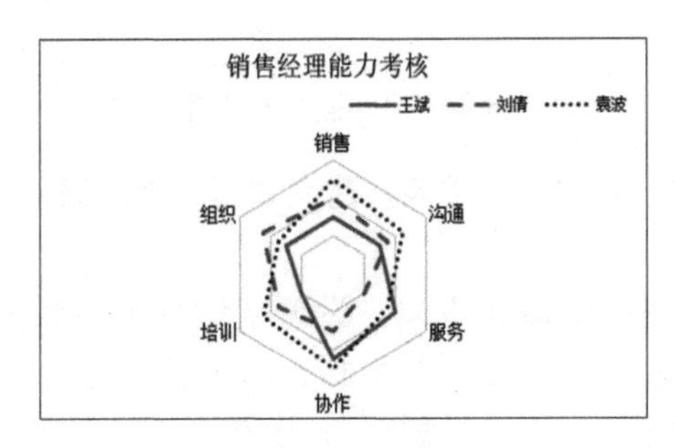

（a）基础雷达图

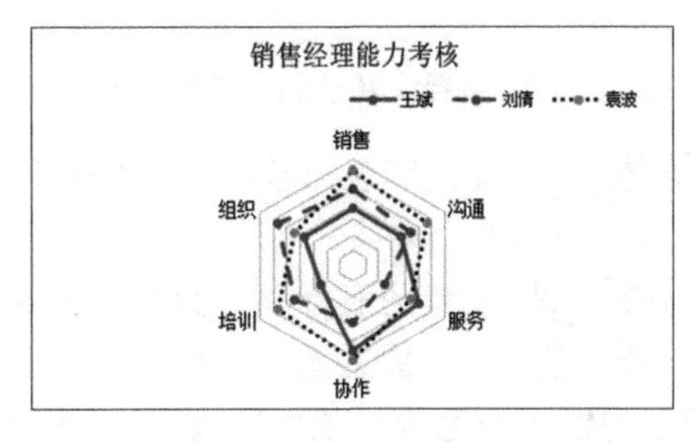

（b）带数据标记的雷达图

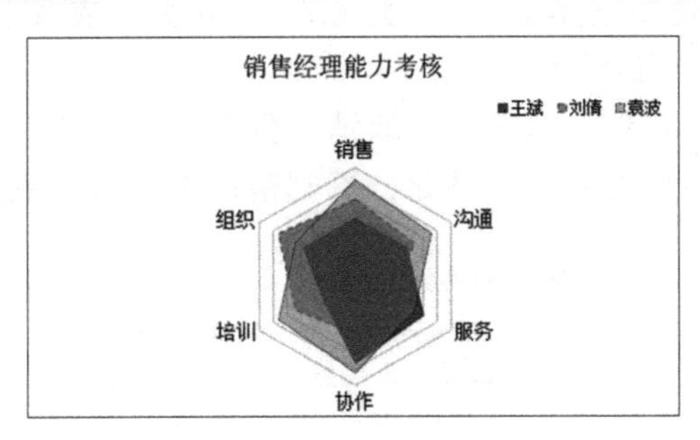

（c）填充雷达图

图 6-26　雷达图

6.7.2 雷达图的绘制

下面以绘制基础雷达图为例介绍雷达图的绘制方法。为了分析各销售经理不同的能力考核情况，根据“销售经理能力考核”工作表绘制基础雷达图，具体操作步骤如下。

步骤 01 在工作表中选择 A1:D7 单元格区域，在“插入”选项卡“图表”组中单击按钮，弹出“插入图表”对话框，切换至“所有图表”选项卡，选择“雷达图”选项，在右侧的选项面板中单击“雷达图”图标，如图 6-27 所示。单击“确定”按钮，在工作表中插入基础雷达图，如图 6-28 所示。

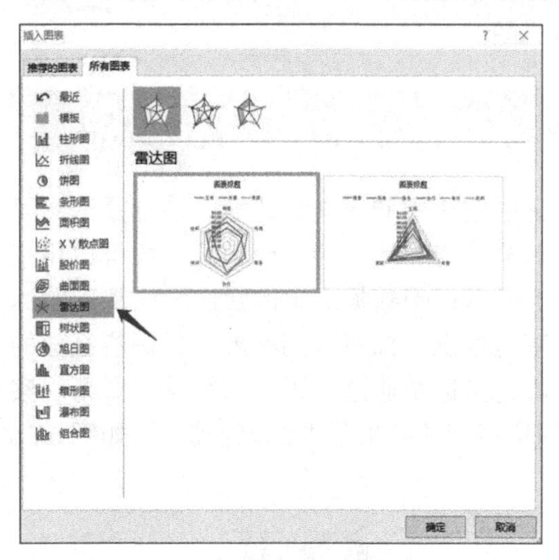

图 6-27 选择“雷达图”选项

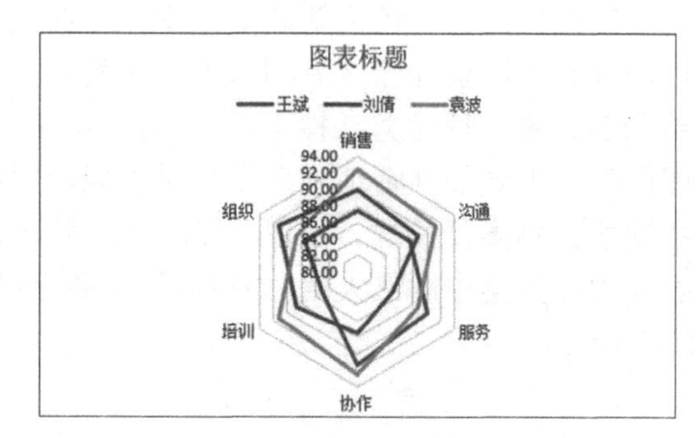

图 6-28 插入基础雷达图

步骤 02 修改图表标题：单击“图表标题”文本激活图表标题文本框，将图表标题修改为“销售经理能力考核”。

步骤 03 设置图表标题、数据标签和图例的字体为宋体，设置字体颜色为黑色。

步骤 04 双击雷达图中的线条，打开“设置图例格式”面板，单击按钮：设置“王斌”的线条颜色为“蓝色”，设置“短划线类型”为“长划线”；设置“刘倩”的线条颜色为“红色”，设置“短划线类型”为“短划线”；设置“袁波”的线条颜色为“黑色”，设置“短划线类型”为“圆点”。

步骤 05 在“图表元素”列表框中取消“数据标签”复选框的勾选。

步骤 06 将图例移至右上角。至此，基础雷达图就绘制完成了，如图 6-29 所示。

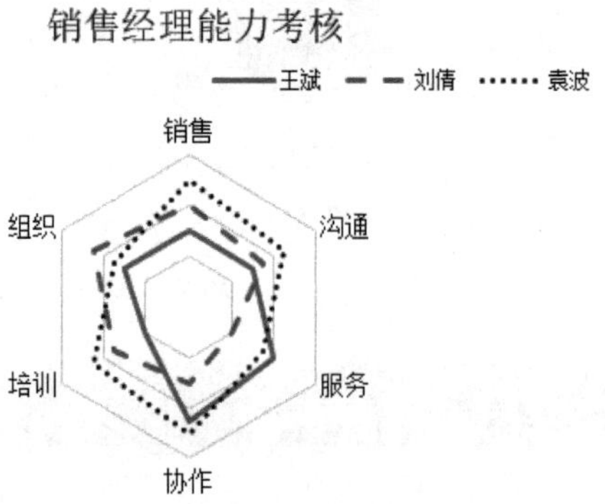

销售经理能力考核
王斌 刘倩 袁波
销售
组织 沟通
培训 服务
协作

图 6-29 绘制完成的基础雷达图

本章小结

本章首先介绍了数据可视化的概念和方式；然后介绍了常用的图表及其绘制，包括柱形图的常见类型及绘制方法、条形图的常见类型及绘制方法、折线图的常见类型及绘制方法、饼图的常见类型及绘制方法、散点图的常见类型及绘制方法、雷达图的常见类型及绘制方法。

思考题

1. 什么是数据可视化?
2. 简述数据可视化的流程。
3. 简述数据可视化的方式。
4. 简述以表格方式进行数据可视化的作用。
5. 简述图表的作用和组成。
6. 简述常用的图表及其类型。

本章实训

1. 根据如图 6-30 所示的满意度调查表进行数据可视化，制作如图 6-31 所示的图表。

2. 某工业企业的某产品产量与单位成本数据表如表 6-1 所示。绘制相关图表，分析该产品产量与单位成本之间的关系。

满意度调查表

部门	满意	不满意
办公室	2	−1
财务部	2	−1
工程部	2	−2
技术部	3	−1
销售部	4	−2

图 6-30　满意度调查表

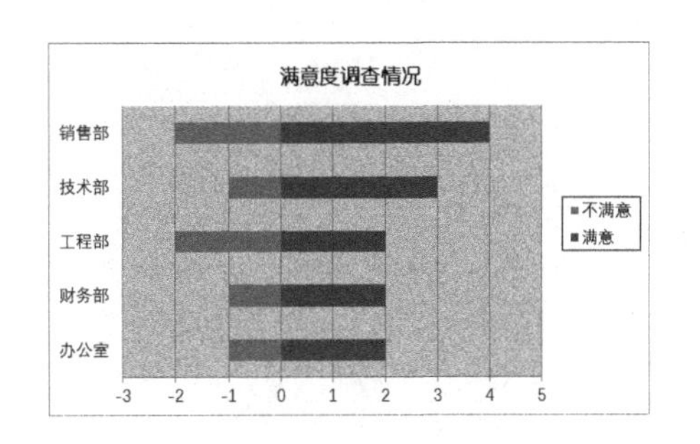

图 6-31　条形图

表 6-1　某工业企业的某产品产量与单位成本数据表

年份（年）	2014	2015	2016	2017	2018	2019	2020	2021
产量（万件）	2	3	4	3	4	5	6	7
单位成本（元/件）	73	72	71	73	69	68	66	65

3. 为了了解航班正点率与顾客投诉次数之间的关系，对 10 家航空公司近一年航班正点率与顾客投诉次数情况进行了调研，如表 6-2 所示。绘制相关图表，分析航班正点率与顾客投诉次数之间的关系。

表 6-2　航空公司航班正点率与顾客投诉次数数据表

航空公司编号	航班正点率（%）	顾客投诉次数
1	81.8	21
2	76.6	58
3	76.6	85
4	75.7	68
5	73.8	74
6	72.2	93
7	71.2	72
8	7.08	122
9	91.4	18
10	68.5	125

第 7 章 网店运营数据分析

➘ 思政导读

《老子》云："圣人无常心，以百姓心为心。"古人的管理思想至今仍熠熠发光。这一思想可以获取员工、客户、消费者的心智资源，建立企业品牌的美誉度和忠诚度，实施人性化管理。

本章教学目标与要求

（1）了解网店信息管理的要点。

（2）理解网店运营的基本要素。

（3）能运用 Excel 管理供货商、客户、商品等信息。

（4）能运用 Excel 分析网店的运营情况和月度销售情况。

7.1 网店供货商信息管理

供货商是店铺经营的商品来源，而货源是决定店铺成败的关键因素之一。店铺进货渠道通常分为线上、线下两种方式。线上进货是直接在商家网站平台上下单，实现网上批发进货；线下进货是从商品批发市场、实体店或生产厂家进货。

通过对供货商信息的有效管理和深入分析，卖家可以找到最理想的供货商进行合作，这是实现科学化、合理化、准时化商品采购的重要保证，还可以积累优质的供货商资源。

7.1.1 录入供货商信息

1. 手动录入供货商信息

将供货商信息录入 Excel 工作表中有直接输入和通过编辑栏输入两种方式。

（1）直接输入

打开“供货商信息表.xlsx”文件，选择目标单元格，如选择 B4 单元格，然后直接输入供货商代码，如图 7-1 所示。

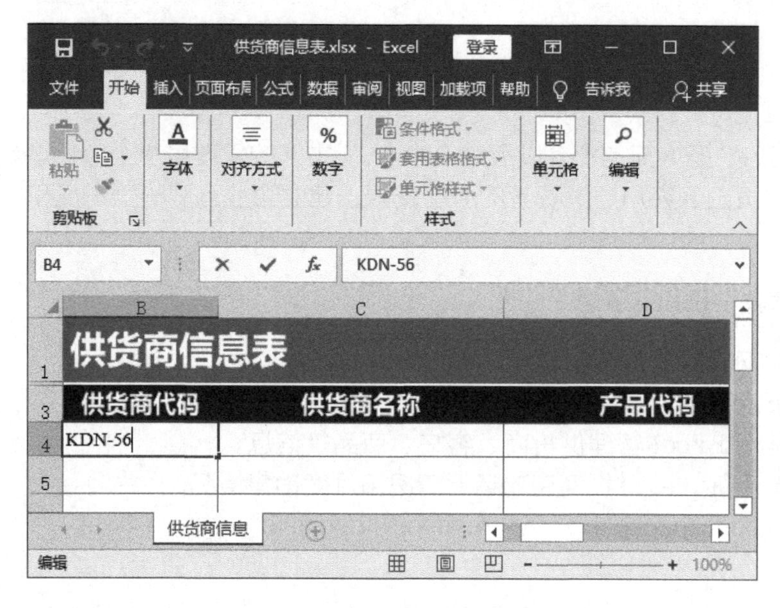

图 7-1 直接在单元格中输入

（2）通过编辑栏输入

在工作表中选择目标单元格，如选择 C4 单元格，然后在编辑栏中输入供货商名称，如图 7-2 所示。

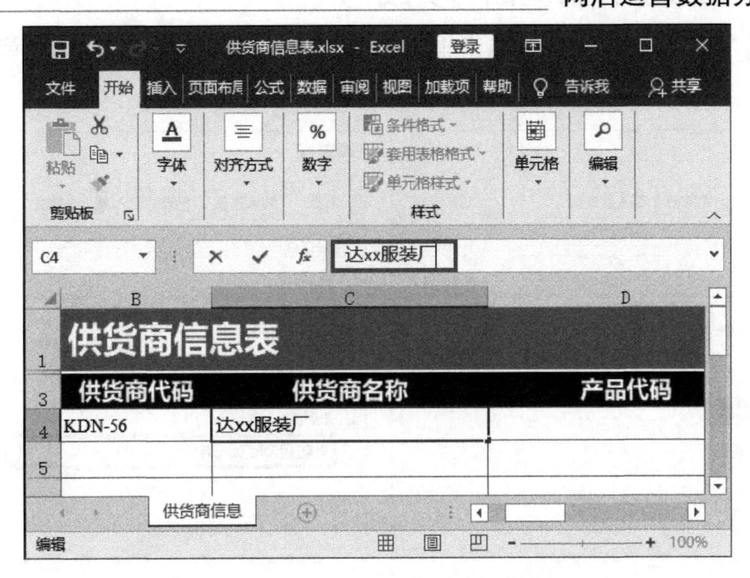

图 7-2　通过编辑栏输入

2. 限定商品名称

一般情况下，每个供货商供应的商品只有一类或几类，对商品名称进行限定，不仅可以大大提高数据录入的效率，还可以降低数据录入的错误率。限定商品名称的具体操作步骤如下。

步骤 01 打开“供货商信息表 1.xlsx”文件，选择 E4 单元格，在“数据”选项卡“数据工具”组中单击“数据验证”按钮，如图 7-3 所示。

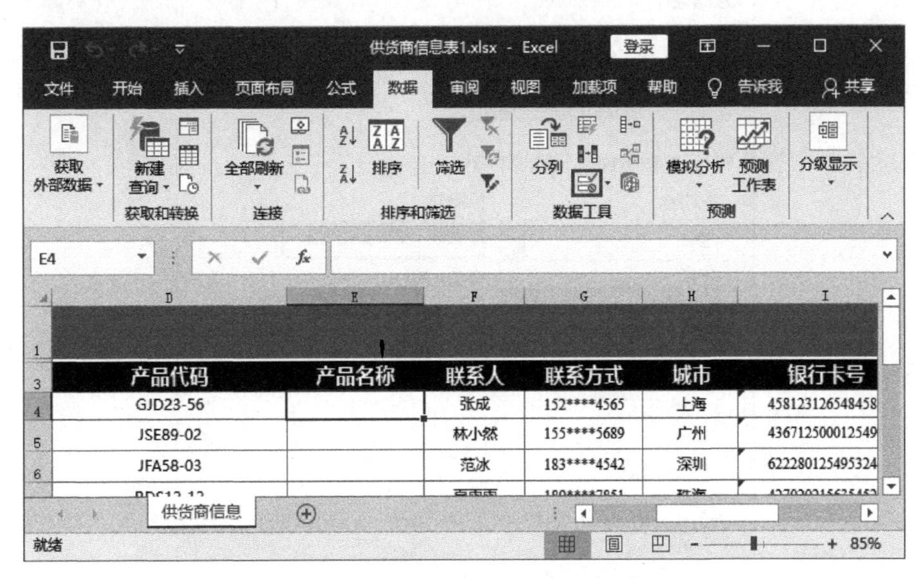

图 7-3　单击“数据验证”按钮

步骤 02 弹出“数据验证”对话框，在“允许”下拉列表中选择“序列”选项，如图 7-4 所示。

步骤 03 在“来源”文本框中输入商品名称“板鞋,运动鞋,休闲鞋”，如图 7-5 所示。

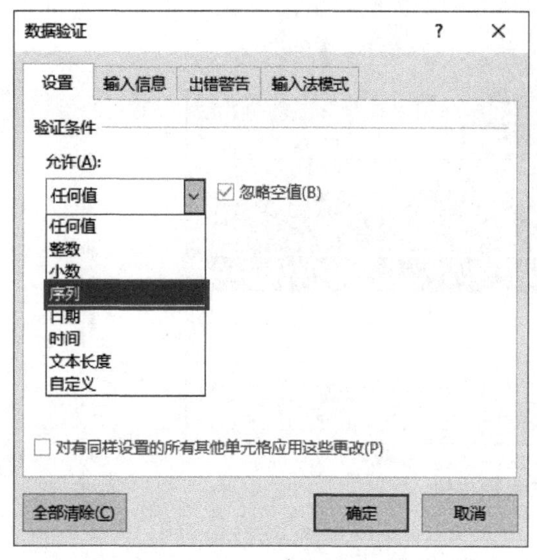

图 7-4 选择验证条件

图 7-5 设置序列来源

步骤 04 切换至“出错警告”选项卡，在“样式”下拉列表中选择“警告”选项，在“标题”文本框和“错误信息”列表框中分别输入相应的文本信息，然后单击“确定”按钮，如图 7-6 所示。

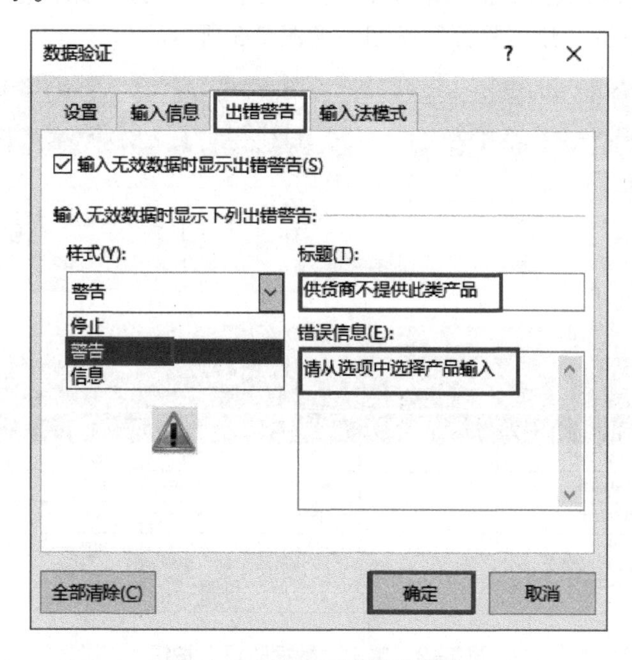

图 7-6 设置出错警告参数

步骤 05 选择 E4 单元格，单击其右侧的下拉按钮，在打开的下拉列表中选择需要的商品名称，如图 7-7 所示。

图 7-7　选择商品名称

步骤 06　清空 E4 单元格中的内容，在该单元格中输入未设置的商品名称，如“皮鞋”，将会弹出警告提示对话框，单击“否”按钮，重新输入商品名称，如图 7-8 所示。

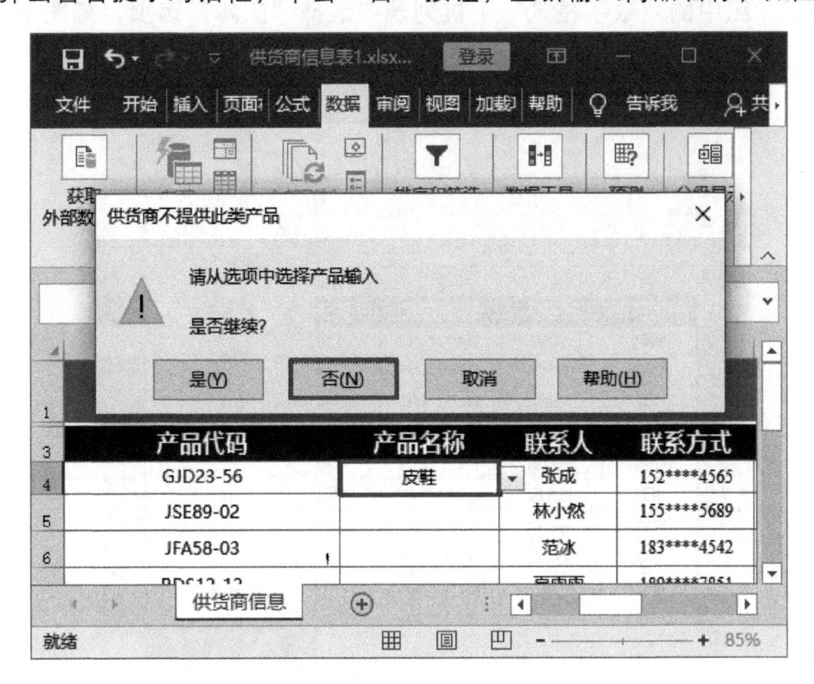

图 7-8　警告提示对话框

7.1.2 设置银行卡号信息

在 Excel 中，当单元格中的数字位数超过 11 位时，将会自动显示为科学计数法。因此，在录入供货商银行卡号时，将会导致银行卡号显示错误，如图 7-9 所示。

I4 4581231265484580

	E	F	G	H	I	J
3	产品名称	联系人	联系方式	城市	银行卡号	银行
4	板鞋	张成	152****4565	上海	4.58123E+15	交行
5	运动鞋	林小然	155****5689	广州	4.36713E+15	建行
6	板鞋	范冰	183****4542	深圳	6.2228E+15	建行
7	板鞋	夏雨雨	189****7851	珠海	4.2702E+15	农行
8	休闲鞋	李心洁	178****4544	深圳	4.27031E+15	工行
9	板鞋	赵大鹏	187****4578	厦门	6.2228E+15	建行
10	休闲鞋	何洁新	153****4581	上海	4.04009E+17	工行

供货商信息

图 7-9 银行卡号显示错误

设置银行卡号信息的具体操作步骤如下。

步骤 01 打开“供货商信息表 2.xlsx”文件，选择 I4:I13 单元格区域，在“开始”选项卡“数字”组中的“数字格式”下拉列表中选择“文本”选项，如图 7-10 所示。

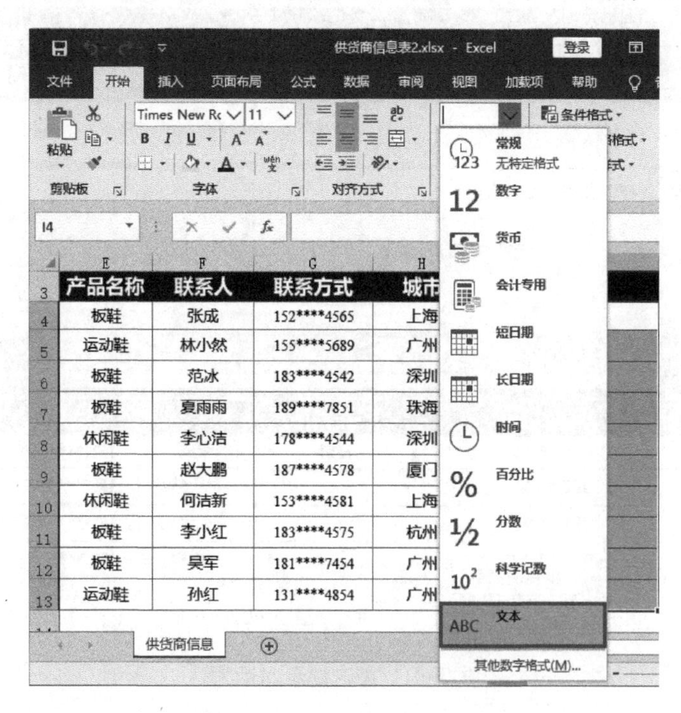

图 7-10 设置文本数字格式

步骤 02 在 I4 单元格中输入银行卡号，数字将自动转换为文本格式，银行卡号显示完整，如图 7-11 所示。

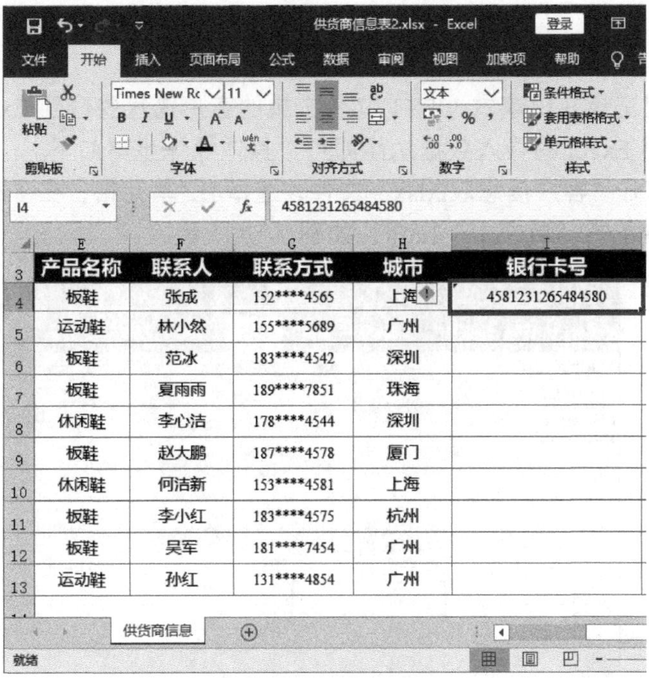
供货商信息表2.xlsx - Excel
登录
文件
开始
插入
页面布局
公式
数据
审阅
视图
加载项
帮助
粘贴
剪贴板
字体
对齐方式
文本
数字
条件格式
套用表格格式
单元格样式
样式
I4
4581231265484580
产品名称
联系人
联系方式
城市
银行卡号
板鞋
张成
152****4565
上海
4581231265484580
运动鞋
林小然
155****5689
广州
板鞋
范冰
183****4542
深圳
板鞋
夏雨雨
189****7851
珠海
休闲鞋
李心洁
178****4544
深圳
板鞋
赵大鹏
187****4578
厦门
休闲鞋
何洁新
153****4581
上海
板鞋
李小红
183****4575
杭州
板鞋
吴军
181****7454
广州
运动鞋
孙红
131****4854
广州
供货商信息
就绪

图 7-11　输入银行卡号

步骤 03 若将单元格设置为文本格式后，银行卡号仍不能正常显示，则可以将光标移至列边界处，当光标变为黑色双向箭头时双击，即可自动调整列宽，如图 7-12 所示。另外，还可以将光标定位在列边界处，在按住鼠标左键的同时拖动，调整列宽至合适宽度，释放鼠标左键，即可显示全部数据，如图 7-13 所示。

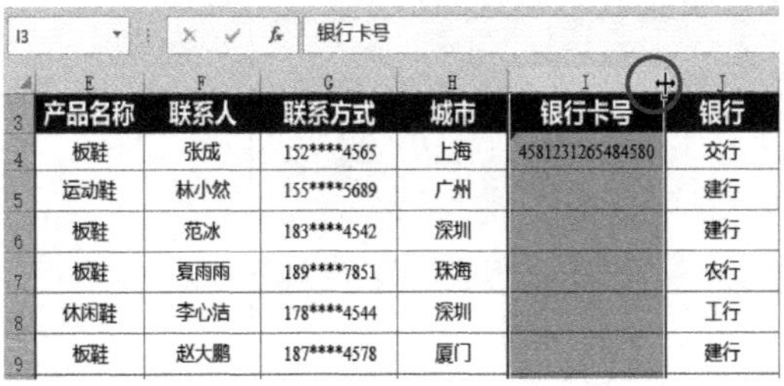
I3
银行卡号
产品名称
联系人
联系方式
城市
银行卡号
银行
板鞋
张成
152****4565
上海
4581231265484580
交行
运动鞋
林小然
155****5689
广州
建行
板鞋
范冰
183****4542
深圳
建行
板鞋
夏雨雨
189****7851
珠海
农行
休闲鞋
李心洁
178****4544
深圳
工行
板鞋
赵大鹏
187****4578
厦门
建行

图 7-12　双击列边界调整列宽

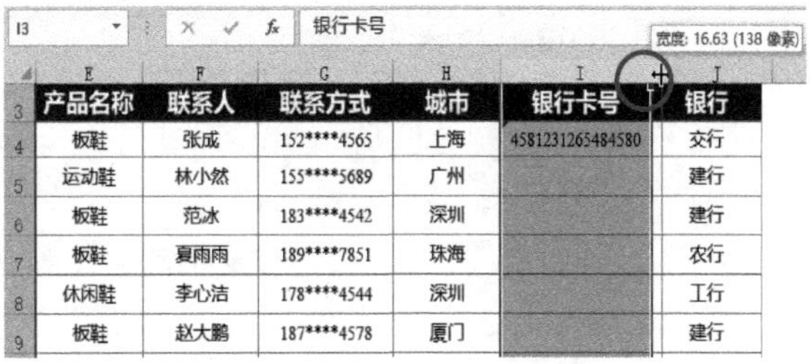
I3
银行卡号
宽度: 16.63 (138 像素)
产品名称
联系人
联系方式
城市
银行卡号
银行
板鞋
张成
152****4565
上海
4581231265484580
交行
运动鞋
林小然
155****5689
广州
建行
板鞋
范冰
183****4542
深圳
建行
板鞋
夏雨雨
189****7851
珠海
农行
休闲鞋
李心洁
178****4544
深圳
工行
板鞋
赵大鹏
187****4578
厦门
建行

图 7-13　拖动列边界调整列宽

7.2　网店客户信息管理

整理和收集客户信息是店铺信息管理工作的核心。科学、有效地管理客户信息，对店铺客户资源的维护、拓展及店铺营销计划的实施至关重要。

7.2.1 导入客户信息

1. 导入 TXT 文件中的客户信息

如果要将临时记录在记事本（TXT 文件）中的客户信息整理到 Excel 工作表中，无须重新输入，利用 Excel 的导入数据功能即可，具体操作步骤如下。

步骤 01 打开“客户信息表.xlsx”文件，选择 B2 单元格，在“数据”选项卡“获取外部数据”组中单击“自文本”按钮，如图 7-14 所示。

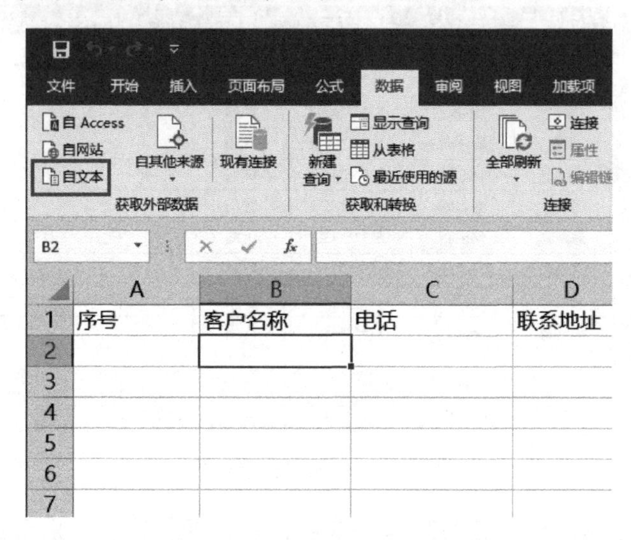

图 7-14 自文本获取外部数据

步骤 02 弹出“导入文本文件”对话框，选择文本文件的保存位置，然后选择“客户信息.txt”文件，如图 7-15 所示。

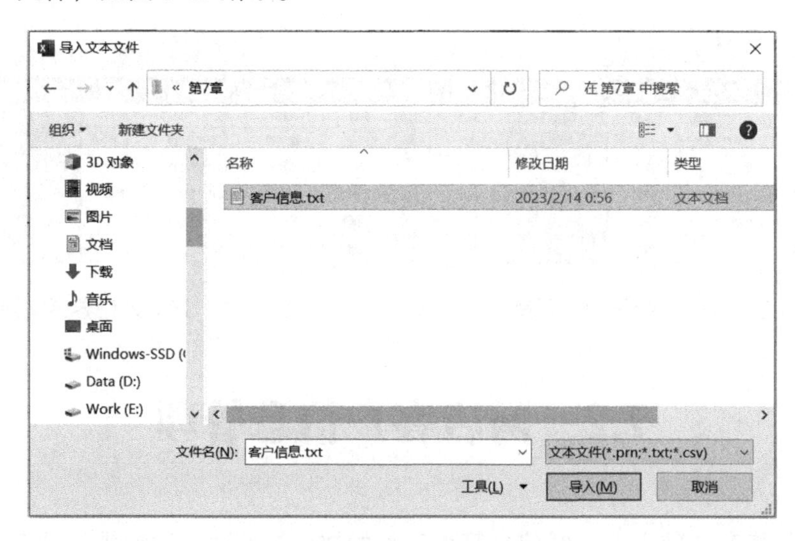

图 7-15 选择要导入的文件

步骤 03 单击“导入”按钮，弹出“文本导入向导-第 1 步，共 3 步”对话框，选中“分隔符号”单选按钮，如图 7-16 所示。

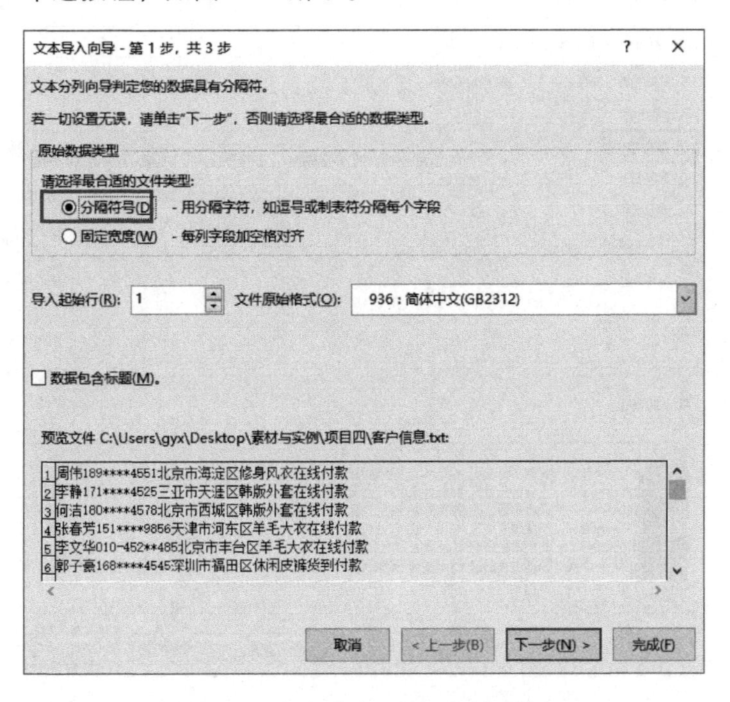

图 7-16 选中“分隔符号”单选按钮

步骤 04 单击“下一步”按钮，弹出“文本导入向导-第 2 步，共 3 步”对话框，勾选“Tab 键”复选框，如图 7-17 所示。

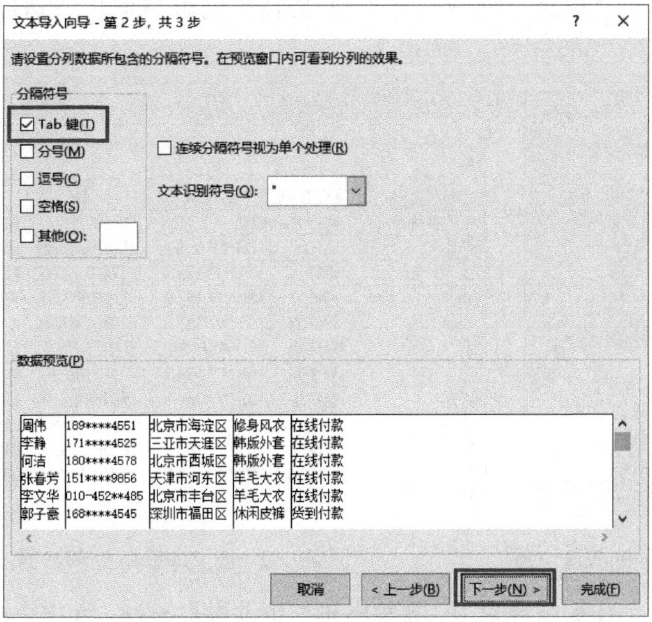

图 7-17 设置分隔符号

步骤 05 单击“下一步”按钮，弹出“文本导入向导-第 3 步，共 3 步”对话框，选中“常规”单选按钮，如图 7-18 所示。

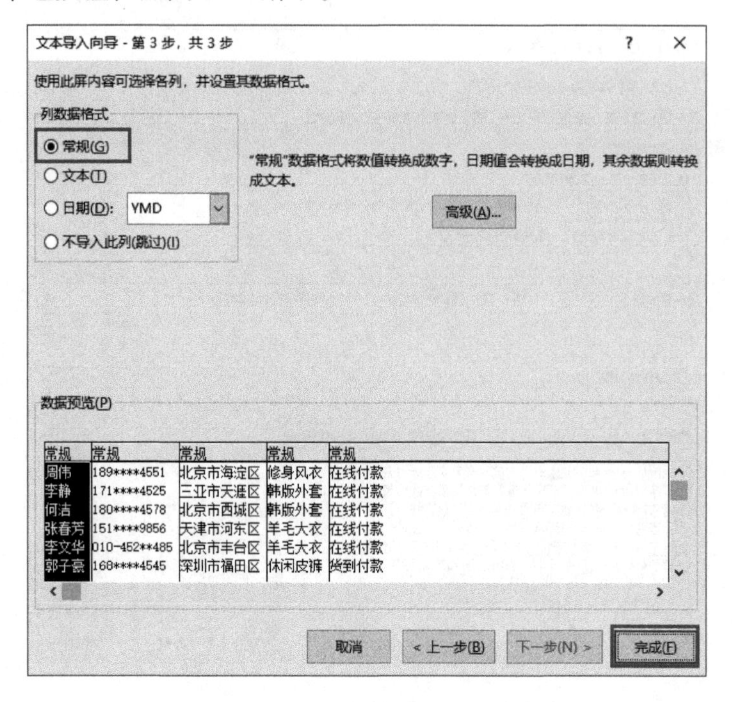

图 7-18　设置列数据格式

步骤 06 单击“完成”按钮，弹出“导入数据”对话框，设置“数据的放置位置”为“现有工作表”，如图 7-19 所示。

步骤 07 单击“确定”按钮，将 TXT 文件中的客户信息成功导入工作表中，如图 7-20 所示。

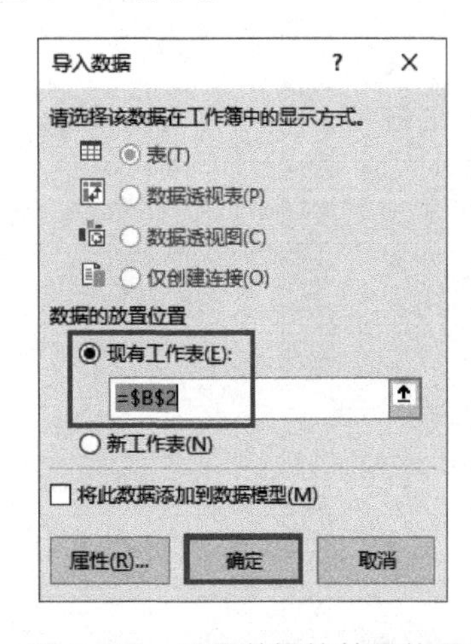

图 7-19　设置数据的放置位置

	A	B	C	D	E	F
1	序号	客户名称	电话	联系地址	购买宝贝	付款方式
2		周伟	189****4551	北京市海淀区	修身风衣	在线付款
3		李静	171****4525	三亚市天涯区	韩版外套	在线付款
4		何洁	180****4578	北京市西城区	韩版外套	在线付款
5		张春芳	151****9856	天津市河东区	羊毛大衣	在线付款
6		李文华	010-452**485	北京市丰台区	羊毛大衣	在线付款
7		郭子豪	168****4545	深圳市福田区	休闲皮裤	货到付款
8		张铁生	185****5661	厦门市同安区	韩版外套	在线付款
9		刘志强	145****4584	上海市黄浦区	修身风衣	在线付款
10		王硕凯	181****9856	深圳市宝安区	白色打底衫	在线付款
11		吴建国	134****7568	上海市静安区	黑色打底裤	在线付款
12						

图 7-20　自文本获取外部数据的结果

步骤 08 在工作表中选择 B～F 列数据，单击鼠标右键，在弹出的菜单中单击“列宽”命令，如图 7-21 所示。

步骤 09 弹出“列宽”对话框，在“列宽”文本框中输入“15”，然后单击“确定”按钮，设置所选择单元格区域的列宽，如图 7-22 所示。

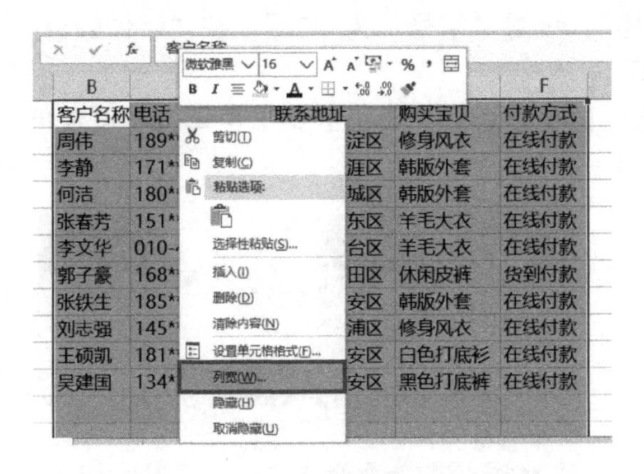

图 7-21　单击“列宽”命令

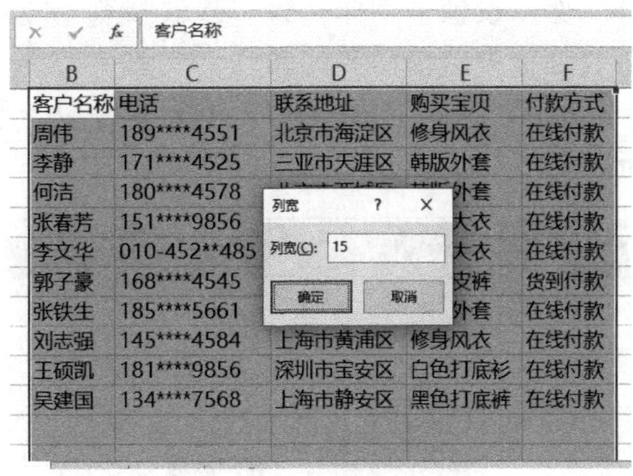

图 7-22　设置列宽

2. 自动添加客户编号

为了方便管理客户信息，可以为每条客户信息添加客户编号。添加客户编号时无须手动逐一输入，利用填充柄自动填充即可，具体操作步骤如下。

步骤 01 打开“客户信息表 1.xlsx”文件，在 A3 单元格中输入客户编号“CH-001”，如图 7-23 所示。

步骤 02 将光标移至 A3 单元格右下角，当光标变为十字形时按住鼠标左键拖动填充柄向下填充数据至 A12 单元格，将自动填充客户编号，单击“自动填充选项”下拉按钮，在打开的下拉列表中选中“不带格式填充”单选按钮，如图 7-24 所示。

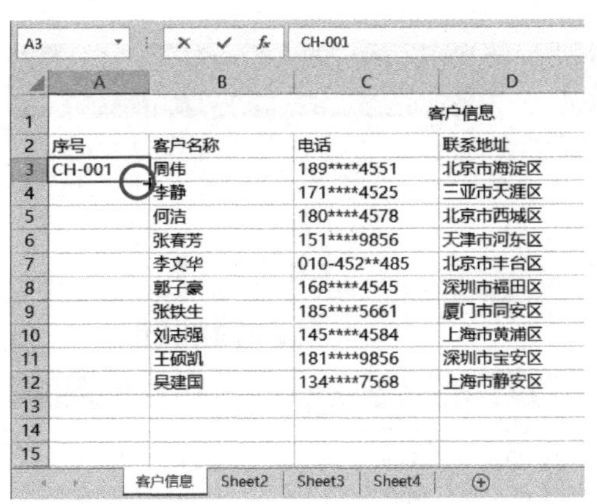

图 7-23　在 A3 单元格中输入客户编号

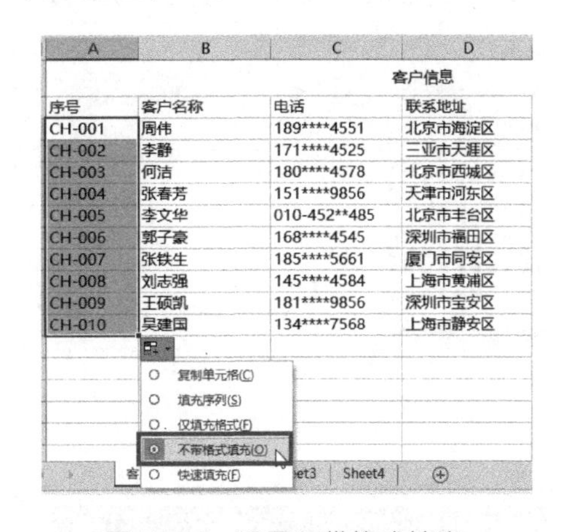

图 7-24　设置不带格式填充

7.2.2　制作客户信息表

1. 设置客户信息表的格式

通过对 Excel 工作表的字体格式、边框样式和底纹等进行设置，可以美化工作表，

使其更加美观且具有层次感，具体操作步骤如下。

步骤 01 打开“客户信息表 2.xlsx”文件，选择 A1 单元格，在“开始”选项卡“字体”组中设置“字体”为“微软雅黑”“加粗”，设置“字号”为“20”，在“字体颜色”下拉面板中选择需要的颜色，如图 7-25 所示。

步骤 02 选择 A2:F2 单元格区域，单击鼠标右键，在弹出的菜单中单击“设置单元格格式”命令，如图 7-26 所示。

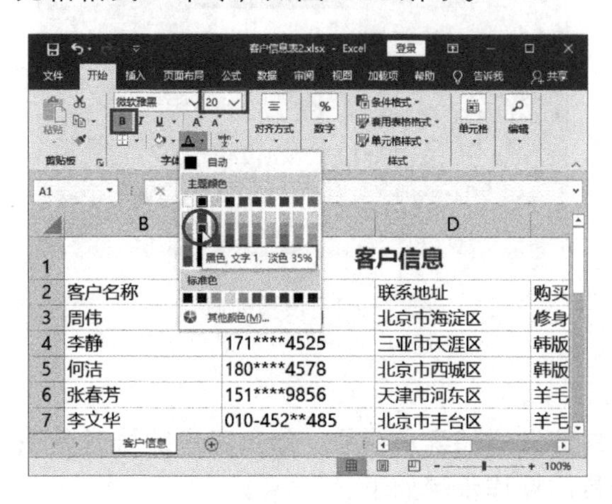

图 7-25 设置 A1 单元格字体格式

图 7-26 单击“设置单元格格式”命令

步骤 03 弹出“设置单元格格式”对话框，切换至“填充”选项卡，在“背景色”选项区域中选择需要的颜色，如“水绿色”，如图 7-27 所示。

步骤 04 单击“确定”按钮，单元格区域会填充所选的颜色，设置“字体”为“微软雅黑”“加粗”，设置“字号”为“14”，设置“字体颜色”为“白色”，如图 7-28 所示。

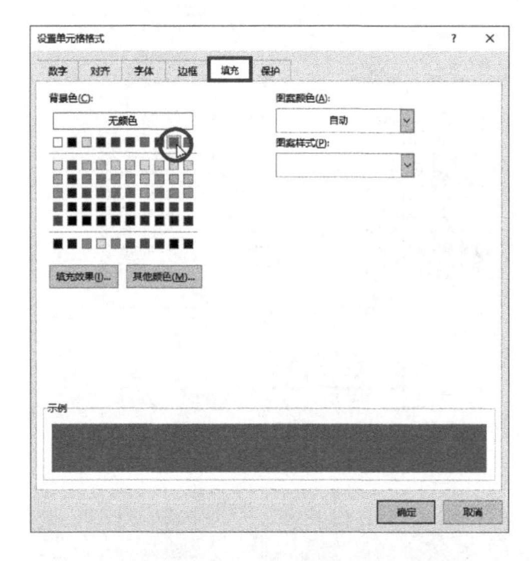

图 7-27 设置填充颜色

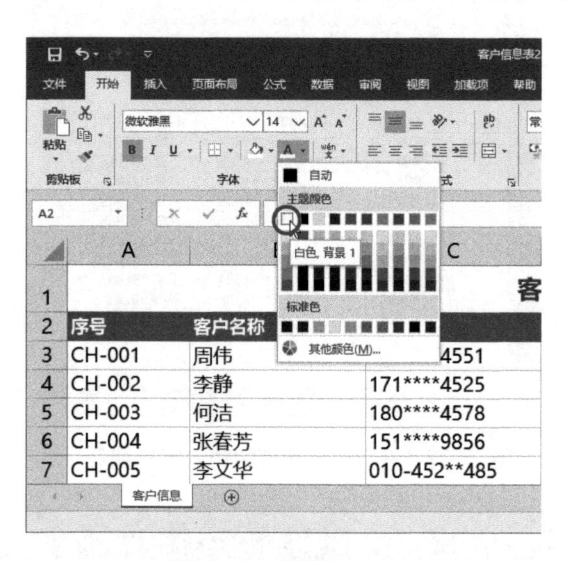

图 7-28 设置字体格式

步骤 05 选择 A2:F12 单元格区域，单击鼠标右键，在弹出的菜单中单击“设置单元格格式”命令。

步骤 06 弹出“设置单元格格式”对话框，切换至“边框”选项卡，在“颜色”下拉面板中选择合适的线条颜色，依次单击“预置”选项区域中的“外边框”和“内部”图标，在“边框”预览区中可以查看边框效果，如图 7-29 所示。单击“确定”按钮，为表格添加边框。

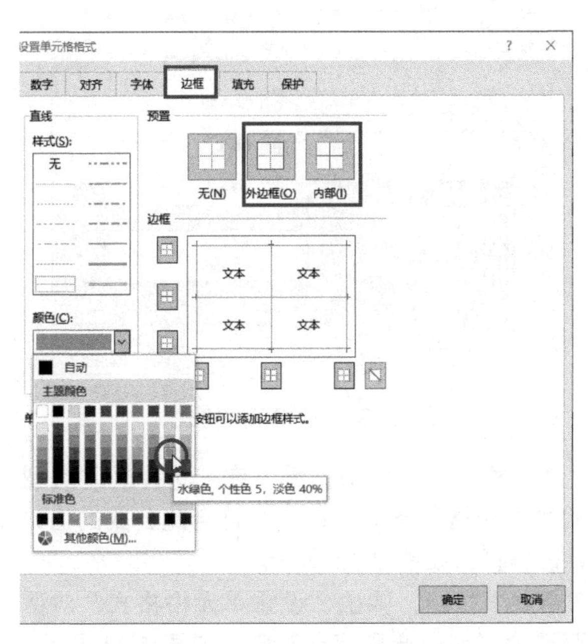

图 7-29 设置边框样式

步骤 07 选择标题单元格，在“开始”选项卡“对齐方式”组中单击“居中”按钮，居中对齐标题，如图 7-30 所示。

图 7-30 居中对齐标题

步骤 08 选择 A3:F12 单元格区域，在“开始”选项卡“样式”组中单击“条件格式”→“新建规则”命令，如图 7-31 所示。

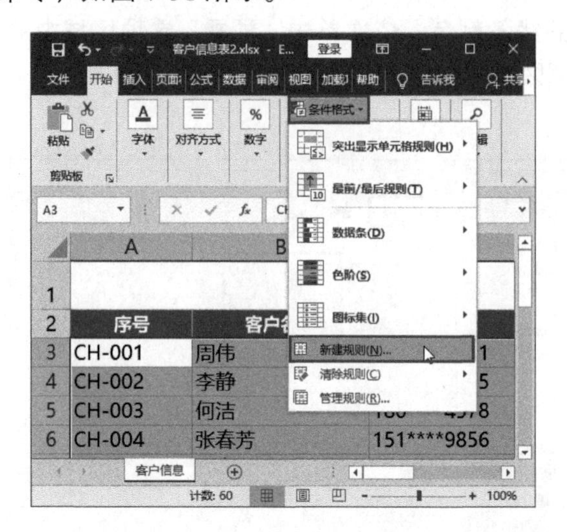

图 7-31　选择条件格式

步骤 09　弹出“新建格式规则”对话框，在“选择规则类型”列表框中选择“使用公式确定要设置格式的单元格”选项，在“为符合此公式的值设置格式”文本框中输入公式“=MOD(ROW(),2)=1”，如图 7-32 所示。

步骤 10　单击“格式”按钮，弹出“设置单元格格式”对话框，切换至“填充”选项卡，在“背景色”选项区域中选择填充颜色，如图 7-33 所示。

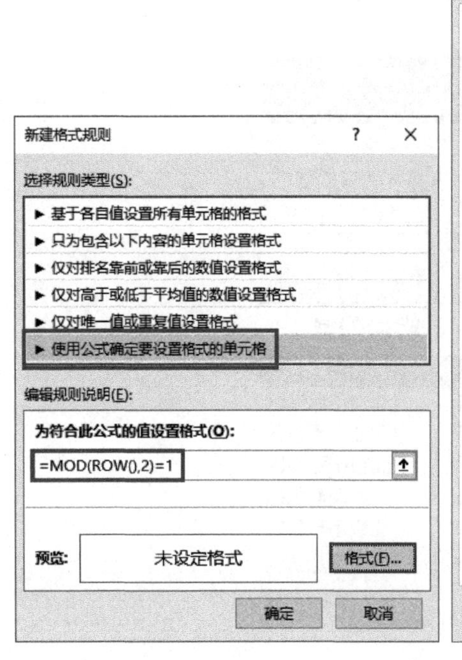

图 7-32　设置格式规则

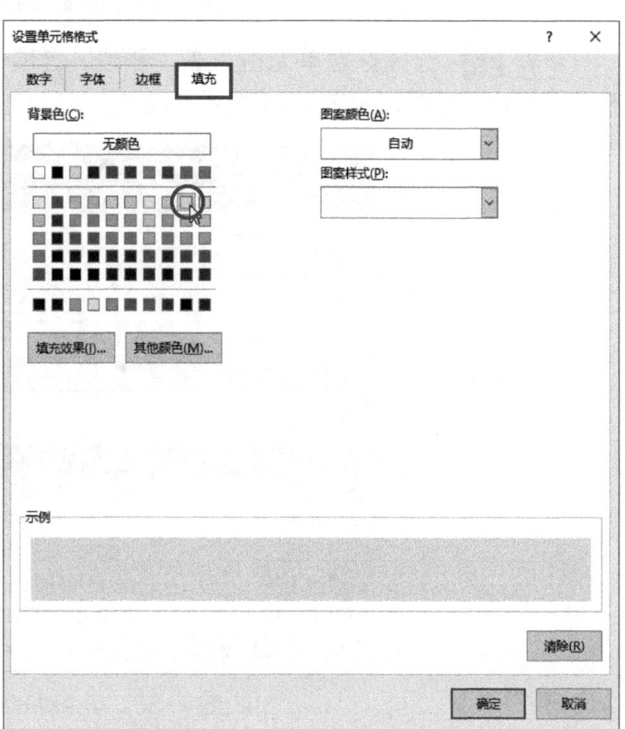

图 7-33　设置背景颜色

步骤 11 单击“确定”按钮，客户信息表的格式就设置完成了。美化后的客户信息表效果如图 7-34 所示。

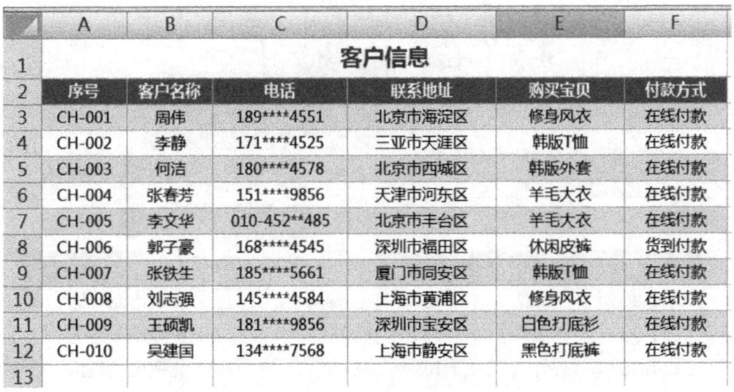

	A	B	C	D	E	F
1	客户信息					
2	序号	客户名称	电话	联系地址	购买宝贝	付款方式
3	CH-001	周伟	189****4551	北京市海淀区	修身风衣	在线付款
4	CH-002	李静	171****4525	三亚市天涯区	韩版T恤	在线付款
5	CH-003	何洁	180****4578	北京市西城区	韩版外套	在线付款
6	CH-004	张春芳	151****9856	天津市河东区	羊毛大衣	在线付款
7	CH-005	李文华	010-452**485	北京市丰台区	羊毛大衣	在线付款
8	CH-006	郭子豪	168****4545	深圳市福田区	休闲皮裤	货到付款
9	CH-007	张铁生	185****5661	厦门市同安区	韩版T恤	在线付款
10	CH-008	刘志强	145****4584	上海市黄浦区	修身风衣	在线付款
11	CH-009	王硕凯	181****9856	深圳市宝安区	白色打底衫	在线付款
12	CH-010	吴建国	134****7568	上海市静安区	黑色打底裤	在线付款
13						

图 7-34 美化后的客户信息表效果

2. 冻结标题行

当 Excel 工作表中的数据行较多时，需要拖动滚动条才能查看后面的数据，标题行将会被隐藏，此时可以冻结标题行，使其始终显示在界面中，具体操作步骤如下。

步骤 01 打开“客户信息表 3.xlsx”文件，选择 A3 单元格，在“视图”选项卡“窗口”组中单击“冻结窗格”→“冻结窗格”命令，如图 7-35 所示。

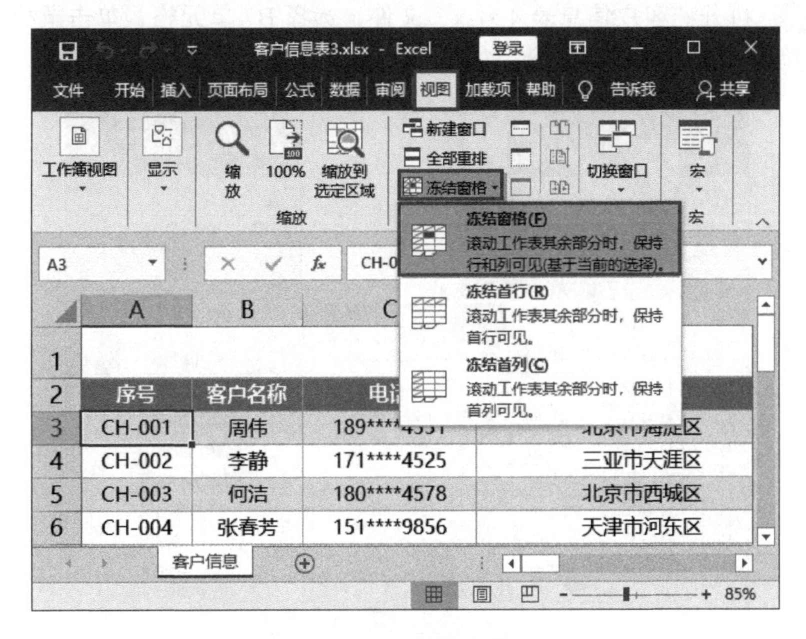

图 7-35 冻结窗格

步骤 02 拖动工作表右侧的滚动条，标题行和表头行始终显示在界面中。若要取消冻结标题行，可以单击“冻结窗格”→“取消冻结窗格”命令，如图 7-36 所示。

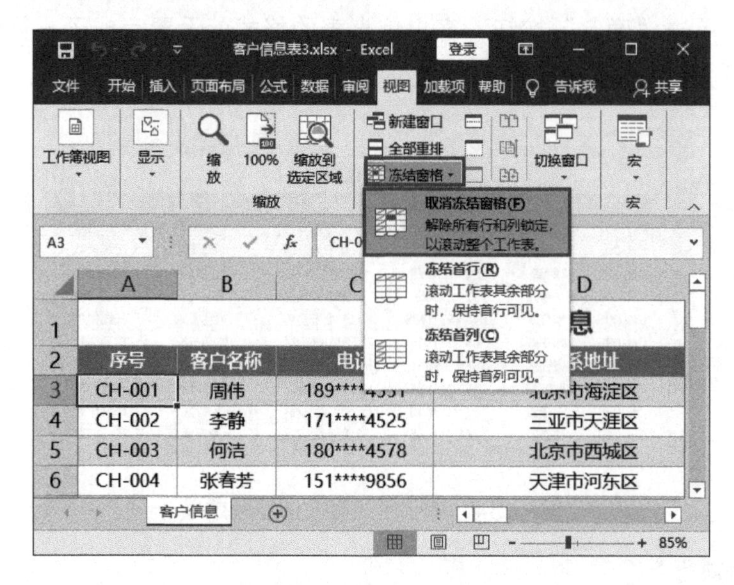

图 7-36　取消冻结窗格

3. 添加批注

批注是一种十分有用的提醒方式，附加在单元格中用于注释该单元格中的内容，或者为其他用户提供反馈信息。在客户信息表中添加批注的具体操作步骤如下。

步骤 01 打开“客户信息表 4.xlsx”文件，选择 B7 单元格，单击鼠标右键，在弹出的菜单中单击“插入批注”命令，如图 7-37 所示。

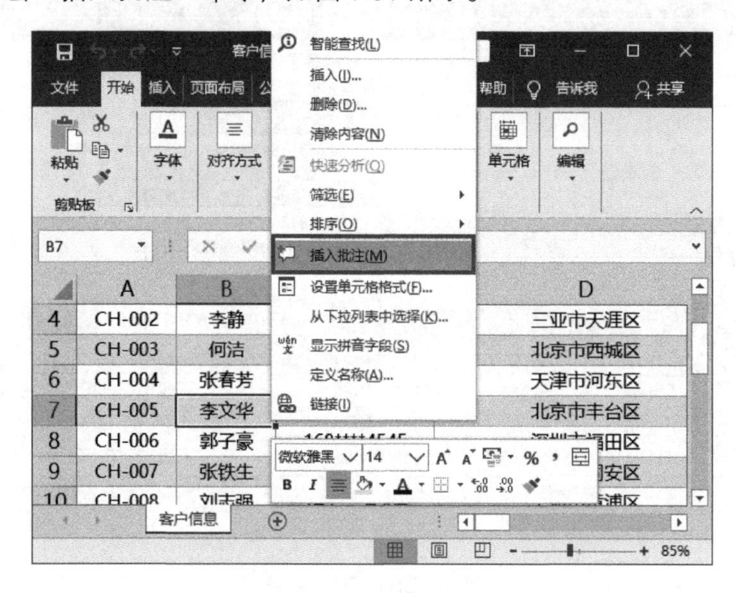

图 7-37　插入批注

步骤 02 在弹出的批注文本框中输入批注内容，并设置字体格式，如设置“字号”为“11”，如图 7-38 所示。

步骤 03　单击批注文本框外的工作表区域，此时含有批注的单元格右上角会显示红色三角形的批注标识符，如图 7-39 所示。

步骤 04　将光标移至批注单元格上，即可查看批注内容，如图 7-40 所示。

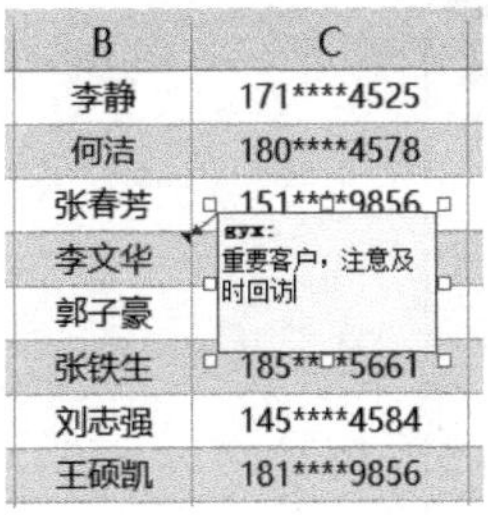

B	C
李静	171****4525
何洁	180****4578
张春芳	151****9856
李文华	
郭子豪	
张铁生	185****5661
刘志强	145****4584
王硕凯	181****9856

syx:
重要客户，注意及时回访

图 7-38　编辑批注

	A	B	C
4	CH-002	李静	171****4525
5	CH-003	何洁	180****4578
6	CH-004	张春芳	151****9856
7	CH-005	李文华	010-452**485
8	CH-006	郭子豪	168****4545
9	CH-007	张铁生	185****5661

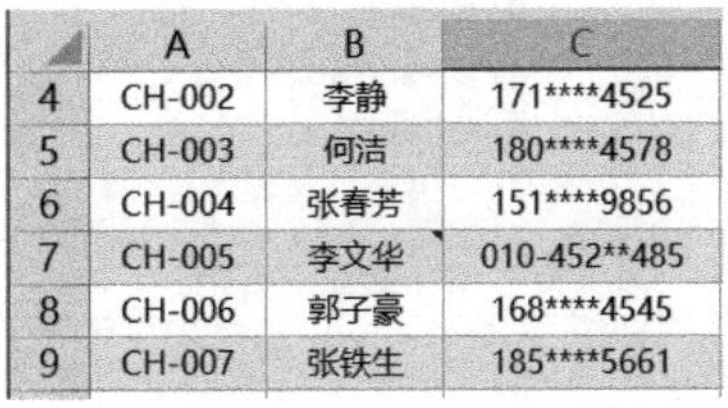

图 7-39　显示批注标识符

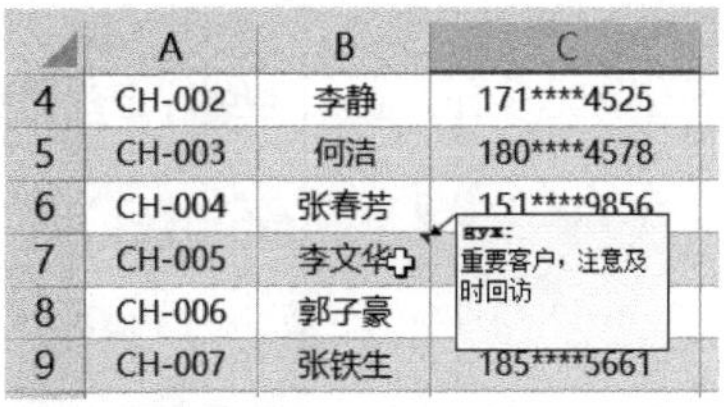

	A	B	C
4	CH-002	李静	171****4525
5	CH-003	何洁	180****4578
6	CH-004	张春芳	151****9856
7	CH-005	李文华	
8	CH-006	郭子豪	
9	CH-007	张铁生	185****5661

syx:
重要客户，注意及时回访

图 7-40　查看批注内容

7.3　网店商品信息管理

商品信息表包括各种商品的名称、代码、进货时间、单价等，在进行数据分析时，商品信息表中的内容越全面，越能从更多的角度获取有用信息。

7.3.1　商品名称与供货商的匹配

输入商品信息时无须手动逐一输入，使用 VLOOKUP()函数可以自动填充相关信息，具体操作步骤如下。

步骤 01　打开“商品信息表.xlsx”文件，单击工作表标签右侧的“新工作表”按钮，新建一个工作表，如图 7-41 所示。

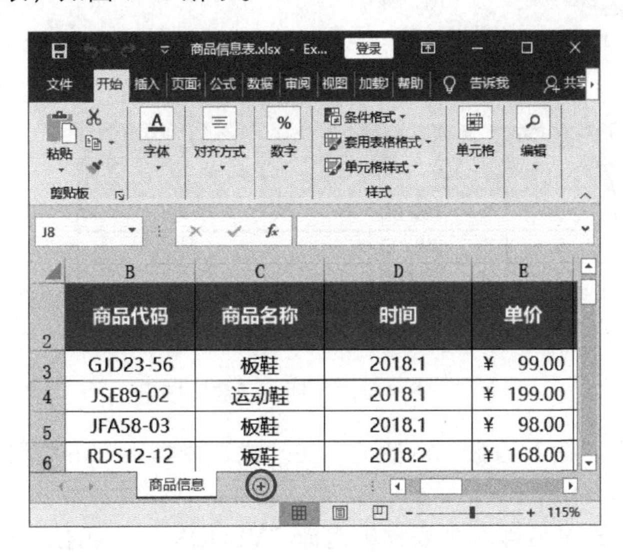

图 7-41　新建工作表

步骤 02 在新工作表标签上双击，进入名称编辑状态，输入“供货商”，按 Enter 键确认，在 A1:B3 单元格区域中输入商品名称和供货商信息，如图 7-42 所示。

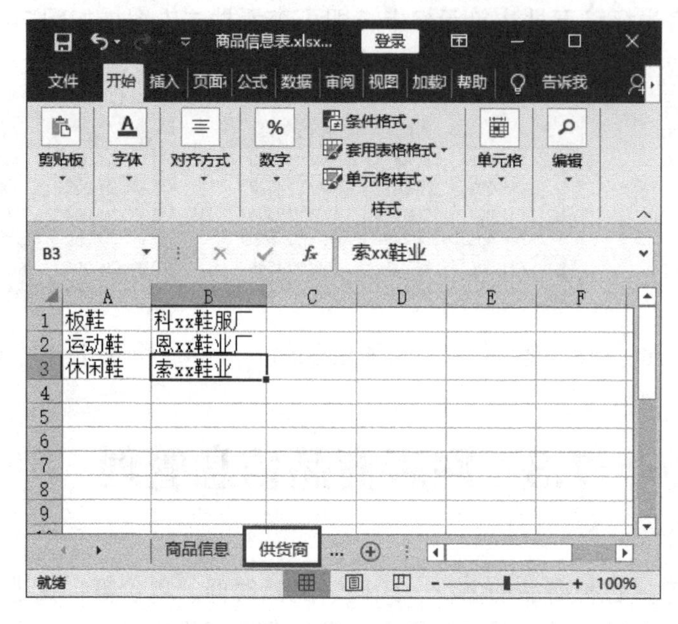

图 7-42 输入商品名称和供货商信息

步骤 03 在“商品信息”工作表中选择 H3 单元格，在“公式”选项卡“函数库”组中单击“插入函数”按钮，如图 7-43 所示。

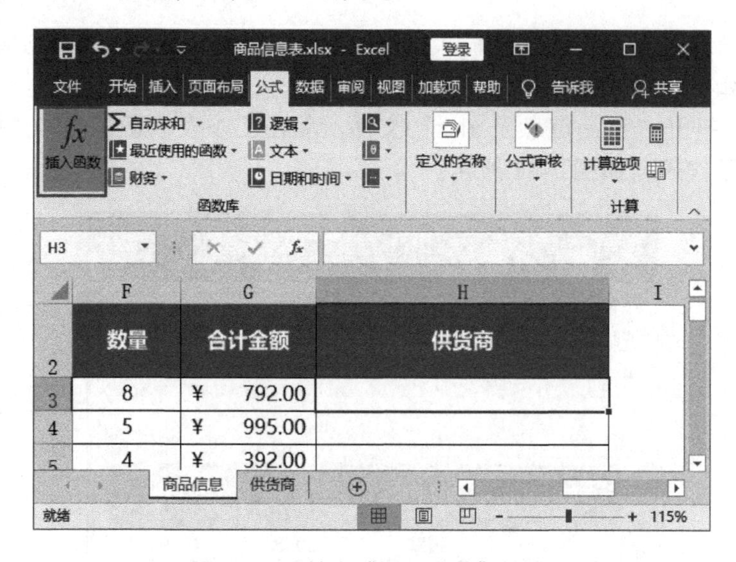

图 7-43 单击“插入函数”按钮

步骤 04 弹出“插入函数”对话框，在“或选择类别”下拉列表中选择“查找与引用”选项，如图 7-44 所示。

步骤 05 在“选择函数”列表框中选择“VLOOKUP”函数，如图 7-45 所示。

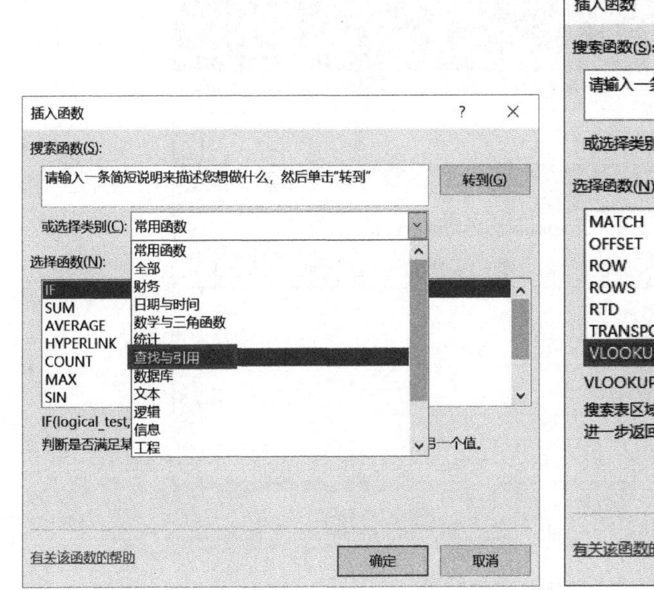

图 7-44　选择“查找与引用”选项

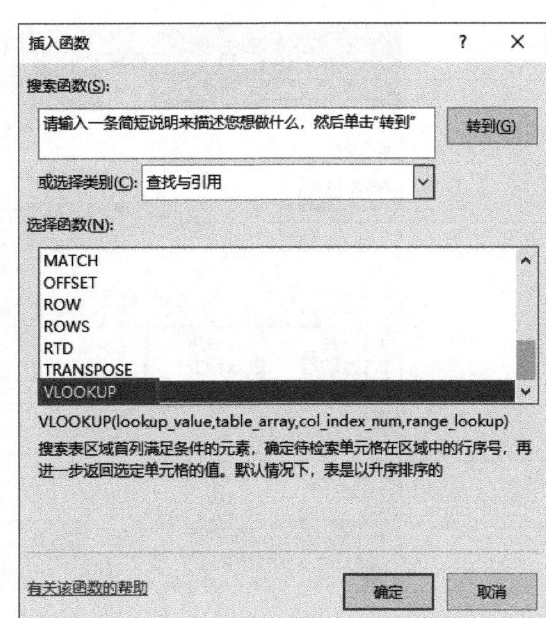

图 7-45　选择“VLOOKUP”函数

步骤 06　单击“确定”按钮，弹出“函数参数”对话框，将光标定位在 Lookup_value 文本框中，在工作表中选择 C3 单元格，然后单击 Table_array 文本框右侧的折叠按钮，如图 7-46 所示。

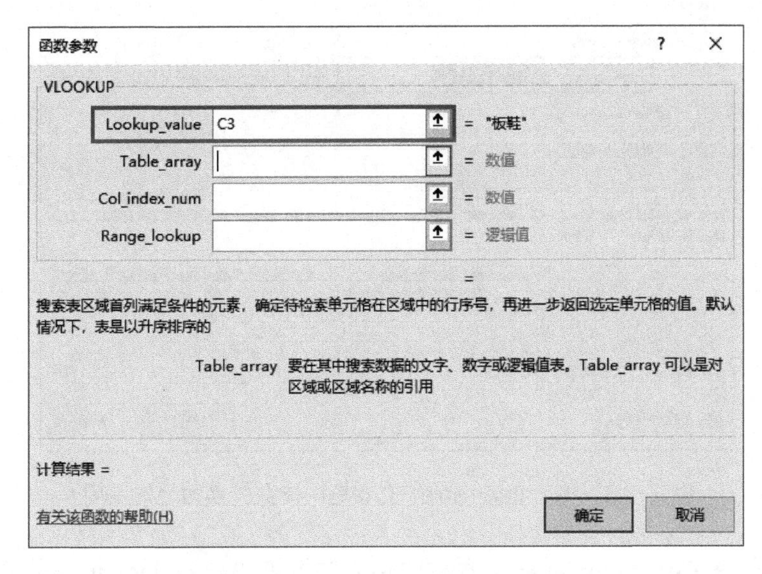

图 7-46　设置 VLOOKUP()函数参数

步骤 07　在“供货商”工作表中选择 A1:B3 单元格区域，然后单击“函数参数”对话框中的“展开”按钮，如图 7-47 所示。

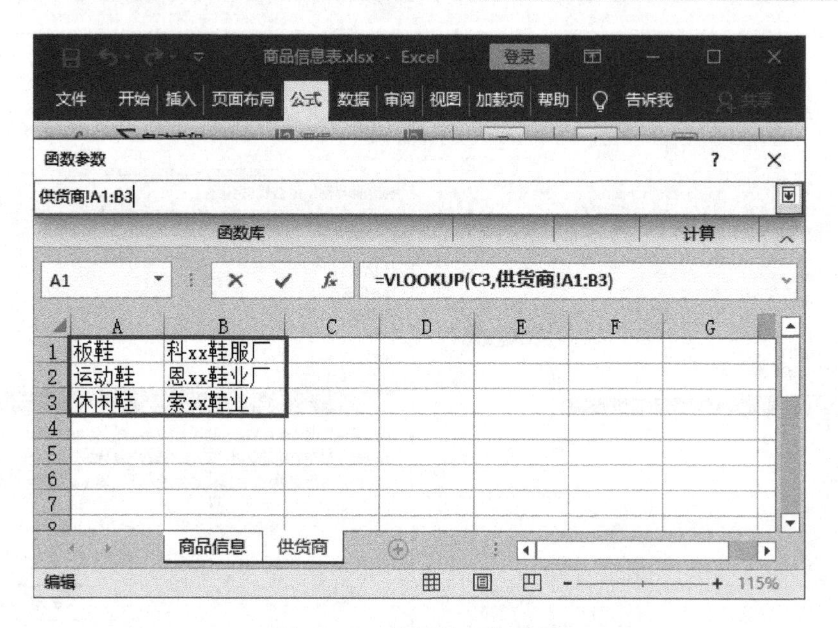

图 7-47　选择单元格区域

步骤 08　选中 Table_array 文本框中的内容，按 F4 键将其转换为绝对引用，如图 7-48 所示。

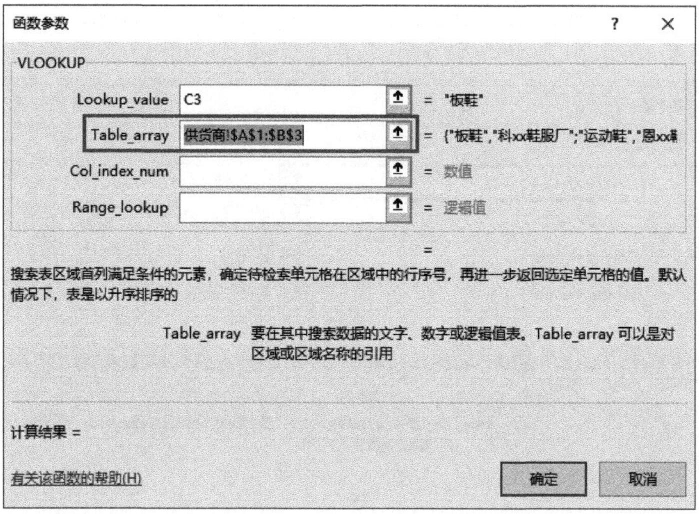

函数参数
VLOOKUP
Lookup_value　C3　= "板鞋"
Table_array　供货商!$A$1:$B$3　= {"板鞋","科xx鞋服厂";"运动鞋","恩xx鞋
Col_index_num　= 数值
Range_lookup　= 逻辑值
=
搜索表区域首列满足条件的元素，确定待检索单元格在区域中的行序号，再进一步返回选定单元格的值。默认情况下，表是以升序排序的
Table_array　要在其中搜索数据的文字、数字或逻辑值表。Table_array 可以是对区域或区域名称的引用
计算结果 =
有关该函数的帮助(H)　确定　取消

图 7-48　将 Table_array 文本框中参数转换为绝对引用

步骤 09　在 Col_index_num 文本框中输入“2”，在 Range_lookup 文本框中输入“0”，如图 7-49 所示。

步骤 10　单击“确定”按钮，返回“商品信息”工作表，查看函数结果，得到第一个供货商数据。单击 H3 单元格，将光标移至 H3 单元格右下角，当光标变为十字形时双击，如图 7-50 所示。

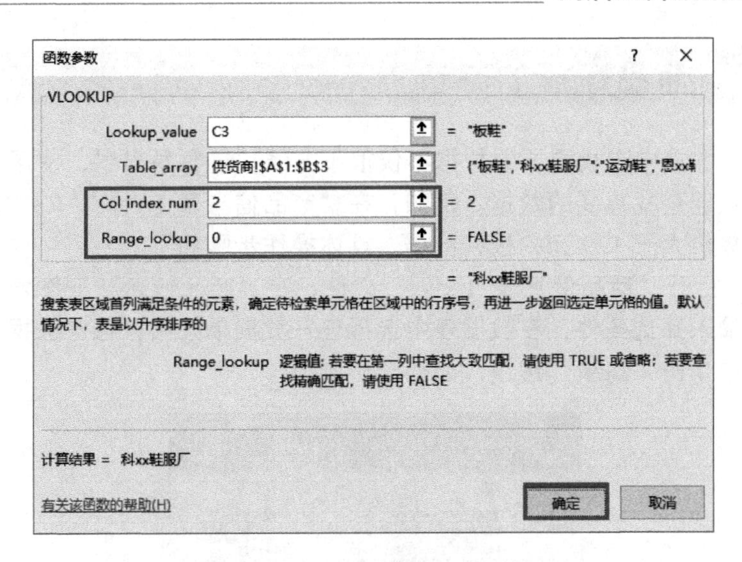

图 7-49　继续设置函数参数

=VLOOKUP(C3,供货商!$A$1:$B$3,2,0)

店铺商品信息

单价	数量	合计金额	供货商
¥ 99.00	8	¥ 792.00	科xx鞋服厂
¥ 199.00	5	¥ 995.00	
¥ 98.00	4	¥ 392.00	
¥ 168.00	5	¥ 840.00	
¥ 299.00	3	¥ 897.00	
¥ 168.00	5	¥ 840.00	
¥ 199.00	3	¥ 597.00	
¥ 129.00	4	¥ 516.00	
¥ 129.00	6	¥ 774.00	

图 7-50　得到第一个供货商数据

步骤 11　此时会自动在 H 列中填充供货商数据，如图 7-51 所示。

店铺商品信息

商品代码	商品名称	时间	单价	数量	合计金额	供货商
GJD23-56	板鞋	2018.1	¥ 99.00	8	¥ 792.00	科xx鞋服厂
JSE89-02	运动鞋	2018.1	¥ 199.00	5	¥ 995.00	恩xx鞋业厂
JFA58-03	板鞋	2018.1	¥ 98.00	4	¥ 392.00	科xx鞋服厂
RDS12-12	板鞋	2018.2	¥ 168.00	5	¥ 840.00	科xx鞋服厂
IEN56-13	休闲鞋	2018.2	¥ 299.00	3	¥ 897.00	索xx鞋业
IOE12-45	板鞋	2018.2	¥ 168.00	5	¥ 840.00	科xx鞋服厂
BIE45-93	休闲鞋	2018.3	¥ 199.00	3	¥ 597.00	索xx鞋业
BSW45-23	板鞋	2018.3	¥ 129.00	4	¥ 516.00	科xx鞋服厂
XEW16-45	板鞋	2018.3	¥ 129.00	6	¥ 774.00	科xx鞋服厂
RDS12-12	板鞋	2018.2	¥ 168.00	5	¥ 840.00	科xx鞋服厂
IEN56-13	休闲鞋	2018.2	¥ 299.00	3	¥ 897.00	索xx鞋业

图 7-51　自动填充供货商数据

7.3.2 商品数据的筛选

从大量商品数据中查找需要的数据不仅很不方便，还容易出错，使用 Excel 的高级筛选功能可以快速查找想要的数据。例如，在“商品信息表 1.xlsx”文件中筛选出 2018 年 1 月之后、单价大于 129 元的板鞋数据，具体操作步骤如下。

步骤 01 打开“商品信息表 1.xlsx”文件，在“商品信息”工作表中的 C19:E20 单元格区域中输入筛选条件，在数据表中选择任一数据单元格，在“数据”选项卡“排序和筛选”组中单击“高级”按钮，如图 7-52 所示。

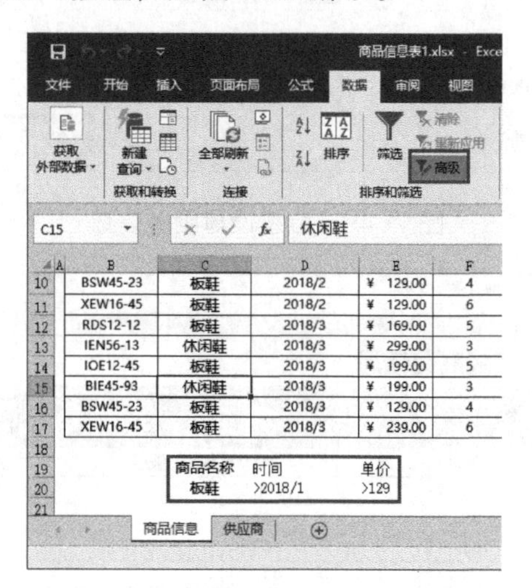

图 7-52 设置筛选条件

步骤 02 弹出“高级筛选”对话框，自动获取“列表区域”参数，单击“条件区域”文本框右侧的折叠按钮，如图 7-53 所示。

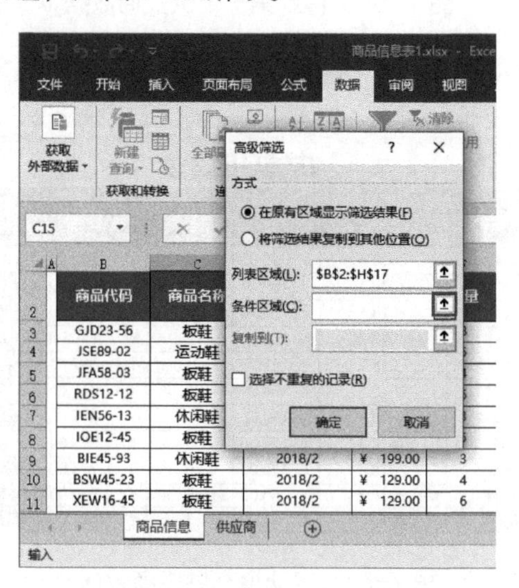

图 7-53 “高级筛选”对话框

步骤 03 在“商品信息”工作表中选择 C19:E20 单元格区域，然后单击“高级筛选-条件区域”对话框中的“展开”按钮，如图 7-54 所示。

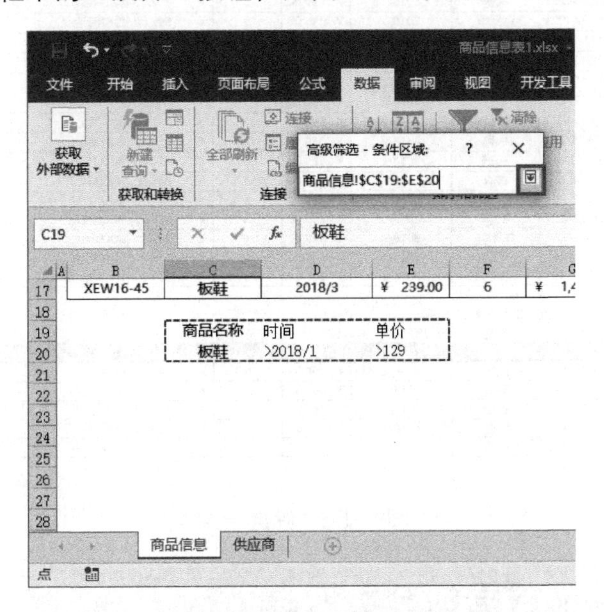

图 7-54　选择单元格区域

步骤 04 选中“将筛选结果复制到其他位置”单选按钮，将光标定位在“复制到”文本框中，在工作表中选择 B21 单元格，如图 7-55 所示。

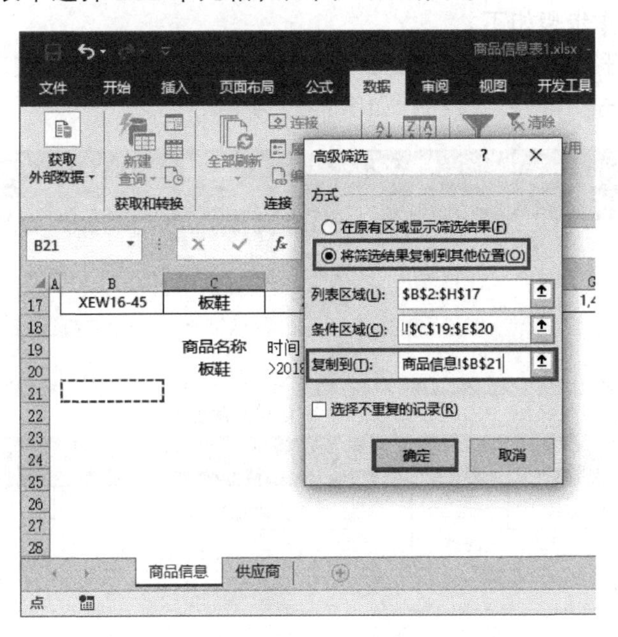

图 7-55　设置将筛选结果复制到其他位置

步骤 05 单击“确定”按钮，查看筛选结果，符合条件的数据会显示在指定位置，如图 7-56 所示。

商品代码	商品名称	时间	单价	数量	合计金额	供货商
GJD23-56	板鞋	2018/1	¥ 99.00	8	¥ 792.00	科XX鞋服厂
JSE89-02	运动鞋	2018/1	¥ 199.00	5	¥ 995.00	恩XX鞋业厂
JFA58-03	板鞋	2018/1	¥ 98.00	4	¥ 392.00	科XX鞋服厂
RDS12-12	板鞋	2018/2	¥ 168.00	5	¥ 840.00	科XX鞋服厂
IEN56-13	休闲鞋	2018/2	¥ 299.00	3	¥ 897.00	索XX鞋业
IOE12-45	板鞋	2018/2	¥ 168.00	5	¥ 840.00	科XX鞋服厂
BIE45-93	休闲鞋	2018/2	¥ 199.00	3	¥ 597.00	索XX鞋业
BSW45-23	板鞋	2018/2	¥ 129.00	4	¥ 516.00	科XX鞋服厂
XEW16-45	板鞋	2018/2	¥ 129.00	6	¥ 774.00	科XX鞋服厂
RDS12-12	板鞋	2018/3	¥ 169.00	5	¥ 845.00	科XX鞋服厂
IEN56-13	休闲鞋	2018/3	¥ 299.00	3	¥ 897.00	索XX鞋业
IOE12-45	板鞋	2018/3	¥ 199.00	5	¥ 995.00	科XX鞋服厂
BIE45-93	休闲鞋	2018/3	¥ 199.00	3	¥ 597.00	索XX鞋业
BSW45-23	板鞋	2018/3	¥ 129.00	4	¥ 516.00	科XX鞋服厂
XEW16-45	板鞋	2018/3	¥ 239.00	6	¥ 1,434.00	科XX鞋服厂

商品名称	时间	单价
板鞋	>2018/1	>129

商品代码	商品名称	时间	单价	数量	合计金额	供货商
RDS12-12	板鞋	2018/2	¥ 168.00	5	¥ 840.00	科XX鞋服厂
IOE12-45	板鞋	2018/2	¥ 168.00	5	¥ 840.00	科XX鞋服厂
RDS12-12	板鞋	2018/3	¥ 169.00	5	¥ 845.00	科XX鞋服厂
IOE12-45	板鞋	2018/3	¥ 199.00	5	¥ 995.00	科XX鞋服厂
XEW16-45	板鞋	2018/3	¥ 239.00	6	¥ 1,434.00	科XX鞋服厂

图 7-56 筛选结果

7.3.3 商品数据的分类汇总

分类汇总是对数据列表中指定的字段进行分类，然后统计同类记录的有关信息。在整理商品信息时，可以将商品进行统计分类，以便进行管理和分析。按照商品属性分类汇总商品的具体操作步骤如下。

步骤 01 打开“商品信息表 2.xlsx”文件，选择 C3 单元格，在“数据”选项卡“排序和筛选”组中单击“排序”按钮，如图 7-57 所示。

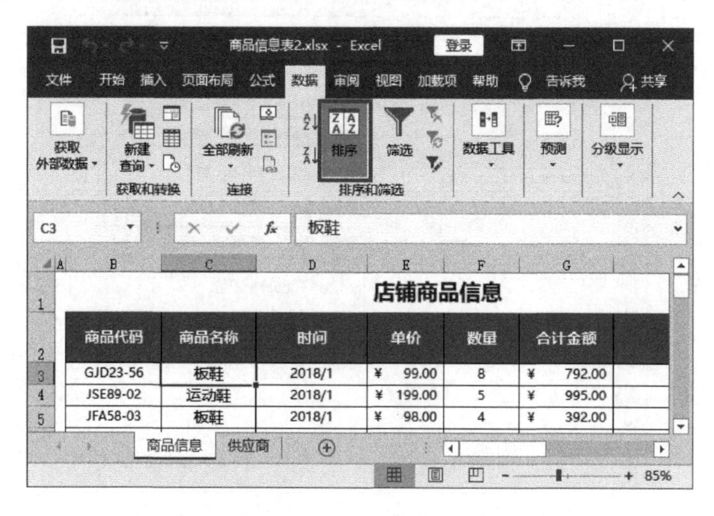

图 7-57 对商品数据进行排序

步骤 02 弹出“排序”对话框，在“主要关键字”下拉列表中选择“商品名称”选项，如图 7-58 所示。

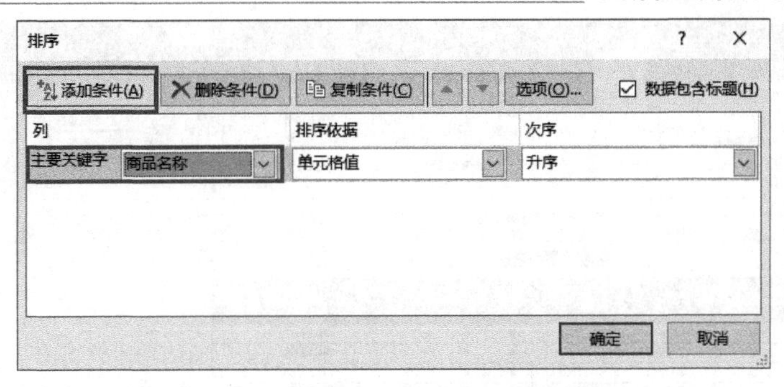

图 7-58 设置主要关键字“商品名称”

步骤 03 单击“添加条件”按钮，在“次要关键字”下拉列表中选择“时间”选项，如图 7-59 所示。

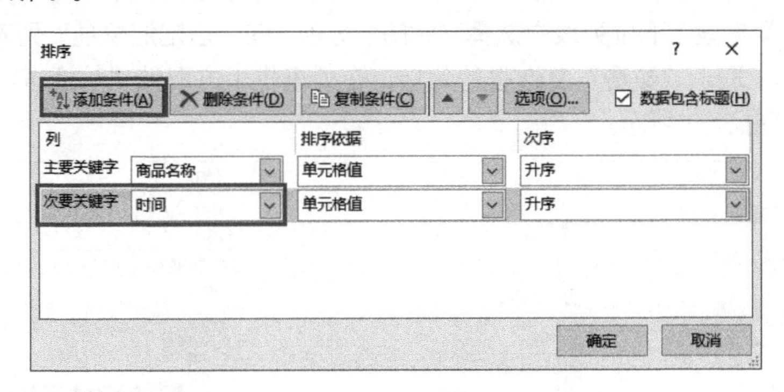

图 7-59 设置次要关键字“时间”

步骤 04 单击“添加条件”按钮，在“次要关键字”下拉列表中选择“单价”选项，单击“确定”按钮，如图 7-60 所示。

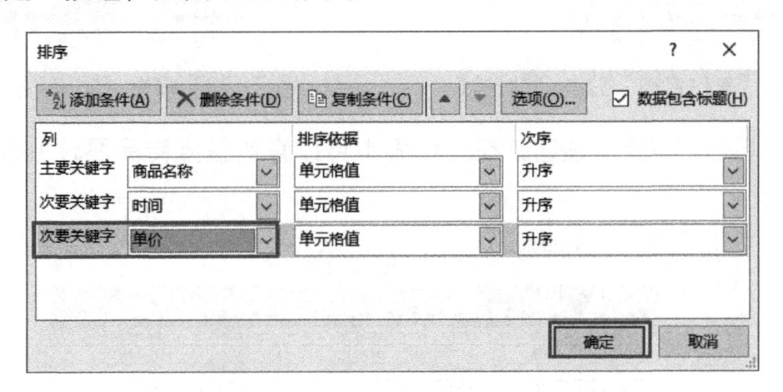

图 7-60 设置次要关键字“单价”

步骤 05 选择 C3 单元格，在“数据”选项卡“分级显示”组中单击“分类汇总”按钮，如图 7-61 所示。

步骤 06 弹出“分类汇总”对话框，在“分类字段”下拉列表中选择“商品名称”选项，在“选定汇总项”列表框中勾选“数量”和“合计金额”复选框，取消“供货商”复选框的勾选，如图 7-62 所示。

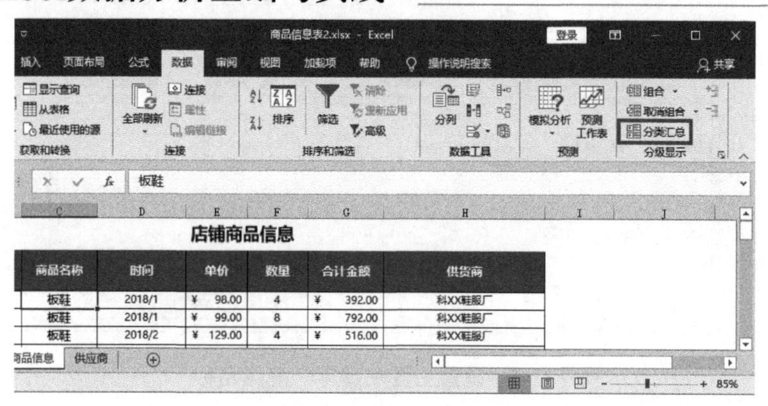

图 7-61　设置分类汇总

步骤 07 单击“确定”按钮，在工作表中可以查看分类汇总效果。打开“分类汇总”对话框，在“分类字段”下拉列表中选择“时间”选项，在“选定汇总项”列表框中勾选“合计金额”复选框，取消“数量”复选框的勾选，在列表框下方取消“替换当前分类汇总”复选框的勾选，如图 7-63 所示。

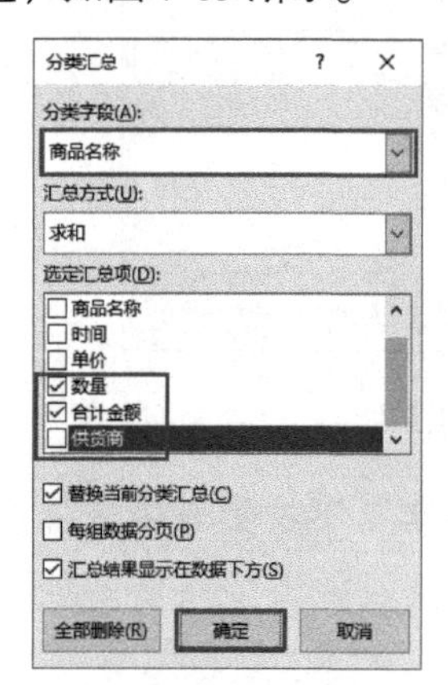

图 7-62　设置“商品名称”分类汇总选项

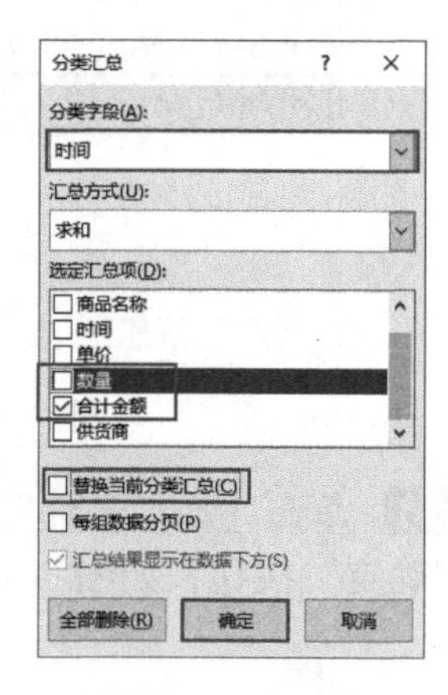

图 7-63　设置“时间”分类汇总选项

步骤 08 单击“确定”按钮，在工作表中可以查看按照商品属性分类汇总的效果，如图 7-64 所示。

店铺商品信息

行	商品代码	商品名称	时间	单价	数量	合计金额	供货商
3	JFA58-03	板鞋	2018/1	¥ 98.00	4	¥ 392.00	科XX鞋服厂
4	GJD23-56	板鞋	2018/1	¥ 99.00	8	¥ 792.00	科XX鞋服厂
5			**2018/1 汇总**			¥ 1,184.00	
6	BSW45-23	板鞋	2018/2	¥ 129.00	4	¥ 516.00	科XX鞋服厂
7	RDS12-12	板鞋	2018/2	¥ 168.00	5	¥ 840.00	科XX鞋服厂
8	IOE12-45	板鞋	2018/2	¥ 168.00	5	¥ 840.00	科XX鞋服厂
9			**2018/2 汇总**			¥ 2,196.00	
10	RDS12-12	板鞋	2018/3	¥ 169.00	5	¥ 845.00	科XX鞋服厂
11	IOE12-45	板鞋	2018/3	¥ 199.00	5	¥ 995.00	科XX鞋服厂
12	XEW16-45	板鞋	2018/3	¥ 239.00	6	¥ 1,434.00	科XX鞋服厂
13			**2018/3 汇总**			¥ 3,274.00	
14		**板鞋 汇总**			42	¥ 6,654.00	
15	BIE45-93	休闲鞋	2018/2	¥ 199.00	3	¥ 597.00	素XX鞋业
16	IEN56-13	休闲鞋	2018/2	¥ 299.00	3	¥ 897.00	素XX鞋业
17			**2018/2 汇总**			¥ 1,494.00	
18	BIE45-93	休闲鞋	2018/3	¥ 199.00	3	¥ 597.00	素XX鞋业
19	IEN56-13	休闲鞋	2018/3	¥ 299.00	3	¥ 897.00	素XX鞋业

图 7-64　查看分类汇总效果

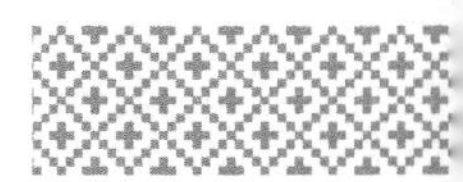

7.4 网店运营基础数据分析

通过分析店铺浏览量、成交转化率和商品评价等方面的数据，卖家可以判定店铺的经营方法是否合理，还可以根据分析结果及时调整运营策略，以提高经营利润。

7.4.1 网店浏览量分析

卖家需要定期对店铺浏览量的变化趋势进行深入分析，具体操作步骤如下。

步骤 01 打开“店铺浏览量分析.xlsx”文件，选择 A2:B16 单元格区域，在“插入”选项卡“图表”组中单击“插入折线图或面积图”下拉按钮，在打开的下拉列表中选择“带数据标记的折线图”选项，如图 7-65 所示。

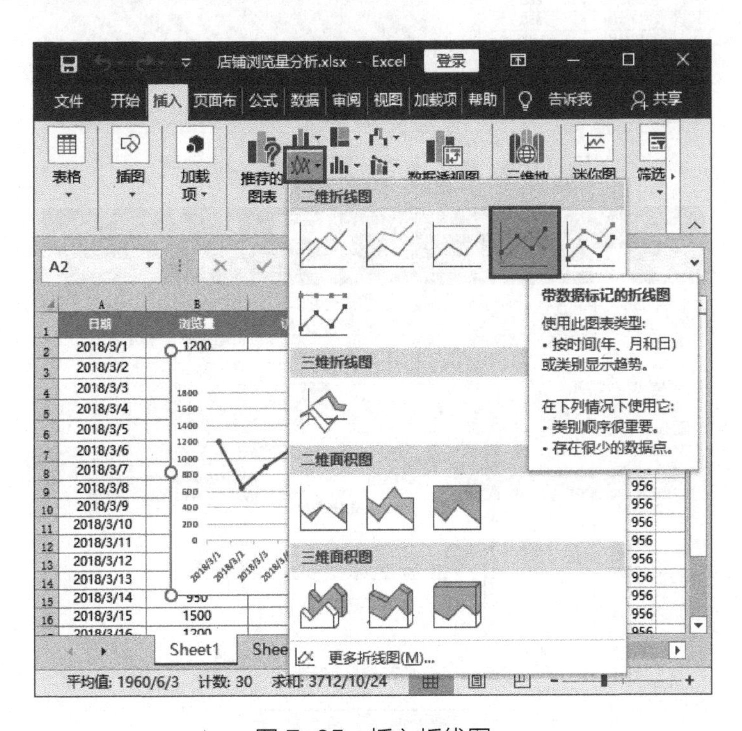

图 7-65 插入折线图

步骤 02 在图表标题文本框中输入图表标题，设置“字体”为“微软雅黑”“加粗”，设置“字号”为“14”，如图 7-66 所示。

步骤 03 在图表中选择横坐标轴，单击鼠标右键，在弹出的菜单中单击“设置坐标轴格式”命令，如图 7-67 所示。

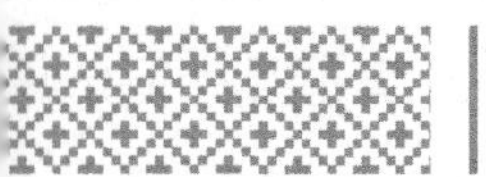

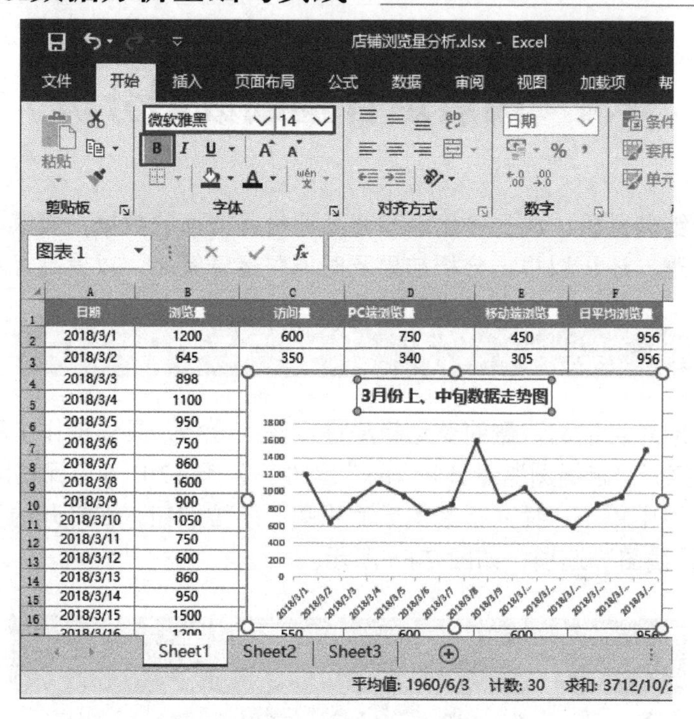

图 7-66　输入图表标题并设置字体格式

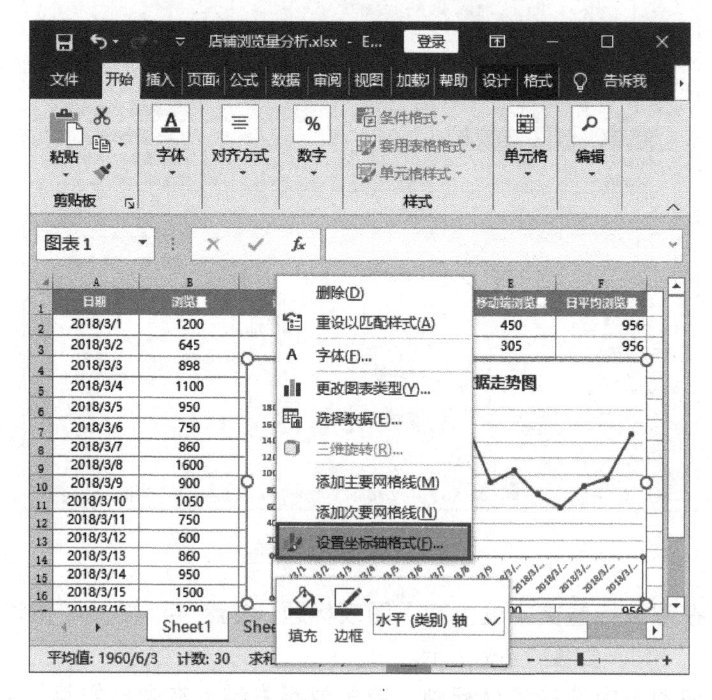

图 7-67　单击“设置坐标轴格式”命令

步骤 04　打开“设置坐标轴格式”面板，在“坐标轴选项”组中设置“单位”的“大”“小”值均为“1 天“，如图 7-68 所示。

步骤 05　在“数字”组中，在“类别”下拉列表中选择“日期”选项，在“类型”

下拉列表中选择需要的日期类型，如图 7-69 所示。

步骤 06 在图表中选择纵坐标轴，打开“设置坐标轴格式”面板，设置“单位”的“大”值为“500.0”，设置“横坐标轴交叉”为“自动”，如图 7-70 所示。

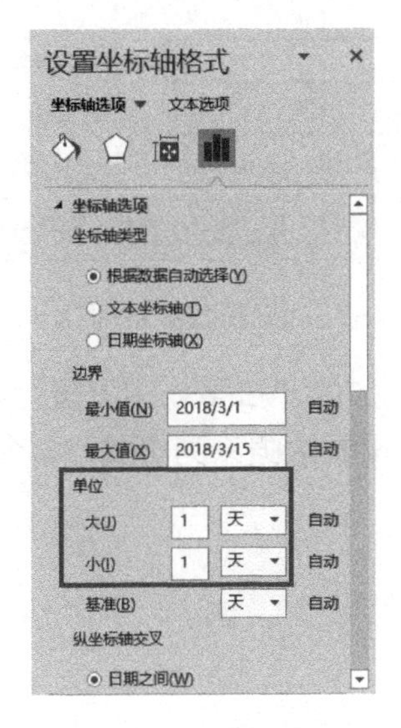

图 7-68 设置横坐标

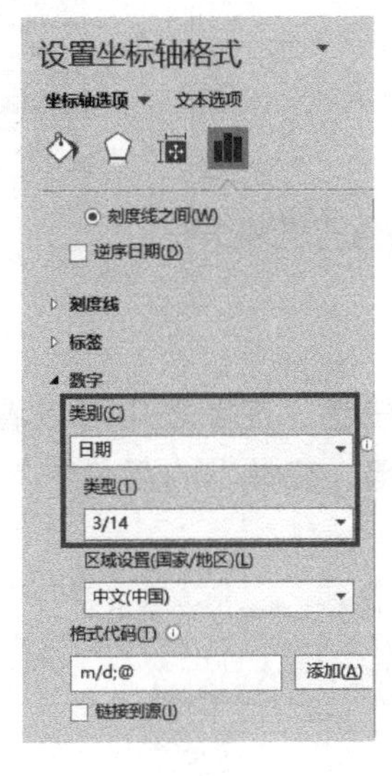

图 7-69 设置日期类型

图 7-70 设置纵坐标

步骤 07 关闭“设置坐标轴格式”面板，调整图表宽度，使横坐标轴完整显示。选择图表，单击鼠标右键，在弹出的菜单中单击“选择数据”命令，如图 7-71 所示。

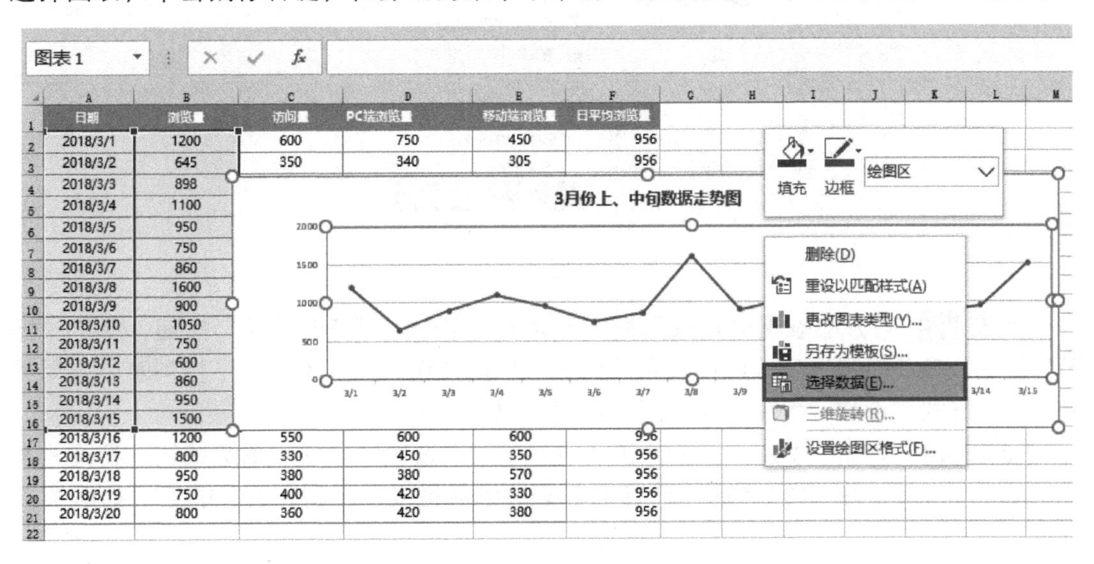

图 7-71 单击“选择数据”命令

步骤 08 弹出“选择数据源”对话框，单击“添加”按钮，如图 7-72 所示。

步骤 09 弹出“编辑数据系列”对话框，将光标定位在“系列名称”文本框中，在工作表中选择 F1 单元格；将光标定位在“系列值”文本框中，删除原有数据，在工作表中选择 F2:F16 单元格区域，如图 7-73 所示。

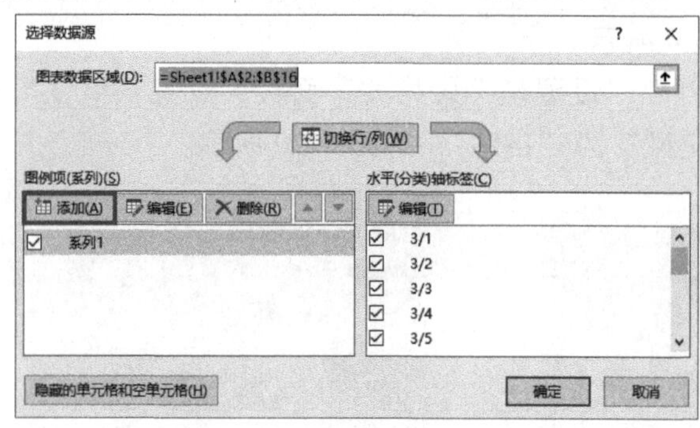

图 7-72　添加数据系列

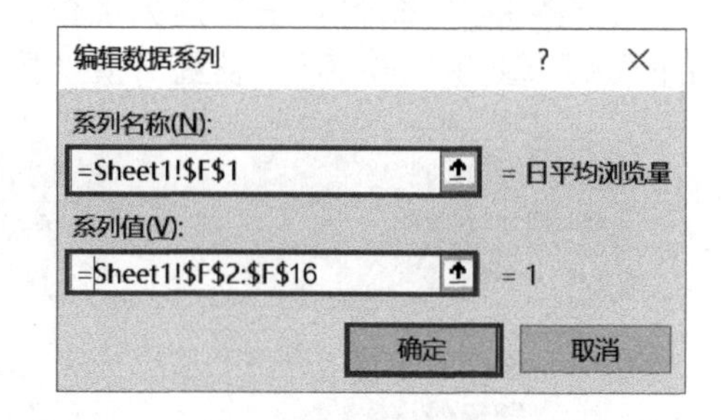

图 7-73　编辑数据系列

步骤 10 连续单击“确定”按钮，在图表中可以看到添加的“日平均浏览量”数据系列，选择该系列，单击鼠标右键，在弹出的菜单中单击“设置数据系列格式”命令，如图 7-74 所示。

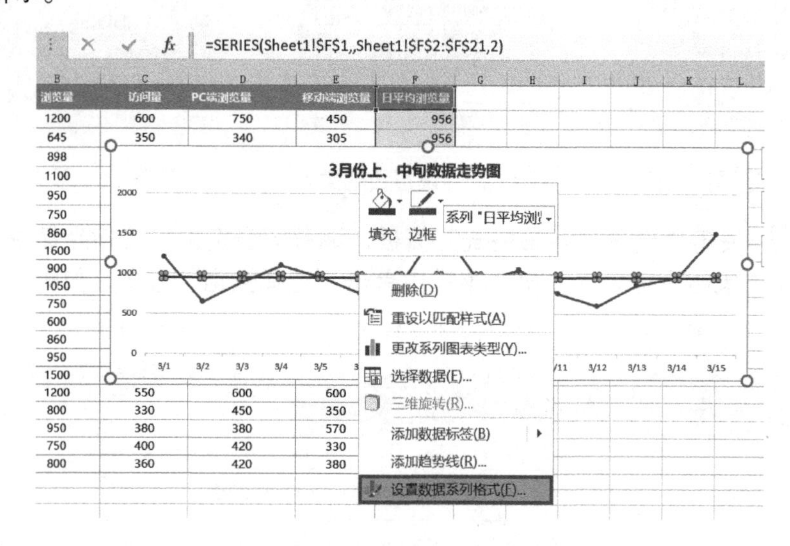

图 7-74　单击“设置数据系列格式”命令

步骤 11 打开“设置数据系列格式”面板，单击“填充与线条”按钮，单击“标记”按钮，在“标记选项”组中选中“内置”单选按钮，在“类型”下拉列表中选择需要的标记样式，设置“大小”为“5”，如图 7-75 所示。

步骤 12 单击“线条”按钮，在“线条”组中选中“实线”单选按钮，设置“宽度”为“2.25 磅”，在“短划线类型”下拉列表中选择需要的线型，如“方点”，如图 7-76 所示。

步骤 13 在图表中选择“浏览量”数据系列，打开“设置数据系列格式”面板，单击“填充与线条”按钮，单击“标记”按钮，在“标记选项”组中选中“内置”单选按钮，在“类型”下拉列表中选择需要的标记样式，设置“大小”为“5”，如图 7-77 所示。

步骤 14 单击“线条”按钮，在“线条”组中选中“实线”单选按钮，设置“宽度”为“2.25 磅”，在“短划线类型”下拉列表中选择需要的线型，如“实线”，如图 7-78 所示。

图 7-75　设置“日平均浏览量”数据标记

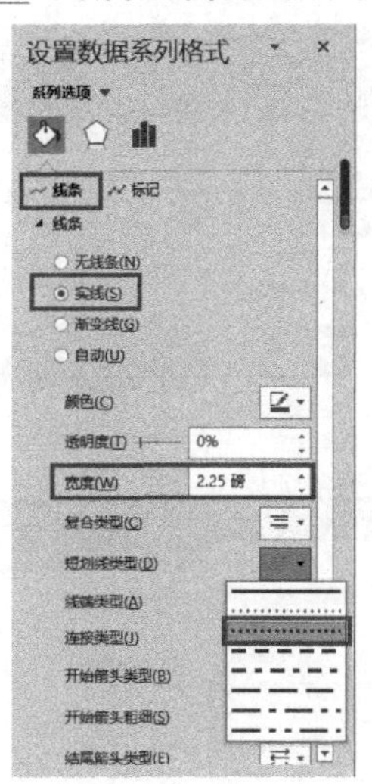

图 7-76　设置“日平均浏览量”线条样式

步骤 15 关闭“设置数据系列格式”面板，在图表中选择网格线，单击鼠标右键，在弹出的菜单中单击“设置网格线格式”命令，打开“设置主要网格线格式”面板，默认选择“主要网格线选项”选项，在默认的“填充与线条”选项卡中，在“线条”组中选中“实线”单选按钮，单击“颜色”下拉按钮，在打开的下拉面板中选择需要的颜色，如图 7-79 所示。

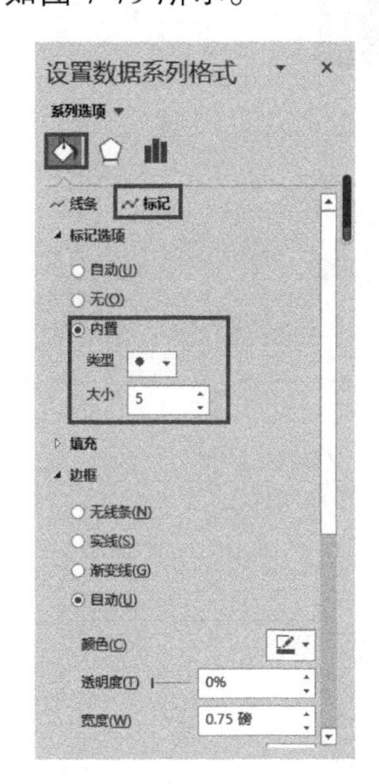

图 7-77　设置“浏览量”数据标记

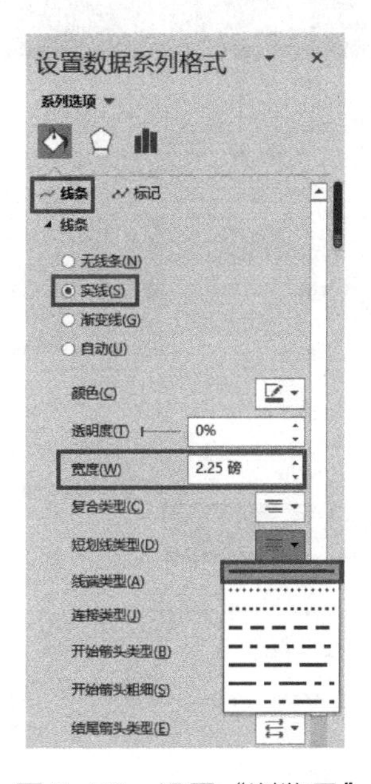

图 7-78　设置“浏览量”线条样式

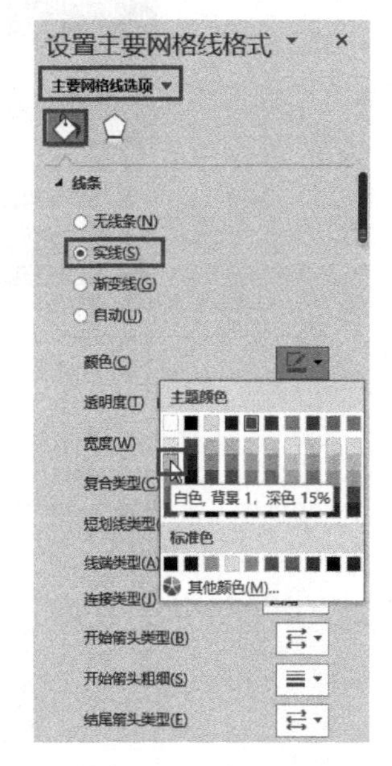

图 7-79　设置主要网格线格式

步骤 16 关闭“设置主要网格线格式”面板，选择图表，在“图表工具”下的“设计”选项卡“图表布局”组中单击“添加图表元素”→“图例”→“无”命令，如图 7-80 所示。

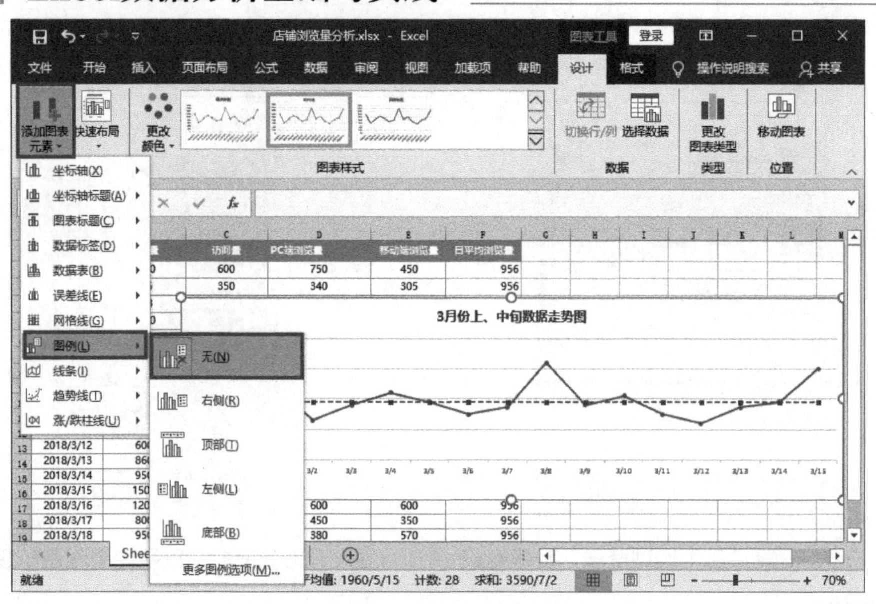

图 7-80　设置无图例图表

步骤 17 选择“浏览量”数据系列，在“图表工具”下的“设计”选项卡“图表布局”组中单击“添加图表元素”→“数据标签”→“上方”命令，如图 7-81 所示。

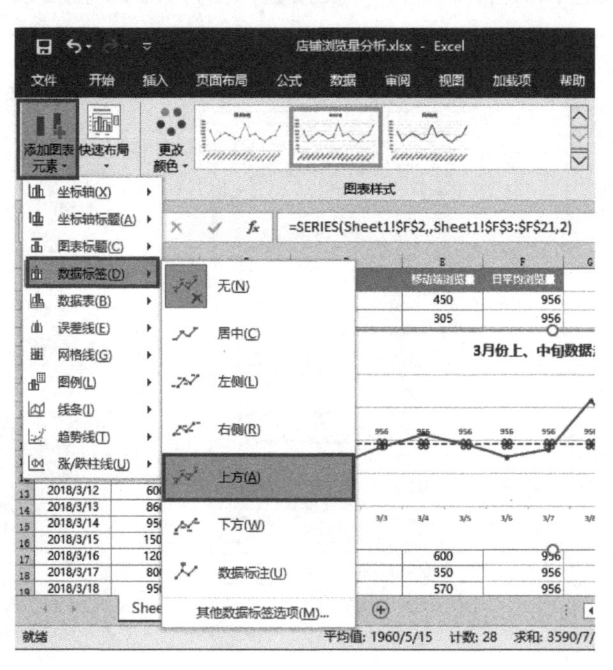

图 7-81　添加数据标签

步骤 18 选择图表，设置“字体”为“微软雅黑”，调整图表的位置和大小，在工作表中可以查看图表最终效果，如图 7-82 所示。此时，卖家即可对店铺浏览量的走势进行分析。

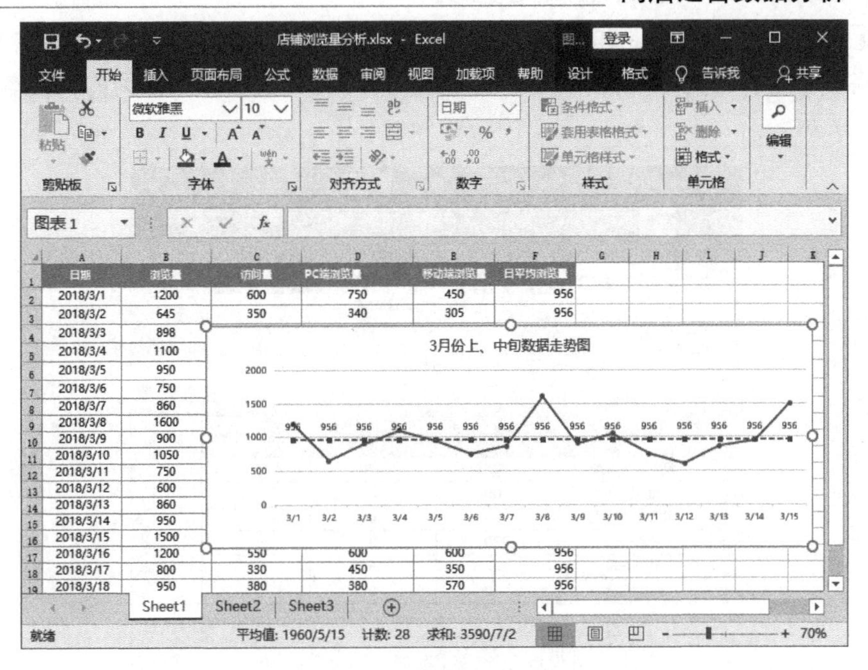

图 7-82　查看图表最终效果

7.4.2　计算成交转化率

成交转化率是指在店铺产生购买行为的访客人数与店铺所有访客人数的比值，计算公式为：成交转化率=（成交数÷访客数）×100%。计算网店成交转化率的具体操作步骤如下。

步骤 01　打开“成交转化率分析.xlsx”文件，选择 D2 单元格，在编辑栏中输入公式“=C2/B2”，如图 7-83 所示。

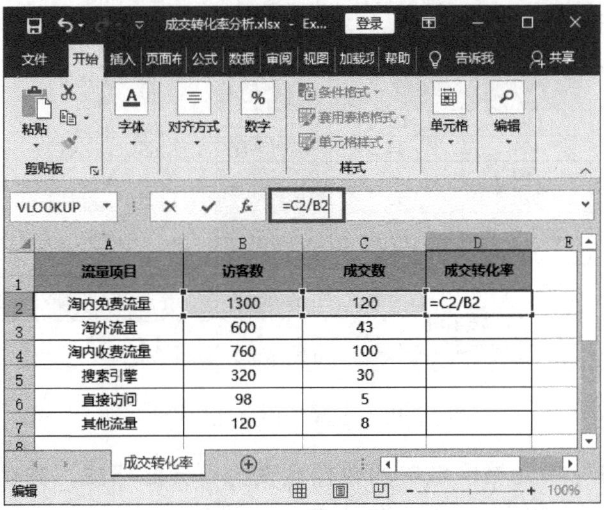

流量项目	访客数	成交数	成交转化率
淘内免费流量	1300	120	=C2/B2
淘外流量	600	43	
淘内收费流量	760	100	
搜索引擎	320	30	
直接访问	98	5	
其他流量	120	8	

图 7-83　输入公式

步骤 02 按 Ctrl+Enter 组合键，即可得出计算结果，如图 5-20 所示。将光标移至 D2 单元格右下角，当光标变为十字形时双击，即可将公式填充到该列的其他单元格中，如图 7-84 所示。

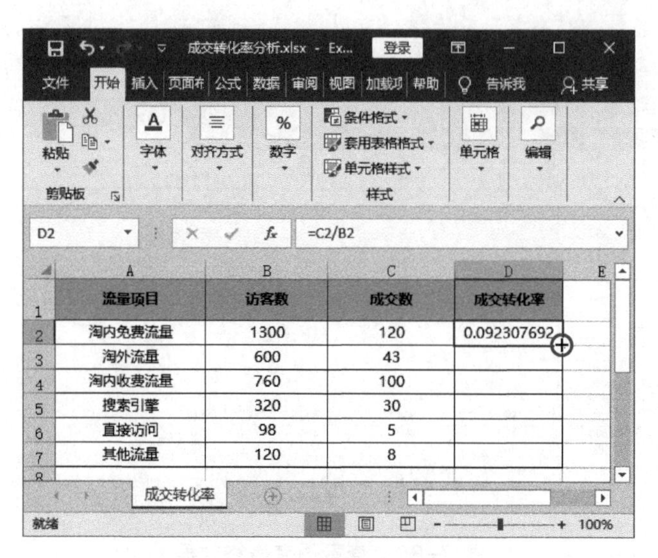

图 7-84 计算成交转化率

步骤 03 选择 D2:D7 单元格区域，在“开始”选项卡“数字”组中的“数字格式”下拉列表中选择“百分比”选项，如图 7-85 所示。

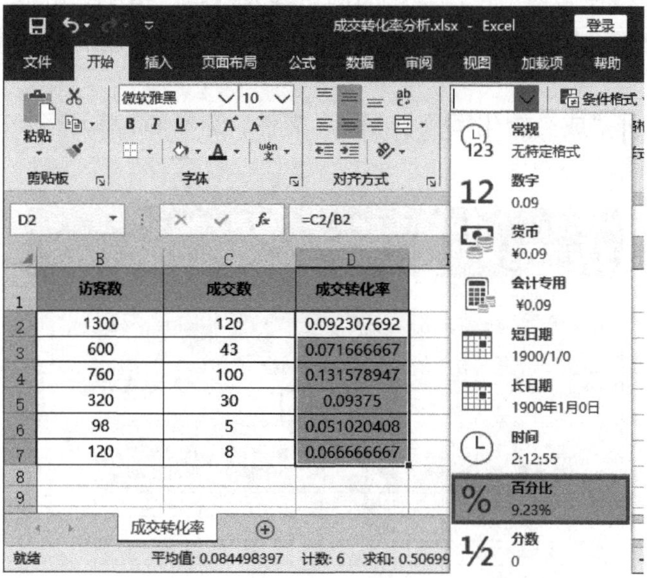

图 7-85 选择“百分比”选项

步骤 04 D2:D7 单元格区域中的数据会变为百分比格式，并自动保留两位小数。单击“减少小数位数”按钮，保留一位小数，如图 7-86 所示。

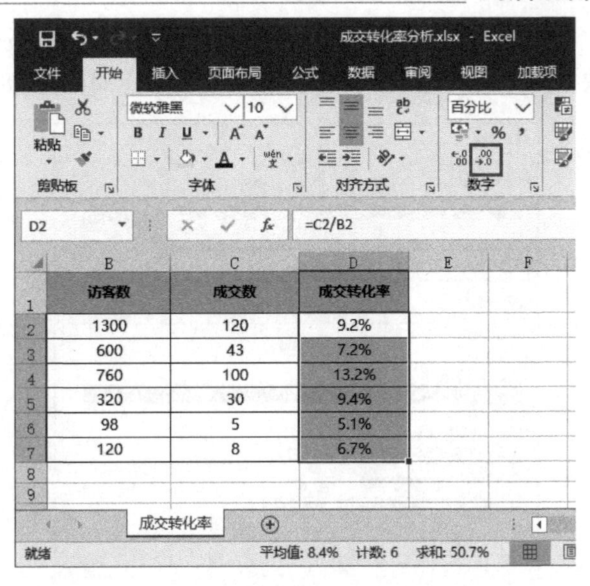

图 7-86 保留一位小数

7.4.3 商品评价分析

通过分析商品评价可以及时调整店铺的服务和销售策略等，加强买家与卖家之间的互动。有效的商品评价还可以促进其他买家下单，从而提高商品成交转化率。商品评价分析的具体操作步骤如下。

步骤 01 打开“商品评价表.xlsx”文件，选择 F2 单元格，在“公式”选项卡“函数库”组中单击“自动求和”→“其他函数”命令，如图 7-87 所示。

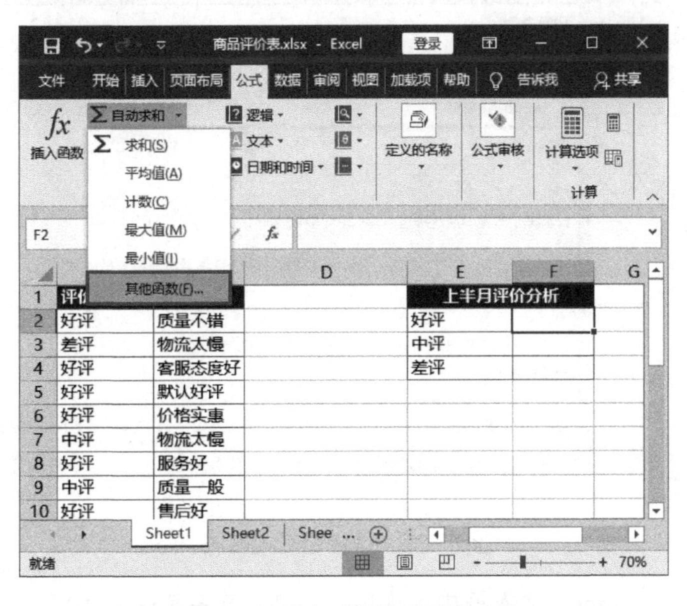

图 7-87 单击“其他函数”命令

步骤 02 弹出“插入函数”对话框，在“或选择类别”下拉列表中选择“统计”选项，在“选择函数”列表框中选择“COUNTIF”函数，如图 7-88 所示。

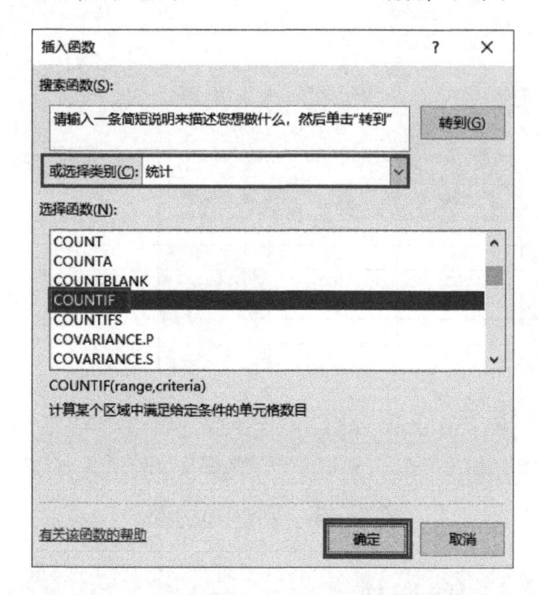

图 7-88 选择“COUNTIF”函数

步骤 03 单击“确定”按钮，弹出“函数参数”对话框，将光标定位在 Range 文本框中，在工作表中选择 B2:B23 单元格区域，如图 7-89 所示。

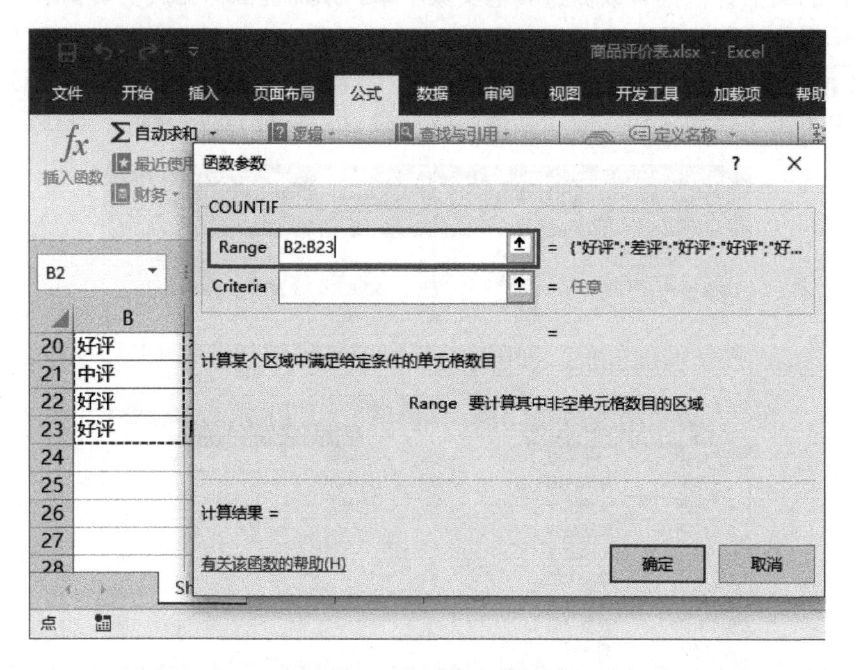

图 7-89 选择单元格区域

步骤 04 选中 Range 文本框中的内容，按 F4 键将其转换为绝对引用，在 Criteria 文本框中输入“"好评"”，如图 7-90 所示。

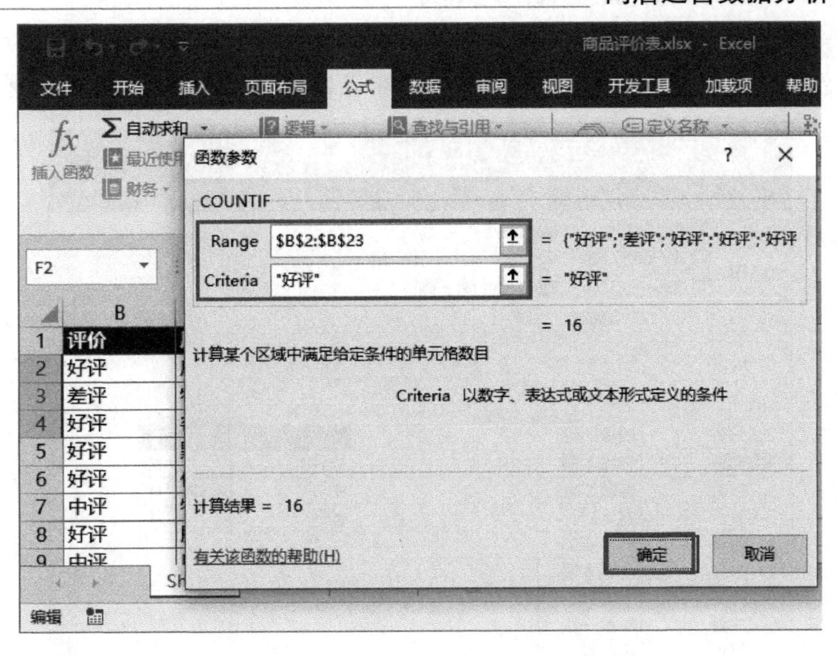

图 7-90　设置 COUNTIF()函数参数

步骤 05　单击“确定”按钮，在工作表中可以查看好评计数结果。将光标移至 F2 单元格右下角，当光标变为十字形时按住鼠标左键拖动至 F4 单元格，填充公式，如图 7-91 所示。

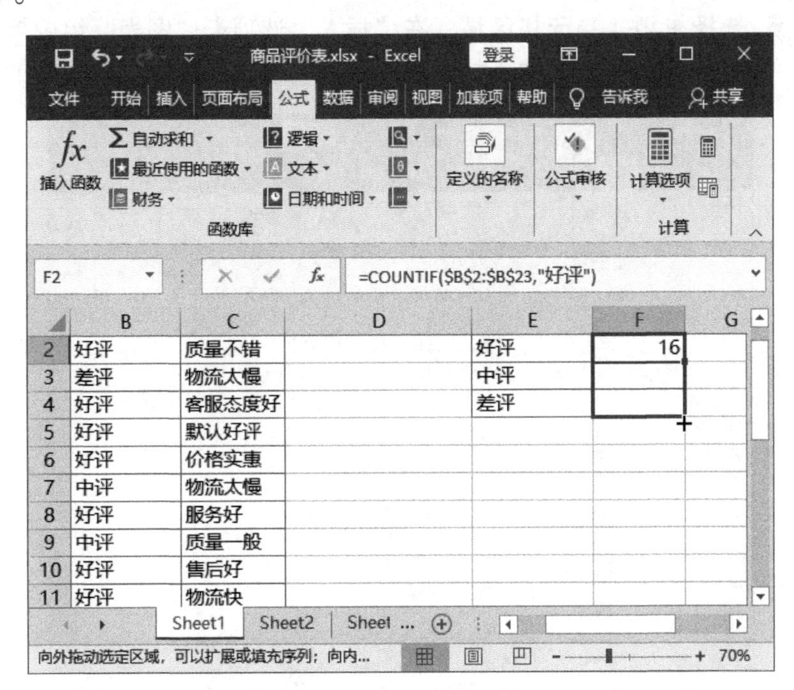

图 7-91　填充公式

步骤 06 选择 F3 单元格，在编辑栏中将函数的第二个参数更改为“中评”，如图 7-92 所示。使用相同的方法，将 F4 单元格中函数的第二个参数更改为“差评”。

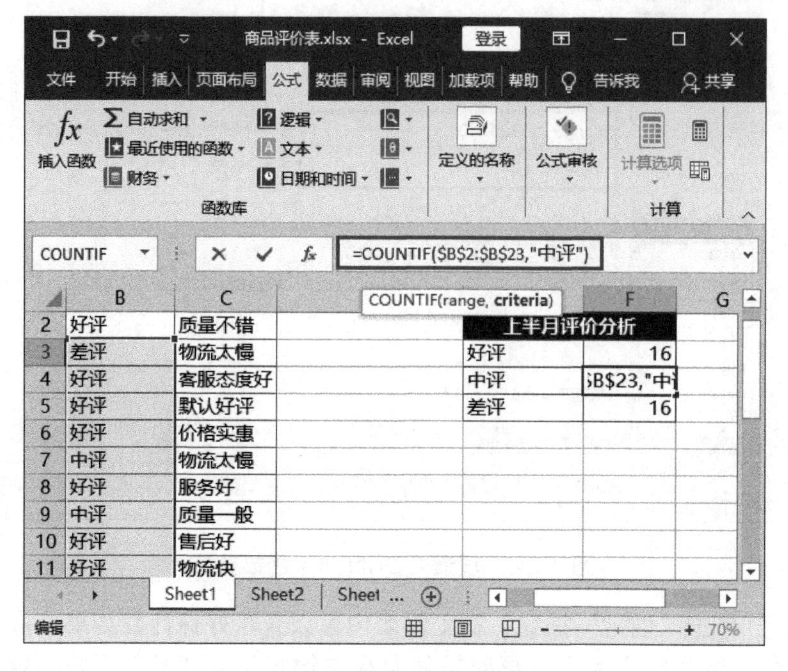

图 7-92 更改函数参数

步骤 07 选择 E2:F4 单元格区域，在“插入”选项卡“图表”组中单击“插入饼图或圆环图”下拉按钮，在打开的下拉列表中选择“饼图”选项，如图 7-93 所示。

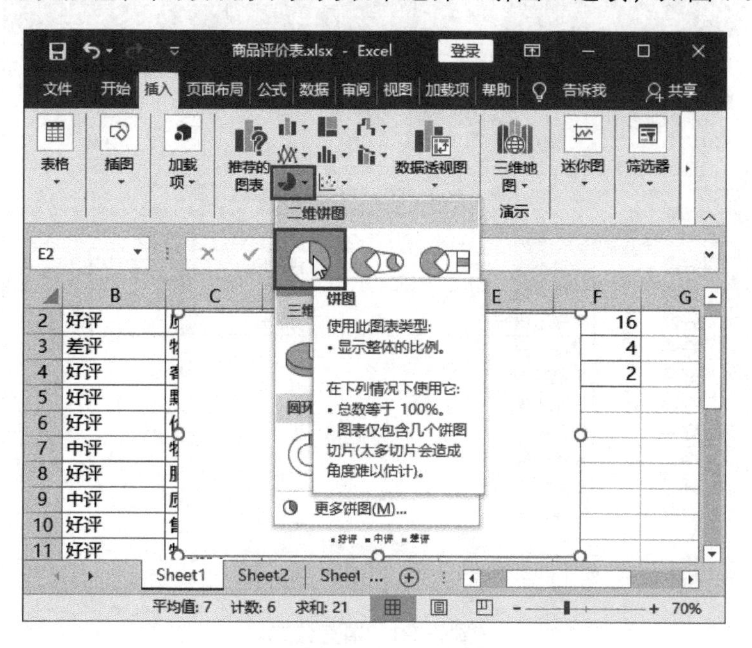

图 7-93 插入饼图

步骤 08 在工作表中插入饼图，在“图表工具”下的“设计”选项卡“图表布局”组中单击“快速布局”下拉按钮，在打开的下拉列表中选择“布局 1”选项，如图 7-94 所示。

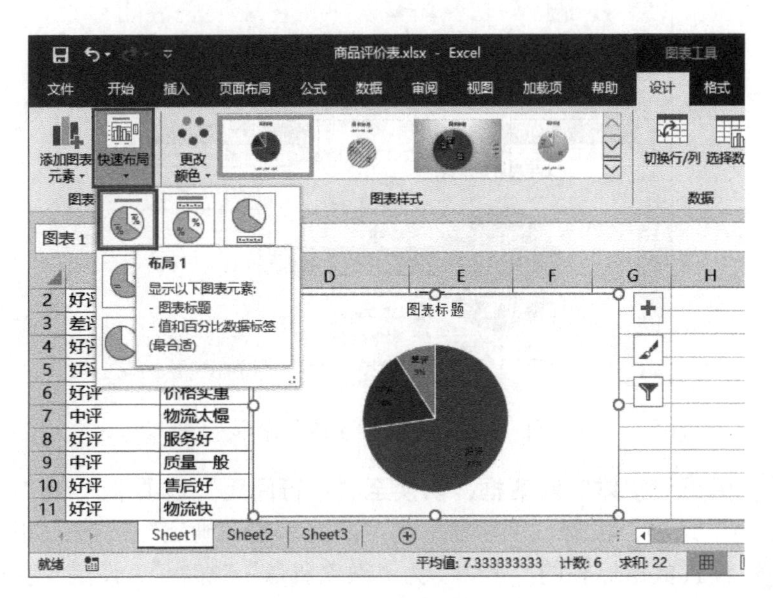

图 7-94 选择布局样式

步骤 09 选择图表标题文本框，在编辑栏中输入“=”，选择 E1 单元格，如图 7-95 所示。

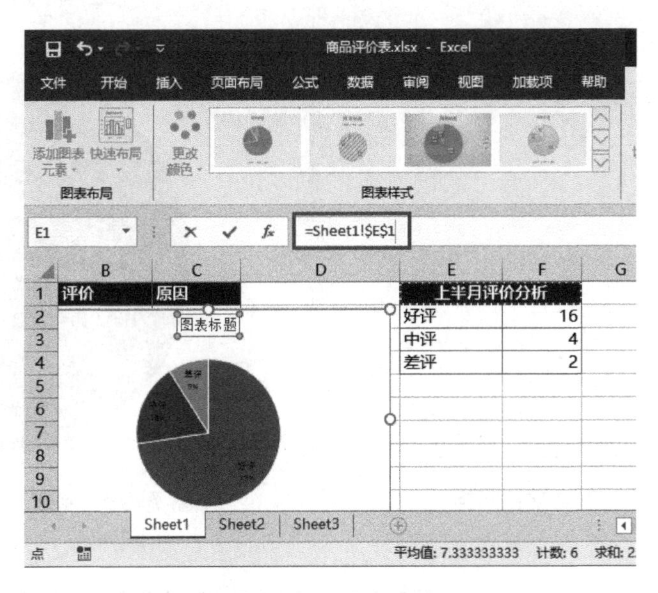

图 7-95 设置图表标题

步骤 10 按 Ctrl+Enter 组合键确认，为图表标题创建单元格链接。在“开始”选项卡“字体”组中设置图表标题的“字体”为“微软雅黑”“加粗”，设置“字号”为“18”。选择图表标题，单击鼠标右键，在弹出的菜单中单击“字体”命令，如图 7-96 所示。

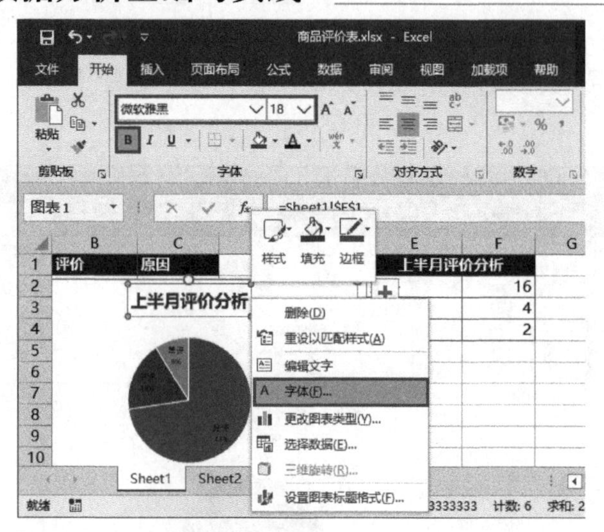

图 7-96　单击“字体”命令

步骤 11　弹出“字体”对话框，切换至“字符间距”选项卡，在“间距”下拉列表中选择“加宽”选项，设置“度量值”为“2”，单击“确定”按钮，如图 7-97 所示。

步骤 12　设置数据标签的“字体”为“微软雅黑”“加粗”，设置“字号”为“11”，调整数据标签的位置，商品评价图表就制作完成了，如图 7-98 所示。此时，卖家即可对店铺的商品评价进行分析。

图 7-97　设置字符间距

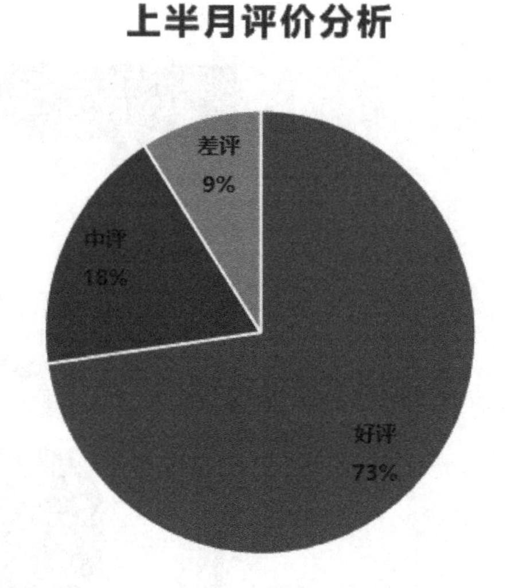

图 7-98　制作完成的商品评价图表

7.5　网店运营月度销售数据分析

在商品销售管理中，卖家经常需要对一定时期内的商品销售信息进行分析，查看不

同商品的销售情况，从而调整商品结构，提升销售业绩。

7.5.1 制作月度销售数据表

月度销售数据表包括销售地区、销售员、商品名称、数量、单价和销售金额等信息。下面对月度销售数据表进行设置和美化，具体操作步骤如下。

步骤 01 打开“本月度销售分析.xlsx”文件，选择 E2:F104 单元格区域，在“开始”选项卡“数字”组中的“数字格式”下拉列表中选择“数字”选项，如图 7-99 所示。

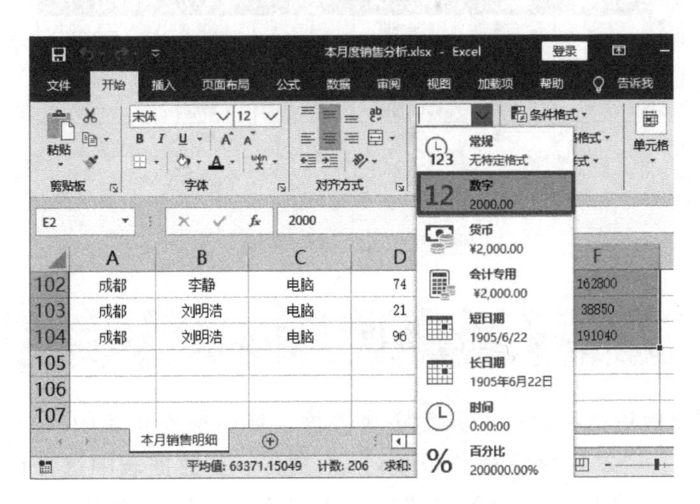

图 7-99 选择“数字”选项

步骤 02 在“数字”组中单击“千位分隔样式”按钮，将数字格式转换为“会计专用”格式，如图 7-100 所示。

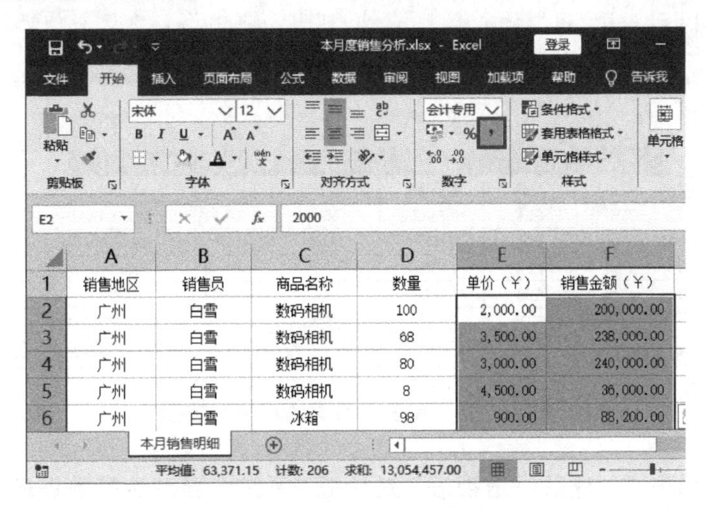

	A	B	C	D	E	F
1	销售地区	销售员	商品名称	数量	单价（¥）	销售金额（¥）
2	广州	白雪	数码相机	100	2,000.00	200,000.00
3	广州	白雪	数码相机	68	3,500.00	238,000.00
4	广州	白雪	数码相机	80	3,000.00	240,000.00
5	广州	白雪	数码相机	8	4,500.00	36,000.00
6	广州	白雪	冰箱	98	900.00	88,200.00

图 7-100 设置“会计专用”格式

步骤 03 设置标题文本填充色为“深蓝”，设置“字体颜色”为“白色”，设置“字体”为“加粗”，设置边框颜色为“深蓝，文字 2，深色 25%”，如图 7-101 所示。

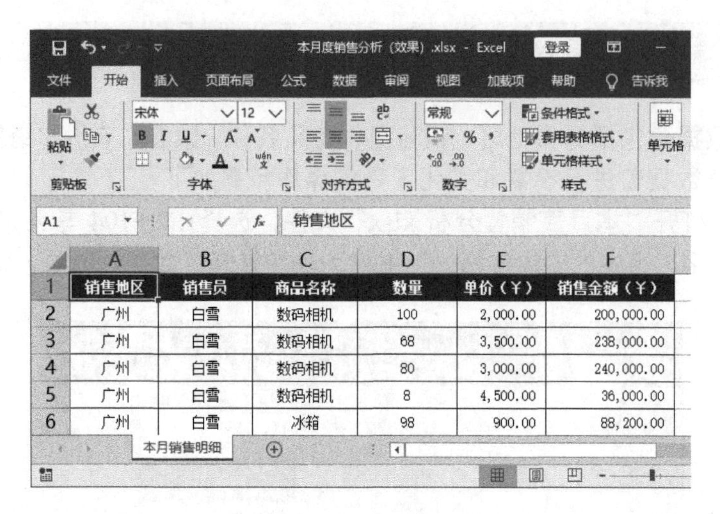

图 7-101　美化表格

7.5.2　创建月度销售数据透视表

卖家可以创建数据透视表分析月度销售数据，具体操作步骤如下。

步骤 01　打开“本月度销售分析 1.xlsx”文件，在数据表中选择任意非空单元格，在“插入”选项卡“表格”组中单击“数据透视表”按钮，如图 7-102 所示。

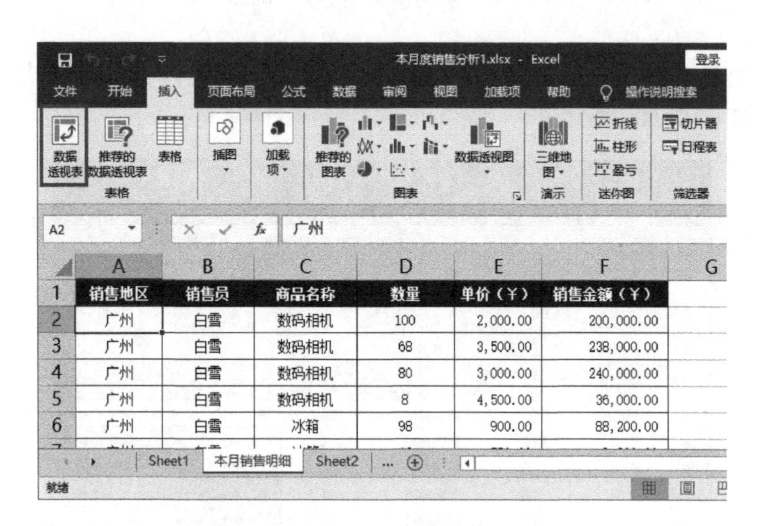

图 7-102　单击“数据透视表”按钮

步骤 02　弹出“创建数据透视表”对话框，系统会自动选择数据表区域，选中“新工作表”单选按钮，如图 7-103 所示。

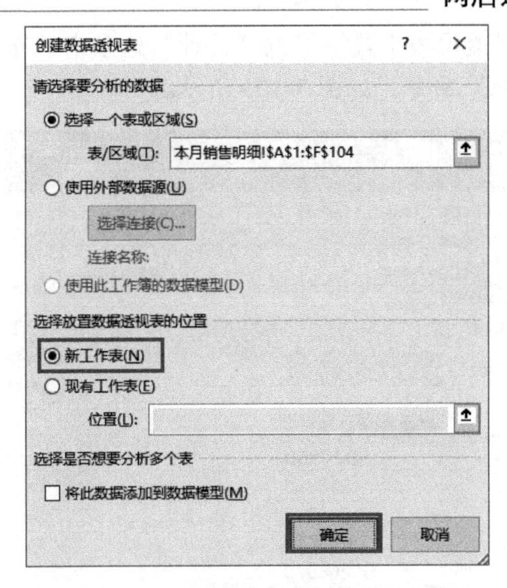

图 7-103 “创建数据透视表”对话框

步骤 03 单击“确定”按钮，系统会创建一个空白数据透视表，并打开“数据透视表字段”面板，将“销售地区”字段拖动至“筛选”列表框，将“销售员”和“商品名称”字段拖动至“行”列表框，将“销售金额”字段拖动至“值”列表框，如图 7-104 所示。

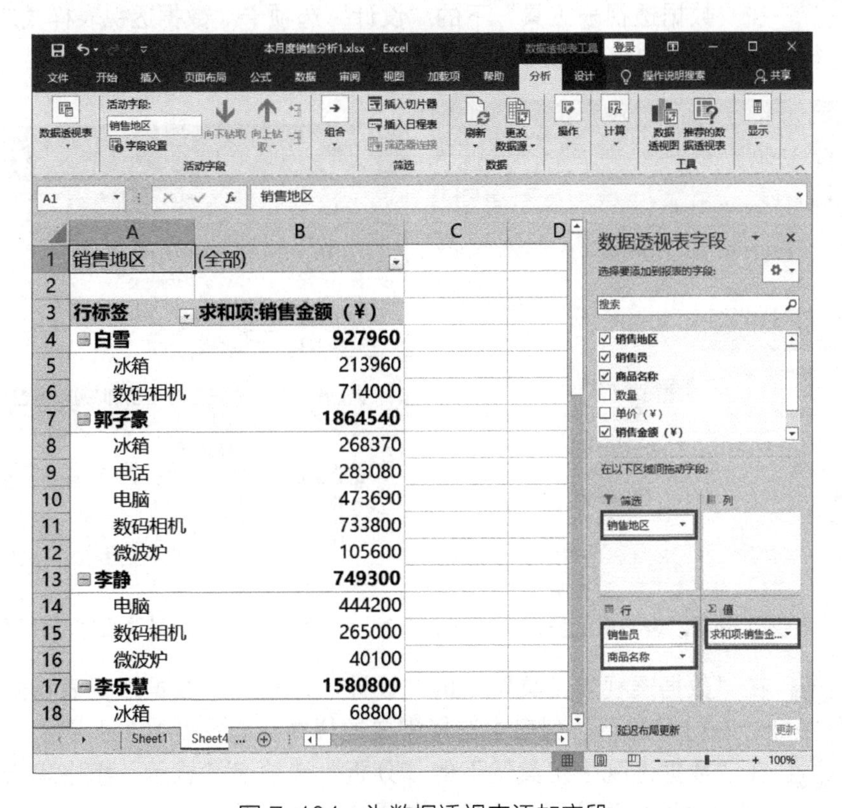

图 7-104 为数据透视表添加字段

步骤 04 在“数据透视表工具”下的“设计”选项卡“布局”组中单击“分类汇总”→“不显示分类汇总”命令，如图 7-105 所示。

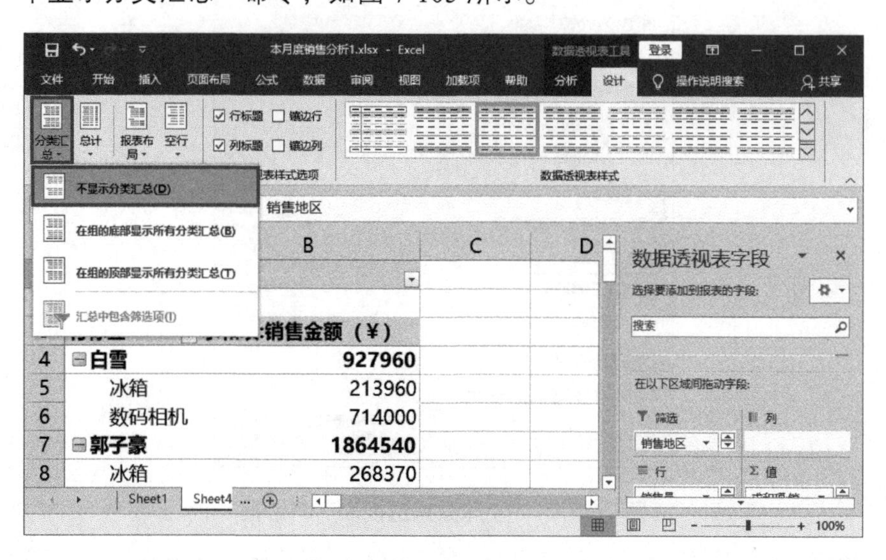

图 7-105 设置不显示分类汇总

步骤 05 在“数据透视表工具”下的“设计”选项卡“布局”组中单击“报表布局”→“以表格形式显示”命令，如图 7-106 所示。

步骤 06 在“数据透视表工具”下的“设计”选项卡“数据透视表样式选项”组中勾选“镶边行”复选框，如图 7-107 所示。

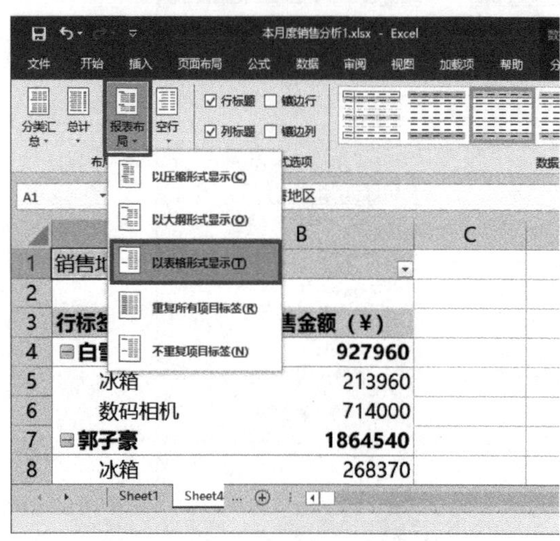

图 7-106 设置以表格形式显示

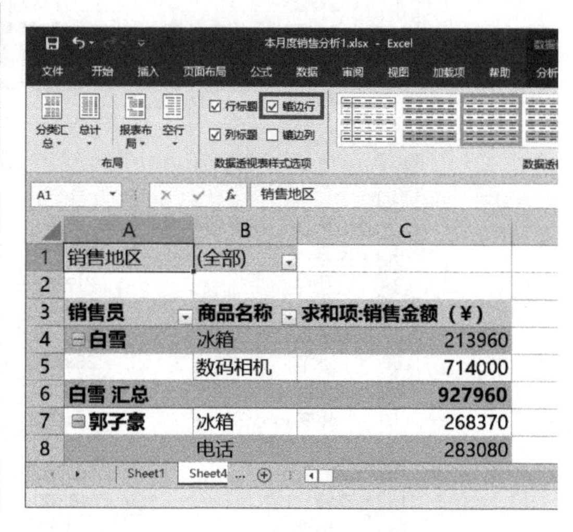

图 7-107 设置“镶边行”样式

步骤 07 在“数据透视表工具”下的“设计”选项卡“数据透视表样式”组中单击“其他”按钮，在打开的下拉列表中选择需要的样式，如图 7-108 所示。

步骤 08 在“数据透视表工具”下的“分析”选项卡“显示”组中单击“字段列表”按钮，关闭“数据透视表字段”面板，如图 7-109 所示。

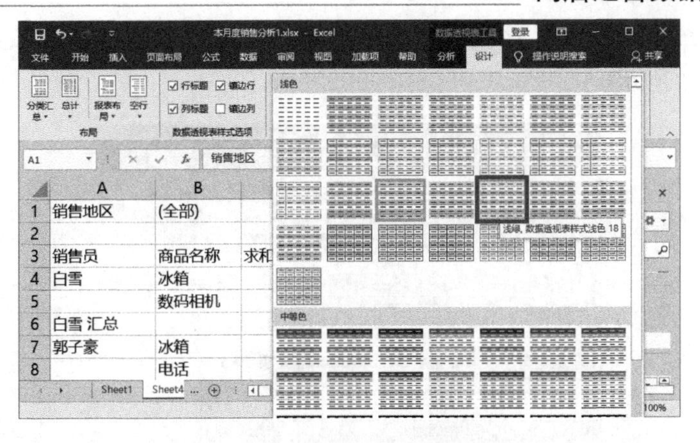

图 7-108　选择数据透视表样式

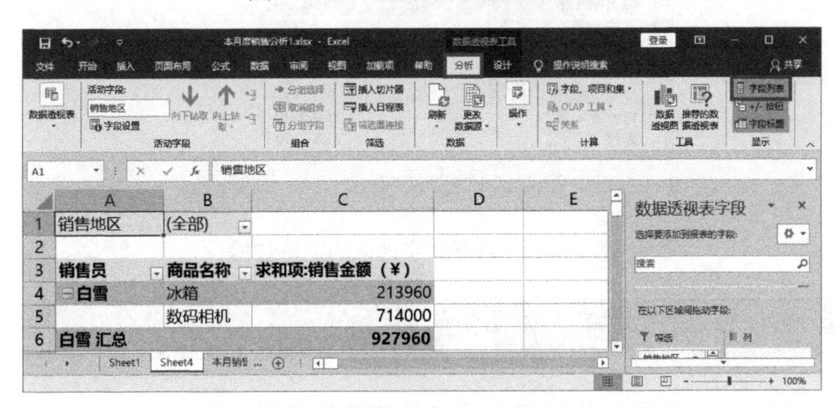

图 7-109　关闭“数据透视表字段”面板

步骤 09 单击 B1 单元格中的下拉按钮，在打开的下拉列表中选择“北京”选项，如图 7-110 所示。

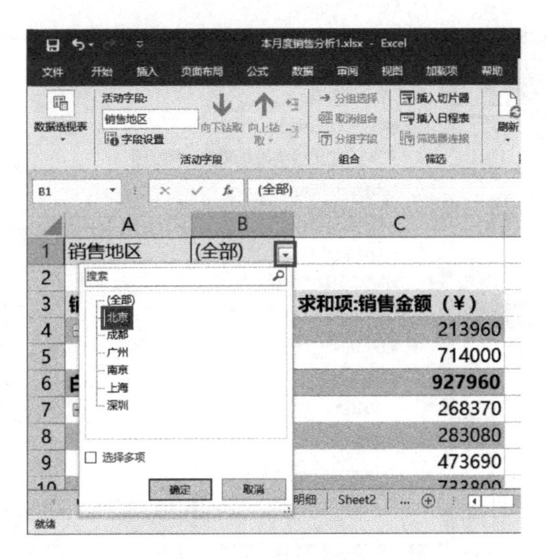

图 7-110　筛选销售地区

步骤 10 单击“确定”按钮，在数据透视表中可以看到只保留了北京地区的销售数据，如图 7-111 所示。

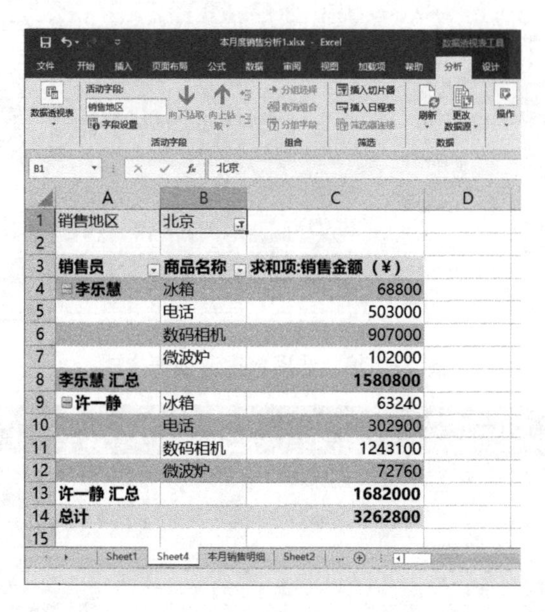

图 7-111 查看北京地区的销售数据

7.5.3 计算不同地区的销售额

通过数据透视表计算不同地区销售额的具体操作步骤如下。

步骤 01 打开“本月度销售分析 2.xlsx”文件，在数据表中选择任意非空单元格，在“插入”选项卡“表格”组中单击“数据透视表”按钮，弹出“创建数据透视表”对话框，如图 7-112 所示。

图 7-112 创建数据透视表

步骤 02 单击“确定”按钮，创建一个新的数据透视表，修改工作表标签名称为“求和”，如图 7-113 所示。

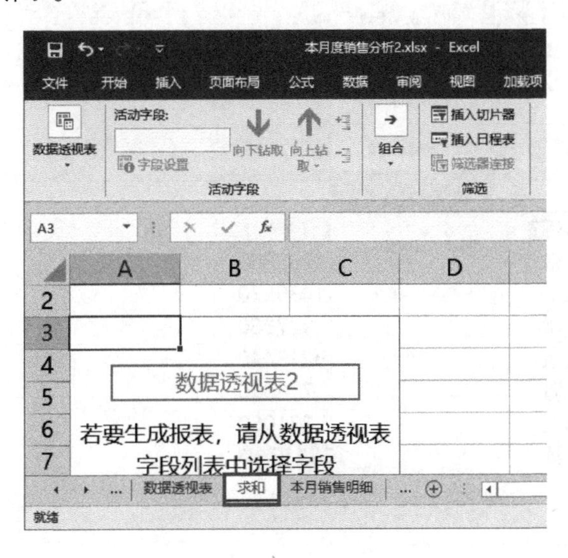

图 7-113 重命名工作表

步骤 03 将“销售地区”字段拖动至“行”列表框，将“销售金额”字段拖动至“值”列表框，如图 7-114 所示。

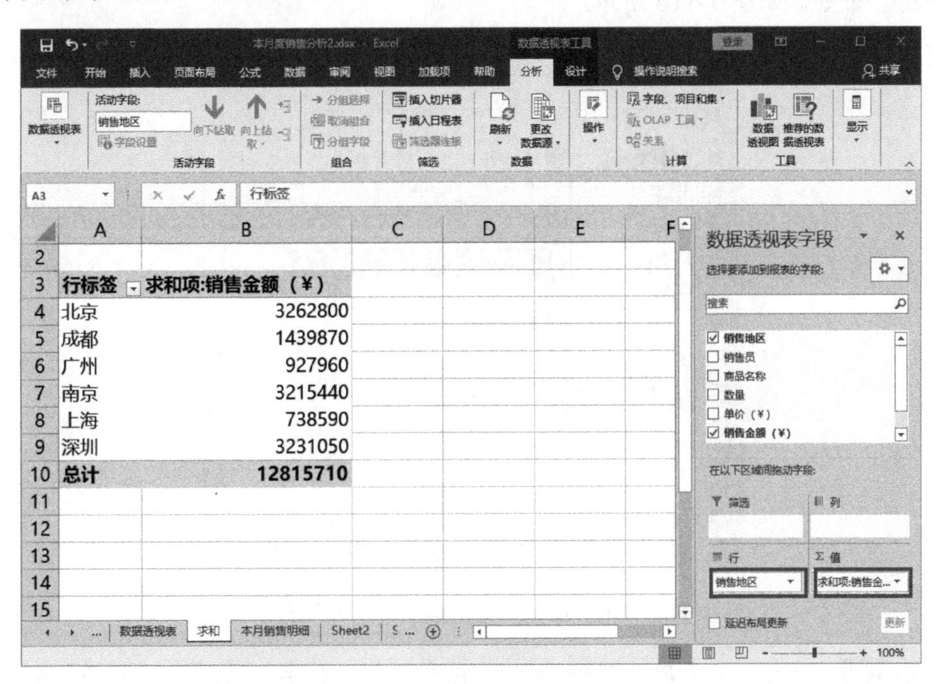

图 7-114 为数据透视表添加字段

步骤 04 在“数据透视表工具”下的“设计”选项卡“布局”组中单击“报表布局”→“以表格形式显示”命令，如图 7-115 所示。

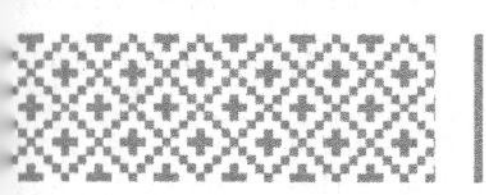

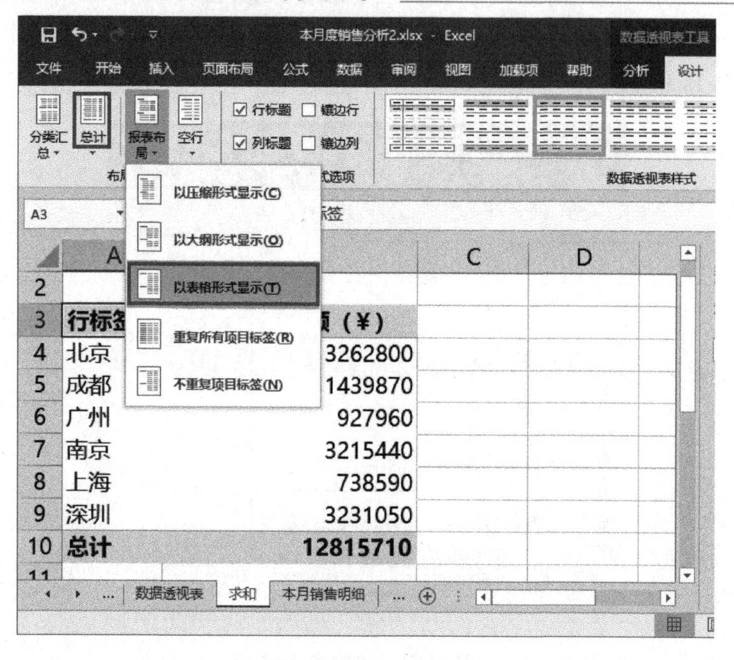

图 7-115　单击“以表格形式显示”命令

步骤 05　选择 B4:B10 单元格区域，单击鼠标右键，在弹出的菜单中单击“设置单元格格式”命令，如图 7-116 所示。

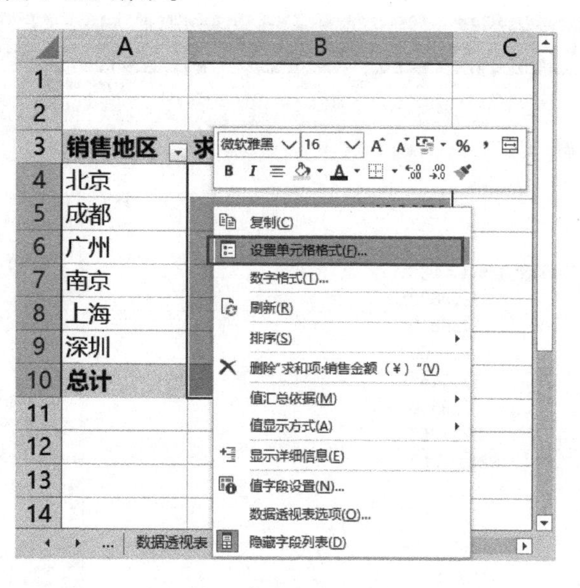

图 7-116　单击“设置单元格格式”命令

步骤 06　弹出“设置单元格格式”对话框，在“数字”选项卡“分类”列表框中选择“货币”选项，设置“小数位数”为“2”，设置“货币符号（国家/地区）”为“无”，单击“确定”按钮，如图 7-117 所示。

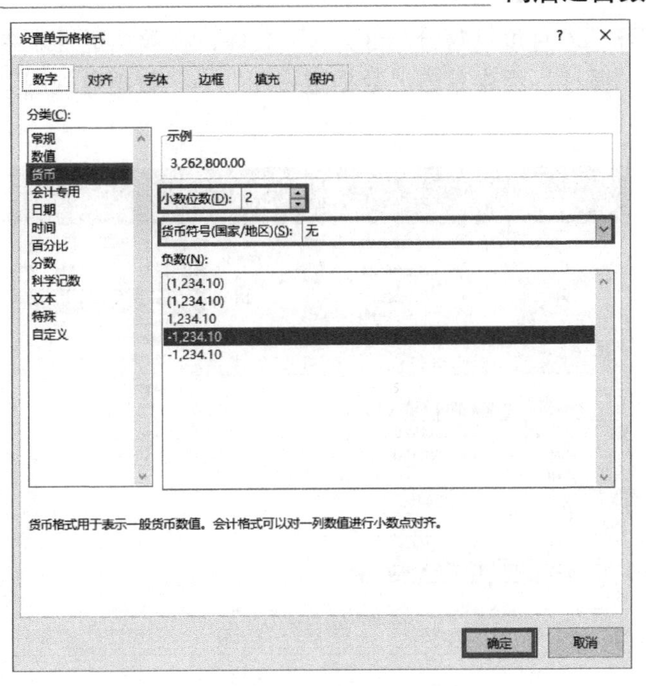

图 7-117 设置货币格式

步骤 07 美化数据透视表，“求和”数据透视表就制作完成了，如图 7-118 所示。

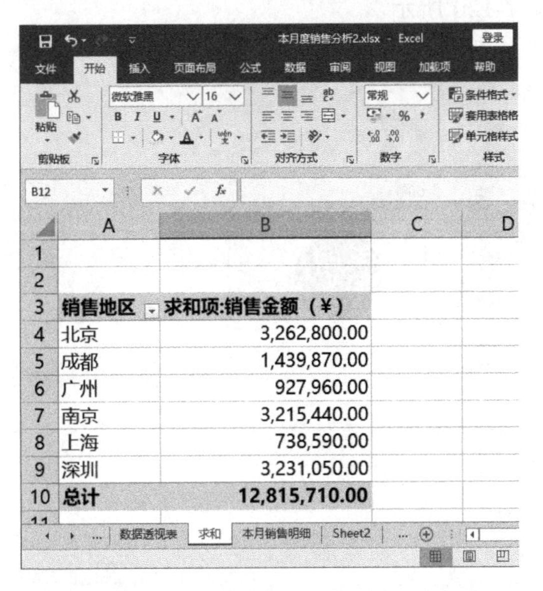

图 7-118 制作完成的“求和”数据透视表

7.5.4 创建月度销售数据透视图

数据透视图可以将数据透视表中的数据可视化，以便查看、比较相关数据，预测销售趋势，帮助卖家进行经营决策，提高店铺效益。创建数据透视图的具体操作步骤如下。

步骤 01 打开“本月度销售分析 3.xlsx”文件，在数据透视表中选择任一单元格，在“插入”选项卡“图表”组中单击“数据透视图”→“数据透视图”命令，如图 7-119 所示。

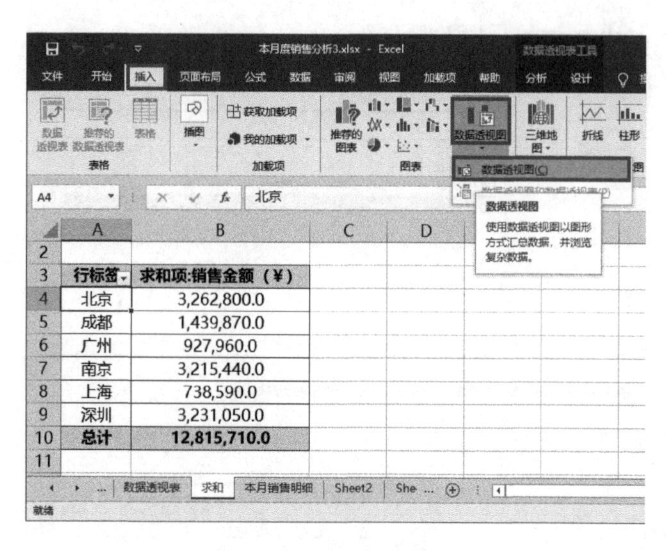

图 7-119 创建数据透视图

步骤 02 弹出“插入图表”对话框，选择“饼图”选项，在右侧的选项面板中单击“饼图”图标，如图 7-120 所示。

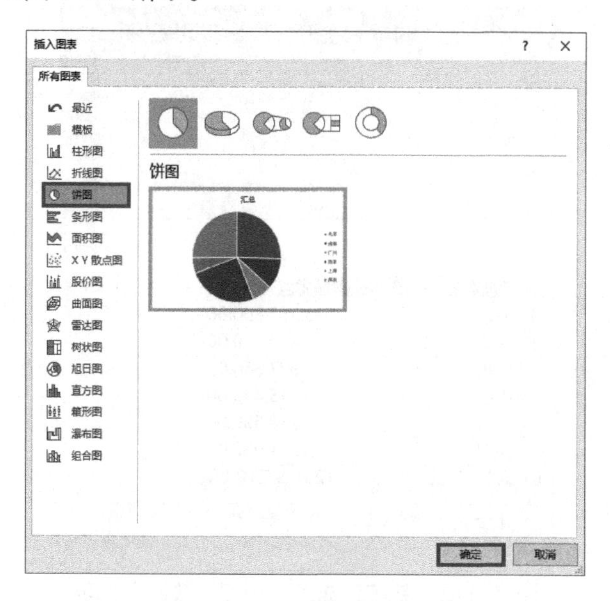

图 7-120 选择图表类型

步骤 03 单击“确定”按钮，创建数据透视图。在“数据透视图工具”下的“设计”选项卡“位置”组中单击“移动图表”按钮，如图 7-121 所示。

步骤 04 弹出“移动图表”对话框，选中“新工作表”单选按钮，在右侧的文本框中输入工作表名称，单击“确定”按钮，如图 7-122 所示。

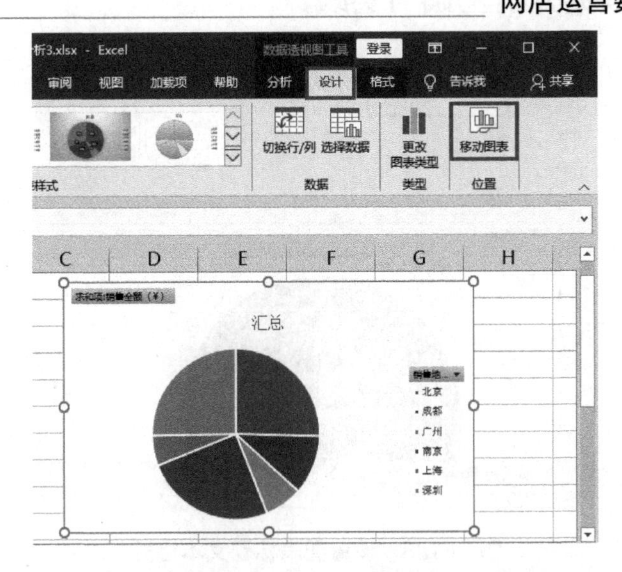

图 7-121　移动图表

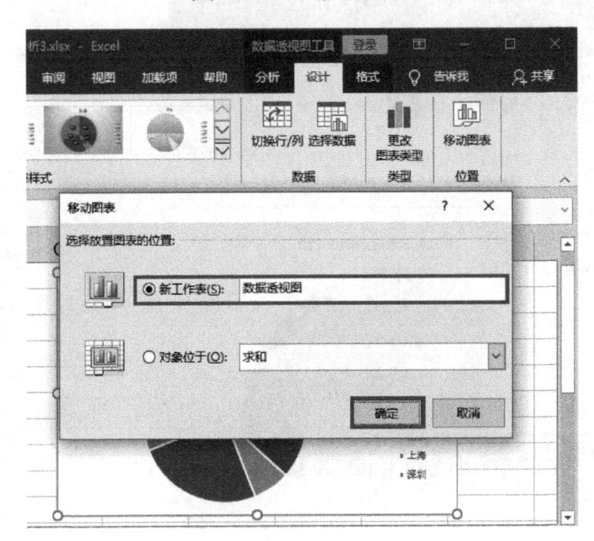

图 7-122　选择放置图表的位置

步骤 05 将图表标题修改为“本月度各地区销售占比图”，设置“字体”为“微软雅黑”“加粗”，设置“字号”为“18”，如图 7-123 所示。

步骤 06 在“数据透视图工具”下的“设计”选项卡“图表布局”组中单击“添加图表元素”→“数据标签”→“其他数据标签选项”命令，如图 7-124 所示。

步骤 07 打开“设置数据标签格式”面板，在“标签包括”组中勾选“类别名称”“百分比”“显示引导线”复选框，取消“值”复选框的勾选，在“标签位置”组中选中“数据标签外”单选按钮，如图 7-125 所示。关闭“设置数据标签格式”面板，月度销售数据透视图就制作完成了，如图 7-126 所示。此时，卖家即可对店铺的月度销售情况进行分析。

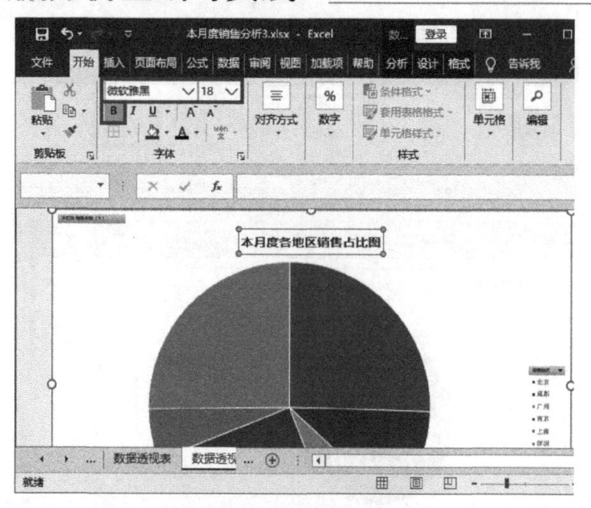

图 7-123　设置图表标题文本格式

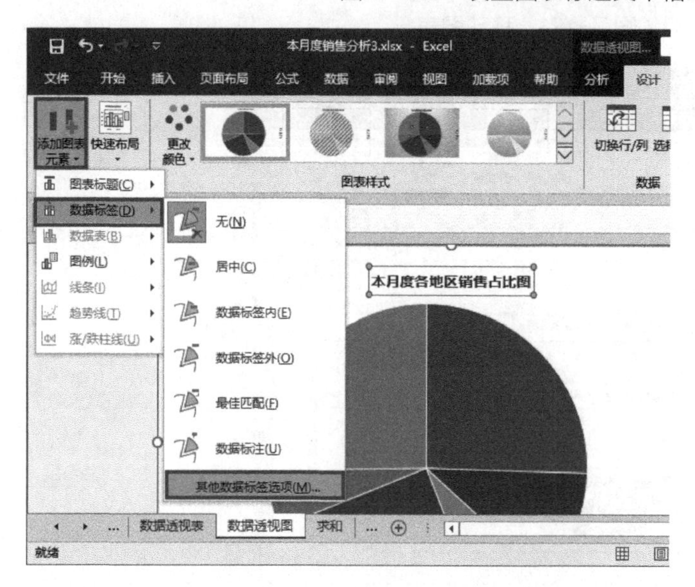

图 7-124　添加数据标签

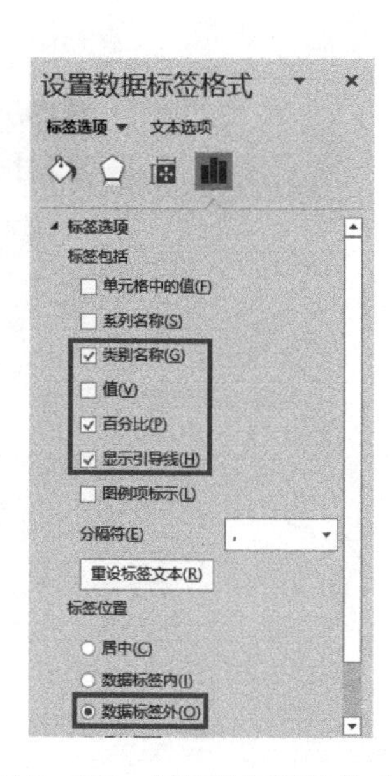

图 7-125　设置数据标签格式

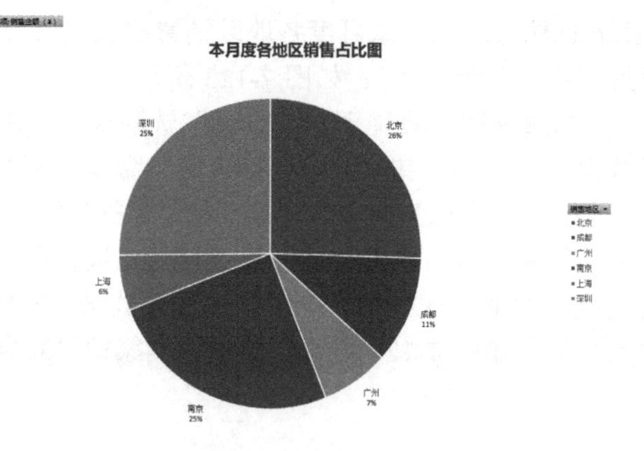

图 7-126　制作完成的月度销售数据透视图

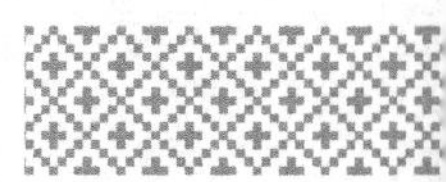

本章小结

本章主要介绍了网店运营数据分析，包括网店供货商信息管理、网店客户信息管理、网店商品信息管理、网店运营基础数据分析和网店运营月度销售数据分析。

利用 Excel 的导入数据功能可以快速导入客户信息；利用分类汇总功能按照商品属性对数据进行分类汇总筛选出所需的数据；创建折线图对网店浏览量进行分析；创建饼图来进行商品评价分析；创建数据透视表和数据透视图使数据可视化，以便对销售数据进行分析。

思考题

1. 简述网店运营数据分析的内容。
2. 简述网店客户信息管理的内容。
3. 简述网店运营基础数据分析的过程。
4. 简述创建数据透视表的过程。
5. 简述创建数据透视图的过程。

本章实训

1. 创建商品信息表，包括商品编号、商品名称、供货商名称、销售价格、销售数量、销售总额，自动填充“商品编号”，“商品名称”限定为“韩版风衣”“女士衬衫”“T 恤”，添加商品数据，冻结标题行，按照“商品名称”“供货商名称”字段进行分类汇总。

（1）使用填充柄填充“商品编号”。

（2）使用数据验证功能限定“商品名称”。

（3）使用冻结窗格功能冻结标题行。

（4）先对商品数据进行排序，再按照“商品名称”“供货商名称”进行排序，在“分类汇总”对话框中取消“替换当前分类汇总”复选框的勾选。

2. 打开“本月销售明细.xlsx”文件，在该工作表中创建数据透视表和数据透视图，对“修身风衣”在不同地区的销售额进行分析。

（1）创建数据透视表，查看各地区“修身风衣”的销售额。

（2）根据数据透视表创建数据透视图，查看各地区的销售额占比。

第 8 章 网店客户数据分析

↘ 思政导读

人民群众是历史主体和历史创造者，实现每个人自由和全面的发展，是马克思主义“以人为本”的价值追求。企业市场竞争制胜的关键就是不断挖掘并提升客户价值，不断提高客户服务水平，不断提升客户满意度。这当中蕴含着深刻的马克思主义人民观和以人为本的思想。

本章教学目标与要求

（1）理解客户基本情况分析的要素。

（2）运用 Excel 分析客户数据信息，了解客户需求，分析客户特征，评估客户价值，从而制定出相应的营销策略与资源配置计划。

（3）通过合理、系统的客户数据分析，发现潜在客户，优化营销策略，扩大网店规模，提高网店收益。

8.1 网店客户基本情况分析

卖家可以对客户的性别、年龄、所在城市和消费层级等方面进行分析，根据分析结果调整店铺的商品结构和营销策略。

8.1.1 客户性别分析

通过分析客户性别，卖家可以掌握不同性别的客户比例，以便更好地调整店铺营销策略。客户性别分析的具体操作步骤如下。

步骤 01 打开“客户性别分析.xlsx”文件，在“成交客户数据”工作表中选择 B5:D5 单元格区域，在“公式”选项卡“函数库”组中单击“自动求和”按钮，如图 8-1 所示。

步骤 02 在按住 Ctrl 键的同时选择 C2:D2 和 C5:D5 单元格区域，在“插入”选项卡“图表”组中单击“插入饼图或圆环图”下拉按钮，在打开的下拉列表中选择“圆环图”选项，如图 8-2 所示。

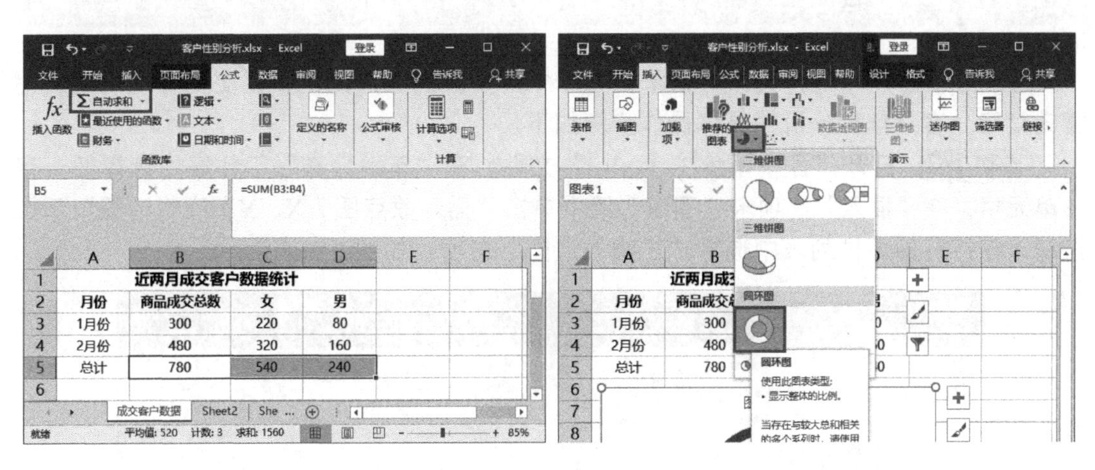

图 8-1 自动求和

图 8-2 插入圆环图

步骤 03 选择插入的图表，在“图表工具”下的“设计”选项卡“图表布局”组中单击“快速布局”下拉按钮，在打开的下拉列表中选择需要的图表布局样式，如“布局 6”，如图 8-3 所示。

步骤 04 将图表标题修改为“成交客户性别占比”，设置“字体”为“微软雅黑”“深蓝色”“加粗”。在“图表工具”下的“设计”选项卡“图表布局”组中单击“添加图表元素”→“数据标签”→“数据标注”命令，修改数据标签的显示形式。将数据标签和图例移动到合适的位置，客户性别分析圆环图就制作完成了，如图 8-4 所示。此时，卖家即可对客户的性别占比进行分析。

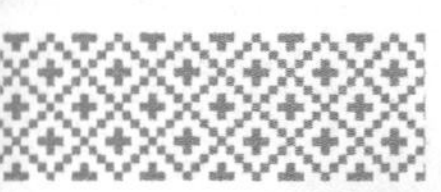

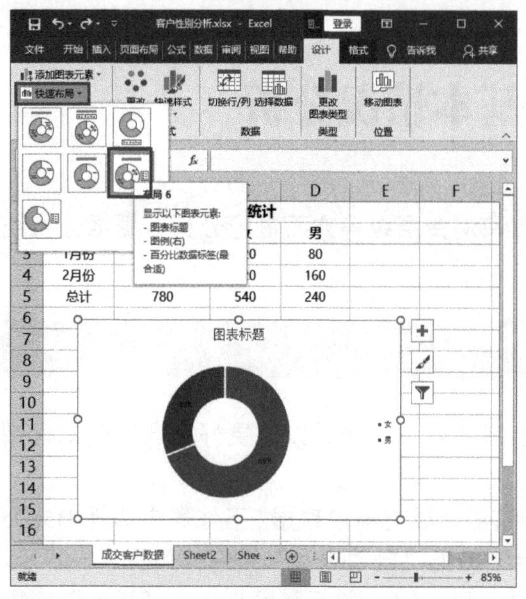

图 8-3　设置图表布局样式

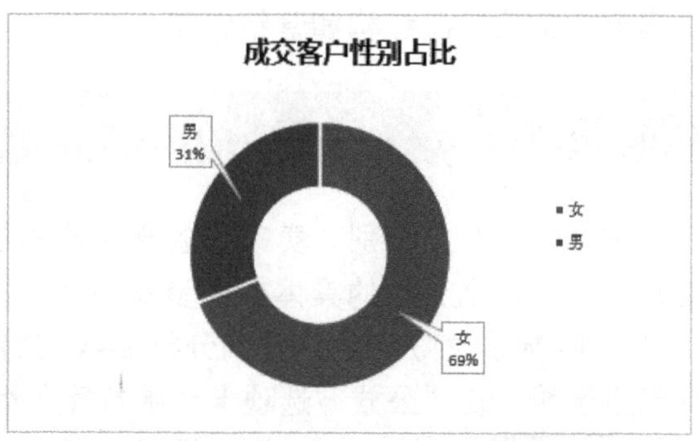

图 8-4　制作完成的客户性别分析圆环图

8.1.2　客户年龄分析

通过分析客户年龄，卖家可以掌握各个年龄阶段的客户比例，以便更好地调整店铺营销策略。客户年龄分析的具体操作步骤如下。

步骤 01　打开“客户年龄统计.xlsx”文件，在“年龄分布”工作表中选择任一空白单元格，在“插入”选项卡“图表”组中单击“插入散点图（X、Y）或气泡图”下拉按钮，在打开的下拉列表中选择“三维气泡图”选项，如图 8-5 所示。

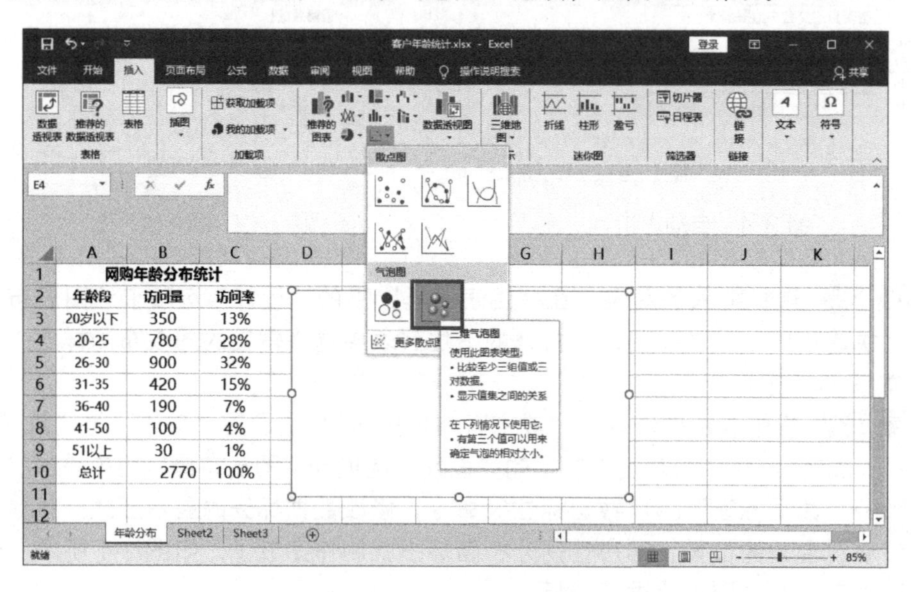

图 8-5　插入三维气泡图

步骤 02 选择插入的空白图表，单击鼠标右键，在弹出的菜单中单击“选择数据”命令，弹出“选择数据源”对话框，单击“添加”按钮，如图 8-6 所示。

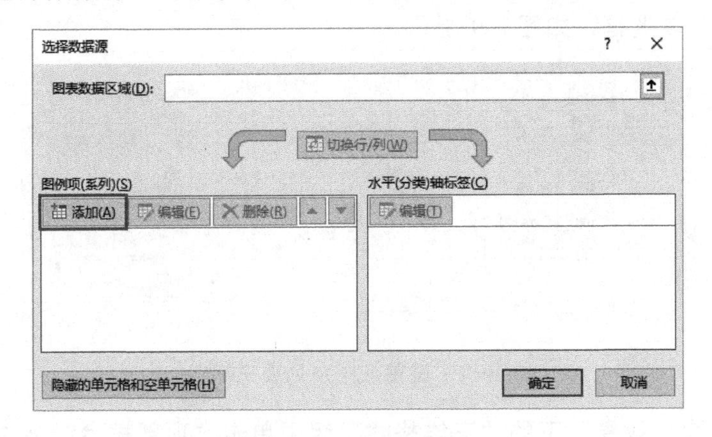

图 8-6　添加数据系列

步骤 03 弹出“编辑数据系列”对话框，设置各项参数，如图 8-7 所示。

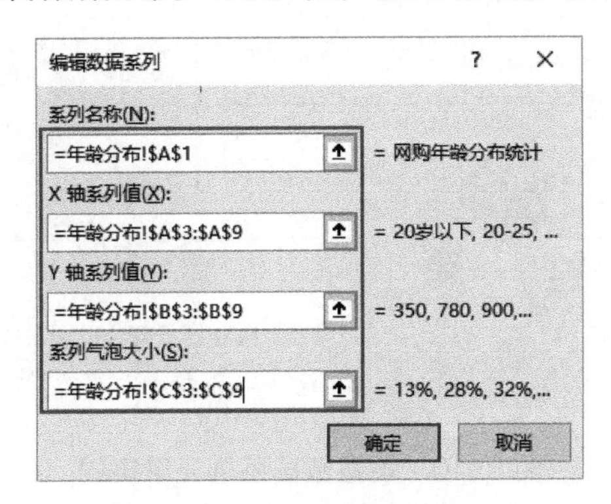

图 8-7　编辑数据系列

步骤 04 单击“确定”按钮，在工作表中可以看到添加完数据的三维气泡图，如图 8-8 所示。

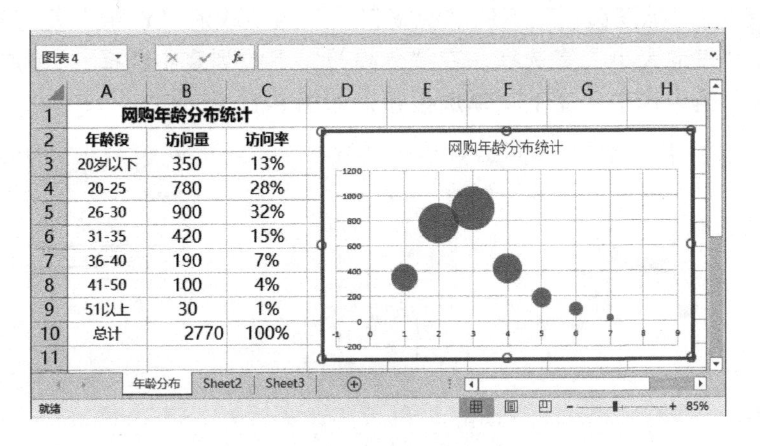

网购年龄分布统计		
年龄段	访问量	访问率
20岁以下	350	13%
20-25	780	28%
26-30	900	32%
31-35	420	15%
36-40	190	7%
41-50	100	4%
51以上	30	1%
总计	2770	100%

图 8-8　添加完数据的三维气泡图

步骤 05 选择数据系列，单击鼠标右键，在弹出的菜单中单击“设置数据系列格式”命令，打开“设置数据系列格式”面板，在“填充与线条”下的“填充”组中勾选“依数据点着色”复选框，如图 8-9 所示。

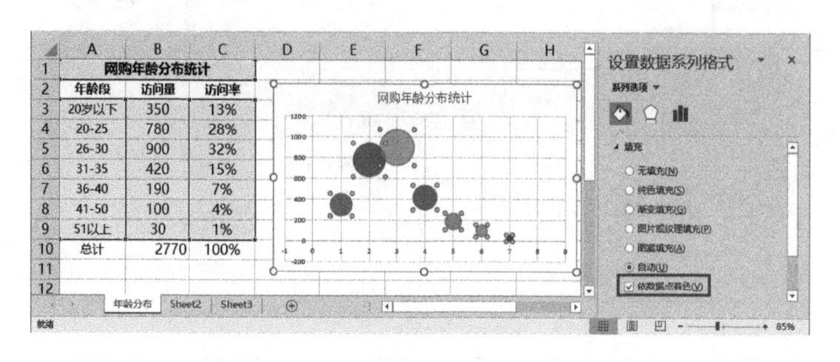

图 8-9　设置数据系列填充格式

步骤 06 在“效果”下的“三维格式”组中单击“顶部棱台”下拉按钮，在打开的下拉列表中选择“圆形”选项，设置棱台“宽度”为“13 磅”，设置“高度”为“10 磅”，如图 8-10 所示。

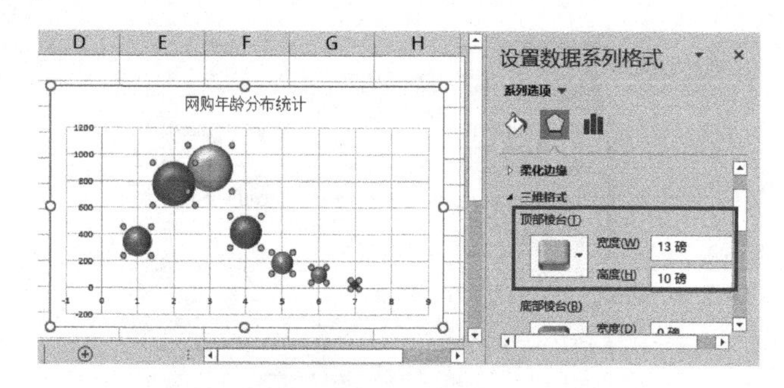

图 8-10　设置数据系列三维格式

步骤 07 选择图表，在“图表工具”下的“设计”选项卡“图表布局”组中单击“添加图表元素”→“数据标签”→“其他数据标签选项”命令，打开“设置数据标签格式”面板。

步骤 08 在“标签选项”下的“标签包括”组中取消“Y 值”复选框的勾选，勾选“X 值”和“气泡大小”复选框，在“分隔符”下拉列表中选择“,（逗号）”选项，在“标签位置”组中选中“靠上”单选按钮，如图 8-11 所示。

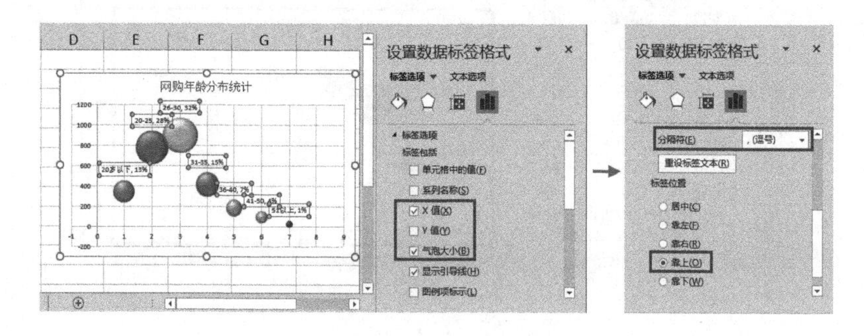

图 8-11　设置数据标签格式

步骤 09 选择水平网格线，单击鼠标右键，在弹出的菜单中单击“设置网格线格式”命令，打开“设置主要网格线格式”面板，在“填充与线条”下的“线条”组中选中“无线条”单选按钮，删除水平网格线，如图 8-12 所示。

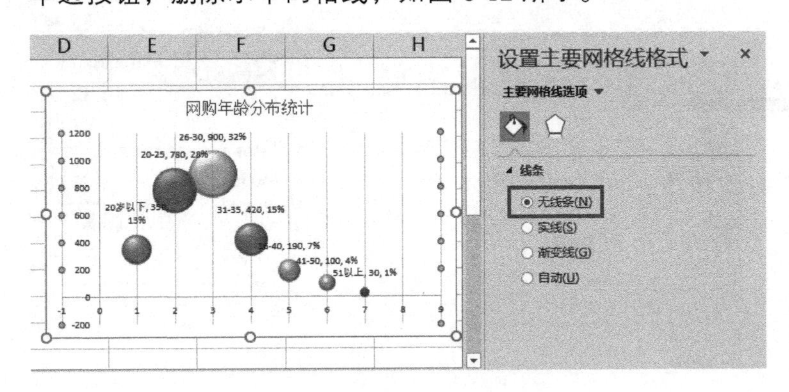

图 8-12 删除水平网格线

步骤 10 使用相同的方法，删除垂直网格线，客户年龄分析三维气泡图就制作完成了，如图 8-13 所示。此时，卖家即可对客户的年龄分布进行分析。

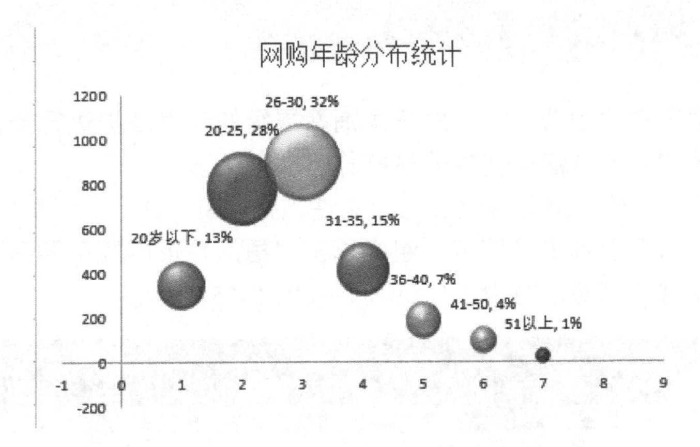

图 8-13 制作完成的客户年龄分析三维气泡图

8.1.3 客户所在城市分析

卖家可以对客户所在城市的数据进行分析，以便掌握各主要城市的销售情况。客户所在城市分析的具体操作步骤如下。

步骤 01 打开“城市成交量.xlsx”文件，在“成交量统计”工作表中选择 B3:B12 单元格区域，在“开始”选项卡“样式”组中单击“条件格式”下拉按钮，在打开的下拉菜单中选择“数据条”选项，再在打开的子菜单中选择“实心填充”组中的“绿色数据条”选项，如图 8-14 所示。

步骤 02 根据城市“成交量”进行数据条的绘制和显示，卖家即可通过数据条对客户所在城市的数据进行分析。

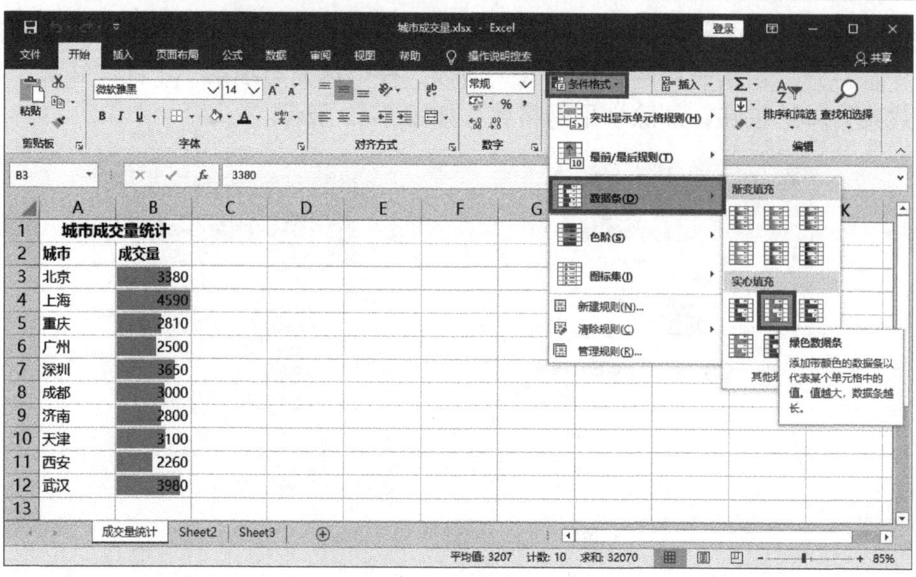

图 8-14　设置条件格式

8.1.4　客户消费层级分析

卖家通过了解客户的消费水平，对不同消费层级的消费数据进行分析，以便调整店铺的商品结构。客户消费层级分析的具体操作步骤如下。

步骤 01　打开“客户消费层级.xlsx”文件，在“Sheet1”工作表中选择 A1:B6 单元格区域，在“插入”选项卡“图表”组中单击“插入柱形图或条形图”下拉按钮，在打开的下拉列表中选择“簇状柱形图”选项，如图 8-15 所示。

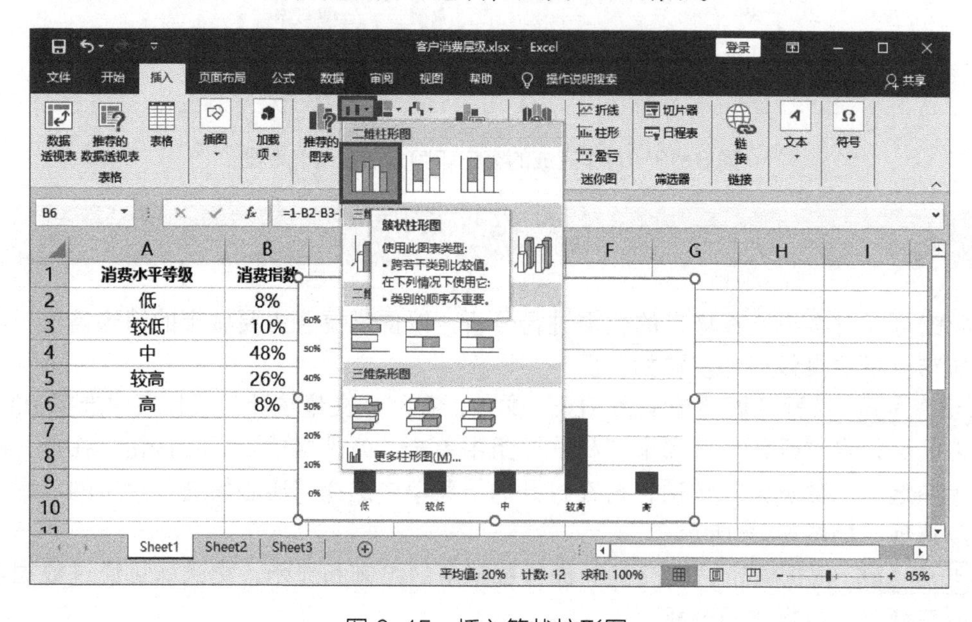

图 8-15　插入簇状柱形图

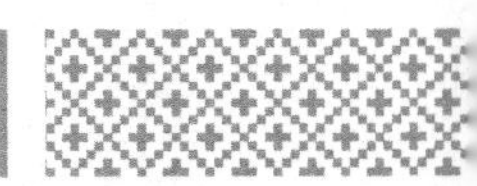

步骤 02 在“图表工具”下的“设计”选项卡“图表布局”组中单击“添加图表元素”→“数据标签”→“数据标签外”命令，为图表添加数据标签。

步骤 03 设置图表标题的“字体”为“微软雅黑”，设置“字号”为“18”，客户消费层级分析簇状柱形图就制作完成了，如图 8-16 所示。此时，卖家即可对客户的消费层级进行分析。

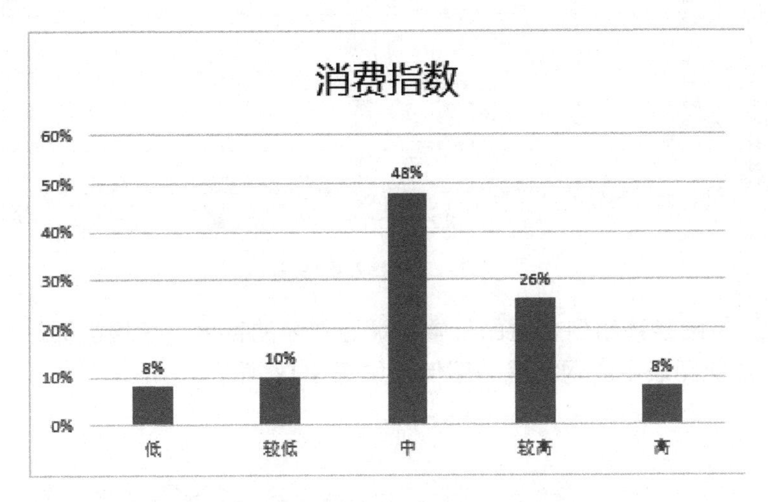

图 8-16 制作完成的客户消费层级分析簇状柱形图

8.2 网店客户总体消费数据分析

在网店经营过程中，卖家通过分析新老客户人数变化走势、新老客户销量占比及客户喜欢的促销方式等，可以更有针对性地调整客户维护策略，以提高商品销量，增加店铺利润。

8.2.1 新老客户人数变化走势分析

卖家应随时关注新老客户人数的变化，当新客户或老客户人数偏少时，则需要相应地调整客户维护策略。新老客户人数变化走势分析的具体操作步骤如下。

步骤 01 打开“新老客户数量统计.xlsx”文件，在“Sheet1”工作表中选择 A2:C32 单元格区域，在“插入”选项卡“图表”组中单击“插入折线图或面积图”下拉按钮，在打开的下拉列表中选择“折线图”选项，如图 8-17 所示。

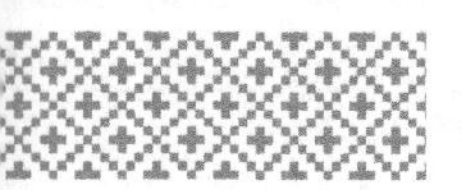

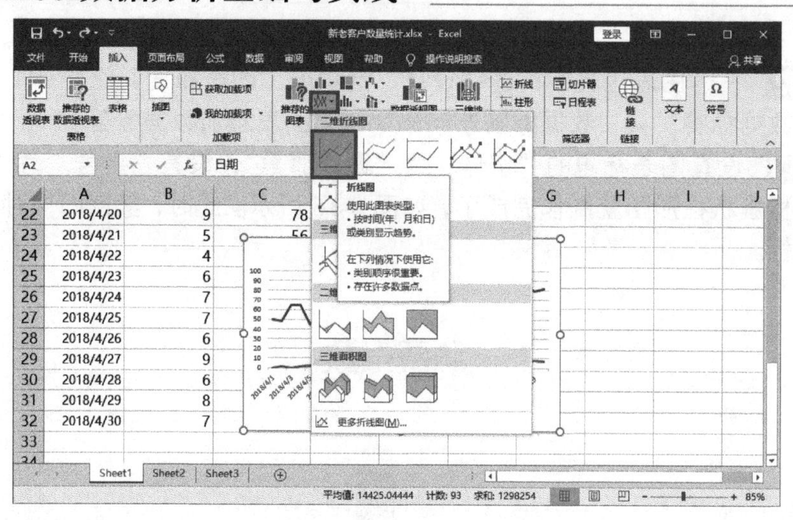

图 8-17 插入折线图

步骤 02 将图表移动到合适的位置，调整图表的宽度，使横坐标轴上的所有日期都显示出来，删除图表中的网格线和图例，如图 8-18 所示。

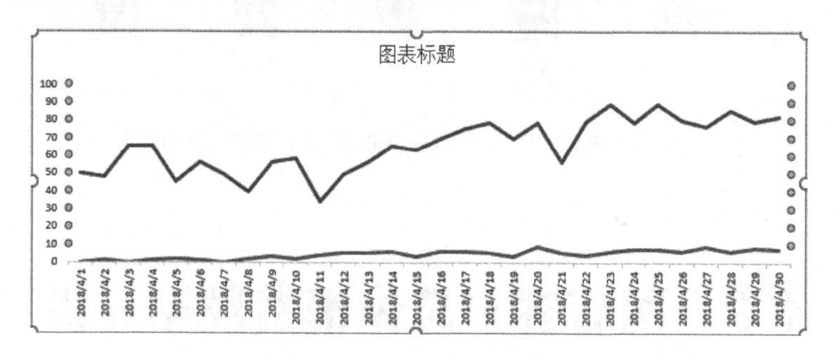

图 8-18 设置图表

步骤 03 双击“老客户”数据系列，打开“设置数据系列格式”面板，在“系列选项”下的“系列选项”组中选中“次坐标轴”单选按钮，如图 8-19 所示。

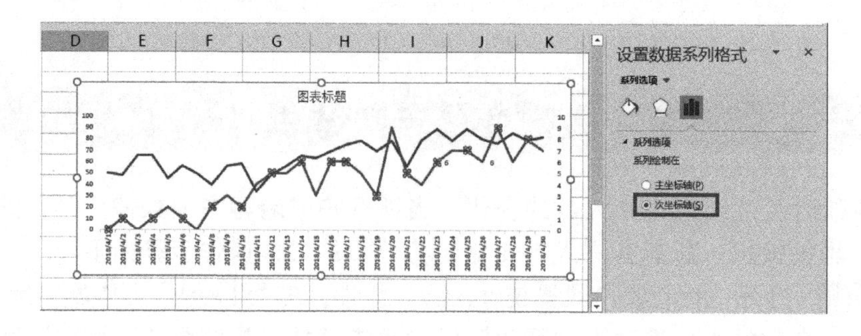

图 8-19 设置数据系列绘制在次坐标轴

步骤 04 在“填充与线条”下的“线条”组中，在“宽度”文本框中输入“3 磅”，勾选“平滑线”复选框，如图 8-20 所示。

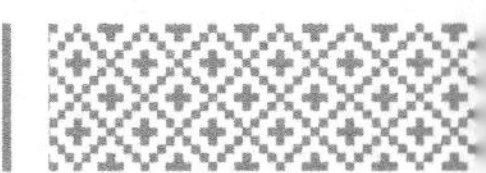

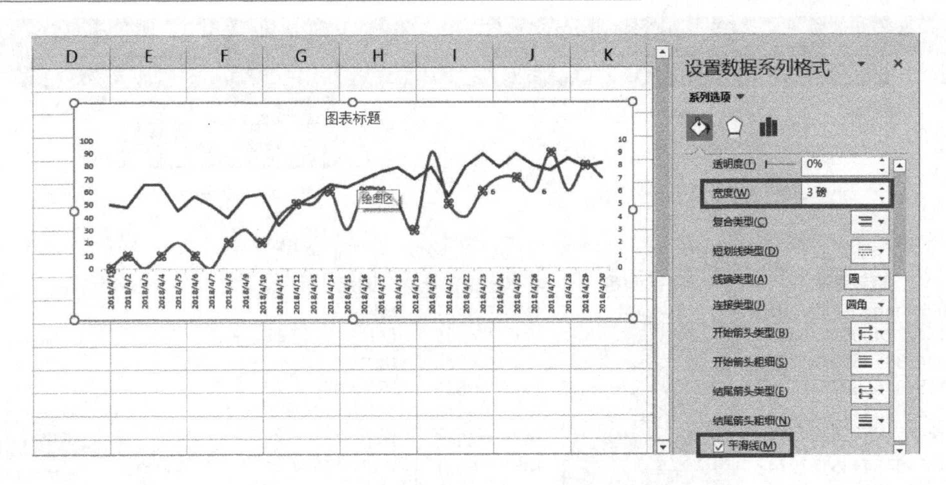

图 8-20　设置数据系列线条格式

步骤 05 使用相同的方法，对图表中的“新客户”数据系列进行相同的设置，单击“关闭”按钮，关闭“设置数据系列格式”面板。

步骤 06 选择图表，在“图表工具”下的“设计”选项卡“图表布局”组中单击“添加图表元素”→“图表标题”→“图表上方”命令。将图表标题修改为“新老客户数量走势图”，新老客户人数变化走势分析折线图就制作完成了，如图 8-21 所示。此时，卖家即可对新老客户人数的变化走势进行分析。

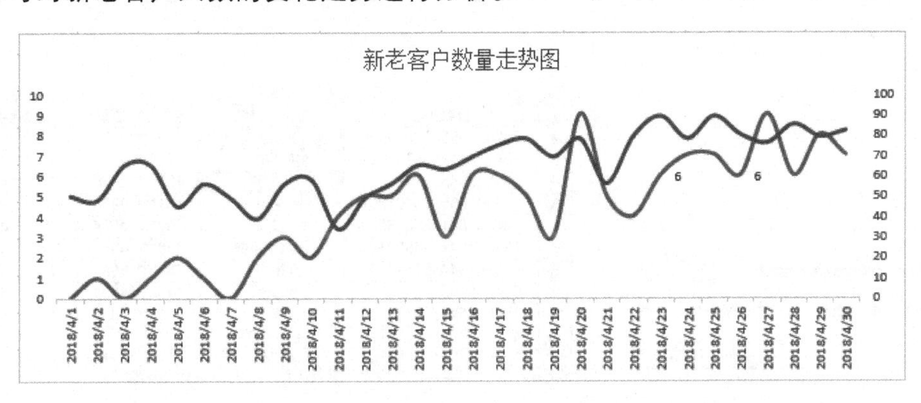

图 8-21　制作完成的新老客户人数变化走势分析折线图

8.2.2　新老客户销量占比分析

在网店销售过程中，老客户是店铺最优质的客户源，拥有稳定的老客户可以保证店铺的销量，对新老客户销量占比进行分析以便调整店铺营销策略。新老客户销量占比分析的具体操作步骤如下。

步骤 01 打开“店铺销售记录.xlsx”文件，在“Sheet1”工作表中选择 B2:B16 单元格区域，在“开始”选项卡“样式”组中单击“条件格式”→“突出显示单元格规则”→“重复值”命令，如图 8-22 所示。

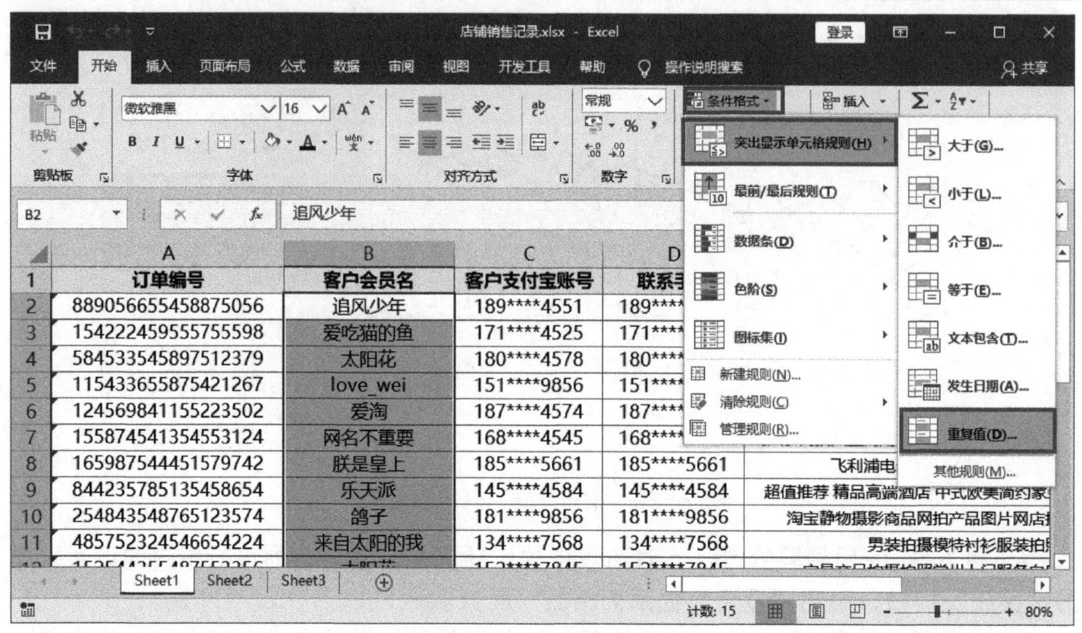

图 8-22　设置条件格式

步骤 02　弹出“重复值”对话框，保持默认设置，如图 8-23 所示。单击“确定”按钮，在工作表中以浅红色填充色、深红色文本形式突出显示具有重复值的单元格，如图 8-24 所示。

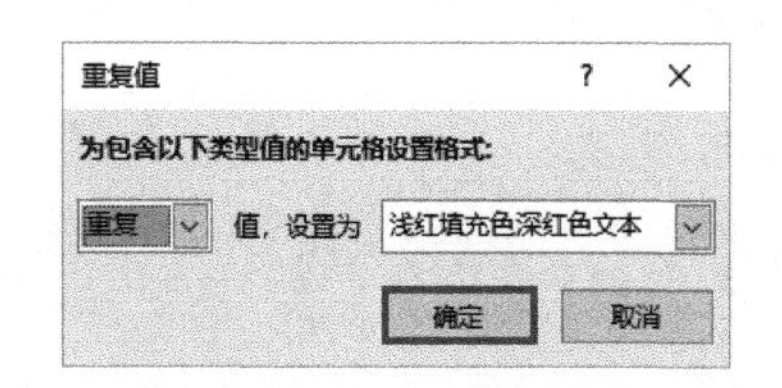

图 8-23　设置“重复值”参数

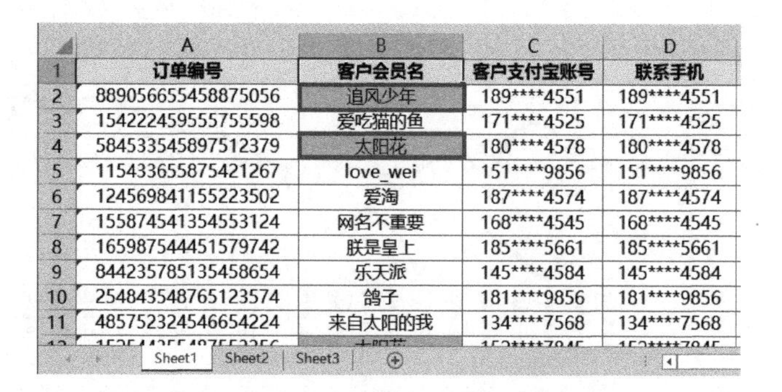

图 8-24　突出显示具有重复值的单元格

步骤 03　在数据表中选择任一单元格，在“数据”选项卡“排序和筛选”组中单击“筛选”按钮，系统自动为第一行添加筛选按钮。

步骤 04　单击“客户会员名”筛选按钮，在打开的下拉列表中选择“按颜色筛选”选项，然后在打开的子列表中选择“按单元格颜色筛选”组中的“浅红色”选项，如图 8-25 所示。“客户会员名”列只显示以浅红色填充的 4 个单元格，如图 8-26 所示。

步骤 05　选择 B19 单元格，在“公式”选项卡“函数库”组中单击“数学和三角函数”下拉按钮，在打开的下拉列表中选择“SUBTOTAL”函数，弹出“函数参数”对话框，设置各项函数参数，单击“确定”按钮，如图 8-27 所示。

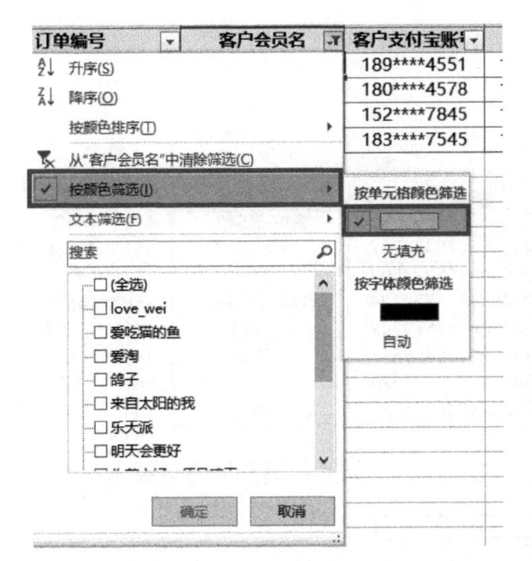

图 8-25　按颜色筛选

	A	B	C
1	订单编号	客户会员名	客户支付宝账号
2	889056655458875056	追风少年	189****4551
4	584533545897512379	太阳花	180****4578
12	152544355487553356	太阳花	152****7845
13	541235458835512126	追风少年	183****7545
17			

图 8-26　以浅红色填充筛选结果

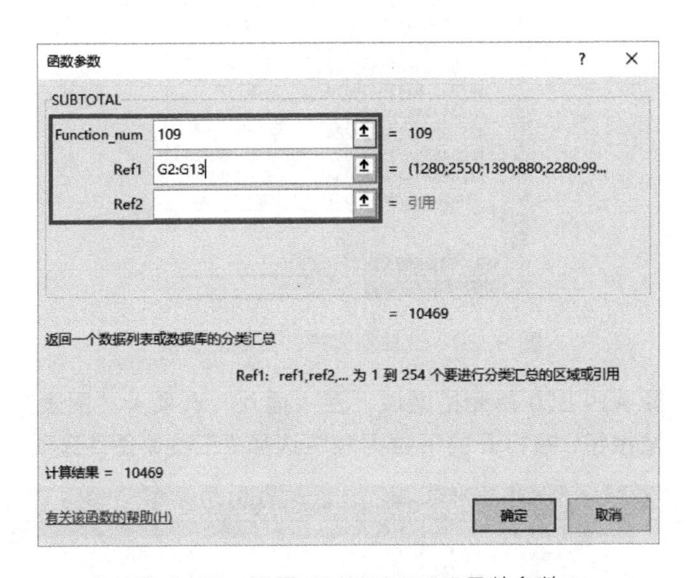

图 8-27　设置 SUBTOTAL()函数参数

步骤 06 选择 B19 单元格，按 Ctrl+C 组合键进行复制，在“开始”选项卡“剪贴板”组中单击“粘贴”下拉按钮，在打开的下拉列表中选择“值”选项，将公式结果转换为普通数值，如图 8-28 所示。

步骤 07 单击“客户会员名”筛选按钮，在打开的下拉列表中选择“按颜色筛选”选项，然后在打开的子列表中选择“无填充”选项，“客户会员名”列只显示无颜色填充的单元格，如图 8-29 所示。

步骤 08 选择 B20 单元格，在编辑栏中输入公式“=SUBTOTAL(109,G3:G16)”，按 Ctrl+Enter 组合键确认，再按步骤 06 将该公式结果转换为普通数值，计算出新客户购买商品金额，如图 8-30 所示。

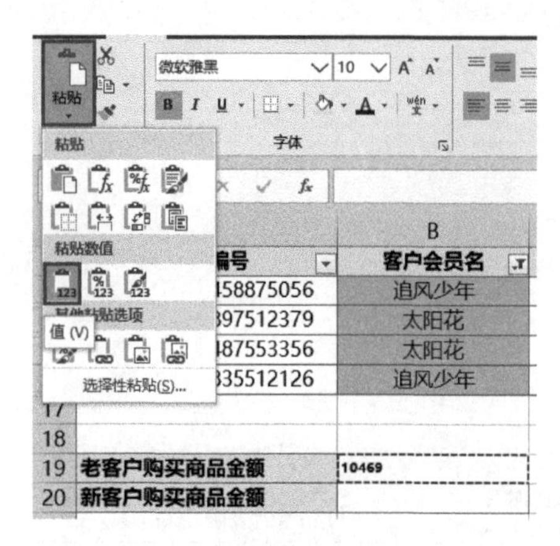

图 8-28　将公式结果转换为普通数值

	A	B	C
1	订单编号	客户会员名	客户支付宝账号
3	154222459555755598	爱吃猫的鱼	171****4525
5	115433655875421267	love_wei	151****9856
6	124569841155223502	爱淘	187****4574
7	155874541354553124	网名不重要	168****4545
8	165987544451579742	朕是皇上	185****5661
9	844235785135458654	乐天派	145****4584
10	254843548765123574	鸽子	181****9856
11	485752324546654224	来自太阳的我	134****7568

图 8-29　无颜色填充筛选结果

B20　=SUBTOTAL(109,G3:G16)

	A	B
1	订单编号	客户会员名
3	154222459555755598	爱吃猫的鱼
5	115433655875421267	love_wei
6	124569841155223502	爱淘
7	155874541354553124	网名不重要
8	165987544451579742	朕是皇上
9	844235785135458654	乐天派
10	254843548765123574	鸽子
11	485752324546654224	来自太阳的我
14	122545354225487635	你若安好，便是晴天
15	547886544254785854	明天会更好
16	123658455786554532	我是一只蜡烛
17		
18		
19	老客户购买商品金额	10469
20	新客户购买商品金额	19925

图 8-30　计算新客户购买商品金额

步骤 09　选择 A19:B20 单元格区域，在“插入”选项卡“图表”组中单击“插入饼图或圆环图”下拉按钮，在打开的下拉列表中选择“三维饼图”选项，如图 8-31 所示。

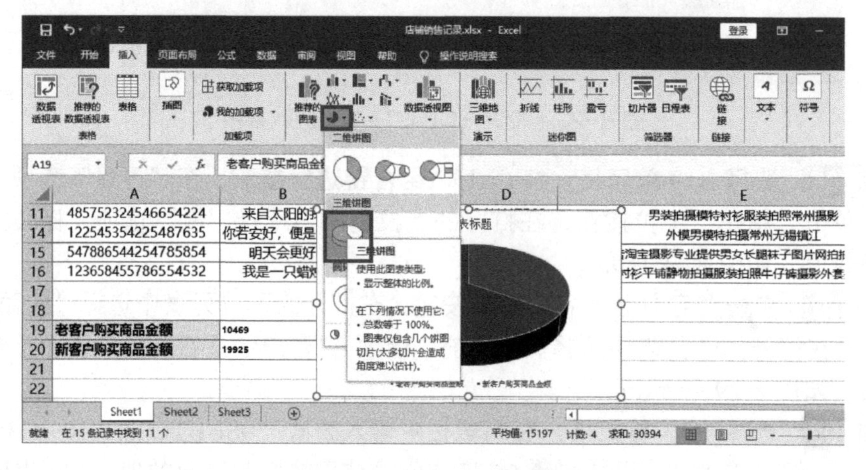

图 8-31　插入三维饼图

步骤 10 选择插入的三维饼图，在“图表工具”下的“设计”选项卡“图表布局”组中单击“快速布局”下拉按钮，在打开的下拉列表中选择“布局 6”选项，如图 8-32 所示。

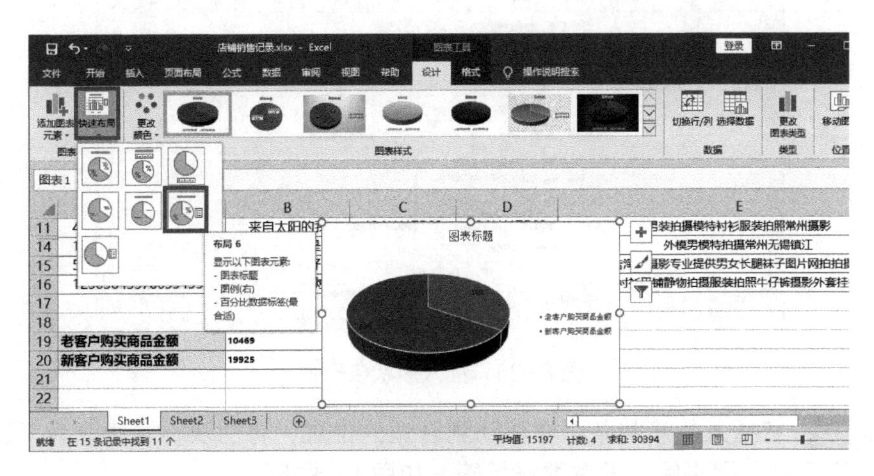

图 8-32 设置图表布局样式

步骤 11 调整图表的大小和位置，设置图表标题、数据系列颜色、图例和数据标签格式等，新老客户销量占比分析三维饼图就制作完成了，如图 8-33 所示。此时，卖家即可对新老客户的销量占比进行分析。

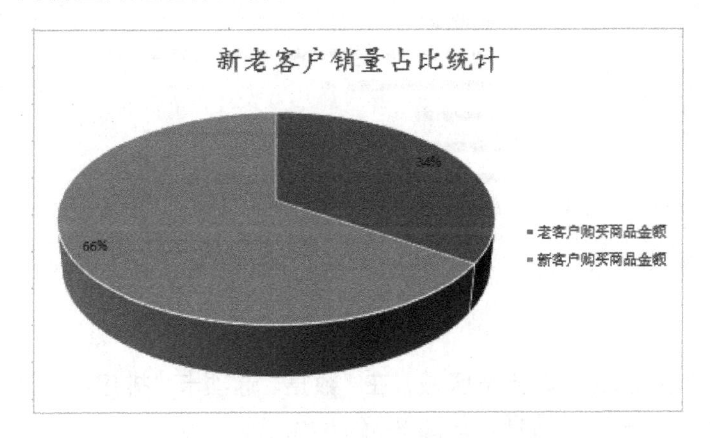

图 8-33 制作完成的新老客户销量占比分析三维饼图

8.2.3 促销方式分析

促销是卖家常用的营销手段，采用客户喜欢的促销方式，有助于激发客户的消费欲望，提高成交转化率。促销方式分析的具体操作步骤如下。

步骤 01 打开“促销方式分析.xlsx”文件，在“Sheet1”工作表中选择 A2:G3 单元格区域，在“插入”选项卡“图表”组中单击“插入柱形图或条形图”下拉按钮，在打开的下拉列表中选择“簇状条形图”选项，如图 8-34 所示。

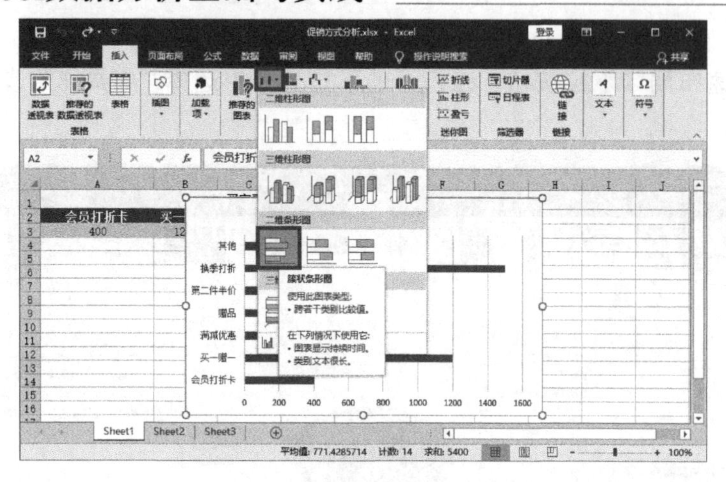

图 8-34　插入簇状条形图

步骤 02 将插入的簇状条形图移动到合适的位置，将图表标题修改为“促销方式分析”，删除图例和网格线，设置数据标签，如图 8-35 所示。

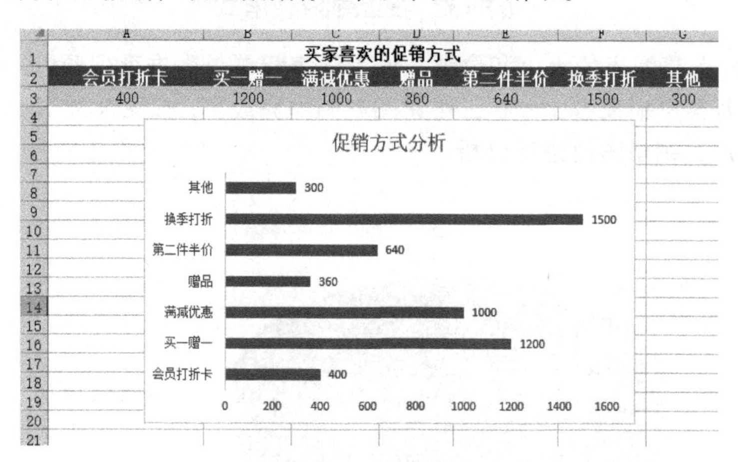

图 8-35　设置图表格式

步骤 03 选择 A2:G3 单元格区域，在“数据”选项卡“排序和筛选”组中单击“排序”按钮，弹出“排序”对话框，如图 8-36 所示。

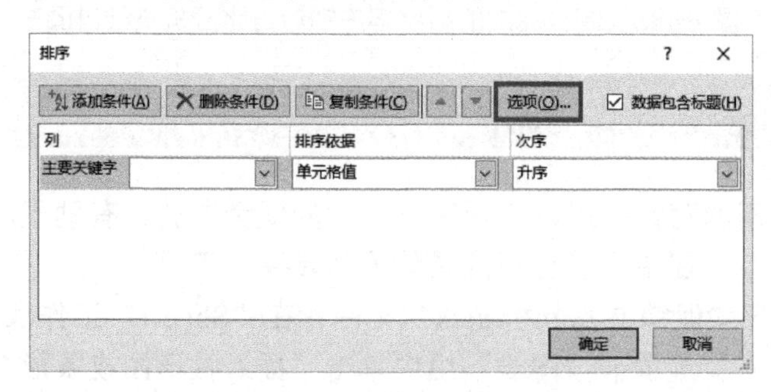

图 8-36　“排序”对话框

步骤 04 单击“选项”按钮，弹出“排序选项”对话框，选中“按行排序”单选按钮，如图 8-37 所示。

步骤 05 单击“确定”按钮，返回“排序”对话框，在“主要关键字”下拉列表中选择“行 3”选项，单击“确定”按钮，如图 8-38 所示。

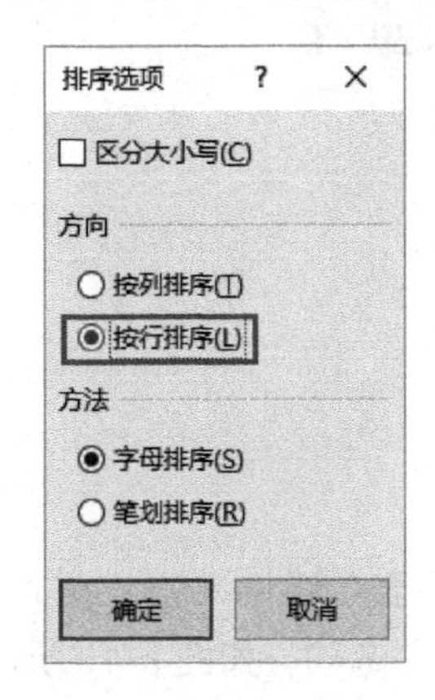

图 8-37 设置按行排序

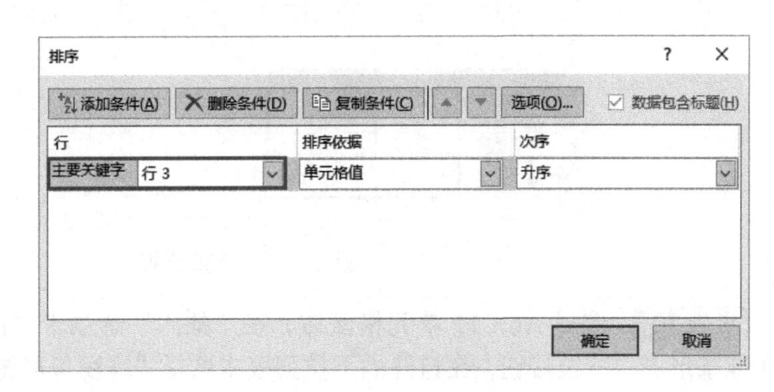

图 8-38 设置主要关键字

步骤 06 对数据进行排序后，各数据系列按照从高到低的方式排列，促销方式分析簇状条形图就制作完成了，如图 8-39 所示。此时，卖家即可对客户喜欢的促销方式进行分析。

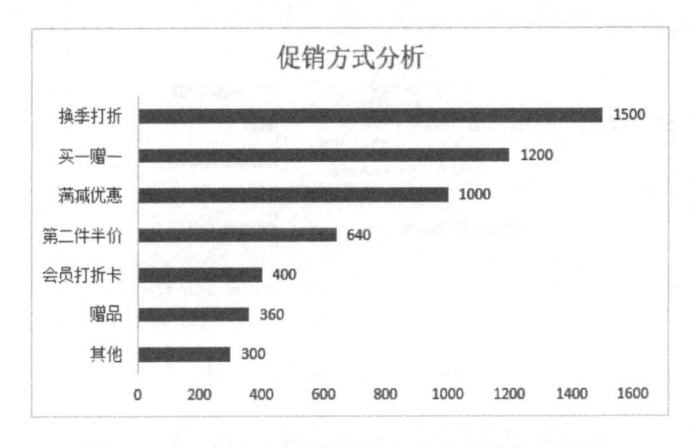

图 8-39 制作完成的促销方式分析簇状条形图

8.3 网店客户购买行为分析

通过分析客户的购买行为，可以进一步分析客户的购买心理，以便提高销量，使店铺利润最大化。客户购买行为分析的具体操作步骤如下。

步骤 01 打开“客户购买行为统计.xlsx”文件，在“Sheet1”工作表中的 B7 ~ B11 单元格中分别输入公式“=B2*C2*(−1)”“=B2*D2*(−1)”“=B2*E2*(−1)”“=B2*F2*(−1)”

“=B2* G2*(−1)”，按 Ctrl+Enter 组合键进行计算。

步骤 02 在 C7 ~ C11 单元格中分别输入公式“=B3*C3”“=B3*D3”“=B3*E3”“=B3*F3”“=B3*G3”，按 Ctrl+Enter 组合键进行计算。计算结果如图 8-40 所示。

	A	B	C	D	E	F	G
1	性别	人数	品牌知名度	店铺规模	物流速度	商品质量	商品价格
2	男性	30	0.85	0.25	0.56	0.63	0.17
3	女性	40	0.43	0.37	0.63	0.36	0.62
4							
5							
6	因素	男性	女性				
7	品牌知名度	-25.5	17.2				
8	店铺规模	-7.5	14.8				
9	物流速度	-16.8	25.2				
10	商品质量	-18.9	14.4				
11	商品价格	-5.1	24.8				
12							

图 8-40 计算结果

步骤 03 选择 A6:C11 单元格区域，在“插入”选项卡“图表”组中单击“插入柱形图或条形图”下拉按钮，在打开的下拉列表中选择“堆积条形图”选项，如图 8-41 所示。

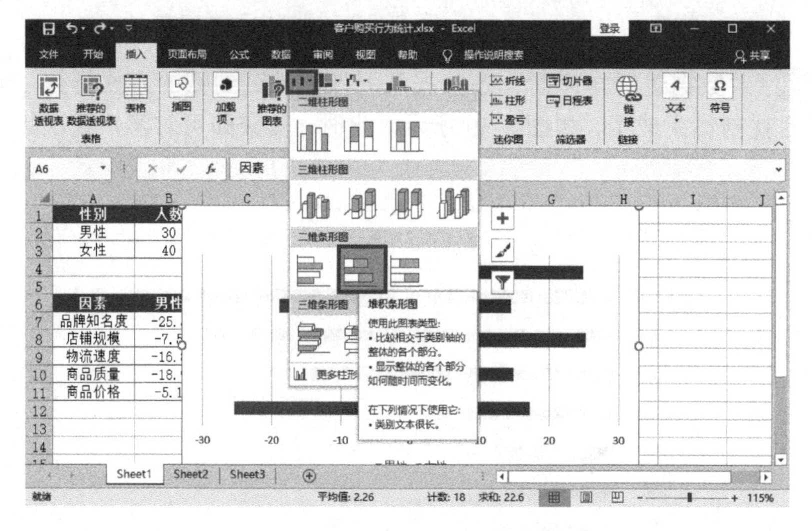

图 8-41 插入堆积条形图

步骤 04 调整图表的大小和位置，选择图表，在“图表工具”下的“设计”选项卡“图表样式”组中选择需要的图表样式，如“样式 9”，如图 8-42 所示。

步骤 05 将图表标题修改为“客户购买行为分析”，设置“字体”为“微软雅黑”“加粗”，设置“字号”为“12”。选择纵坐标轴，单击鼠标右键，在弹出的菜单中单击“设置坐标轴格式”命令，打开“设置坐标轴格式”面板，在“坐标轴选项”下的“标签”组中，在“标签位置”下拉列表中选择“低”选项，如图 8-43 所示。

步骤 06 选择横坐标轴，打开“设置坐标轴格式”面板，在“坐标轴选项”下的“刻度线”组中，在“主要刻度线类型”下拉列表中选择“内部”选项，在“数字”组中的“类别”下拉列表中选择“自定义”选项，在“格式代码”文本框中输入代码“0.0;0.0;0.0”，单击“添加”按钮，如图 8-44 所示。

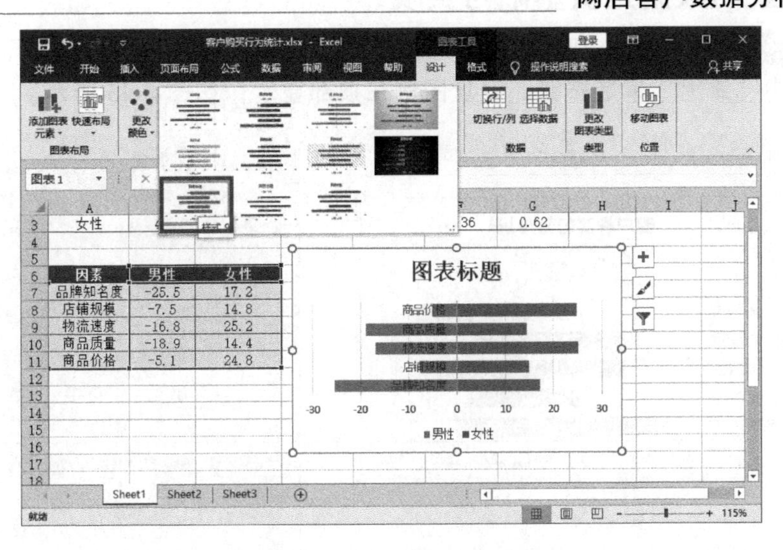

图 8-42　选择图表样式

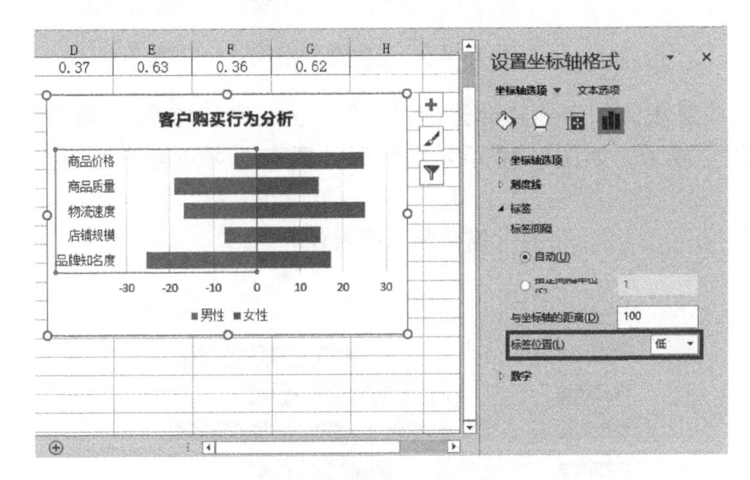

图 8-43　设置纵坐标轴格式

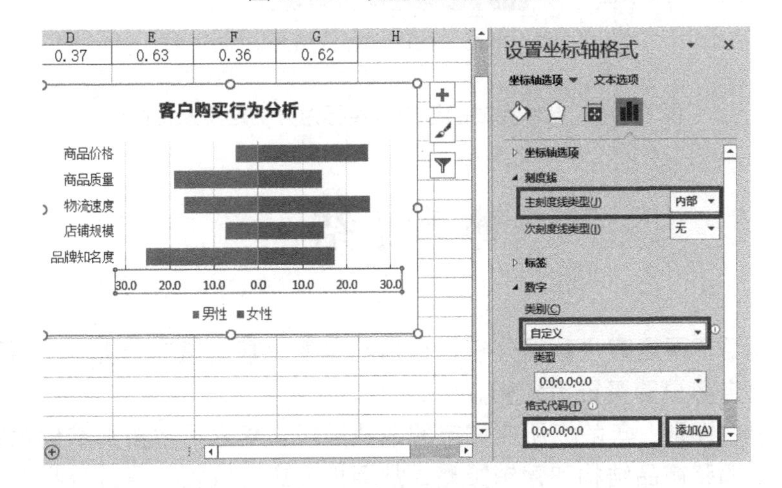

图 8-44　设置横坐标轴格式

步骤07 选择图例，打开“设置图例格式”面板，在“图例选项”下的“图例选项”组中选中“靠上”单选按钮，设置图例在顶部显示，如图 8-45 所示。

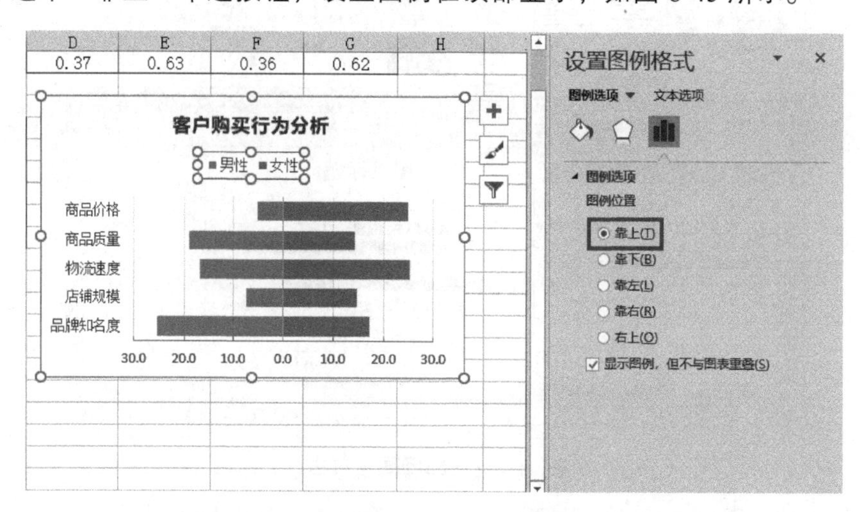

图 8-45 设置图例格式

步骤08 设置图例和坐标轴标签的“字体”为“微软雅黑”，客户购买行为分析堆积条形图就制作完成了，如图 8-46 所示。此时，卖家即可对客户的购买行为进行分析。

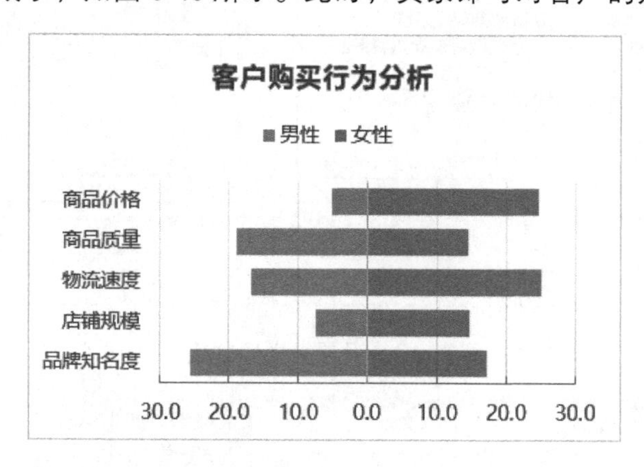

图 8-46 制作完成的客户购买行为分析堆积条形图

本章小结

本章主要介绍了网店客户数据分析，包括网店客户基本情况分析、网店客户总体消费数据分析和网店客户购买行为分析。

通过分析客户性别、年龄、所在城市和消费层级，卖家可以更加准确地定位目标客户，有针对性地调整商品结构和营销策略，从而提高店铺收益；通过分析新老客户人数变化走势、新老客户销量占比及客户喜欢的促销方式，卖家可以了解网店目前的经营状

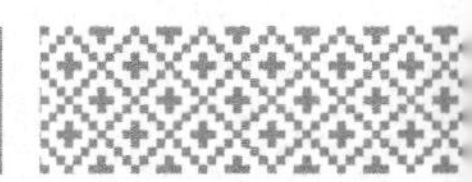

况，采取正确的经营方式，提高商品的销量；通过分析客户购买行为，卖家可以及时调整店铺营销策略，使网店利润最大化。

思考题

1. 简述客户基本情况分析的要素。
2. 简述客户总体消费数据分析的主要构成。
3. 简述客户购买行为分析的重点。
4. 简述运用 Excel 进行促销方式分析的方法。

本章实训

打开“促销方式分析（1）.xlsx”文件，为“人数”列设置数据条件格式，并使用气泡图对数据进行分析。

（1）选择任意一种数据条件格式对“人数”列进行设置。

（2）插入气泡图，选择数据源并编辑数据系列，找到最受客户欢迎的两种促销方式。

第 9 章 网店商品销售数据分析

思政导读

《孙子·谋攻篇》中说：“知彼知己，百战不殆。”也就是说，对敌我双方情况都了解透彻，打起仗来就不会失败，以实现“运筹帷幄之中，决胜千里之外”。而“决胜千里”无疑需要开拓创新的精神和迎难而上的勇气。全面分析商品销售情况，从而保持老客户、开发新客户，就是“坚持知己知彼，勇于开拓创新”。

本章教学目标与要求

（1）理解商品销售数据分析的原理。

（2）运用 Excel 对商品的销售情况进行统计与分析。

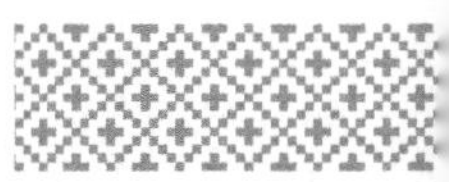

9.1 商品整体销售数据分析

通过对商品销售数据进行统计与分析，能够帮助卖家发现店铺销售中存在的问题，并找到新的销售增长点，在不增加成本的前提下提高店铺的商品销量。本节主要介绍运用 Excel 制作销售报表，对畅销与滞销商品进行分析，并对商品销量进行排名。

9.1.1 制作销售报表

制作销售报表的具体操作步骤如下。

步骤 01 打开“销售报表.xlsx”文件，在“月销售报表”工作表中选择 A1:H1 单元格区域，在“视图”选项卡“窗口”组中单击“冻结窗格”→“冻结首行”命令，如图 9-1 所示。

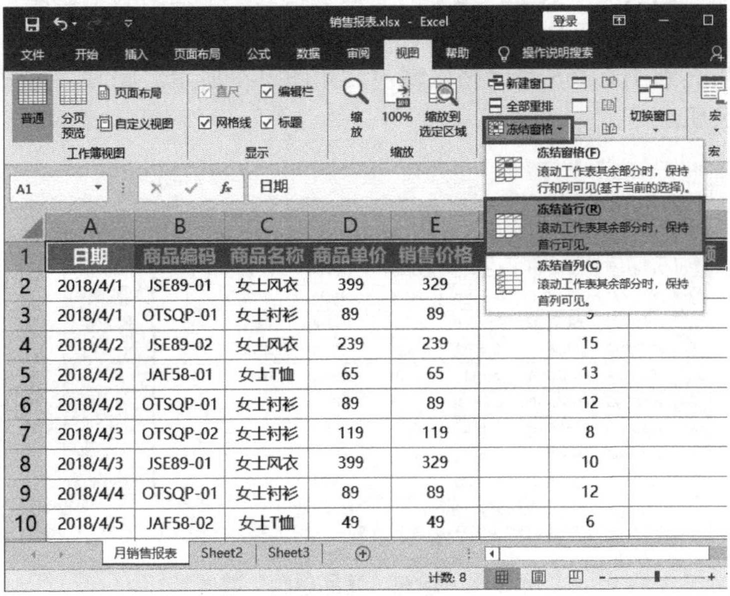

图 9-1 冻结首行

步骤 02 选择 D2:E66 单元格区域，在“开始”选项卡“数字”组中的“数字格式”下拉列表中选择“数字”选项，默认保留两位小数，如图 9-2 所示。

步骤 03 选择 F2 单元格，在编辑栏中输入公式“=(D2−E2)/D2”，按 Ctrl+Enter 组合键确认。在“开始”选项卡“数字”组中的“数字格式”下拉列表中选择“百分比”选项，单击“减少小数位数”按钮，设置一位小数。

步骤 04 将光标移至 F2 单元格右下角，当光标变为十字形时双击，将 F2 单元格中的公式快速填充到 F3:F66 单元格区域中，如图 9-3 所示。

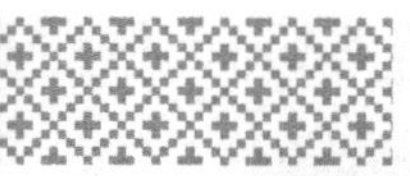

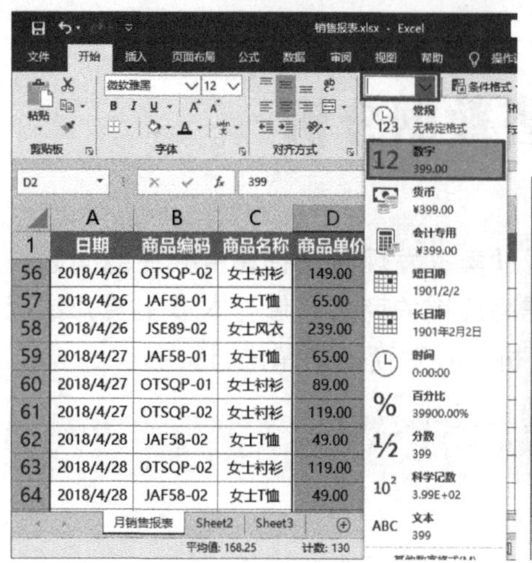

图 9-2　设置数字格式

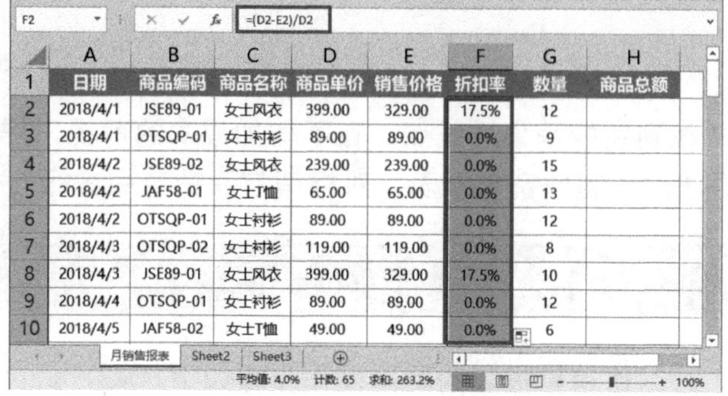

图 9-3　填充“折扣率”数据

步骤 05　选择 H2 单元格，在编辑栏中输入公式“=E2*G2”，按 Ctrl+Enter 组合键确认。在“开始”选项卡“数字”组中的“数字格式”下拉列表中选择“数字”选项。

步骤 06　将光标移至 H2 单元格右下角，当光标变为十字形时双击，将 H2 单元格中的公式快速填充到 H3:H66 单元格区域中，如图 9-4 所示。此时，用户即可对销售报表进行查看和分析。

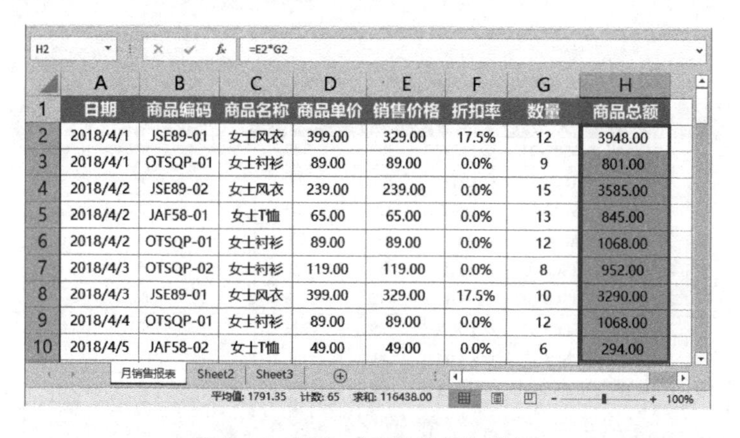

图 9-4　填充“商品总额”数据

9.1.2　畅销与滞销商品分析

卖家通过对商品销售数据进行分析，可以直观地判定哪些商品畅销、哪些商品滞销，然后针对不同销售状态的商品，采取不同的采购计划和销售策略。对网店畅销与滞销商品进行分析的具体操作步骤如下。

步骤 01　打开“销售报表分析（1）.xlsx”文件，将“Sheet2”工作表重命名为“滞销与畅销商品分析”。在 A1:E1 单元格区域中输入标题文本“商品编码”“销售总数”“总销售额”“畅滞销比率”“销售状态”。切换至“月销售报表”工作表，选择 B2:B66 单元

格区域，按 Ctrl+C 组合键进行复制。再切换至“滞销与畅销商品分析”工作表，选择 A2 单元格，在“开始”选项卡“剪贴板”组中单击“粘贴”下拉按钮，在打开的下拉列表中选择“值”选项，如图 9-5 所示。

图 9-5　粘贴为“值”

步骤 02　选择 A2:A66 单元格区域，在“数据”选项卡“数据工具”组中单击“删除重复值”按钮，弹出“删除重复项警告”提示对话框，保持默认设置，单击“删除重复项”按钮，如图 9-6 所示。

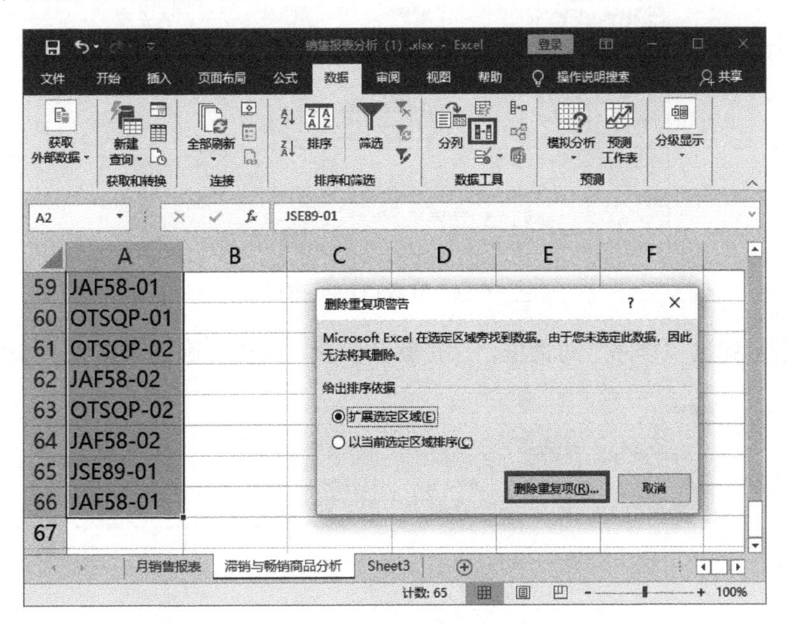

图 9-6　删除重复项警告

步骤 03　弹出“删除重复值”对话框，保持默认设置，单击“确定”按钮，如图 9-7 所示。重复值删除完成后会弹出提示对话框，单击“确定”按钮，如图 9-8 所示。

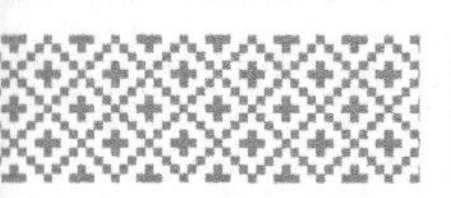

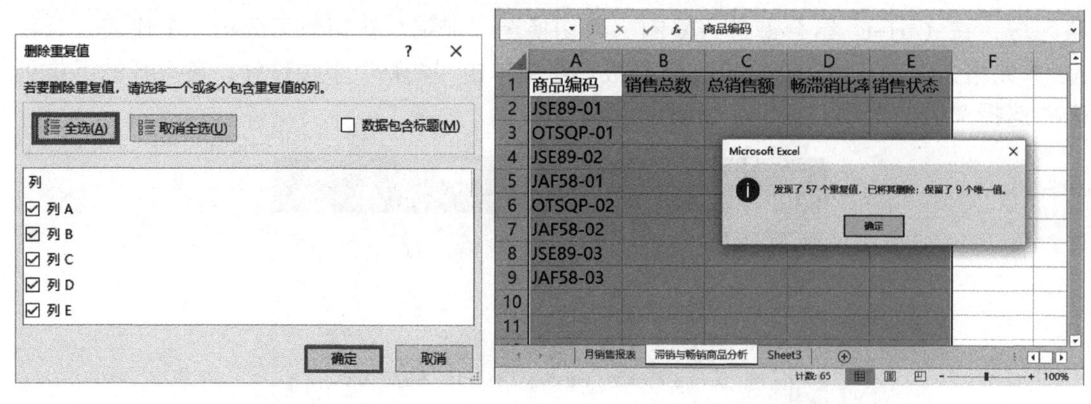

图 9-7　设置删除重复值　　　　　　　　图 9-8　完成删除重复值

步骤 04 选择 A2:A9 单元格区域，在“数据”选项卡“排序和筛选”组中单击“排序”按钮，弹出“排序提醒”对话框，选中“以当前选定区域排序”单选按钮，单击“排序”按钮，如图 9-9 所示。

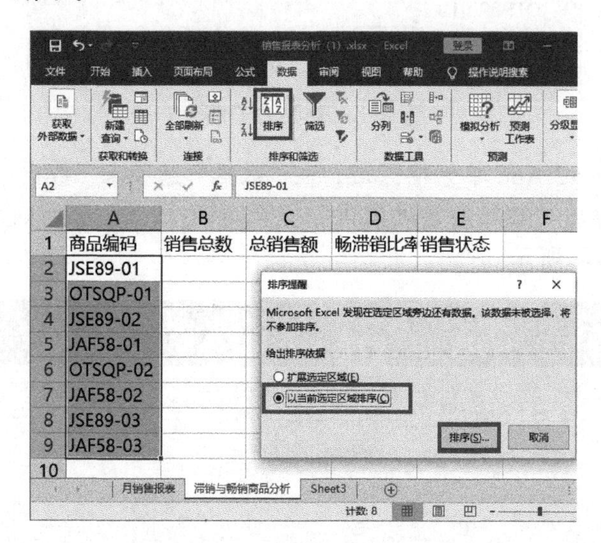

图 9-9　将数据进行排序

步骤 05 弹出“排序”对话框，保持默认设置，单击“确定”按钮，如图 9-10 所示。

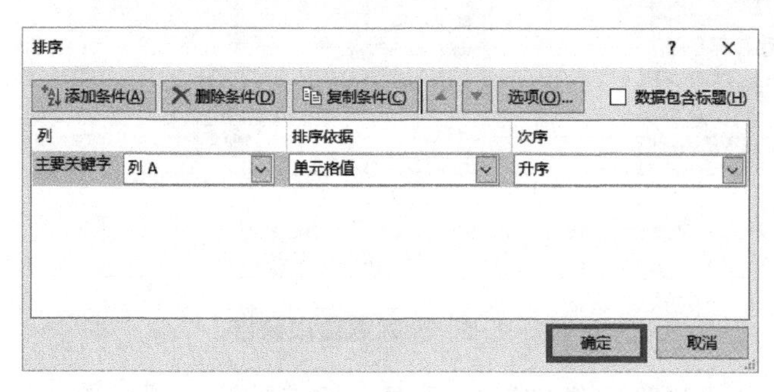

图 9-10　设置排序参数

步骤 06 选择 B2 单元格，在编辑栏中输入公式“=SUMIF(月销售报表!$B$2:$B$66,$A2,月销售报表!$G$2:$G$66)”，按 Ctrl+Enter 组合键确认，计算相应商品的“销售总数”，如图 9-11 所示。

图 9-11 计算相应商品的“销售总数”

步骤 07 选择 C2 单元格，在编辑栏中输入公式“=SUMIF(月销售报表!$B$2:$B$66,$A2,月销售报表!$H$2:$H$66)”，按 Ctrl+Enter 组合键确认，计算相应商品的“总销售额”，如图 9-12 所示。

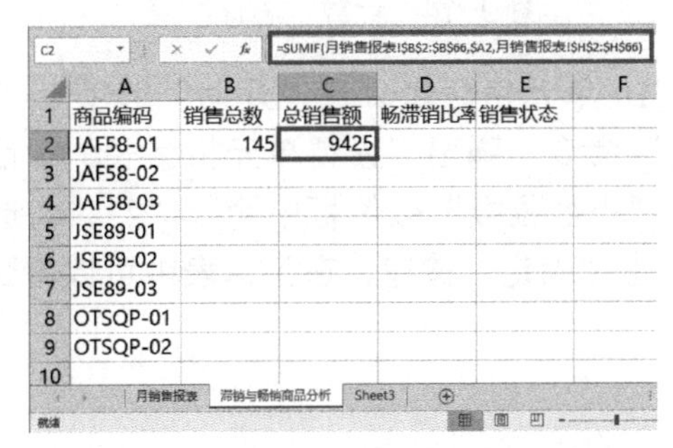

图 9-12 计算相应商品的“总销售额”

步骤 08 选择 B2:C2 单元格区域，将光标移至 C2 单元格右下角，当光标变为十字形时按住鼠标左键拖动填充柄至 C9 单元格，填充其他商品的“销售总数”和“总销售额”，如图 9-13 所示。

图 9-13 填充其他商品的数据

步骤 09 在 A10 单元格中输入文本“总计”，选择 B10:C10 单元格区域，在“开始”选项卡“编辑”组中单击“自动求和”按钮，计算“总计”值，如图 9-14 所示。

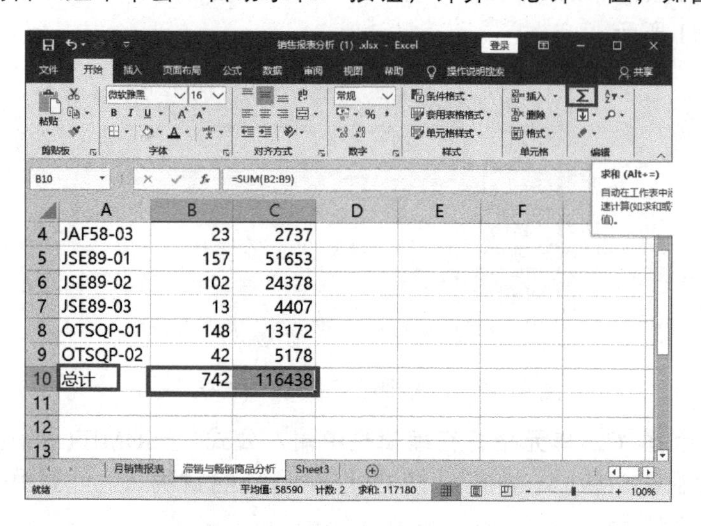

	A	B	C
4	JAF58-03	23	2737
5	JSE89-01	157	51653
6	JSE89-02	102	24378
7	JSE89-03	13	4407
8	OTSQP-01	148	13172
9	OTSQP-02	42	5178
10	总计	742	116438

图 9-14 计算“总计”值

步骤 10 选择 C2:C10 单元格区域，在“开始”选项卡“单元格”组中单击“格式”→“设置单元格格式”命令，弹出“设置单元格格式”对话框，在“分类”列表框中选择“数值”选项，在“小数位数”数值框中输入“2”，勾选“使用千位分隔符”复选框，如图 9-15 所示。单击“确定”按钮，在工作表中可以看到“总销售额”数据显示效果，如图 9-16 所示。

图 9-15 设置单元格格式

	A	B	C	D	E
1	商品编码	销售总数	总销售额	畅滞销比率	销售状态
2	JAF58-01	145	9,425.00		
3	JAF58-02	112	5,488.00		
4	JAF58-03	23	2,737.00		
5	JSE89-01	157	51,653.00		
6	JSE89-02	102	24,378.00		
7	JSE89-03	13	4,407.00		
8	OTSQP-01	148	13,172.00		
9	OTSQP-02	42	5,178.00		
10	总计	742	116,438.00		
11					

图 9-16 “总销售额”数据显示效果

步骤 11 选择 D2 单元格，在编辑栏中输入公式“=B2/$B$10*0.8+C2/$C$10*0.2”，按 Ctrl+Enter 组合键确认，计算“畅滞销比率”。设置 D2 单元格的“数字格式”为“百分比”，保留两位小数，利用填充柄填充公式，如图 9-17 所示。

步骤 12 选择 E2 单元格，在编辑栏中输入公式“=IF(D2>18%,"畅销",IF(D2>10%,"一般","滞销"))”，按 Ctrl+Enter 组合键确认，计算“销售状态”，利用填充柄填充公式，如图 9-18 所示。

	A	B	C	D
1	商品编码	销售总数	总销售额	畅滞销比率
2	JAF58-01	145	9,425.00	17.25%
3	JAF58-02	112	5,488.00	13.02%
4	JAF58-03	23	2,737.00	2.95%
5	JSE89-01	157	51,653.00	25.80%
6	JSE89-02	102	24,378.00	15.18%
7	JSE89-03	13	4,407.00	2.16%
8	OTSQP-01	148	13,172.00	18.22%
9	OTSQP-02	42	5,178.00	5.42%
10	总计	742	116,438.00	

图 9-17 计算并填充“畅滞销比率”

	A	B	C	D	E
1	商品编码	销售总数	总销售额	畅滞销比率	销售状态
2	JAF58-01	145	9,425.00	17.25%	一般
3	JAF58-02	112	5,488.00	13.02%	一般
4	JAF58-03	23	2,737.00	2.95%	滞销
5	JSE89-01	157	51,653.00	25.80%	畅销
6	JSE89-02	102	24,378.00	15.18%	一般
7	JSE89-03	13	4,407.00	2.16%	滞销
8	OTSQP-01	148	13,172.00	18.22%	畅销
9	OTSQP-02	42	5,178.00	5.42%	滞销
10	总计	742	116,438.00		

图 9-18 计算并填充“销售状态”

步骤 13 设置字体格式、标题填充色、对齐方式、边框和表格样式等美化表格，畅销与滞销商品分析最终效果如图 9-19 所示。

	A	B	C	D	E
1	商品编码	销售总数	总销售额	畅滞销比率	销售状态
2	JAF58-01	145	9,425.00	17.25%	一般
3	JAF58-02	112	5,488.00	13.02%	一般
4	JAF58-03	23	2,737.00	2.95%	滞销
5	JSE89-01	157	51,653.00	25.80%	畅销
6	JSE89-02	102	24,378.00	15.18%	一般
7	JSE89-03	13	4,407.00	2.16%	滞销
8	OTSQP-01	148	13,172.00	18.22%	畅销
9	OTSQP-02	42	5,178.00	5.42%	滞销
10	总计	742	116,438.00		

图 9-19 畅销与滞销商品分析最终效果

9.1.3 商品销量排名分析

商品销量排名分析的具体操作步骤如下。

步骤 01 打开“销售报表分析（2）.xlsx”文件，在“滞销与畅销商品分析”工作表中的 G1:I1 单元格区域中输入标题文本“排名”“商品编码”“销售额”。选择 G2 单元格，在编辑栏中输入公式“{=SMALL(RANK($C$2:$C$9,$C$2:$C$9),ROW()−1)}”，按 Shift+Ctrl+Enter 组合键确认，生成数组公式，得到排名序号，如图 9-20 所示。

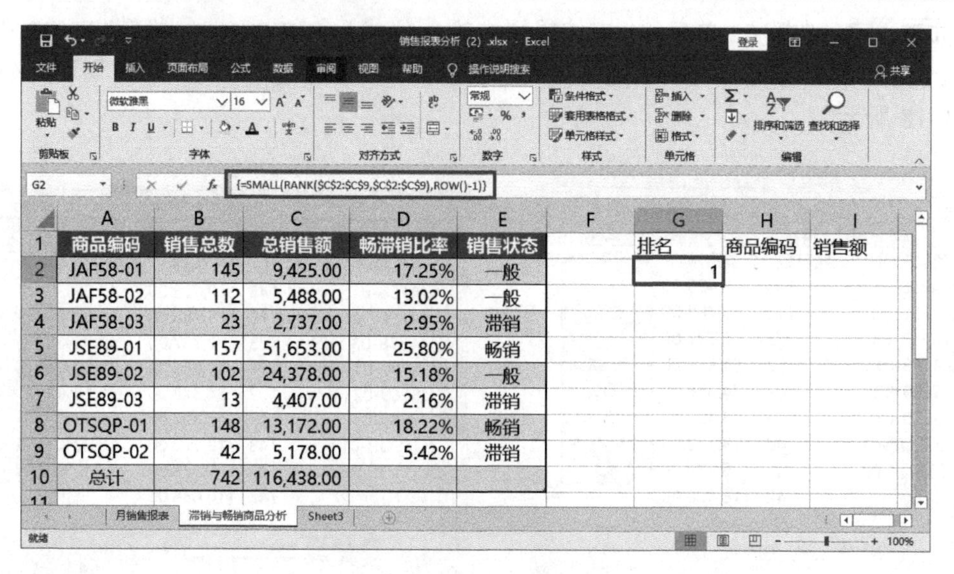

G2 {=SMALL(RANK($C$2:$C$9,$C$2:$C$9),ROW()-1)}

	A	B	C	D	E	F	G	H	I
1	商品编码	销售总数	总销售额	畅滞销比率	销售状态		排名	商品编码	销售额
2	JAF58-01	145	9,425.00	17.25%	一般		1		
3	JAF58-02	112	5,488.00	13.02%	一般				
4	JAF58-03	23	2,737.00	2.95%	滞销				
5	JSE89-01	157	51,653.00	25.80%	畅销				
6	JSE89-02	102	24,378.00	15.18%	一般				
7	JSE89-03	13	4,407.00	2.16%	滞销				
8	OTSQP-01	148	13,172.00	18.22%	畅销				
9	OTSQP-02	42	5,178.00	5.42%	滞销				
10	总计	742	116,438.00						

图 9-20　得到排名序号

步骤 02　选择 I2 单元格，在编辑栏中输入公式“=LARGE($C$2:$C$9,ROW()−1)”，按 Ctrl+Enter 组合键确认，得到排名第一的“销售额”，设置其小数位数为 2，如图 9-21 所示。

I2 =LARGE($C$2:$C$9,ROW()-1)

	A	B	C	D	E	F	G	H	I
1	商品编码	销售总数	总销售额	畅滞销比率	销售状态		排名	商品编码	销售额
2	JAF58-01	145	9,425.00	17.25%	一般		1		51653.00
3	JAF58-02	112	5,488.00	13.02%	一般				
4	JAF58-03	23	2,737.00	2.95%	滞销				
5	JSE89-01	157	51,653.00	25.80%	畅销				
6	JSE89-02	102	24,378.00	15.18%	一般				
7	JSE89-03	13	4,407.00	2.16%	滞销				
8	OTSQP-01	148	13,172.00	18.22%	畅销				
9	OTSQP-02	42	5,178.00	5.42%	滞销				
10	总计	742	116,438.00						

图 9-21　得到排名第一的“销售额”

步骤 03　选择 H2 单元格，在编辑栏中输入公式“{=INDEX($A:$A,SMALL(IF($C$2:$C$9=$I2,ROW($C$2:$C$9)),COUNTIF($G$2:$G2,G2)))}”，按 Shift+Ctrl+Enter 组合键确认，得到排名第一的“商品编码”，如图 9-22 所示。

步骤 04　选择 G2:I2 单元格区域，利用填充柄填充其他商品的“排名”、“商品编码”和“销售额”，如图 9-23 所示。

步骤 05　设置字体颜色、标题填充色、对齐方式、边框和表格样式等美化表格，商品销量排名分析最终效果如图 9-24 所示。

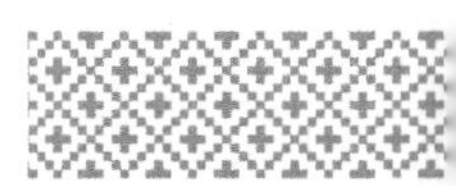

H2 {=INDEX($A:$A,SMALL(IF($C$2:$C$9=$I2,ROW($C$2:$C$9)),COUNTIF($G$2:$G2,G2)))}

商品编码	销售总数	总销售额	畅滞销比率	销售状态		排名	商品编码	销售额
JAF58-01	145	9,425.00	17.25%	一般		1	JSE89-01	51653.00
JAF58-02	112	5,488.00	13.02%	一般				
JAF58-03	23	2,737.00	2.95%	滞销				
JSE89-01	157	51,653.00	25.80%	畅销				
JSE89-02	102	24,378.00	15.18%	一般				
JSE89-03	13	4,407.00	2.16%	滞销				
OTSQP-01	148	13,172.00	18.22%	畅销				
OTSQP-02	42	5,178.00	5.42%	滞销				
总计	742	116,438.00						

图 9-22　得到排名第一的“商品编码”

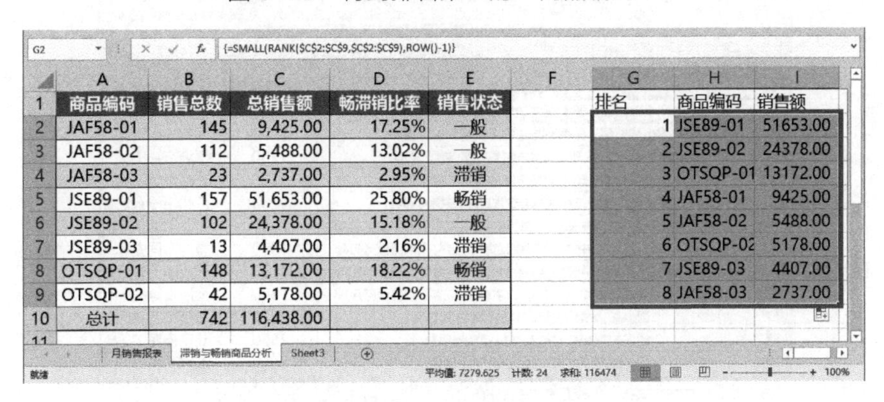

G2 {=SMALL(RANK($C$2:$C$9,$C$2:$C$9),ROW()-1)}

商品编码	销售总数	总销售额	畅滞销比率	销售状态		排名	商品编码	销售额
JAF58-01	145	9,425.00	17.25%	一般		1	JSE89-01	51653.00
JAF58-02	112	5,488.00	13.02%	一般		2	JSE89-02	24378.00
JAF58-03	23	2,737.00	2.95%	滞销		3	OTSQP-01	13172.00
JSE89-01	157	51,653.00	25.80%	畅销		4	JAF58-01	9425.00
JSE89-02	102	24,378.00	15.18%	一般		5	JAF58-02	5488.00
JSE89-03	13	4,407.00	2.16%	滞销		6	OTSQP-02	5178.00
OTSQP-01	148	13,172.00	18.22%	畅销		7	JSE89-03	4407.00
OTSQP-02	42	5,178.00	5.42%	滞销		8	JAF58-03	2737.00
总计	742	116,438.00						

图 9-23　填充其他商品的数据

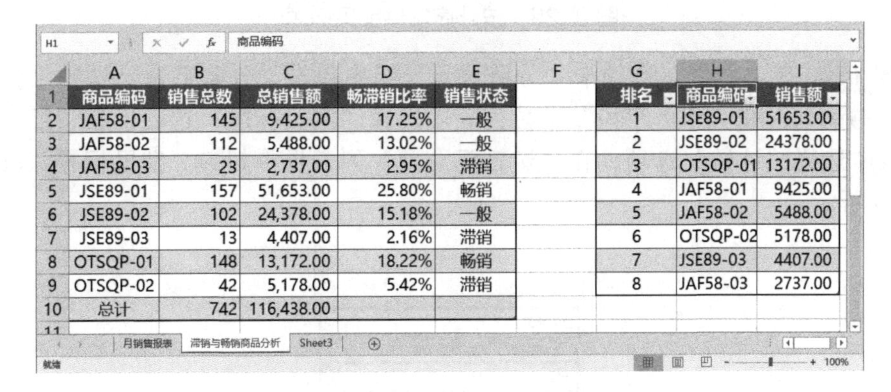

H1 商品编码

商品编码	销售总数	总销售额	畅滞销比率	销售状态		排名	商品编码	销售额
JAF58-01	145	9,425.00	17.25%	一般		1	JSE89-01	51653.00
JAF58-02	112	5,488.00	13.02%	一般		2	JSE89-02	24378.00
JAF58-03	23	2,737.00	2.95%	滞销		3	OTSQP-01	13172.00
JSE89-01	157	51,653.00	25.80%	畅销		4	JAF58-01	9425.00
JSE89-02	102	24,378.00	15.18%	一般		5	JAF58-02	5488.00
JSE89-03	13	4,407.00	2.16%	滞销		6	OTSQP-02	5178.00
OTSQP-01	148	13,172.00	18.22%	畅销		7	JSE89-03	4407.00
OTSQP-02	42	5,178.00	5.42%	滞销		8	JAF58-03	2737.00
总计	742	116,438.00						

图 9-24　商品销量排名分析最终效果

9.2　不同商品销售数据分析

卖家通过对不同商品的销售情况进行统计与分析，可以直观地判定哪些商品卖得好、哪些商品的销量不容乐观，从而相应地调整采购计划、经营策略和促销方式等，以提高店铺的销量。

9.2.1 按销量进行数据分析

对不同商品销售数据按销量进行数据分析的具体操作步骤如下。

步骤 01 打开“近期宝贝销售记录.xlsx”文件，在“Sheet1”工作表中选择 E2 单元格，在“数据”选项卡“排序和筛选”组中单击“升序”按钮，如图 9-25 所示。

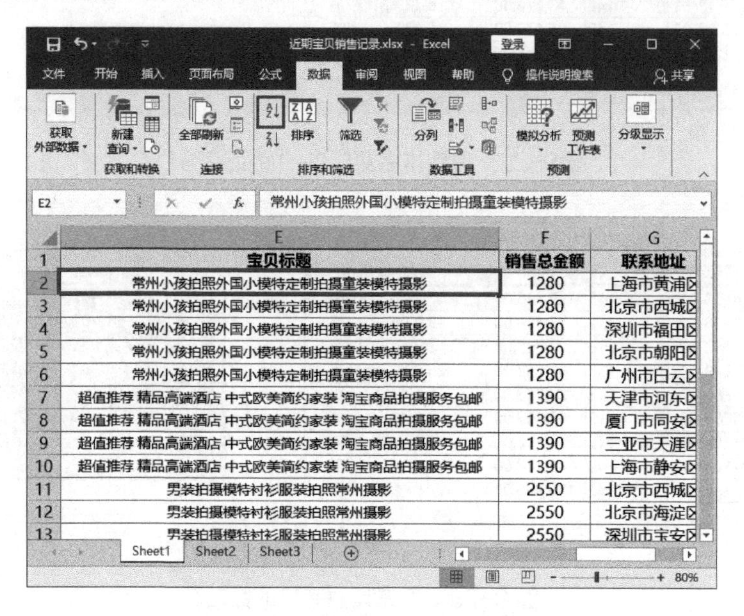

图 9-25 按升序排序宝贝标题

步骤 02 在“数据”选项卡“分级显示”组中单击“分类汇总”按钮，弹出“分类汇总”对话框，在“分类字段”下拉列表中选择“宝贝标题”选项，在“汇总方式”下拉列表中选择“计数”选项，在“选定汇总项”列表框中勾选“宝贝标题”复选框，如图 9-26 所示。

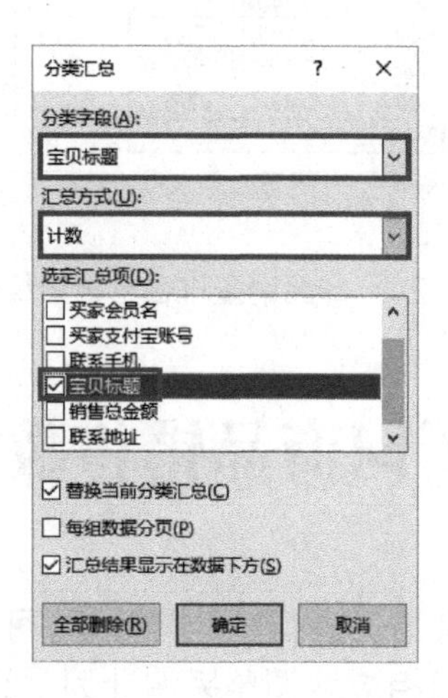

图 9-26 设置分类汇总参数

步骤 03 单击“确定”按钮，按照同类商品进行计数汇总，如图 9-27 所示。

	C	D	E	F	
4	185****5661	185****5661	常州小孩拍照外国小模特定制拍摄童装模特摄影	1280	深
5	183****7545	183****7545	常州小孩拍照外国小模特定制拍摄童装模特摄影	1280	北
6	189****4551	189****4551	常州小孩拍照外国小模特定制拍摄童装模特摄影	1280	广
7	常州小孩拍照外国小模特定制拍摄		5		
8	187****4574	187****4574	超值推荐 精品高端酒店 中式欧美简约家装 淘宝商品拍摄服务包邮	1390	天
9	145****4584	145****4584	超值推荐 精品高端酒店 中式欧美简约家装 淘宝商品拍摄服务包邮	1390	厦
10	180****4578	180****4578	超值推荐 精品高端酒店 中式欧美简约家装 淘宝商品拍摄服务包邮	1390	三
11	152****7845	152****7845	超值推荐 精品高端酒店 中式欧美简约家装 淘宝商品拍摄服务包邮	1390	上
12	精品高端酒店 中式欧美简约家装 淘		4		
13	151****9856	151****9856	男装拍摄模特衬衫服装拍照常州摄影	2550	北
14	171****4525	171****4525	男装拍摄模特衬衫服装拍照常州摄影	2550	北
15	134****7568	134****7568	男装拍摄模特衬衫服装拍照常州摄影	2550	深
16	187****5475	187****5475	男装拍摄模特衬衫服装拍照常州摄影	2550	上
17	168****4545	168****4545	男装拍摄模特衬衫服装拍照常州摄影	2550	北
18	186****5485	186****5485	男装拍摄模特衬衫服装拍照常州摄影	2550	上
19	男装拍摄模特衬衫服装拍照常		6		
20		总计数	15		
21					

图 9-27 计数汇总效果

步骤 04 单击工作表左上角的分级显示按钮，显示 2 级分类数据，可以查看不同商品的销量统计结果，如图 9-28 所示。将工作簿另存为“近期宝贝销售记录（销量分类统计）.xlsx”文件。

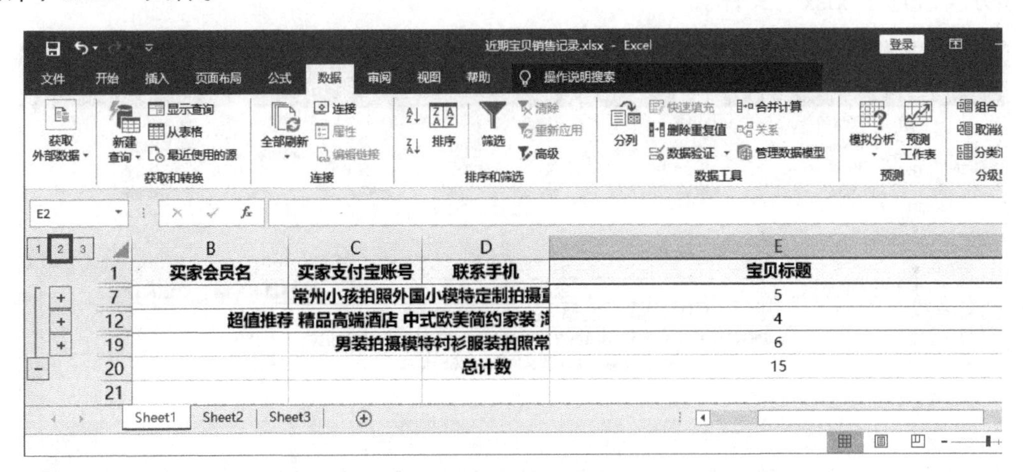

图 9-28 查看不同商品的销量统计结果

9.2.2 按销售额进行数据分析

对不同商品销售数据按销售额进行数据分析的具体操作步骤如下。

步骤 01 打开“近期宝贝销售记录.xlsx”文件，在“Sheet1”工作表中对“宝贝标题”列进行升序排序。在“数据”选项卡“分级显示”组中单击“分类汇总”按钮，弹出“分类汇总”对话框，在“分类字段”下拉列表中选择“宝贝标题”选项，在“汇总方式”下拉列表中选择“求和”选项，在“选定汇总项”列表框中勾选“销售总金额”复选框，如图 9-29 所示。

步骤 02 单击“确定”按钮，对不同商品的销售总金额进行求和汇总，如图 9-30 所示。

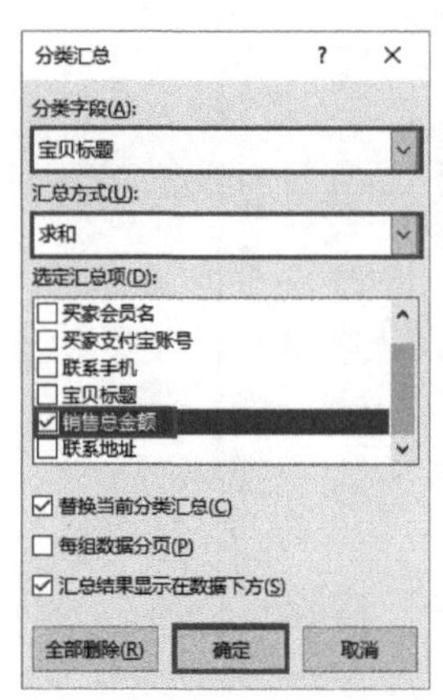

图 9-29　设置分类汇总参数

	D	E	F	G
1	联系手机	宝贝标题	销售总金额	联系地址
2	181****9856	常州小孩拍照外国小模特定制拍摄童装模特摄影	1280	上海市黄浦区
3	177****7545	常州小孩拍照外国小模特定制拍摄童装模特摄影	1280	北京市西城区
4	185****5661	常州小孩拍照外国小模特定制拍摄童装模特摄影	1280	深圳市福田区
5	183****7545	常州小孩拍照外国小模特定制拍摄童装模特摄影	1280	北京市朝阳区
6	189****4551	常州小孩拍照外国小模特定制拍摄童装模特摄影	1280	广州市白云区
7		常州小孩拍照外国小模特定制拍摄童装模特摄影 汇总	6400	
8	187****4574	超值推荐 精品高端酒店 中式欧美简约家装 淘宝商品拍摄服务包邮	1390	天津市河东区
9	145****4584	超值推荐 精品高端酒店 中式欧美简约家装 淘宝商品拍摄服务包邮	1390	厦门市同安区
10	180****4578	超值推荐 精品高端酒店 中式欧美简约家装 淘宝商品拍摄服务包邮	1390	三亚市天涯区
11	152****7845	超值推荐 精品高端酒店 中式欧美简约家装 淘宝商品拍摄服务包邮	1390	上海市静安区
12		超值推荐 精品高端酒店 中式欧美简约家装 淘宝商品拍摄服务包邮 汇总	5560	
13	151****9856	男装拍摄模特衬衫服装拍照常州摄影	2550	北京市西城区
14	171****4525	男装拍摄模特衬衫服装拍照常州摄影	2550	北京市海淀区
15	134****7568	男装拍摄模特衬衫服装拍照常州摄影	2550	深圳市宝安区
16	187****5475	男装拍摄模特衬衫服装拍照常州摄影	2550	上海市嘉定区

图 9-30　求和汇总效果

步骤 03 单击工作表左上角的分级显示按钮，显示 2 级分类数据，可以查看不同商品的销售总金额统计结果，如图 9-31 所示。将工作簿另存为“近期宝贝销售记录（销售额分类统计）.xlsx”文件。

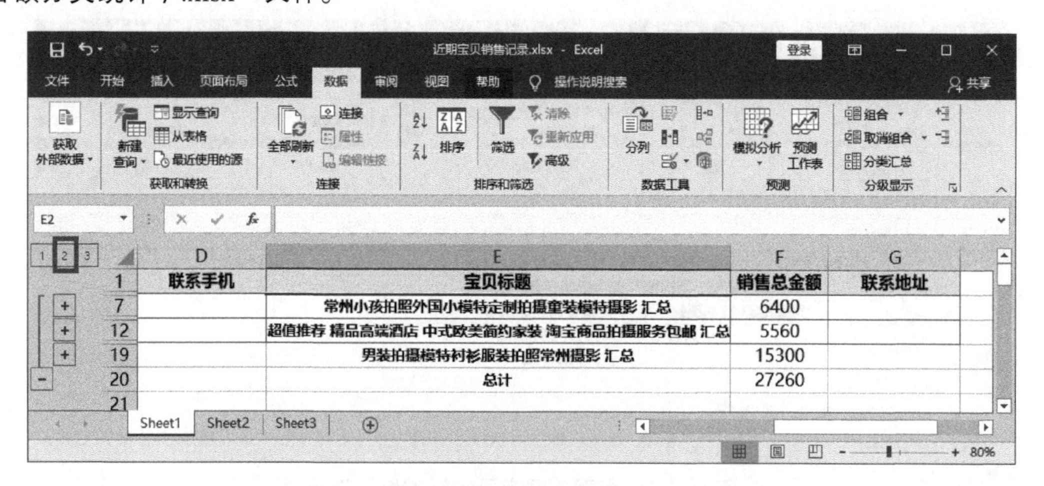

	D	E	F	G
1	联系手机	宝贝标题	销售总金额	联系地址
7		常州小孩拍照外国小模特定制拍摄童装模特摄影 汇总	6400	
12		超值推荐 精品高端酒店 中式欧美简约家装 淘宝商品拍摄服务包邮 汇总	5560	
19		男装拍摄模特衬衫服装拍照常州摄影 汇总	15300	
20		总计	27260	

图 9-31　查看不同商品的销售总金额统计结果

9.2.3　按销售额比重进行数据分析

对不同商品销售数据按销售额比重进行数据分析的具体操作步骤如下。

步骤 01 打开“近期宝贝销售记录.xlsx”文件，在“Sheet1”工作表中选择 E2:E16 单元格区域，按 Ctrl+C 组合键复制数据。选择 A22 单元格，在“开始”选项卡“剪贴板”组中单击“粘贴”下拉按钮，在打开的下拉列表中选择“值”选项，粘贴复制的数据，如图 9-32 所示。

步骤 02 在“数据”选项卡“数据工具”组中单击“删除重复值”按钮，弹出“删

除重复值”对话框，保持默认设置，单击“确定”按钮，如图 9-33 所示。

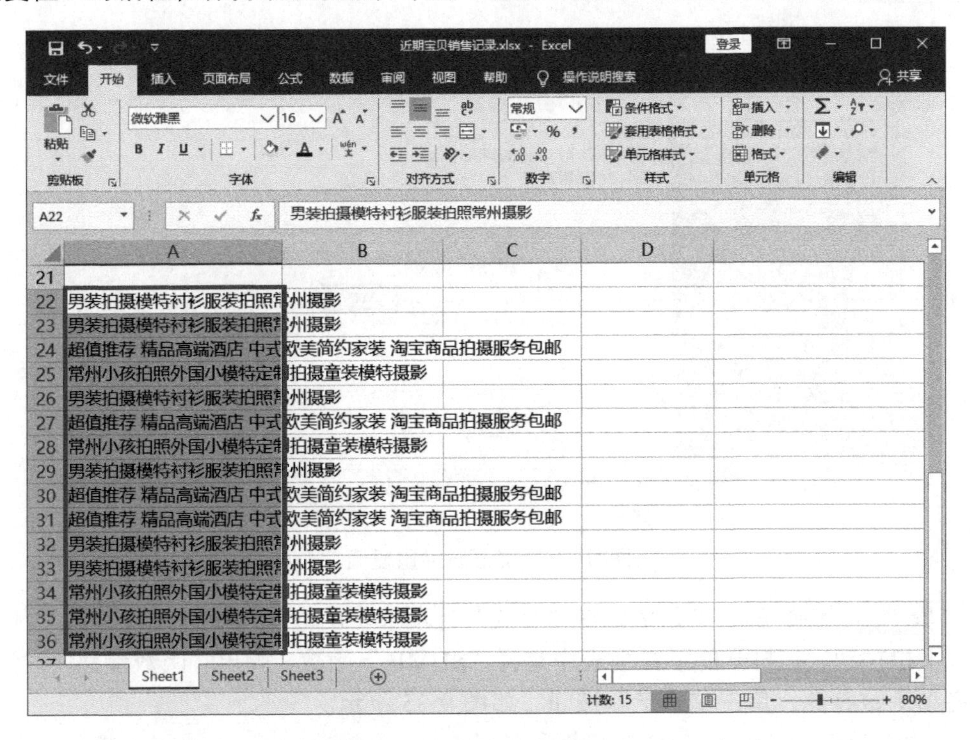

图 9-32　粘贴复制的数据

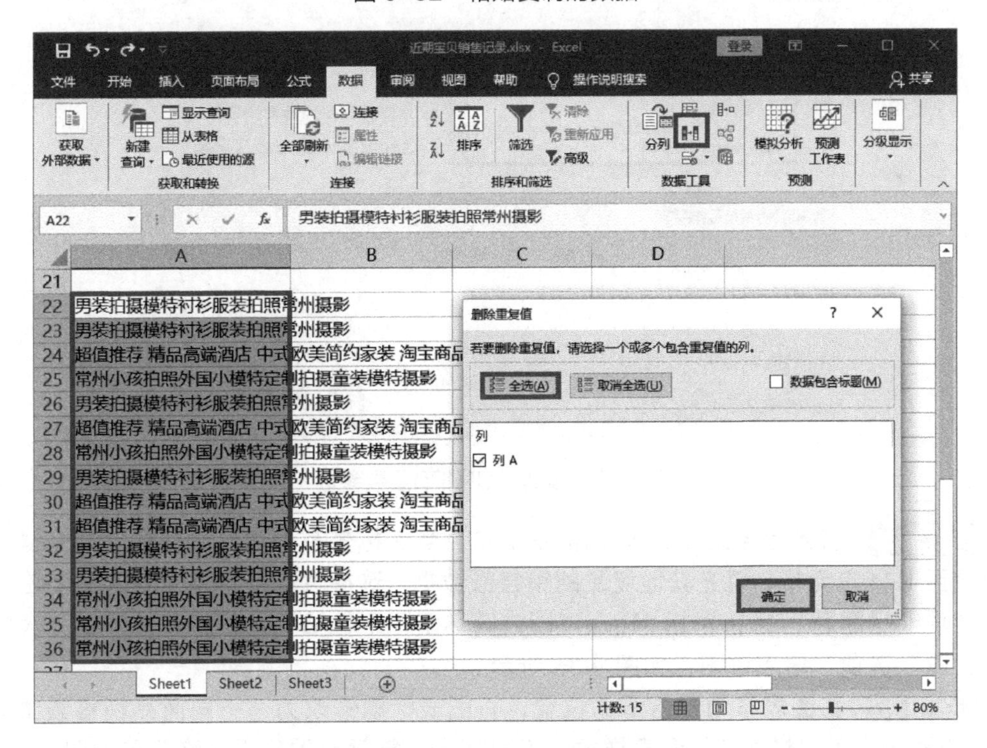

图 9-33　设置删除重复值

步骤 03 重复值删除完成后会弹出提示对话框，单击“确定”按钮，如图 9-34 所示。

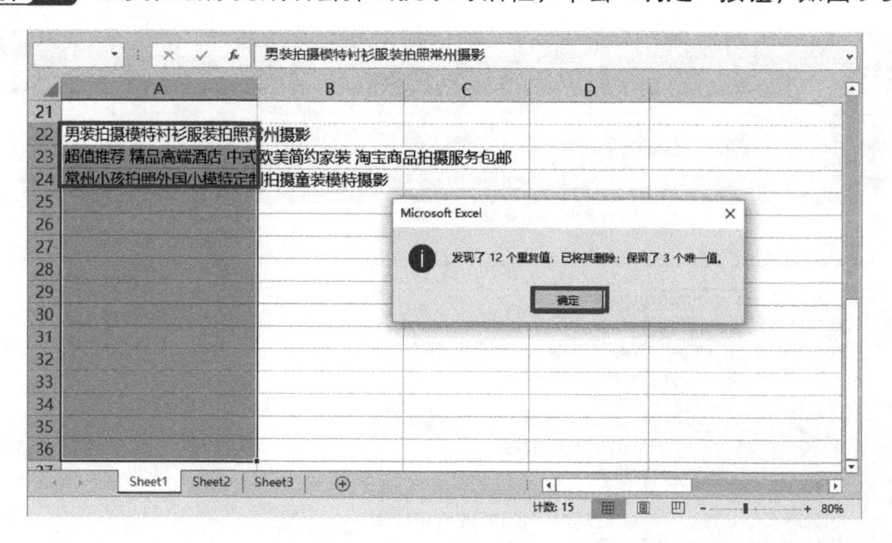

图 9-34　完成删除重复值

步骤 04 选择 B22 单元格，在“公式”选项卡“函数库”组中单击“数学和三角函数”下拉按钮，在打开的下拉列表中选择“SUMIF”函数，弹出“函数参数”对话框，设置各项函数参数，单击“确定”按钮，如图 9-35 所示。

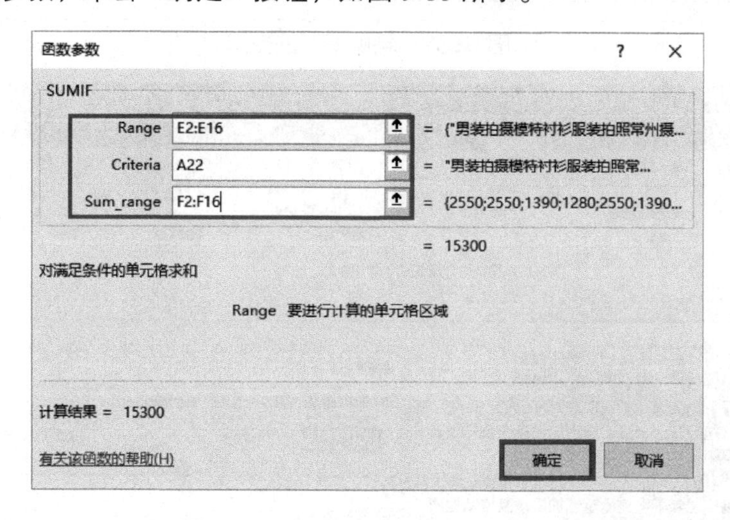

图 9-35　设置 SUMIF()函数参数

步骤 05 将光标移至 B22 单元格右下角，当光标变为十字形时按住鼠标左键拖动填充柄至 B24 单元格，填充其他商品的销售额数据。选择 A22:B24 单元格区域，在“插入”选项卡“图表”组中单击“插入饼图或圆环图”下拉按钮，在打开的下拉列表中选择“饼图”选项，插入饼图，如图 9-36 所示。

步骤 06 将图表移动到合适的位置，将图表标题修改为“不同商品销售额比重分析”，为图表应用“样式 3”图表样式，不同商品销售额比重分析最终效果如图 9-37 所示。将工作簿另存为“近期宝贝销售记录（销售额比重分析）.xlsx”文件。

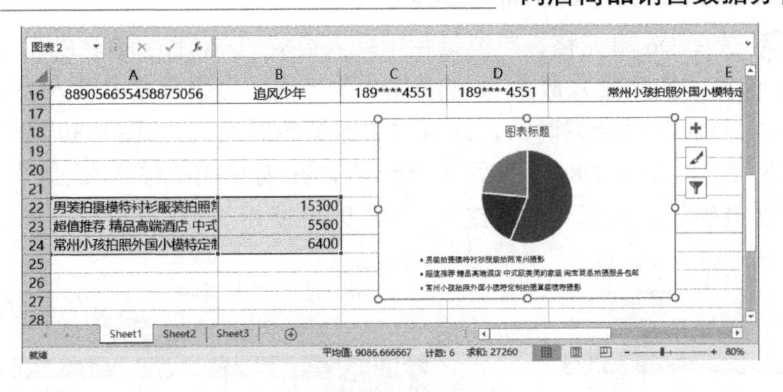

图 9-36　插入饼图

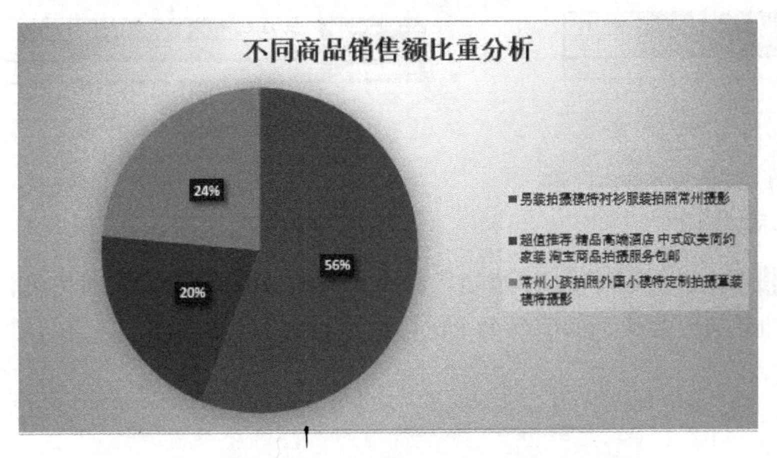

图 9-37　不同商品销售额比重分析最终效果

9.2.4　不同商品分配方案分析

对于店铺上架的各类商品，卖家可以根据获利目标对上架商品比例进行科学的分配，以获得期望的利润。不同商品分配方案分析的具体操作步骤如下。

步骤 01　打开“商品分配方案分析.xlsx”文件，在“Sheet1”工作表中选择 F3 单元格，在编辑栏中输入公式“=D3*E3”，按 Ctrl+Enter 组合键确认，计算“毛利合计”，利用填充柄填充公式到 F4 单元格，如图 9-38 所示。

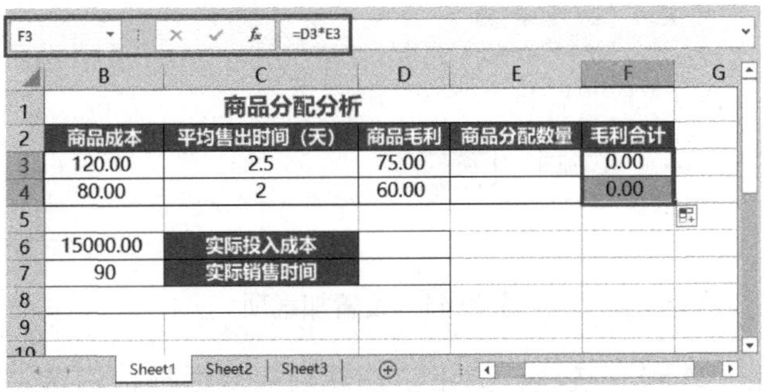

F3　=D3*E3

	B	C	D	E	F
1	商品分配分析				
2	商品成本	平均售出时间（天）	商品毛利	商品分配数量	毛利合计
3	120.00	2.5	75.00		0.00
4	80.00	2	60.00		0.00
5					
6	15000.00	实际投入成本			
7	90	实际销售时间			

图 9-38　计算并填充“毛利合计”

步骤 02 选择 D6 单元格，在编辑栏中输入公式“=B3*E3+B4*E4”，按 Ctrl+Enter 组合键确认，计算“实际投入成本”。选择 D7 单元格，在编辑栏中输入公式“=C3*E3+C4*E4”，按 Ctrl+Enter 组合键确认，计算“实际销售时间”，如图 9-39 所示。

步骤 03 选择 B8 ~ D8 合并后的单元格，在编辑栏中输入公式“=F3+F4”，按 Ctrl+Enter 组合键确认，计算“总收益”，如图 9-40 所示。

D7　=C3*E3+C4*E4

	B	C	D
1	商品分配分析		
2	商品成本	平均售出时间（天）	商品毛利
3	120.00	2.5	75.00
4	80.00	2	60.00
5			
6	15000.00	实际投入成本	0.00
7	90	实际销售时间	0
8			
9			

Sheet1　Sheet2　Sheet3

图 9-39　计算“实际投入成本”和“实际销售时间”

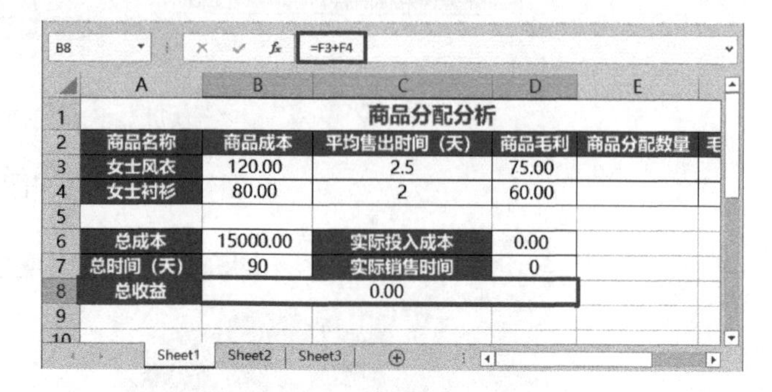
B8　=F3+F4

	A	B	C	D	E
1	商品分配分析				
2	商品名称	商品成本	平均售出时间（天）	商品毛利	商品分配数量
3	女士风衣	120.00	2.5	75.00	
4	女士衬衫	80.00	2	60.00	
5					
6	总成本	15000.00	实际投入成本	0.00	
7	总时间（天）	90	实际销售时间	0	
8	总收益	0.00			
9					

Sheet1　Sheet2　Sheet3

图 9-40　计算“总收益”

步骤 04 单击“文件”→“选项”命令，弹出“Excel 选项”对话框，在左侧列表框中选择“加载项”选项，如图 9-41 所示。

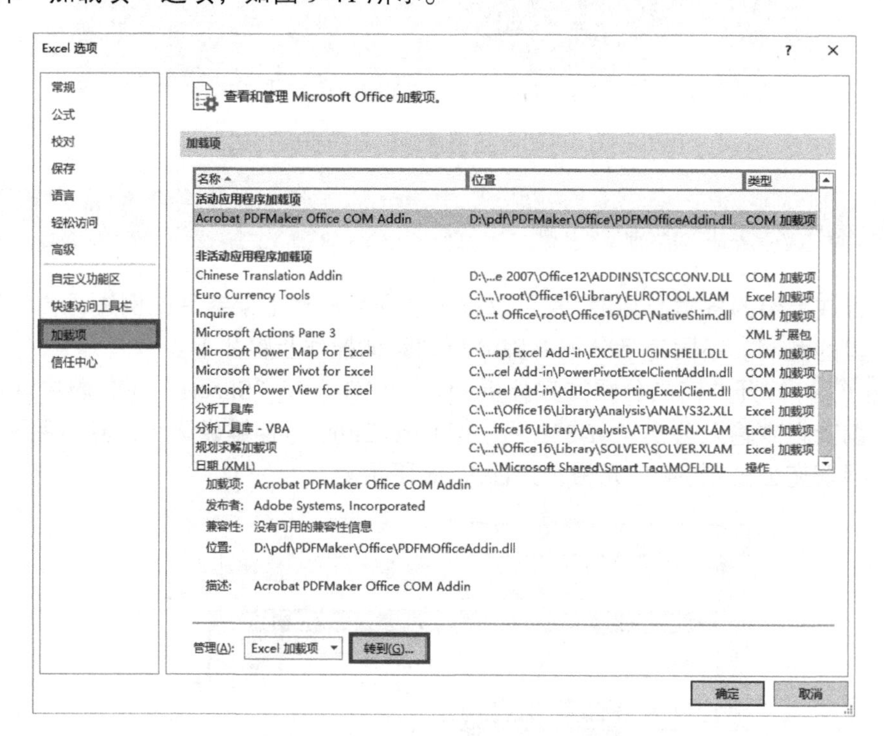

图 9-41　设置加载项

步骤 05 单击“转到”按钮，弹出“加载项”对话框，勾选“规划求解加载项”复选框，如图 9-42 所示。

步骤 06 单击“确定”按钮，返回工作表。在“数据”选项卡“分析”组中单击“规划求解”按钮，弹出“规划求解参数”对话框，设置“设置目标”为 B8 单元格，选中“最大值”单选按钮，设置“通过更改可变单元格”为 E3:E4 单元格区域，如图 9-43 所示。

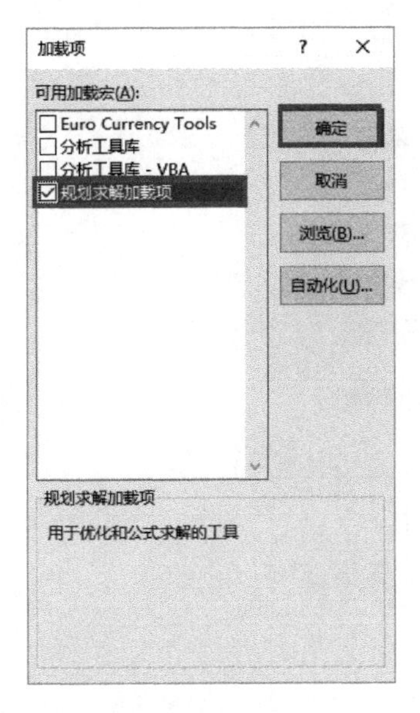

图 9-42 设置加载项

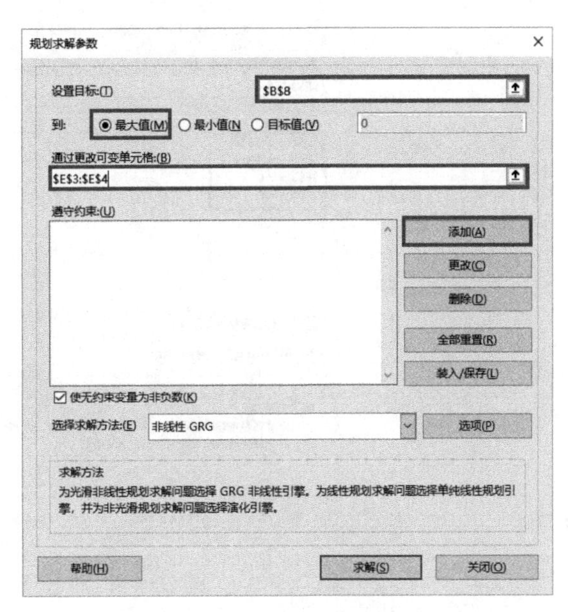

图 9-43 设置规划求解参数

步骤 07 单击“添加”按钮，弹出“添加约束”对话框，设置“单元格引用”为 E3 单元格，设置运算符号为“>=”，设置“约束”为“0”，单击“添加”按钮。使用相同的方法，添加其他约束条件，如图 9-44 所示。

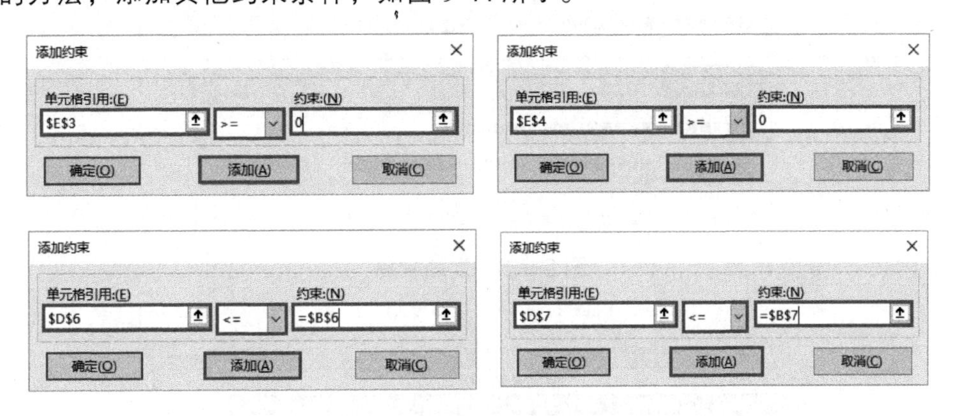

图 9-44 添加约束条件

步骤 08 单击“确定”按钮，返回“规划求解参数”对话框，添加的约束条件显示在“遵守约束”列表框中，如图 9-45 所示。

步骤 09 单击“求解”按钮，弹出“规划求解结果”对话框，保持默认设置，如图 9-46 所示。

步骤 10 单击“确定”按钮，返回工作表，不同商品分配方案分析最终效果如图 9-47 所示。

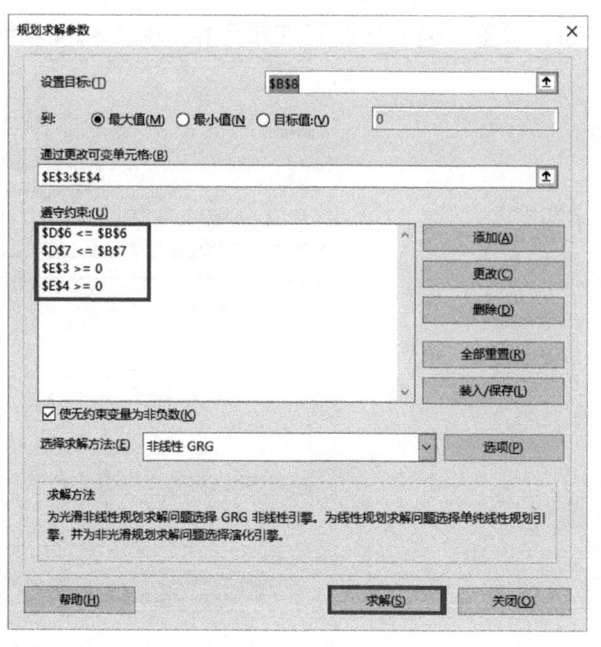

图 9-45　对遵守约束求解

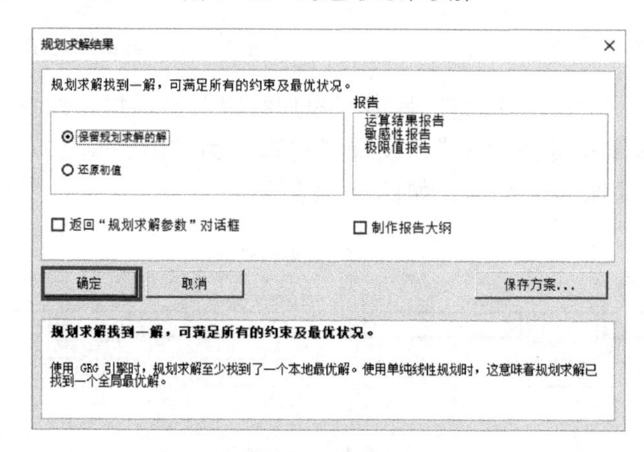

B8　=F3+F4

	A	B	C	D	E	F
1	商品分配分析					
2	商品名称	商品成本	平均售出时间（天）	商品毛利	商品分配数量	毛利合计
3	女士风衣	120.00	2.5	75.00	22	1646.34
4	女士衬衫	80.00	2	60.00	18	1053.66
5						
6	总成本	15000.00	实际投入成本	4039.02		
7	总时间（天）	90	实际销售时间	90		
8	总收益	2700.00				

图 9-47　不同商品分配方案分析最终效果

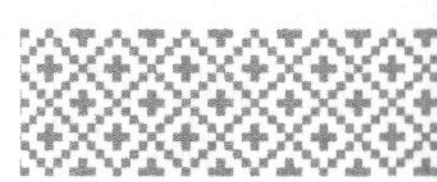

9.3 同类商品销售数据分析

卖家通过对不同属性的同类商品的销售情况进行统计和分析，从而采取正确的采购计划和销售策略。

9.3.1 按颜色进行数据分析

对同类商品销售数据按颜色进行数据分析的具体操作步骤如下。

步骤 01 打开“不同颜色的同类商品销售统计.xlsx”文件，在“Sheet1”工作表中选择 B2 单元格，在“数据”选项卡“排序和筛选”组中单击“升序”按钮 ，对“颜色”列数据进行排序，如图 9-48 所示。

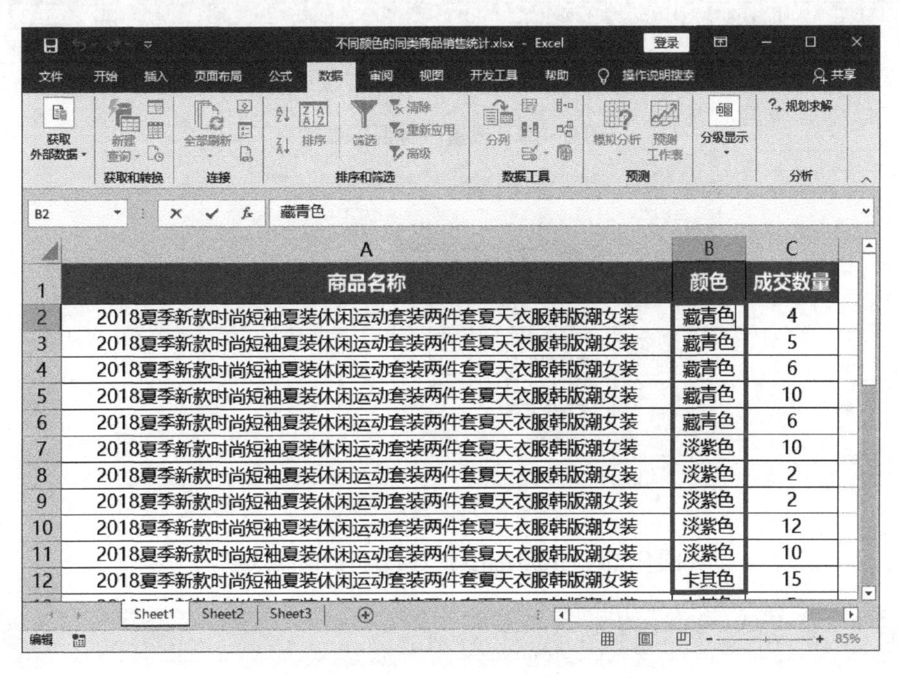

	A	B	C
1	商品名称	颜色	成交数量
2	2018夏季新款时尚短袖夏装休闲运动套装两件套夏天衣服韩版潮女装	藏青色	4
3	2018夏季新款时尚短袖夏装休闲运动套装两件套夏天衣服韩版潮女装	藏青色	5
4	2018夏季新款时尚短袖夏装休闲运动套装两件套夏天衣服韩版潮女装	藏青色	6
5	2018夏季新款时尚短袖夏装休闲运动套装两件套夏天衣服韩版潮女装	藏青色	10
6	2018夏季新款时尚短袖夏装休闲运动套装两件套夏天衣服韩版潮女装	藏青色	6
7	2018夏季新款时尚短袖夏装休闲运动套装两件套夏天衣服韩版潮女装	淡紫色	10
8	2018夏季新款时尚短袖夏装休闲运动套装两件套夏天衣服韩版潮女装	淡紫色	2
9	2018夏季新款时尚短袖夏装休闲运动套装两件套夏天衣服韩版潮女装	淡紫色	2
10	2018夏季新款时尚短袖夏装休闲运动套装两件套夏天衣服韩版潮女装	淡紫色	12
11	2018夏季新款时尚短袖夏装休闲运动套装两件套夏天衣服韩版潮女装	淡紫色	10
12	2018夏季新款时尚短袖夏装休闲运动套装两件套夏天衣服韩版潮女装	卡其色	15

图 9-48 对“颜色”列数据进行排序

步骤 02 在“数据”选项卡“分级显示”组中单击“分类汇总”按钮，弹出“分类汇总”对话框，在“分类字段”下拉列表中选择“颜色”选项，在“选定汇总项”列表框中勾选“成交数量”复选框，如图 9-49 所示。

步骤 03 单击“确定”按钮，按照不同颜色对商品成交数量进行求和汇总。单击工作表左上角的分级显示按钮，显示 2 级分级数据，对商品成交数量进行升序排序，按颜色进行数据分析的最终效果如图 9-50 所示。

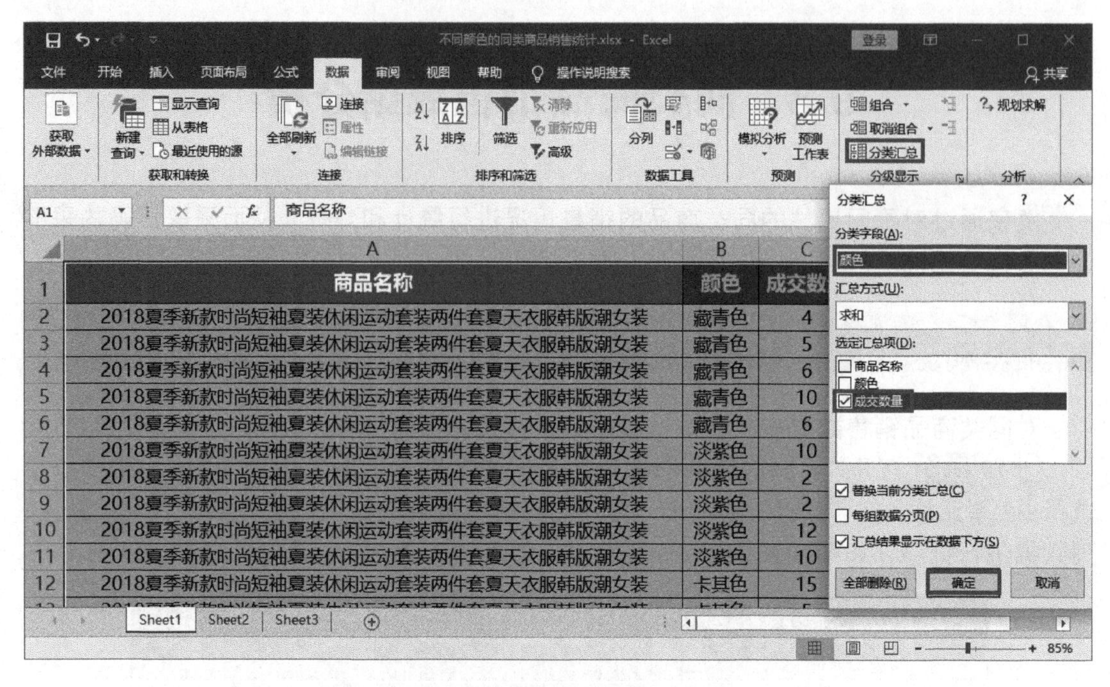

图 9-49　设置分类汇总参数

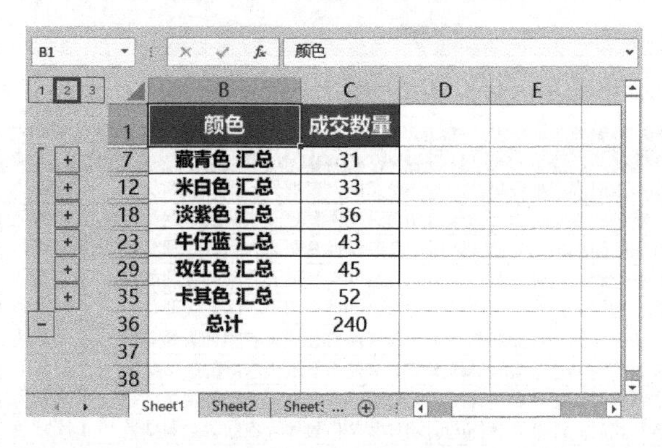

	B	C
1	颜色	成交数量
7	藏青色 汇总	31
12	米白色 汇总	33
18	淡紫色 汇总	36
23	牛仔蓝 汇总	43
29	玫红色 汇总	45
35	卡其色 汇总	52
36	总计	240

图 9-50　按颜色进行数据分析的最终效果

9.3.2　按尺寸进行数据分析

对同类商品销售数据按尺寸进行数据分析的具体操作步骤如下。

步骤 01　打开“不同尺寸的同类商品销售统计.xlsx”文件，在“Sheet1”工作表中的数据区域中选择任意非空单元格，在“插入”选项卡“表格”组中单击“数据透视表”按钮，如图 9-51 所示。

步骤 02　弹出“创建数据透视表”对话框，在“表/区域”文本框中选择工作表中的整个数据区域（即“Sheet1!$A$1:$C$29”），选中“现有工作表”单选按钮，设置“位置”为 E2 单元格，如图 9-52 所示。

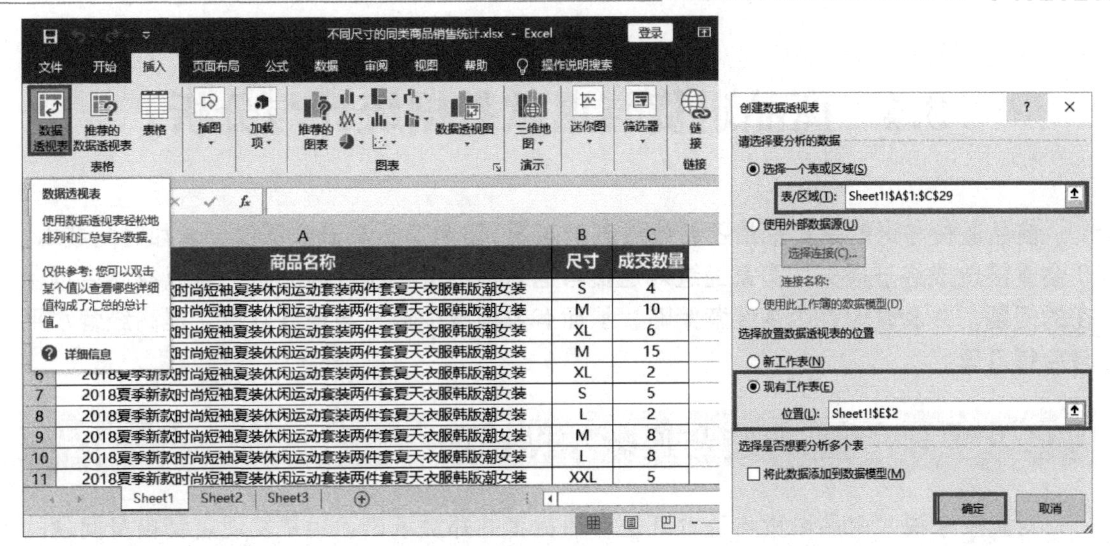

图 9-51　单击“数据透视表”按钮　　　　图 9-52　创建数据透视表

步骤 03　单击“确定”按钮，系统会创建一个空白数据透视表，并打开“数据透视表字段”面板，将“尺寸”字段拖动至“行”列表框，将“成交数量”字段拖动至“值”列表框，如图 9-53 所示。单击“关闭”按钮，关闭“数据透视表字段”面板。

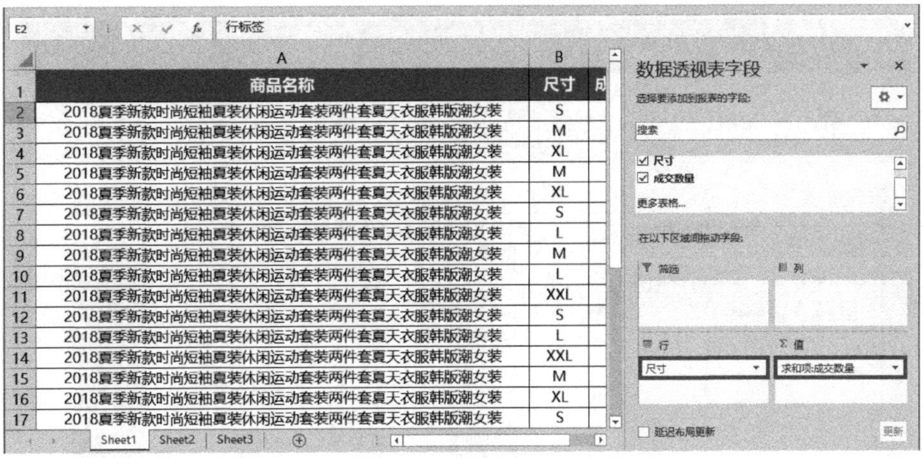

图 9-53　为数据透视表添加字段

步骤 04　选择 F3 单元格，在“数据”选项卡“排序和筛选”组中单击“降序”按钮，对商品成交数量进行降序排序，按尺寸进行数据分析的最终效果如图 9-54 所示。

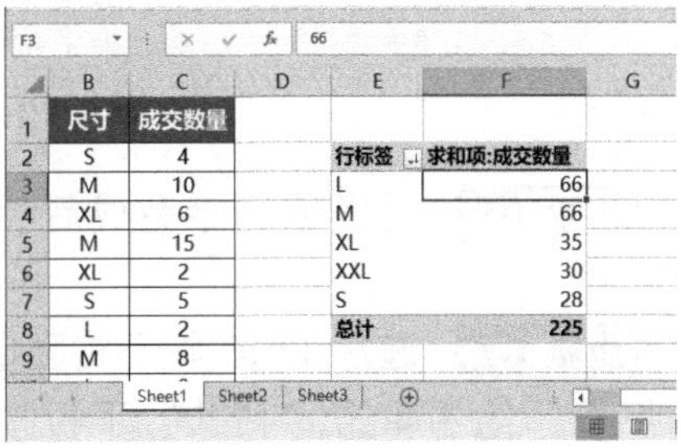

图 9-54　按尺寸进行数据分析的最终效果

9.4 商品退货与退款数据统计与分析

商品退货与退款是卖家最不希望看到的情况，因为退货与退款不仅会增加时间成本，还会直接造成经济损失。卖家通过对退货与退款情况进行统计与分析，可以找出店铺存在的问题，并及时调整店铺经营策略，从而有效地减少退货与退款数量，提高经营水平与店铺口碑。

9.4.1 商品退货与退款数据统计

对卖家来说，商品退货与退款既是对消费者的郑重承诺，也是发现店铺自身问题的有效参考。商品退货与退款数据统计的具体操作步骤如下。

步骤 01 打开“退货、退款原因统计.xlsx”文件，在“Sheet1”工作表中复制 E2:E14 单元格区域中的数据，将其粘贴到 I2:I14 单元格区域。在“数据”选项卡“数据工具”组中单击“删除重复值”按钮，弹出“删除重复值”对话框，保持默认设置，单击“确定”按钮，如图 9-55 所示。

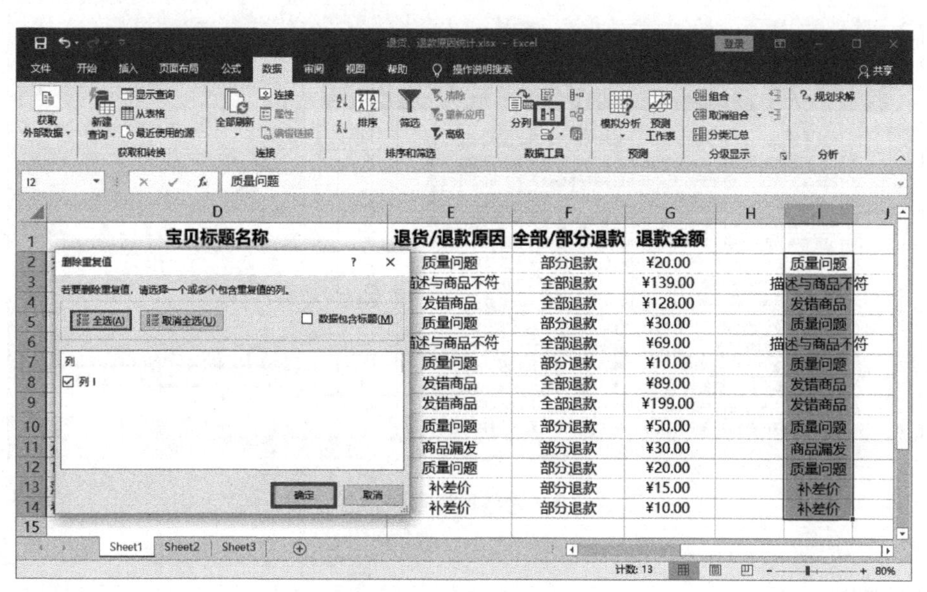

图 9-55 设置删除重复值

步骤 02 重复值删除完成后会弹出提示对话框，单击“确定”按钮，如图 9-56 所示。

步骤 03 选择 I2:I6 单元格区域并复制数据，选择 J2 单元格，在“开始”选项卡“剪贴板”组中单击“粘贴”下拉按钮，在打开的下拉列表中选择“转置”选项，如图 9-57 所示。

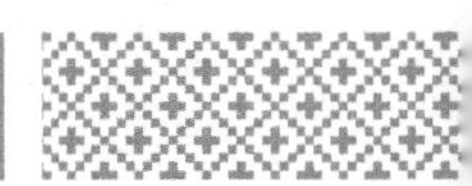

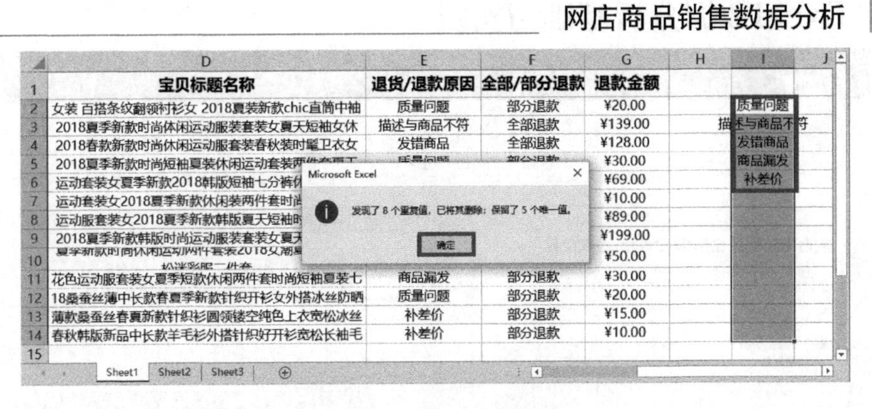

图 9-56　完成删除重复值

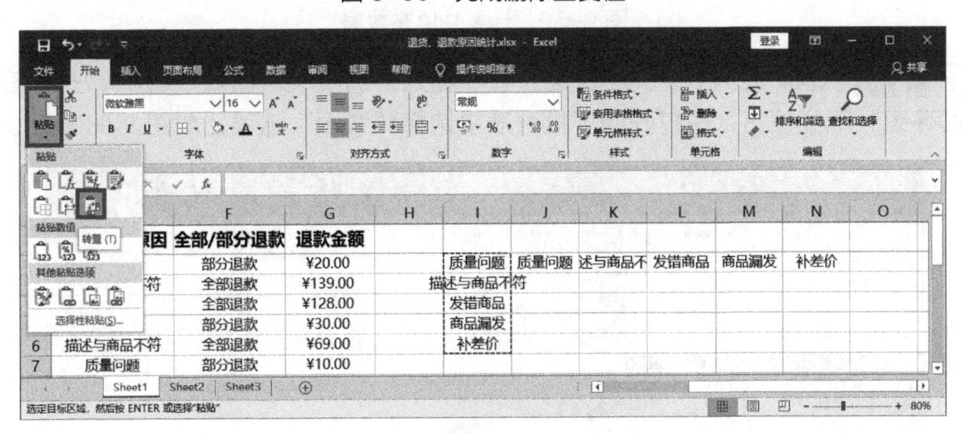

图 9-57　转置粘贴数据

步骤 04 选择 I2:I6 单元格区域，在“开始”选项卡“编辑”组中单击“清除”→“全部清除”命令，如图 9-58 所示。

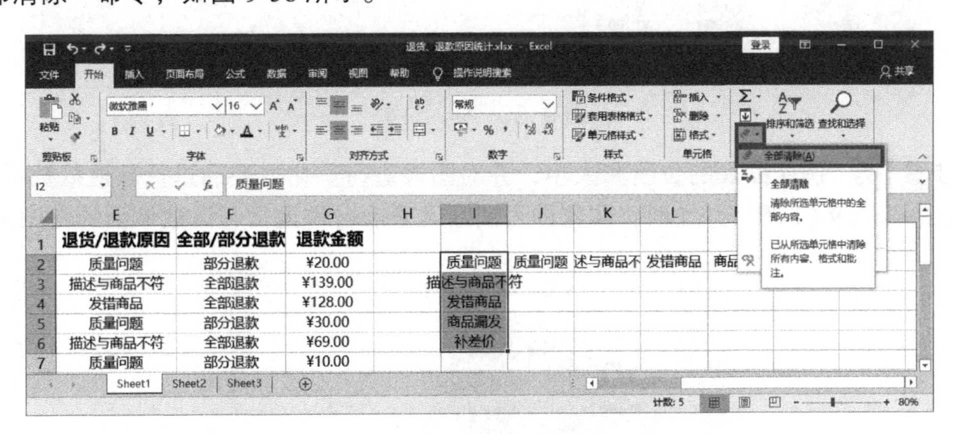

图 9-58　清除所选数据

步骤 05 选择 J3 单元格，在编辑栏中输入公式“=COUNTIF($E$2:$E$14,J2)”，按 Ctrl+Enter 组合键确认，对因“质量问题”而退货与退款数据进行统计，利用填充柄填充其他退货与退款原因数据，如图 9-59 所示。

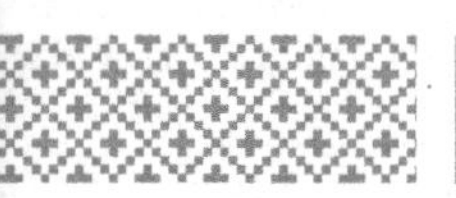

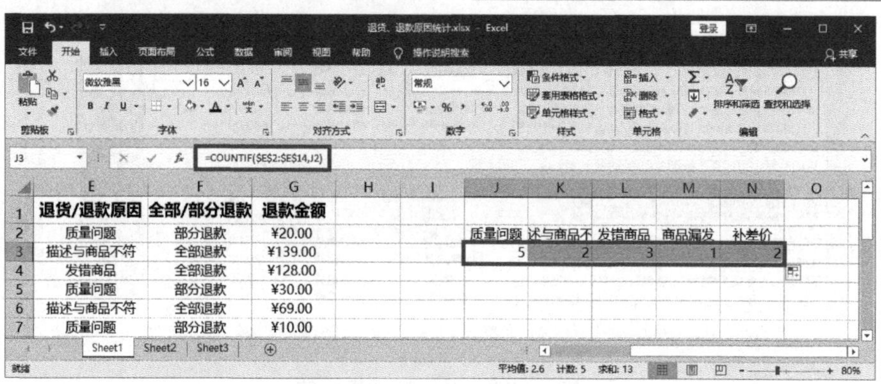

图 9-59　计算并填充数据

步骤 06　选择 J2:N3 单元格区域，在“插入”选项卡“图表”组中单击“插入饼图或圆环图”下拉按钮，在打开的下拉列表中选择“饼图”选项，如图 9-60 所示。

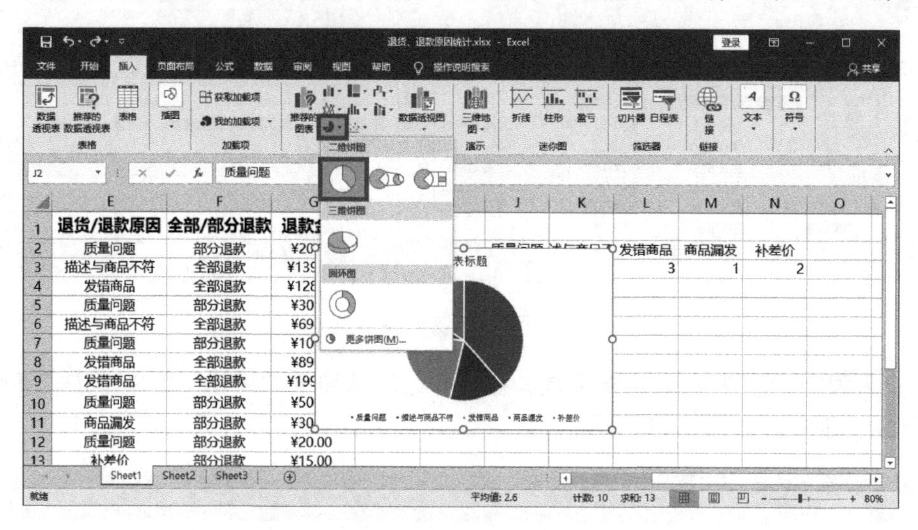

图 9-60　插入饼图

步骤 07　调整图表的位置和大小，并对图表进行美化，商品退货与退款数据统计最终效果如图 9-61 所示。此时，卖家即可清晰地查看各种退货与退款原因的占比情况。

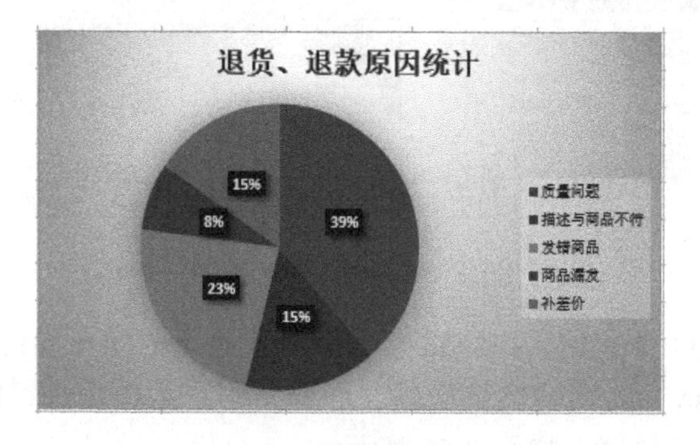

图 9-61　商品退货与退款数据统计最终效果

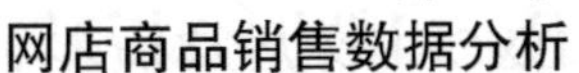

9.4.2 商品退货与退款数据分析

通过对商品退货与退款的原因进行分析，卖家可以找出店铺存在的问题，从而采取有效措施提高店铺的服务质量。商品退货与退款数据分析的具体操作步骤如下。

步骤 01 打开“退货、退款原因分析.xlsx”文件，在“Sheet1”工作表中选择 E1:G14 单元格区域，在“插入”选项卡“表格”组中单击“数据透视表”按钮，弹出“创建数据透视表”对话框，选中“新工作表”单选按钮，如图 9-62 所示。

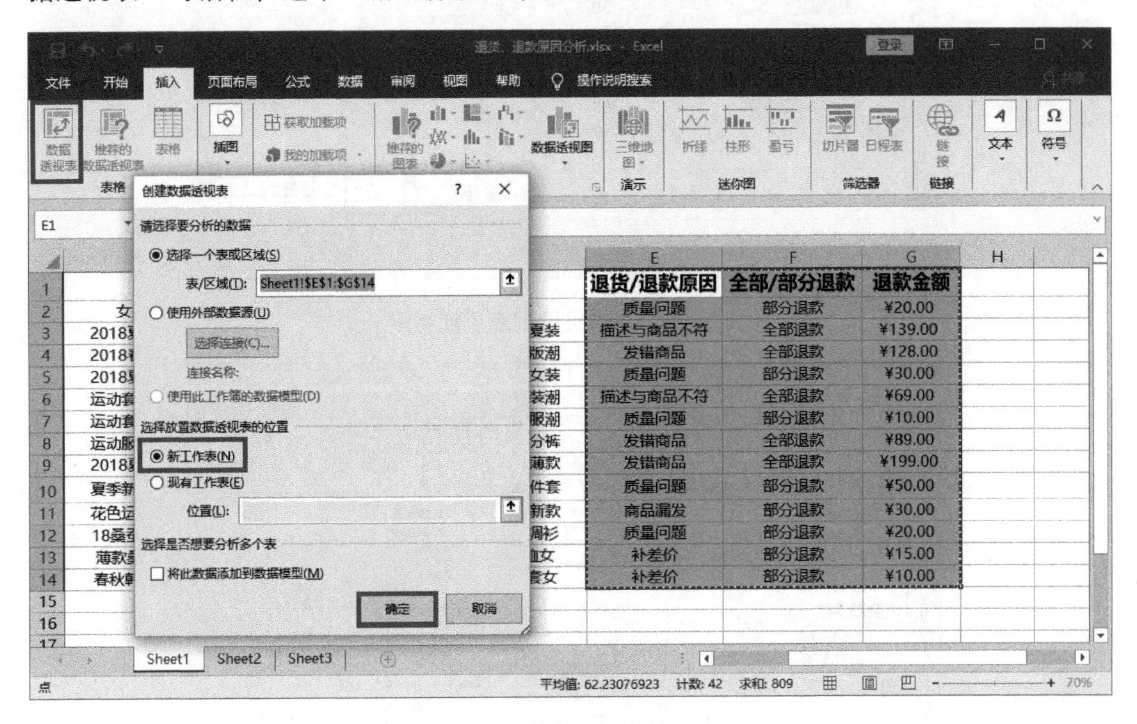

图 9-62 创建数据透视表

步骤 02 单击“确定”按钮，插入空白数据透视表，并打开“数据透视表字段”面板，将“全部/部分退款”和“退货/退款原因”字段拖动至“行”列表框，将“退款金额”字段拖动至“值”列表框，如图 9-63 所示。

步骤 03 选择“退款金额”列中的任一数据单元格，单击鼠标右键，在弹出的菜单中单击“值显示方式”→“总计的百分比”命令，如图 9-64 所示。以总计的百分比形式显示“退款金额”数据，如图 9-65 所示。

步骤 04 选择“退款金额”列中的任一数据单元格，单击鼠标右键，在弹出的菜单中单击“值显示方式”→“父行汇总的百分比”命令，以父行汇总的百分比形式显示“退款金额”数据，如图 9-66 所示。此时，“退款金额”列按退款类别显示百分比值，卖家可以对商品退货与退款的原因进行分析，并予以纠正或改进。

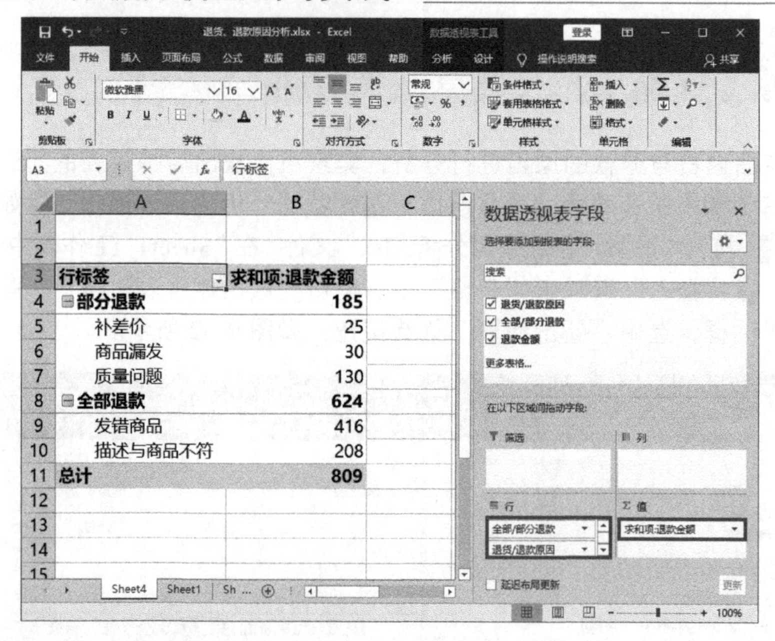

图 9-63　为数据透视表添加字段

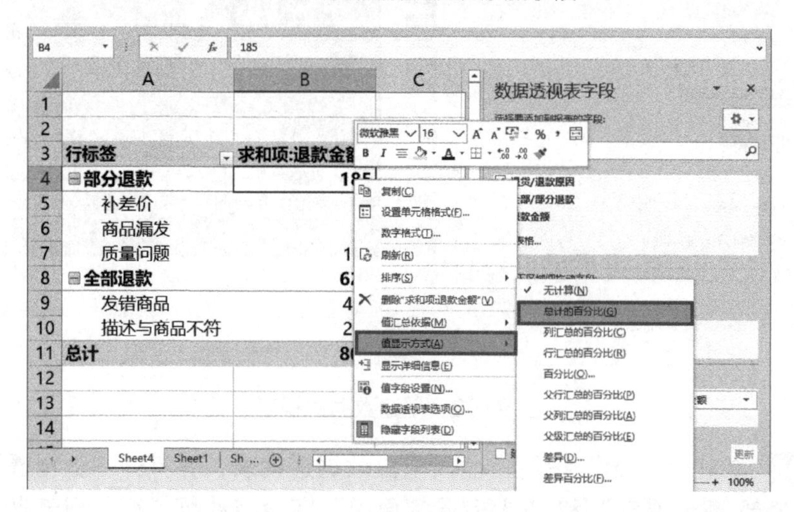

图 9-64　设置值显示方式

	A	B
1		
2		
3	行标签	求和项:退款金额
4	⊟部分退款	22.87%
5	补差价	3.09%
6	商品漏发	3.71%
7	质量问题	16.07%
8	⊟全部退款	77.13%
9	发错商品	51.42%
10	描述与商品不符	25.71%
11	总计	100.00%

图 9-65　以总计的百分比形式显示“退款金额”数据

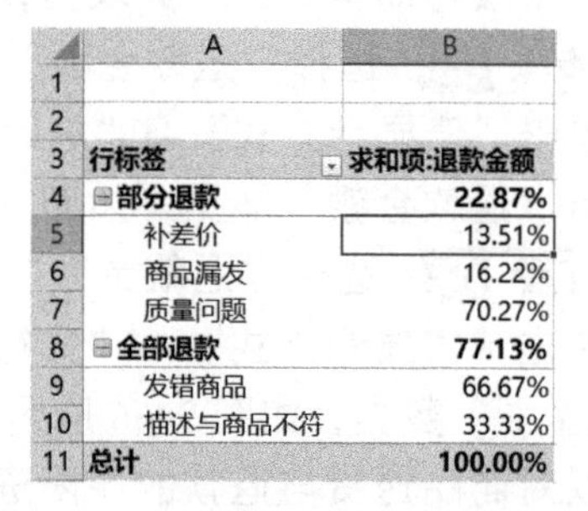

	A	B
1		
2		
3	行标签	求和项:退款金额
4	⊟部分退款	22.87%
5	补差价	13.51%
6	商品漏发	16.22%
7	质量问题	70.27%
8	⊟全部退款	77.13%
9	发错商品	66.67%
10	描述与商品不符	33.33%
11	总计	100.00%

图 9-66　以父行汇总的百分比形式显示“退款金额”数据

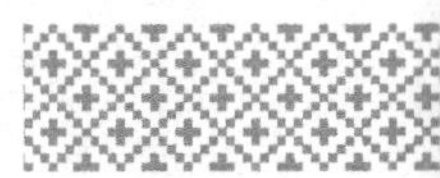

本章小结

本章主要介绍了网店商品销售数据分析，包括商品整体销售数据分析、不同商品销售数据分析、同类商品销售数据分析、商品退货与退款数据统计与分析。

通过对商品销售数据进行统计与分析，卖家可以及时发现店铺销售过程中存在的问题，并对畅销与滞销商品采取不同的采购计划和销售策略；通过对不同商品的销售额、销售额比重进行统计与分析，卖家可以及时调整商品分配方案，以获得更大的利润；通过对同类商品的销售情况进行统计与分析，卖家可以了解客户的需求和喜好，及时改善采购计划和销售策略，以提高下单率和成交率；通过对商品退货与退款情况进行统计与分析，卖家可以进一步了解退货原因和退款金额，从而找出并解决店铺存在的问题，提高网店的服务质量和口碑。

思考题

1. 简述销售数据分析的基本原理。
2. 简述制作销售报表的基本方法。
3. 简述对不同商品进行销售分类统计的方法。
4. 简述对同类商品销售情况进行统计分析的内容。
5. 简述商品退货与退款情况统计与分析的重点。

本章实训

打开“鞋类商品分配方案分析.xlsx”文件，使用 Excel 的规划求解工具对商品数量进行合理分配，以获得最大收益。

（1）使用公式分别计算毛利合计、实际投入成本、实际销售时间和总收益。

（2）添加规划求解加载项。

（3）设置规划求解参数，添加约束条件，计算规划求解结果。

第 10 章 数据分析报告

↘ 思政导读

宋代理学家朱熹说："敬业者，专心致志，以事其业也。"要用一种恭敬严肃的态度对待自己的工作，认真负责、一心一意、任劳任怨、精益求精。爱岗即热爱自己的工作岗位，有敢于担当、坚守岗位的职业操守，有直面问题、迎难而上的职业勇气，有锐意创新、开拓进取的职业精神。

本章教学目标与要求

（1）理解数据分析报告的概念、作用和种类。
（2）掌握撰写数据分析报告的原则、准备工作和流程。
（3）熟悉撰写数据分析报告的注意事项。
（4）掌握数据分析报告的结构及其组成。

10.1 数据分析报告概述

10.1.1 数据分析报告的概念

数据分析报告是对整个数据分析过程的总结和呈现。通过数据分析报告把数据分析的起因、过程、结果、结论与建议完整地呈现出来，以供企业决策者参考。

数据分析报告是决策者认识事物、了解事物、掌握信息、搜集相关信息的主要工具之一。数据分析报告通过对事物数据全方位的科学分析来评估其环境及发展情况，为决策者提供科学、严谨的依据，降低风险。

数据分析报告实质上是一种沟通与交流的形式，主要目的是将数据分析结果、可行性建议及其他有价值的信息传递给决策者，从而使决策者对数据分析结果进行正确的理解与判断，并做出有针对性、可操作性、战略性的决策。

10.1.2 数据分析报告的作用

数据分析报告的作用包括展示数据分析结果、验证数据分析质量、为决策者提供参考依据。

1. 展示数据分析结果

数据分析报告以特定的形式将数据分析结果清晰地展示出来，以便决策者迅速理解、分析、研究问题的基本情况、结论与建议。

2. 验证数据分析质量

数据分析报告是对整个数据分析项目的总结。在数据分析报告中，通过对数据分析方法的描述、对数据结果的处理与分析验证数据分析质量，并使决策者感受到整个数据分析过程是科学且严谨的。

3. 为决策者提供参考依据

大多数数据分析报告具有时效性，因此报告的结论与建议是决策者进行决策的重要依据，也是决策者获得二手数据的重要来源之一。

10.1.3 数据分析报告的种类

由于数据分析报告的对象、内容、时间和方法等不同，因此存在不同种类的数据分析报告。常见的数据分析报告包括专题分析报告、综合分析报告和日常数据通报等。

1. 专题分析报告

专题分析报告是指对某种现象的某一方面或某一问题进行专门研究的一种数据分析报告。它的主要作用是为决策者制定某项政策、解决某个问题提供决策参考和依据，具有单一性和深入性。

（1）单一性

专题分析报告不要求分析事物的全貌，主要针对某一方面或某一问题进行分析，如用户流失分析、提升用户转化率分析等。

（2）深入性

专题分析报告应抓住主要问题进行深入分析，集中精力解决主要问题，包括对问题的具体描述、原因分析和提出可行性解决办法。这需要对公司业务具有深入的认识，切忌泛泛而谈。

2. 综合分析报告

综合分析报告是指全面评价一个地区、单位、部门业务或其他方面发展情况的一种数据分析报告，如世界人口发展报告、全国经济发展报告、某企业运营分析报告等，具有全面性和联系性。

（1）全面性

综合分析报告在分析总体现象时，必须全面、综合地反映对象各个方面的情况，从全局的高度反映总体特征，进行总体评价，得出总体认识。例如，在分析一个公司的整体情况时，可以依据 4P 分析模型，从产品、价格、渠道和促销这 4 个角度进行分析。

（2）联系性

综合分析报告旨在将互相关联的现象、问题进行系统性的分析，不是对全部资料的罗列，而是在系统的分析指标体系基础上，分析现象之间的内部联系和外部联系。这种联系的重点是比例关系和平衡关系，分析研究它们的发展是否协调及是否适应。因此，从宏观角度反映指标之间关系的数据分析报告一般属于综合分析报告。

3. 日常数据通报

日常数据通报又称定期分析报告，是指以定期数据分析报表为依据，反映计划执行情况，并分析其影响和原因的一种数据分析报告。日常数据通报按日、周、月、季等时间阶段定期进行，具有进度性、规范性和时效性。

（1）进度性

由于日常数据通报主要反映计划的执行情况，因此必须把执行进度和计划进度结合分析，观察比较两者是否一致，从而判定计划完成得好坏。因此，需要通过绝对数和相对数指标来突出进度。

（2）规范性

日常数据通报基本形成了相关部门的例行报告，定时向决策者提供。因此，这种分析报告需要有规范的结构形式。

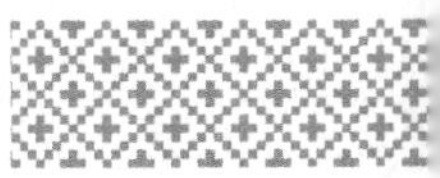

（3）时效性

日常数据通报是时效性最强的一种数据分析报告，这是由它的性质和任务决定的。日常数据通报只有及时提供业务发展过程中的各种信息，才能保证决策者掌握企业经营的主动权，否则会错失良机，贻误工作。

10.2 撰写数据分析报告

10.2.1 撰写数据分析报告的原则

一份完整的数据分析报告，应该遵循一定的前提和原则，系统地反映存在的问题及原因，从而找出解决问题的方法。撰写数据分析报告的原则可以总结为以下几点。

1. 主题突出

主题是数据分析报告的核心。数据分析报告中数据的选择、问题的描述和分解、使用的分析方法及分析结论等，都要紧扣主题。

2. 结构严谨

撰写数据分析报告一定要结构严谨，基础数据必须真实、完整，分析的过程必须科学、合理、全面，分析的结果要可靠，内容要实事求是。

3. 观点与材料统一

数据分析报告中的观点代表报告撰写者对问题的看法和结论，也代表撰写者对问题的基本理解和立场。数据分析报告中的材料要与主题（即观点）息息相关，并且观点和材料要统一，从论据到论点的论证要合乎逻辑，从事实出发。

4. 语言规范、简洁

撰写数据分析报告要使用行业专业术语与书面规范用语，标准统一，前后一致，避免产生歧义。

5. 具有创新性

创新对数据分析报告而言具有两点作用：一是适时引入新的分析方法和研究模型，在保证数据真实的基础上，提高数据分析的多样性；二是提倡创新性思维，在考虑企业实际情况的基础上，优化建议要具有前瞻性、可操作性、预见性。

10.2.2 撰写数据分析报告的准备工作

撰写数据分析报告的准备工作包括决策难题、研究方案、数据收集、数据处理与分析、图表呈现。

决策难题是数据分析报告的大脑，孕育了报告；研究方案是数据分析报告的骨骼，搭建了报告；数据收集是数据分析报告的血肉，丰富了报告；数据处理与分析是数据分析报告的经脉，平衡了报告；图表呈现是数据分析报告的皮肤，美化了报告。撰写数据分析报告就是以方案为线索，以数据为原料，以图表为表现，通过数据处理与分析解决企业决策难题。

10.2.3 撰写数据分析报告的流程

撰写数据分析报告主要包括 4 个步骤：明确目标、收集和处理数据、分析和展现数据、结论与建议。

1. 明确目标

通过正确地定义问题、合理地分解问题、抓住关键的问题这 3 个步骤来明确数据分析目标。确定数据分析目标后，梳理分析思路，搭建分析框架。

2. 收集和处理数据

根据数据分析目标收集数据，收集的数据要具有真实性、及时性、同质性、完整性、经济性和针对性。处理数据是从大量杂乱无章的原始数据中，抽取对解决问题有价值的数据，并进行加工整理，形成适合数据分析的样式，保证数据的准确性、一致性和有效性。

3. 分析和展现数据

选择合适的分析工具和方法对数据进行科学有效的分析，揭示数据背后的价值，通过数据可视化展现出来。

4. 结论与建议

一份好的数据分析报告，要有明确的结论与建议，使数据分析结果更有价值。

10.2.4 撰写数据分析报告的注意事项

1. 结构合理，逻辑清晰

一份优秀的数据分析报告，应具有合理的逻辑架构，呈现简洁、清晰的数据分析结果。如果报告的分析过程逻辑混乱，各条目界限不清，没有按照业务逻辑或内在联系有条理地论证，那么决策者则无法得到有用的信息。因此，报告结构是否合理、逻辑条理

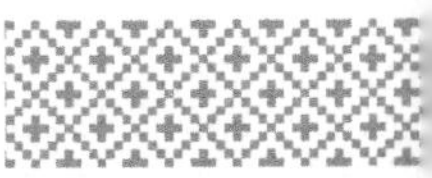

是否清晰是决定报告成败的关键因素。

2. 实事求是，反映真相

数据分析报告最重要的就是具备真实性。真实性要求数据及数据分析得到的结论是事实，不允许有虚假和伪造的现象。另外，对于数据的分析和说明必须遵从事实和科学，符合客观事实的本来面目，不要加入自己的主观意见。

3. 用词准确，避免含糊

数据分析报告中的用词要准确、恰当，如实地反映客观情况，避免使用“大约”“估计”“更多”“更少”“超过20%”等含糊的文字。

4. 篇幅适宜，简洁有效

数据分析报告的价值在于为决策者提供决策依据及需要的信息，报告内容应尽量简洁。例如，关于消费者满意度的分析报告应包含消费者满意度的驱动因素及满意度评估指标等有价值的内容，否则再长篇幅的报告也没有意义。

5. 结合业务，分析合理

一份优秀的数据分析报告，必须紧密结合企业的具体业务才能得出可实行、可操作的建议，否则将是纸上谈兵，脱离实际。因此，数据分析结论必须与数据分析目标紧密结合，切忌远离目标的结论和不切实际的建议。这就要求数据分析人员对企业的业务有深入的了解，以得出正确的结论并提出合理的建议。

10.3 数据分析报告的结构

数据分析报告具有一定的逻辑结构，不同性质的数据分析报告具有不同的结构。最经典的是总-分-总结构，包括总述、分述（正文）和总结3个部分：总述部分包括标题页、目录和前言，分述部分包括具体分析过程与结果，总结部分包括结论与建议及附录。

10.3.1 标题页

数据分析报告的标题要精简明了，既要表现分析主题，又要引起读者的阅读兴趣。

1. 常用的标题类型

标题页是数据分析报告的第一部分。下面介绍几种常用的标题类型。

（1）解释基本观点

这类标题通常使用观点句表明数据分析报告的基本观点，如《短视频业务是公司发展的重要支柱》。

（2）概括主要内容

这类标题通常会概括数据分析报告的主要内容，如《我公司总产值比去年增长 40%》《2018 年公司业务运营情况良好》。

（3）交代分析主题

这类标题通常会反映分析的对象、范围、时间和内容等情况，但不直接说明观点和建议，如《拓展公司业务的渠道》《2017 年部门业务对比分析》。

（4）提出问题

这类标题以设问的方式提出报告所要分析的问题，引起读者的注意和思考，如《××产品为什么会如此受消费者欢迎？》《1000 万元的利润是怎样获得的？》。

2. 标题的撰写要求

撰写数据分析报告标题的要求有 4 点，分别为直接、确切、简洁、独具特色。

（1）直接

数据分析报告是一种应用性较强的文体，为决策者进行决策提供依据，因此标题必须用简洁明了的方式表达，让读者一看就能了解数据分析报告的基本内容。

（2）确切

撰写标题要做到文题相符、长度适中，恰当地表现数据分析报告的内容和对象的特点。

（3）简洁

标题要反映出数据分析报告的主要内容，应具有高度的概括性，用简洁的语言准确地表达出报告的主题。

（4）独具特色

数据分析报告的标题应独具特色，模式化的标题千篇一律，难以引起读者的兴趣。要使标题独具特色，就要抓住目标对象的特征展开联想，并运用适当的修辞手法进行突出和强调，如《90 后“养生”类产品网购现状分析》。另外，还可以采用正、副标题的形式，正标题表达分析的主题，副标题进一步对主题进行阐释说明。

10.3.2 目录

目录可以帮助决策者了解数据分析报告的整体结构，快速找到所需的内容。除在目录中列出报告主要章节名称外，对于比较重要的内容也可列出其二级目录。因此，目录相当于数据分析大纲，可以体现出报告的分析思路。

10.3.3 前言

前言是数据分析报告的重要组成部分，包括数据分析背景、数据分析目标和数据分析思路。撰写前言可以结合 5W2H 原则。

① 为什么要开展数据分析?

② 主要分析什么内容?

③ 数据分析报告要展示给谁看?

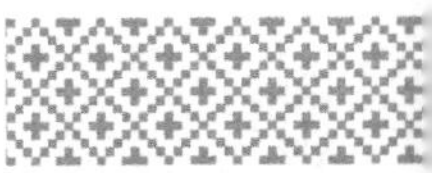

④ 通过数据分析能解决什么问题？达到何种目的？

⑤ 如何开展数据分析？分析到什么程度？

1. 数据分析背景

对数据分析背景进行说明主要是为了阐述数据分析的原因、意义，以及其他相关信息，如行业发展现状等。

2. 数据分析目标

数据分析报告要有明确的目标，目标越明确，针对性越强，越能帮助决策者及时解决问题，分析结果才越有指导意义。

3. 数据分析思路

数据分析思路是数据分析的核心，将复杂的问题结构化，分解成不同的组成部分、构成要素，理顺分析思路，使数据分析体系化，从而保证数据分析维度的完整性、分析结果的有效性及正确性。

10.3.4 正文

正文是数据分析报告的主体，在篇幅上占比最大。正文通过数据分析，对主题进行分析论证，得出分析结果，并提出建议。

撰写报告正文时，根据分析思路，利用各种数据分析方法对每项内容展开分析，并通过图表及文字相结合的方式展现出来，形成报告正文。

一份数据分析报告必须经过科学严密的论证，保证分析结果的合理性和真实性，才能令人信服。报告正文具有以下几个特点。

① 正文是报告篇幅最大的主体部分。

② 正文包含所有数据分析事实和观点。

③ 正文包含数据图表和相关文字的结合分析。

④ 正文各部分具有逻辑关系。

10.3.5 结论与建议

在数据分析报告的最后，需要根据数据分析的结果得出结论，并提出建议。

结论通常使用综述性的文字进行表述，它不是对分析结果的简单重复，而是结合公司实际业务情况，经过综合分析形成的总体论点。结论应去粗取精、由表及里，抽象出共同的、本质的规律，它与正文紧密衔接，应做到首尾呼应，措辞严谨、准确。

建议是根据结论对企业或问题提出的解决方法，建议主要关注保持优势和改进劣势。基于数据分析结果得出的建议存在局限性，因此必须结合企业的具体业务才能得出切实可行的建议。

10.3.6 附录

附录是数据分析报告的重要组成部分。一般来说，附录提供正文中涉及而未阐述的资料，包括报告中涉及的专业名词解释、计算方法、重要原始数据、地图等。附录是对报告的补充说明，不是必备内容，可以结合实际情况确定是否添加附录。

本章小结

本章首先对数据分析报告进行了概述，包括数据分析报告的概念、作用及其种类；然后介绍了数据分析报告的撰写，包括撰写数据分析报告的原则、准备工作、流程及注意事项；最后介绍了数据分析报告的结构，一般采用总-分-总结构，并详细介绍了数据分析报告的各个组成部分，包括标题页、目录、前言、正文、结论与建议、附录。

思考题

1. 简述数据分析报告的概念。
2. 简述数据分析报告的作用。
3. 简述数据分析报告的种类。
4. 简述撰写数据分析报告的原则。
5. 简述撰写数据分析报告的流程。
6. 简述撰写数据分析报告的注意事项。
7. 简述数据分析报告的结构及组成。

本章实训

请结合一个实际案例，运用数据分析的基本方法和流程，撰写数据分析报告。

参 考 文 献

[1] 朱晓峰，程琳，王一民. 商务数据分析导论[M]. 北京：机械工业出版社，2022.
[2] 重庆翰海睿智大数据科技股份有限公司. 商务数据分析基础[M]. 北京：机械工业出版社，2022.
[3] 屈莉莉. 电子商务数据分析与应用[M]. 北京：电子工业出版社，2021.
[4] 胡华江. 商务数据分析与应用[M]. 北京：电子工业出版社，2018.
[5] 杨从亚，邹洪芬，斯燕. 商务数据分析与应用[M]. 北京：中国人民大学出版社，2019.
[6] 孟刚. 电子商务数据分析与应用[M]. 北京：中国人民大学出版社，2021.
[7] 王华新，居岩岩，陈凯. 商务数据分析基础与应用[M]. 北京：人民邮电出版社，2021.
[8] 黑马程序员. 数据分析思维与可视化[M]. 北京：清华大学出版社，2019.
[9] 陈海城. Excel 电商数据分析与应用[M]. 北京：人民邮电出版社，2021.
[10] 北京中清研信息技术研究院. 电子商务数据分析[M]. 北京：电子工业出版社，2016.
[11] 王艳萍. 商务数据分析与应用[M]. 上海：上海交通大学出版社，2020.
[12] 郑小玲. Excel 数据处理与分析实例教程[M]. 北京：人民邮电出版社，2016.
[13] 杨柳，张良均. Excel 数据分析与可视化[M]. 北京：人民邮电出版社，2020.
[14] 王国才，王琼，毛金芬. 数据分析基础——基于 Excel 和 SPSS[M]. 上海：上海交通大学出版社，2018.
[15] 花强，张良均. Excel 数据分析基础与实践[M]. 北京：人民邮电出版社，2021.
[16] 孙玉娣，顾锦江. 数据分析基础与案例实战——基于 Excel 软件[M]. 北京：人民邮电出版社，2020.
[17] 姚梦珂. Excel 数据处理与分析[M]. 北京：人民邮电出版社，2021.
[18] 周庆麟，胡子平. Excel 数据分析思维、技术与实践[M]. 北京：北京大学出版社，2019.
[19] 段杨. Excel 数据分析教程[M]. 北京：电子工业出版社，2021.
[20] 陈斌. Excel 在数据分析中的应用[M]. 北京：清华大学出版社，2021.
[21] 熊斌. Excel 数据分析[M]. 北京：中国铁道出版社，2019.
[22] 张良均. Excel 数据分析和可视化项目实战[M]. 西安：西安电子科技大学出版社，2021.

反侵权盗版声明

举报电话：（010）88254396；（010）88258888
传　　真：（010）88254397
E-mail：　dbqq@phei.com.cn
通信地址：北京市海淀区万寿路 173 信箱
　　　　　电子工业出版社总编办公室
邮　　编：100036